Praxiswissen COBIT

Markus Gaulke, Certified Information Systems Auditor (CISA), Certified Information Security Manager (CISM), Certified in the Governance of Enterprise IT (CGEIT), Certified in Risk and Information Systems Control (CRISC) und Project Management Professional (PMP), ist in Deutschland der führende Experte zum Thema COBIT und dessen Anwendung. Als das für COBIT zuständige Vorstandsmitglied im deutschen Chapter des internationalen IT-Berufsverbands »ISACA« hat er die COBIT-Zertifikate »COBIT Practitioner« für COBIT 4.1 und »IT-Governance & IT-Compliance Practitioner« für COBIT 5 ins Leben gerufen. Weiterhin entwickelte er zusammen mit der Hochschule Frankfurt School of Finance and Management die weiterführenden Zertifikate »IT-Governance-Manager« und »IT-Compliance-Manager«.

Markus Gaulke hat inzwischen weit über 1.000 Teilnehmer in COBIT und dessen Anwendung in unterschiedlichsten Veranstaltungsformaten geschult. Darüber hinaus hat er zur Anwendung von COBIT im Umfeld von IT-Governance, IT-Compliance und Risikomanagement zahlreiche Artikel und Fachbeiträge verfasst.

International war er als Mitautor an der deutschen Fassung von COBIT 4.0 sowie am internationalen ISACA-Standardwerk »Control Objectives for Basel II« beteiligt. Weiterhin hat er das Übersetzungsteam für die deutschen Versionen von COBIT 5 geleitet.

Beruflich ist er seit mehr als 16 Jahren bei der KPMG AG Wirtschaftsprüfungsgesellschaft in Frankfurt am Main für die IT-Prüfung und IT-Beratung von Unternehmen vor allem aus dem Finanzsektor zuständig. Die Praxisbeispiele in diesem Buch entstammen konkreten Beratungssituationen aus seiner Berufspraxis.

Markus Gaulke

Praxiswissen COBIT

Grundlagen und praktische Anwendung in der Unternehmens-IT

2., aktualisierte und überarbeitete Auflage

dpunkt.verlag

Markus Gaulke
www.markus-gaulke.de

Lektorat: Vanessa Wittmer
Copy-Editing: Annette Schwarz, Ditzingen
Herstellung: Frank Heidt
Umschlaggestaltung: Helmut Kraus, www.exclam.de
Druck und Bindung: M.P. Media-Print Informationstechnologie GmbH, 33100 Paderborn

Bibliografische Information der Deutschen Nationalbibliothek
Die Deutsche Nationalbibliothek verzeichnet diese Publikation in der Deutschen Nationalbibliografie; detaillierte bibliografische Daten sind im Internet über http://dnb.d-nb.de abrufbar.

ISBN 978-3-86490-055-6

2., aktualisierte und überarbeitete Auflage 2014

Wieblinger Weg 17
69123 Heidelberg

5 4 3 2 1 0

Vorwort

IT-Governance, IT-Risikomanagement, IT-Compliance, IT-Assurance und IT-Outsourcing sind wichtige Themen für das Management der Unternehmens-IT. Die aus diesen Themen erwachsenen Herausforderungen zu lösen, gelingt in der Praxis nur effizient, wenn ein ganzheitliches Verständnis für diese Themen vorhanden ist und die Aktivitäten in ein passendes Rahmenwerk eingebunden werden.

COBIT 5 stellt ein solches Rahmenwerk für die IT-Governance und das IT-Management dar. COBIT 5 ist ein umfassendes, integratives Rahmenwerk für eine effektive Governance und ein effektives Management der Unternehmens-IT und umfasst Methoden, Prinzipien, gute Praktiken und Leitfäden, die erforderlich sind, um eine optimale Wertschöpfung durch den IT-Einsatz im Unternehmen zu erreichen. Durch seine Konzentration auf sieben wichtige Umsetzungskomponenten (Enabler) für die IT-Governance und das IT-Management ist COBIT 5 unabhängig von Technologie und Branche. Dieses Enabler-Modell kann als Referenzmodell sowohl vom operativen IT-Management als auch vom Business Management gemeinsam verwendet werden.

COBIT strukturiert in diesem Zusammenhang alle Prozesse, die gewöhnlich in der IT-Funktion einer Organisation stattfinden, in einem Prozessmodell. Dieses berücksichtigt die Inhalte der weltweit am meisten eingesetzten Modelle, Praktiken und Standards im IT-Bereich, wie z. B. ITIL, COSO, ISO/IEC 38500, ISO/IEC 20000, ISO/IEC 9001, ISO/IEC 15504, PMBOOK, PRINCE2, CMMI und TOGAF. Dadurch stellt COBIT 5 ein umfassendes Prozessreferenzmodell für bewährte Verfahren der IT-Governance und des IT-Managements bereit.

COBIT 5 ist aber mehr als nur ein Referenzmodell für die Governance und das Management der Unternehmens-IT. COBIT 5 kann durch die integrierten Assessment-Modelle auch zum Benchmarking, zur Prozessbewertung und zur Gap-Analyse eingesetzt werden. Dabei richtet sich COBIT 5 nicht nur an IT-Fachleute, sondern stellt über die Ausrichtung an die Geschäftsprozesse auch den Geschäftsprozesseigentümern ein Rahmenwerk für das Management der Unternehmens-IT (Technologiemanagement) sowie der Geschäfts- und Bereichsleitung durch die vorhandenen Prozessmerkmale und -kennzahlen ein ganzheitliches Modell für die Governance, die Compliance und die Steuerung der Unternehmens-IT zur Verfügung.

COBIT wird weltweit von Tausenden von Unternehmen als Basis für ihre IT-Governance- und IT-Compliance-Aktivitäten herangezogen. Im deutschen Sprachraum ist die Akzeptanz von COBIT in den letzten Jahren deutlich gestiegen, im globalen Vergleich aber immer noch vergleichsweise niedrig. International hat sich COBIT als anerkanntes Rahmenwerk für die Governance und das interne Kontrollsystem in der Informationstechnologie etabliert. COBIT wurde sowohl von namhaften Unternehmen in das eigene interne Kontrollsystem integriert (u.a. Daimler, Philips) als auch von Behörden (u.a. amerikanisches Verteidigungsministerium, European Agricultural Guidance and Guarantee Fund) und anderen Institutionen (u.a. META-Group, Gartner) als Standard empfohlen. Die Aufsichtsbehörden einiger Länder haben COBIT sogar für verbindlich erklärt (u.a. Türkei, Kolumbien, Uruguay).

Das vorliegende Buch will den Lesern COBIT 5 und seine zahlreichen Elemente sowie die Grundzüge der dem Rahmenwerk zugrunde liegenden Konzepte erklären und vor allem Praxisbeispiele und Ideen für die Anwendung von COBIT 5 vorstellen. Durch die dargestellten Anwendungsbeispiele und Praxisbeiträge soll das Buch zum Gebrauch von COBIT animieren – denn letztendlich zeigt sich der Nutzen dieses IT-Management- und IT-Governance-Rahmenwerkes nur im konkreten Einsatz.

Das ISACA Germany Chapter e.V. hat zwei der ersten Bücher der COBIT-5-Produktfamilie (Rahmenwerk und Prozessreferenzmodell) ins Deutsche übersetzen lassen und im Oktober 2012 veröffentlicht. Auf dieser Übersetzung basieren auch die Ausführungen in diesem Buch. Alle Kernbegriffe werden zusätzlich in Englisch angegeben. Dies soll eine Anwendung der Fachbegriffe im internationalen Umfeld erleichtern. Insbesondere der Anhang mit den Übersichten aller COBIT-5-Prozesse sowie der COBIT-5-Zielkaskade in Deutsch und in Englisch hat sich in der Projektpraxis als hilfreich erwiesen.

COBIT 5 bietet in der aktuellen Version einen echten Mehrwert für die Unternehmensführung zur Steuerung der Unternehmens-IT. Ich hoffe, dass dieses Buch allen Lesern hilft, das hier behandelte Rahmenwerk COBIT 5 – auch im Kontext mit anderen Praktiken, Modellen und Standards – besser zu verstehen, um COBIT 5 erfolgreich im Sinne der Unternehmensziele einzusetzen.

Markus Gaulke
Königstein im Taunus, März 2014

Inhaltsübersicht

Inhaltsverzeichnis

1 Einleitung

Governance zusammen mit Risikomanagement, Compliance und Assurance haben sich auf den Prioritätenlisten vieler Unternehmen an die Spitze gesetzt. Diese Entwicklung wird maßgeblich von den Anforderungen der Anteilseigner und Aufsichtsgremien sowie der erhöhten Aufmerksamkeit des Gesetzgebers und der Aufsichtsbehörden sowie der Öffentlichkeit getrieben (siehe Abb. 1–1). Der Trend zu einer verbesserten Governance in den Unternehmen wird durch eine Vielzahl von Initiativen sichtbar. Diese haben in der Regel das Ziel, die Kommunikation und Informationsflüsse zu verbessern, das Risikobewusstsein zu erhöhen und ein angemessenes internes Kontrollsystem aufzubauen und nachzuweisen.

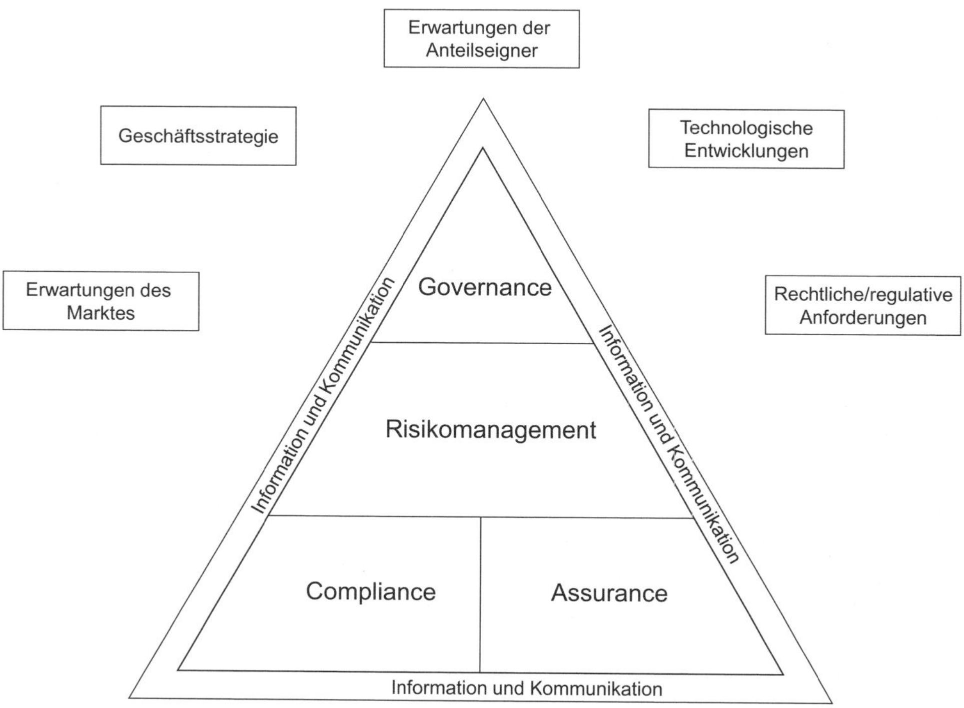

Abb. 1–1 *Treiber von Governance-Initiativen*

Die zunehmende Durchdringung von Unternehmen mit Informationstechnologie (IT) und die dadurch bedingte, steigende Abhängigkeit von der Verfügbarkeit und Verlässlichkeit der IT-Prozesse erfordern, die IT besser in die Governance-Prozesse und das interne Kontrollsystem des Unternehmens einzubeziehen und diese aus Unternehmenssicht zu steuern und zu überwachen. Corporate Governance der IT (kurz: IT-Governance) hat zum Ziel, dass die IT die Geschäftsziele des Unternehmens unterstützt, die IT-Investitionen auf die geschäftlichen Ziele hin optimiert und dass gleichzeitig die IT-Risiken beherrscht werden. IT-Governance ist damit ein wesentlicher Bestandteil eines ganzheitlichen Corporate-Governance-Ansatzes zur Steuerung und Überwachung eines Unternehmens.

Das IT Governance Institute (ITGI) als führende Institution für IT-Governance bzw. der Berufsverband Information Systems Audit and Control Association (ISACA) haben in den letzten Jahren drei wichtige Rahmenwerke entwickelt: COBIT, Val IT und Risk IT. Das Rahmenwerk COBIT mit dem Fokus auf der Steuerung und dem Management von IT-Prozessen stellt dabei das Fundament da, auf dem Val IT mit dem Fokus auf die geschäftlichen Investitionen sowie Risk IT mit dem Fokus auf die IT-bezogenen Geschäftsrisiken aufbauen. Die intelligente Anwendung dieser drei Rahmenwerke sollte Organisationen aller Art ermöglichen, ihre IT-Governance und ihre IT-Compliance zu verbessern sowie den optimalen Nutzen aus den IT-bezogenen Investitionen und aus den IT-Risikomanagement-Aktivitäten zu ziehen [ITGI 2009e].

Mit dem Erscheinen von COBIT 5 wurden diese drei Rahmenwerke nicht außer Kraft gesetzt, aber sie sind unter dem gemeinsamen Dach von COBIT 5 zusammengeführt worden und werden unter diesem Dach weiter entwickelt. COBIT 5 unterstützt die Unternehmensführung nachhaltig bei der Erreichung ihrer Ziele durch die Sicherstellung einer effektiven und innovativen Nutzung der Unternehmens-IT basierend auf einem ausgewogenen Verhältnis zwischen Unternehmensanforderungen und IT-Zielen. Die Anwendung von COBIT 5 trägt aber nicht nur zu einer höheren Zufriedenheit der Geschäftsanwender mit der IT bei, sondern auch zur Einhaltung der einschlägigen Gesetze, Bestimmungen, vertraglichen Vereinbarungen und internen Richtlinien. Mit COBIT 5 als Instrumentarium kann das Unternehmensmanagement die IT richtig im Sinne der Unternehmensziele aufstellen.

Das vorliegende Buch erklärt COBIT 5 und seine Elemente sowie die Anwendung von COBIT 5. Teil I führt in das Rahmenwerk und das Prozessmodell von COBIT 5 ein und weckt das Verständnis für die COBIT 5 zugrunde liegenden Konzepte.

In Teil II und III wird die Anwendung von COBIT 5 für die Umsetzung der unter dem Schlagwort GRC (Governance, Risikomanagement, Compliance) zusammengefassten aktuellen Herausforderungen für die Unternehmen erläutert und mithilfe von Beispielen illustriert. Mit IT-Outsourcing und dem weitgefassten Begriff der IT-Assurance werden weitere typische Anwendungsbereiche von COBIT 5 aufgezeigt und diskutiert. Zusätzlich berichten Praktiker aus unterschiedlichen Unternehmen über die Anwendung von COBIT in ihren Organisationen.

In Teil IV und V werden die von der berufsständischen Organisation ISACA angebotenen Zertifizierungen und Zertifikate dargestellt. Testfragen ermöglichen, das eigene COBIT-Wissen zu überprüfen und zu festigen. Als Vorbereitungsbuch für Teilnehmer an den deutschen Zertifikatsprüfungen des ISACA Germany Chapters (IT-Governance & IT-Compliance Practitioner) oder der APMG (COBIT Foundation) ist vor allem der erste Teil des Buches relevant; für Teilnehmer an den weiterführenden Zertifikatsstudiengängen (IT-Governance-Manager, IT-Compliance-Manager) ist der gesamte Inhalt dieses Buches maßgeblich.

Im Anhang werden die COBIT-5-Domänen und Prozesse sowie die COBIT-5-Prozesse und zugehörigen Prozesspraktiken tabellarisch sowohl in Deutsch als auch in Englisch dargestellt. Weiterhin ist dort auch die COBIT-5-Zielkaskade mit Unternehmenszielen und IT-bezogenen Zielen sowie den primär zugeordneten Prozessen tabellarisch abgebildet.

Teil I

COBIT verstehen

2 Entwicklung und Bedeutung von COBIT

Dieses Kapitel stellt die Entwicklung des COBIT-Rahmenwerks und der komplementierenden Rahmenwerke Val IT und Risk IT sowie deren Integration in COBIT 5 dar. Wichtig für das Verständnis von COBIT ist aber auch die Rolle des internationalen Berufsverbandes ISACA und seiner Forschungseinrichtung, dem IT Governance Institute.

2.1 ISACA und das IT Governance Institute

Die Information Systems Audit and Control Association (ISACA) ist ein internationaler Berufsverband der IT-Revisoren, IT-Sicherheitsmanager und IT-Governance-Experten. Primäres Ziel des Verbandes ist die Entwicklung und Verbreitung von Berufsstandards und Arbeitstechniken sowie die Zertifizierung und Weiterbildung von Fachleuten, die sich mit der Kontrolle und der Sicherheit sowie dem Management und der Steuerung von Informationssystemen befassen.

Der Berufsverband ISACA wurde ursprünglich 1969 als Berufsverband der IT-Revisoren – EDP Auditors Association (EDPAA) – gegründet. 1976 wurde von der EDPAA eine Forschungseinrichtung, die »EDP Auditors Foundation« (EDPAF), gegründet, die größere Forschungsvorhaben aus der Mitgliederorganisation herausgelöst vornehmen sollte. Erst im Jahr 1994 erhielt der Verband seinen heutigen Namen: »Information Systems Audit and Control Association« (ISACA). Die Forschungseinrichtung wurde entsprechend in »Information Systems Audit and Control Foundation« (ISACF) umbenannt.

Im Jahr 1998 wurde von der ISACA zusätzlich das »IT Governance Institute« (ITGI) als Forschungseinrichtung auf dem Gebiet der Informationsrevision und des Informationsmanagements gegründet. Damit erweiterte sich auch das thematische Spektrum des Berufsverbandes von der IT-Revision über das IT-Management bis hin zur IT-Governance. Im Jahr 2003 wurde die ISACF auf das ITGI verschmolzen, sodass das ITGI der alleinige Herausgeber der Rahmenwerke COBIT 4.0 bzw. COBIT 4.1 und Val IT wurde.

Inzwischen trägt der Berufsverband ISACA seiner erreichten Anerkennung über die IT-Prüfung hinaus Rechnung und nutzt die neutrale Plattform des ITGI immer seltener. Bereits das Rahmenwerk Risk IT wurde im November 2009 wieder unter der Herausgeberschaft der ISACA veröffentlicht. Für alle Veröffentlichungen von COBIT 5 ist die ISACA der alleinige Herausgeber.

Dem Berufsverband ISACA gehörten zum Zeitpunkt der Entstehung dieses Buches weltweit über 110.000 Mitglieder an. Neben der zentralen Organisation in Rolling Meadows bei Chicago ist die ISACA dezentral in über 200 lokalen Chaptern organisiert und mit diesen in über 70 Ländern vertreten. In Deutschland wird die ISACA durch den ISACA Germany Chapter e.V. vertreten. Das ISACA Germany Chapter war Ende 2013 mit über 2.400 Mitgliedern das siebtgrößte Chapter weltweit.

Chapter	Internetadresse	Gründung	Anzahl Mitglieder
ISACA Germany Chapter e.V.	*www.isaca.de*	1986	2.417
ISACA Switzerland Chapter	*www.isaca.ch*	1988	1.374
ISACA Austria Chapter	*www.isaca.at*	1998	394

Tab. 2–1 *Übersicht der deutschsprachigen Chapter der ISACA (Stand: 31.12.2013)*

Die lokalen ISACA Chapter bieten ergänzend zum zentralen Angebot der ISACA spezifische Fachinformationen, Weiterbildungs- und Qualifizierungsmaßnahmen sowie Veranstaltungen an, damit sich die Mitglieder ortsnah fortbilden und besser vernetzen können.

Neben COBIT haben auch die Berufszertifizierungen der ISACA weltweite Anerkennung gefunden. Die älteste Zertifizierung zum Certified Information Systems Auditor (CISA) trugen Ende 2013 weltweit über 73.000 Personen, davon allein 1.678 Personen in Deutschland, 780 in der Schweiz und 254 in Österreich.

Berufszertifizierung	Berufsbild	Initiierung	Anzahl zertifizierter Personen (weltweit)	Anzahl zertifizierter Personen (Deutschland)
Certified Information Systems Auditor (CISA)	IT-Revisor	1978	73.481	1.678
Certified Information Security Manager (CISM)	Informations-sicherheitsmanager	2003	20.119	464
Certified in the Governance of Enterprise IT (CGEIT)	IT-Governance-Beauftragter	2007	5.062	109
Certified in Risk and Information Systems Control (CRISC)	IT-Risiko- und Kontrollbeauftragter	2011	15.685	309

Tab. 2–2 *Übersicht der Berufszertifizierungen der ISACA (Stand: 31.12.2013)*

Weitere Informationen zu den vier Berufszertifizierungen erhalten Sie über die Internetseite der ISACA *(www.isaca.org)*. Die lokalen Chapter bieten in der Regel Vorbereitungskurse für die Prüfungen an.

2.2 Entstehung und Entwicklung von COBIT

COBIT seht als Abkürzung für »Control **Ob**jectives for **I**nformation and Related **T**echnology«. Die Wurzeln von COBIT liegen in der IT-Revision, inzwischen hat sich COBIT aber zu einem umfassenden IT-Governance- und Management-Rahmenwerk für Information und diese verarbeitende Technologie entwickelt. Dieser Anspruch wird durch die Version 5 noch deutlicher unterstützt: Explizites Ziel des Einsatzes von COBIT 5 ist, einen optimalen Wertbeitrag aus Investitionen in Information und die dazu benötigte Technologie zum Nutzen aller Anspruchsgruppen zu erhalten.

Die ursprüngliche Basis des Rahmenwerkes COBIT war ein Standardwerk, in dem das Wissen und der Erfahrungsschatz des Berufsstandes der IT-Revisoren gebündelt war: »Control Objectives – Controls in an Information Systems Environment: Objectives, Guidelines und Audit Procedures«. Dieses Werk wurde bereits im Jahr 1976 erstmals von der EDPAF (später ISACF) herausgegeben und von dieser ständig weiterentwickelt. Im April 1992 erschien die vierte und letzte Ausgabe [EDPAF 1992], in der die allgemeinen IT-Kontrollen in Kontrollen

- des Managements (Management Controls),
- der IT-Systementwicklung, Beschaffung und Wartung (Information System Development, Acquisition, and Maintenance Controls) sowie
- des Betriebs (Information System Operations Controls)

gegliedert worden sind, was bereits im Wesentlichen der späteren Domänenstruktur von COBIT entsprach. Daneben gab es noch eine Darstellung der Anwendungskontrollen (Application Controls) sowie einen eigenen Abschnitt mit technologieorientierten Kontrollen (technology specific controls). Dieser Abschnitt ist aufgrund seiner Technikorientierung nicht in das Rahmenwerk COBIT mit eingeflossen.

Die ISACA hat im Jahr 1993 begonnen, auf Basis der bestehenden Sammlung von Kontrollzielen und Kontrollen ein eigenständiges Rahmenwerk zu erarbeiten. Dazu wurde von der ISACA ein internationales Gremium eingesetzt (COBIT Steering Committee), das die erste Version von COBIT entwickeln sollte. An der Entwicklung des neuen Rahmenwerkes waren auch die Free University of Amsterdam, die California Polytechnic University und die University of New South Wales beteiligt.

Die erste Version von COBIT wurde schließlich im April 1996 von der damaligen ISACA-Forschungseinrichtung ISACF (Information Systems Audit and Control Foundation) veröffentlicht. »COBIT 1« beinhaltete neben einem konzeptionellem Rahmen bereits ein Prozessmodell mit generell anwendbaren und international akzeptierten IT-prozessbezogenen Anforderungen (Control Objectives), die in einer Organisation beachtet und umgesetzt werden sollten, um eine verlässliche Anwendung der Informationstechnologie zu gewährleisten. Die Idee dahinter: Erst wenn die Prozesse richtig organisiert sind, werden die Geschäftsprozesse die an sie gestellten Anforderungen erfüllen. Das COBIT-Prozessmodell umfasste damals 32 Prozesse mit 271 detaillierten *Control Objectives* [ISACF 1996].

Zum Zeitpunkt der Veröffentlichung dieser ersten Version von COBIT waren die nächsten Schritte der Weiterentwicklung bereits klar definiert. Die *Control Objectives* sollten nochmals auf Basis weiterer Referenzmaterialien überarbeitet werden und vor allem sollten noch Richtlinien zur Selbsteinschätzung und Metriken für das Management entwickelt werden. Im April 1998 erschien die überarbeitete und erweiterte zweite Version mit 302 detaillierten *Control Objectives* in 34 Prozessen [ISACF 1998] sowie einem zusätzlichen »Implementation Tool Set«, bestehend aus einer Anleitung zur Implementation von COBIT und unterstützenden Materialien.

Das Rahmenwerk COBIT wurde anfangs hauptsächlich von der internen und externen Revision verwendet, da COBIT für das ganze Spektrum der IT-Aktivitäten eines Unternehmens homogene Anforderungen (Control Objectives) als »Good Practices« beschrieb, welche als Sollvorgaben zur Beurteilung der Ist-Situation bei der geprüften Einheit verwendet werden konnten. Weiterhin wurden detaillierte Prüfungshandlungen zu den COBIT-Prozessen in separaten »Audit Guidelines« beschrieben.

Um das Potenzial von COBIT in Richtung eines Rahmenwerkes für das IT-Management und das Business Management besser zu unterstützen, hat die ISACA im Jahr 1998 die Forschungseinrichtung »IT Governance Institute« (ITGI) gegründet und die Entwicklung von COBIT dort angesiedelt.

Mit der dritten Auflage im Juli 2000 wurde COBIT vor allem um Aspekte des IT-Managements durch die sog. »Management Guidelines« erweitert. Diese umfassten ein Reifegradmodell (Maturity Model), kritische Erfolgsfaktoren (Critical Success Factors) sowie wesentliche Zielindikatoren (Key Goal Indicators) und Leistungsindikatoren (Key Performance Indicators). Damit wurden in COBIT Hinweise und Kriterien integriert, um dem Management zu ermöglichen, den Status und die Effektivität der eigenen IT-Prozesse im Vergleich mit den 34 COBIT-Prozessen und den 318 detaillierten Prozessanforderungen (Control Objectives) beurteilen zu können. Das Management konnte auf dieser Basis einen Soll-Zustand definieren, die notwendigen Schritte zur Erreichung des gewünschten Soll-Zustandes festlegen und die Zielerreichung überwachen [ITGI 2000].

Nach Erscheinen der dritten Auflage haben die Unternehmen COBIT zunehmend sowohl als Leitfaden bei der Implementierung des internen Kontrollsystems in der Unternehmens-IT als auch für die Durchführung von Prozesszustandsbeurteilungen in Form von »Self Assessments« oder »Health Checks« angewandt.

Im Jahr 2004 starteten die Entwicklungsarbeiten an der nächsten Version von COBIT mit der Integration von diversen Forschungsprojekten, u.a. von der Antwerp Management School und der University of Hawaii. Im Dezember 2005 kam die Version 4.0 heraus, die vor allem eine deutliche Verschlankung und Reduzierung der

Control Objectives auf 215 bedeutete und auch explizit Aspekte der IT-Governance integrierte [ITGI 2005g]. In der Folge wurde COBIT 4.0 nochmals in einigen Details überarbeitet und zusammen mit ergänzenden Büchern – wie den COBIT Control Practices [ITGI 2007b], dem IT Governance Implementation Guide: Using COBIT and Val IT [ITGI 2007c] sowie dem IT Assurance Guide: Using COBIT [ITGI 2007d] – im Mai 2007 in der Version COBIT 4.1 veröffentlicht [ITGI 2007a].

Parallel mit der Ausarbeitung von COBIT 4.x begann die Entwicklung am Rahmenwerk Val IT, das im Jahr 2006 erstmals veröffentlicht wurde [ITGI 2006e]. Die zweite, besser mit COBIT integrierte Version Val IT 2.0 erschien im Jahr 2008 [ITGI 2008b]. Im Jahr 2008 startete auch die Entwicklung des ISACA-Rahmenwerks: Risk IT. Dieses erschien erstmals im Entwurf im Mai 2009 und in der endgültigen Version im November 2009 [ISACA 2009a].

Im Jahr 2011 begann die ISACA mit der Weiterentwicklung von COBIT und rief eine entsprechende Task Force ins Leben. Ein Ziel dabei war die Integration der vorhandenen Inhalte aus verschiedenen ISACA-Rahmenwerken in ein Modell. Neben den bereits erwähnten Rahmenwerken Val IT und Risk IT wurden auch die Inhalte von ISACA-Veröffentlichungen wie dem IT Assurance Framework (ITAF) [ISACA 2008], dem Board Briefing on IT Governance [ITGI 2003] oder dem Business Model for Information Security (BMIS) [ISACA 2010a] integriert. Im April 2012 wurden die ersten drei Bücher der neu konzipierten COBIT-5-Produktfamilie veröffentlicht:

- das COBIT-5-Rahmenwerk (Business Framework) [ISACA 2012a],
- das Handbuch COBIT 5: Enabling Processes [ISACA 2012a] und
- der Umsetzungsleitfaden COBIT 5: Implementation [ISACA 2012c].

Das Business Framework dient als konzeptionelles Hauptwerk und umfasst vor allem eine Beschreibung der fünf Prinzipien, die Einführung in die sieben Enabler sowie eine kurze Vorstellung des neuen Prozessmodells und des neuen Reifegradansatzes. COBIT 5 richtet sich dabei nicht nur an die IT, sondern stellt über die Ausrichtung an die Geschäftsziele explizit auch ein Rahmenwerk für die Bereichsleitung (Business Executives) zur Verfügung.

Das Prozessmodell wurde als separates Handbuch (COBIT 5: Enabling Processes) veröffentlicht und umfasst fünf Governance-Prozesse und 32 Managementprozesse, welche jeweils einem von fünf Kernbereichen (domains) zugeordnet sind. Für jeden Prozess sind im COBIT-5-Prozessmodell zwischen drei und 14 normative Aussagen (Prozesspraktiken) formuliert. Werden die insgesamt 210 im COBIT-5-Prozessmodell enthaltenen Prozesspraktiken konsequent umgesetzt, kann damit eine geordnete Governance und ein gutes Management der IT-Prozesse im Sinne der Anforderungen der Anspruchsgruppen sichergestellt werden.

Der Umsetzungsleitfaden (COBIT 5: Implementation) gibt Hilfestellungen zur Einführung von IT-Governance und enthält neben einem siebenstufigen Lebenszyklus zur Einrichtung einer nachhaltigen IT-Governance auch viele praxisrelevante Elemente aus Risk IT und Val IT.

Weitere COBIT-Handbücher und Umsetzungsleitfäden erscheinen zur Vervollständigung der Produktfamilie sukzessive: Im Juli 2012 folgte beispielsweise der Leitfaden COBIT 5 for Security [ISACA 2012d], im Februar 2013 drei Bücher zum Process Assessment Model [ISACA 2013 a-c], im Juni 2013 der Leitfaden COBIT 5 for Assurance [ISACA 2013d] sowie im September 2013 COBIT 5 for Risk [ISACA 2013f] und im November dann COBIT 5: Enabling Information [ISACA 2013g].

2.3 COBIT-Produktfamilie

Die COBIT-Produktfamilie ist in den letzten Jahren immer größer geworden. Für die Version COBIT 4.1 ließen sich vier Kernbücher sowie sechs, dem Umfeld von COBIT zugehörige Leitfäden unterscheiden.

COBIT 4.1-Kernbücher	Inhalte	Anwendungsbeispiele
COBIT 4.1 [ITGI 2007a]	■ Rahmenwerk für das Management und die Governance der IT mit Control Objectives, Management Guidelines und Reifegradmodellen	■ Aufgaben und Verantwortlichkeiten festlegen ■ Verlässlichkeit der IT-Prozesse erhöhen ■ Internes IT-Kontrollsystem etablieren ■ Richtlinien erstellen
COBIT Control Practices [ITGI 2007b]	■ Hinweise, wie jedes Control Objective umgesetzt werden kann	■ Konzeption von konkreten Kontroll- und Steuerungsmaßnahmen
Implementing and Continually Improving IT Governance: [ISACA 2009c]	■ Vorgehensmodell und Prozessbeschreibungen zur Umsetzung von IT-Governance-Vorhaben	■ Einrichtung eines COBIT-basierten IT-Governance-Rahmenwerks ■ Geschäftsrelevante Prozessverbesserungen in der IT umsetzen
IT Assurance Guide: Using COBIT [ITGI 2007d]	■ Vorgehensmodell für eine strukturierte Prüfungsdurchführung	■ Erstellung einer Prüfungsplanung ■ Prüfung von IT mithilfe von COBIT

Tab. 2–3 *Übersicht der COBIT 4.1-Kernbücher*

Tabelle 2–4 enthält eine Übersicht der Inhalte und der typischen Anwendungsgebiete der sechs Bücher der erweiterten Produktfamilie von COBIT 4.1:

COBIT-bezogene Bücher	Inhalte	Anwendungsbeispiele
Board Briefing on IT Governance [ITGI 2003]	Beschreibung der wesentlichen IT-Governance-Konzepte	Anstoß zur Initiierung und nachhaltigen Einrichtung eines IT-Governance-Programms
IT Control Objectives for Sarbanes-Oxley [ITGI 2006a]	Beschreibung von Maßnahmen zur Einhaltung der Anforderungen von SOX im IT-Bereich	Einrichtung und Prüfung von SOX-Kontrollen im IT-Bereich
IT Control Objectives for Basel II [ITGI 2007g]	Beschreibung von Maßnahmen zur Einhaltung der Anforderungen von Basel II im IT-Bereich	Einrichtung von Kontrollen im IT-Bereich zur Reduzierung der Eigenkapitalanforderungen aus dem operationellen Risiko
Information Security Governance [ITGI 2006f]	Beschreibung von wesentlichen Elementen der Informationssicherheit	Anstoß zur Aufdeckung von sicherheitsbezogenen Problemen
COBIT Security Baseline [ITGI 2007i]	Einfache Darstellung von IT-Sicherheitsrisiken und entsprechender Maßnahmen	Schnelle Einführung der Kernelemente zur IT-Sicherheit
COBIT Quickstart [ITGI 2007h]	Zusammengefasste, vereinfachte Version von COBIT	Erste und schnelle Einführung der Kernelemente von COBIT

Tab. 2–4 *Übersicht der COBIT-bezogenen Bücher der ISACA*

Die in Tabelle 2–4 aufgeführten COBIT-bezogenen Bücher stellen die Anwendung des COBIT-Rahmenwerkes für spezielle Zwecke dar oder referenzieren auf COBIT bei der Behandlung eines IT-Governance-bezogenen Themenbereiches.

Neben COBIT hat die ISACA mit Val IT und Risk IT noch zwei weitere Rahmenwerke entwickelt. Diese werden in der Tabelle 2–5 kurz dargestellt:

ISACA-Rahmenwerke	Inhalte	Anwendungsbeispiele
Val IT [ITGI 2008b]	Rahmenwerk für die Governance von IT-bezogenen Investitionen	Governance und Management des unternehmensweiten Portfolios der IT-bezogenen Investitionen
Risk IT [ISACA 2009a]	Rahmenwerk für die Governance von IT-bezogenen Risiken	Governance und Management von IT-bezogenen Unternehmensrisiken
The Risk IT Practitioner Guide [ISACA 2009b]	Leitfaden zur Anwendung von Risk IT	Management von IT-bezogenen Unternehmensrisiken

Tab. 2–5 *Übersicht der weiteren Rahmenwerke der ISACA*

Die Inhalte der in den vorstehenden Tabellen aufgeführten Kernbücher, COBIT-bezogenen Büchern sowie der Rahmenwerke Val IT und Risk IT sind größtenteils nach COBIT 5 überführt worden. Um COBIT 5 handhabbar zu gestalten, wurden dabei einige Inhalte verdichtet, sodass sich ein Blick in die »alten« Rahmenwerke immer noch lohnen kann.

Für COBIT 5 wurde die Produktfamilie konzeptionell überarbeitet. Das Hauptwerk stellt nunmehr ein mit knapp 100 Seiten relativ kurzes Rahmenwerkdokument dar. Dieses Rahmenwerk wird ergänzt durch Handbücher für die einzelnen Enabler (wie Prozesse oder Information) als auch Umsetzungsleitfäden für einzelne Anwendungsfelder (wie Sicherheit, Assurance oder Risiko).

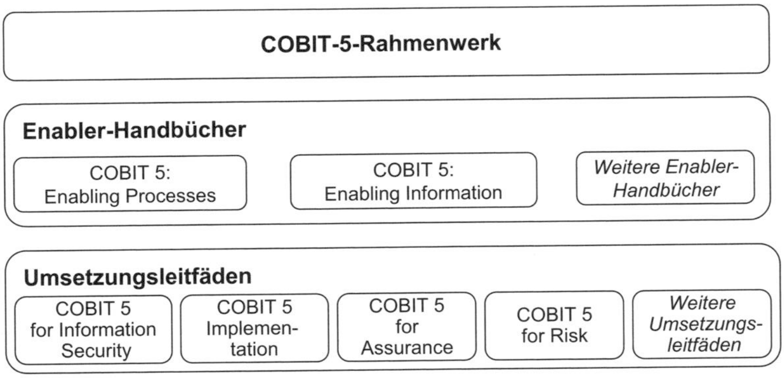

Abb. 2–1 *COBIT-5-Produktfamilie in Anlehnung an [ISACA 2012a]*

Die transparente Architektur der Produktfamilie erleichtert den Unternehmen den Zugang zu COBIT 5. Die Abbildung 2–1 und die nachfolgende Tabelle geben einen Überblick über den Stand der COBIT-5-Produktfamilie bei Erstellung dieses Buches.

COBIT-5-Bücher	Inhalte	Erscheinungsdatum
COBIT 5 Business Framework [ISACA 2012a]	Beschreibung des übergreifenden Rahmenwerkes, insbesondere der fünf Kernprinzipien und der sieben Enabler	April 2012
COBIT 5 Enabling Processes [ISACA 2012b]	Beschreibung des Prozessmodells mit den 37 COBIT-Prozessen und seinen beschreibenden Elementen	April 2012
COBIT 5 Implementation [ISACA 2012c]	Beschreibung des siebenstufigen Lebenszyklus zur Einrichtung einer nachhaltigen IT-Governance	April 2012
COBIT 5 for Information Security [ISACA 2012d]	Leitfaden zur Anwendung von COBIT 5 für die Informationssicherheit	Juli 2012
COBIT Process Assessment Model (PAM): Using COBIT 5 [ISACA 2013a]	Beschreibung der Kriterien zur Beurteilung von Unternehmensprozessen nach COBIT 5	Februar 2013
COBIT Self-Assessment Guide: Using COBIT 5 [ISACA 2013b]	Beschreibung einer vereinfachten Beurteilung von Unternehmensprozessen nach COBIT 5	Februar 2013

→

COBIT-5-Bücher	Inhalte	Erscheinungsdatum
COBIT Assessor Guide: Using COBIT 5 [ISACA 2013c]	Beschreibung der Vorgehensweise zur Beurteilung von Unternehmensprozessen nach COBIT 5	Februar 2013
COBIT 5 for Assurance [ISACA 2013d]	Leitfaden zur Anwendung von COBIT 5 für Zwecke der Bestätigung (Assurance)	Juni 2013
COBIT 5 for Risk [ISACA 2013f]	Leitfaden zur Anwendung von COBIT 5 für das Management der Informationsrisiken	September 2013
COBIT 5: Enabling Information [ISACA 2013g]	Beschreibung des Enablers Information und eines Informationsmodells	November 2013

Tab. 2–6 *Übersicht der COBIT-5-Bücher*

Alle Dokumente der COBIT-5-Produktfamilie stehen auf der Internetseite *www.isaca.org* zum Download als personalisierte PDF-Dateien zur Verfügung. Weiterhin bietet ISACA die Dokumente größtenteils auch als gedruckte Versionen zum Kauf an.

Neben diesen Büchern sind auf der Internetseite der ISACA noch eine Vielzahl von weiteren Publikationen der ISACA und des IT Governance Institute veröffentlicht, die spezielle Themen im Umfeld von IT-Governance und IT-Management aufgreifen. Beispiele sind Transforming Cybersecurity: Using COBIT 5 [ISACA 2013h], Vendor Management: Using COBIT 5 [ISACA 2013i] oder Configuration Management: Using COBIT 5 [ISACA 2013j]. Diese gehören im Sinne dieses Buches jedoch nicht zur engeren oder erweiterten COBIT-Produktfamilie und sind nicht Gegenstand dieses Buches.

3 Die fünf Kernprinzipien

COBIT 5 basiert auf fünf grundlegenden Prinzipien für die Governance und das Management der Unternehmens-IT. In diesem Kapitel werden die fünf Kernprinzipien von COBIT 5 dargestellt. Sie lauten:

- Erfüllen der Anforderungen der Anspruchsgruppen (Meeting Stakeholder Needs)
- Abdecken des gesamten Unternehmens (Covering the Enterprise End-to-End)
- Anwenden eines einheitlichen, integrierten Rahmenwerks (Applying a Single, Integrated Framework)
- Ermöglichen eines ganzheitlichen Ansatzes (Enabling a Holistic Approach)
- Unterscheiden zwischen Governance und Management (Separating Governance From Management)

Diese Kernprinzipien sind für das Verständnis von COBIT 5 von herausragender Bedeutung.

3.1 Prinzip 1: Erfüllen der Anforderungen der Anspruchsgruppen

Diese Kerneigenschaft stellt darauf ab, dass IT kein Selbstzweck ist, sondern sich am Geschäft (business) bzw. an den Anspruchsgruppen (stakeholder) orientieren muss. Diese machen die Vorgaben für die IT und stellen letztlich auch die (finanziellen) Mittel für die IT bereit. Unternehmen haben zum Ziel, für ihre Anspruchsgruppen Nutzen zu optimalen Ressourcenkosten und mit optimalem Risiko zu erzeugen. Entsprechend muss das Ziel eines Unternehmens bzw. seiner IT-Governance sein, Nutzen aus der Anwendung von IT zu optimalen Kosten unter Beachtung der IT-Risiken zu realisieren.

Governance beinhaltet dabei aber auch, die Interessen der verschiedenen Anspruchsgruppen abzuwägen und Entscheidungen zu treffen. COBIT 5 stellt die Sichtweisen der unterschiedlichsten internen und externen Anspruchsgruppen dar und stellt eine Beziehung zwischen deren Ansprüchen und den Unternehmens- und IT-bezogenen Zielen her. Dadurch können die Ziele der Anspruchsgruppen leichter operationalisiert werden.

Als Instrument dafür stellt COBIT 5 eine Zielkaskade bereit, die an den jeweiligen Unternehmenskontext angepasst werden kann. Dabei können allgemeine Unternehmensziele über eine Zuordnungstabelle IT-bezogenen Zielen primär und sekundär zugeordnet werden und diese IT-bezogenen Ziele können dann über eine weitere Zuordnungstabelle den 37 COBIT-Prozessen zugeordnet werden. Diese Zuordnungstabellen basieren auf Forschungen der Management School der Universität Antwerpen und wurden im Rahmen der Entwicklung von COBIT 5 nochmals von Experten der ISACA validiert. Abbildung 3–1 verdeutlicht an dieser Stelle die Idee.

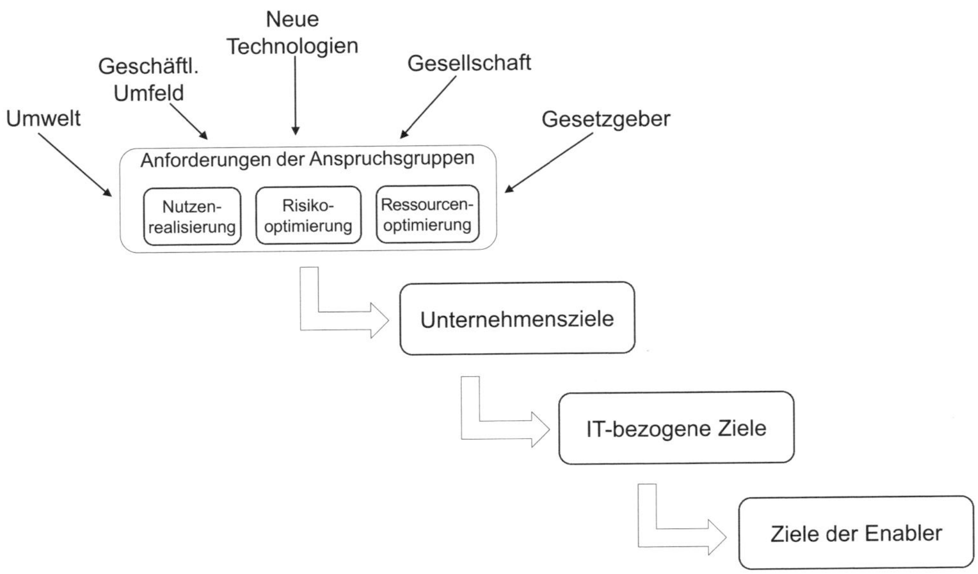

Abb. 3–1 *Erfüllen der Anforderungen von Anspruchsgruppen in Anlehnung an [ISACA 2012a]*

Die COBIT-5-Zielkaskade ist der zentrale Mechanismus, mit dem Anforderungen von Anspruchsgruppen in konkrete, durchführbare und angepasste Unternehmensziele, IT-bezogene Ziele und Enabler-Ziele umgewandelt werden können. In Abschnitt 16.1 wird detailliert auf das Instrument der COBIT-5-Zielkaskade eingegangen.

3.2 Prinzip 2: Abdecken des gesamten Unternehmens

COBIT 5 integriert die Governance der Unternehmens-IT in die unternehmensweite Governance und deckt alle Funktionen und Prozesse ab, die für das Steuern und Managen von Unternehmensinformationen und der zugehörigen Technologien erforderlich sind. Diese ganzheitliche und systemische Sicht auf die Governance der Unternehmens-IT basiert auf einem Governance-System, das aus drei Komponenten besteht:

- Governance-Enabler
- Governance-Umfang
- Rollen, Aktivitäten und Beziehungen

Governance-Enabler sind die Ressourcen der Organisation für die Governance (z. B. Rahmenwerke, Prinzipien, Strukturen, Prozesse und Praktiken). COBIT 5 stellt bei der Governance und dem Management der IT auf eine Reihe von unternehmensweiten und durchgängigen Enablern ab. Beispielsweise sind Unternehmensinformationen und die zugehörigen Technologien wichtige Enabler, die wie jeder andere Vermögenswert vom Unternehmen aktiv gemanagt werden muss. Anspruchsgruppen müssen zur Unterstützung der Umsetzung ihrer Ziele Anforderungen an die Enabler definieren. Fehlende oder mangelhafte Enabler beeinträchtigen die Fähigkeit des Unternehmens, die erwartete Wertschöpfung im Sinne der Governance-Zielvorgaben zu generieren.

Governance kann sich auf das gesamte Unternehmen, eine Entität oder auf einzelne Betriebsmittel beziehen. Der Umfang des Governance-Systems ist daher zu definieren. COBIT 5 nimmt als Umfang das Unternehmen an sich an, aber theoretisch könnte auch ein anderer Umfang angenommen werden.

Das dritte Governance-Element besteht aus Rollen, Aktivitäten und Beziehungen und wie die Beteiligten innerhalb eines Governance-Systems miteinander interagieren. In COBIT 5 werden die Schnittstellen zwischen den beteiligten Rolleninhabern erläutert. COBIT 5 enthält auch ein erweitertes Rollenmodell, das sowohl die Aktivitäten und Verantwortlichkeiten von IT-Funktionen als auch von IT-nahen Business-Funktionen abdeckt.

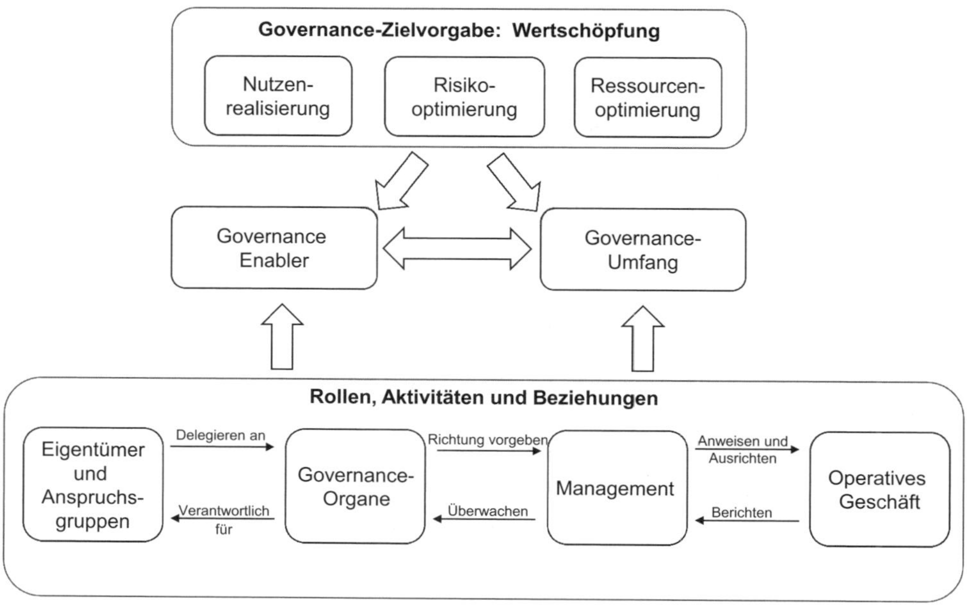

Abb. 3–2 Abdecken des gesamten Unternehmens in Anlehnung an [ISACA 2012a]

COBIT 5 deckt die gesamte Wertschöpfungskette und den gesamten Lebenszyklus der Produkte oder Services im Unternehmen ab. COBIT 5 betrachtet die Governance und das Management von Information und Technologie aus einer unternehmensweiten, durchgängigen Perspektive und unterstützt dabei, die Governance und das Management der IT in die Governance des Unternehmens zu integrieren.

3.3 Prinzip 3: Anwenden eines einheitlichen, integrierten Rahmenwerks

Dieses Prinzip betont einerseits den Charakter von COBIT 5 als umfassende Wissensbasis und andererseits als Integrationsrahmenwerk für die Unternehmen. COBIT 5 fasst das gesamte Wissen, das früher über verschiedene ISACA-Rahmenwerke und Publikationen verteilt war, in einem Modell zusammen. ISACA hat neben COBIT im Laufe der letzten Jahre verschiedene Konzepte und Modelle entwickelt, um Unternehmen Orientierungshilfen und Unterstützung anzubieten. Dazu gehören unter anderem Val IT, Risk IT, BMIS sowie die Publikationen Board Briefing on IT Governance und ITAF. Die wesentlichen Inhalte aus diesen Konzepten und Modelle sind in COBIT 5 integriert worden.

Das COBIT-5-Rahmenwerk integriert aber auch die Ideen von anderen IT-relevanten Standards und Rahmenwerken (wie ITIL, TOGAF und ISO-Standards) und schafft damit die Grundlage für die effektive Integration gängiger Rahmenwerke, Standards und guter Praktiken. Dabei ist die Prozessorientierung eine weitere Stärke von COBIT: COBIT hat alle Unternehmensaktivitäten in einem Prozessmodell strukturiert, das alle Prozesse repräsentiert, die sich gewöhnlich in der IT-Funktion einer Organisation finden. Dieses Prozessmodell kann als Referenzmodell sowohl vom operativen IT-Management als auch vom Business Management gemeinsam verwendet werden.

Insgesamt deckt COBIT auf hoher Ebene alle Unternehmensfunktionen ab und bildet eine solide und umfassende Referenzbasis für bewährte Verfahren. Dadurch stellt COBIT 5 nicht nur eine umfassende Orientierungshilfe für die Governance und das Management der Unternehmens-IT dar, sondern kann von Unternehmen als ein umfassendes, integrierendes Rahmenwerk für die Governance und das Management der IT verwendet werden.

COBIT 5 ist an aktuellen und relevanten Standards, guten Praktiken und Rahmenwerken ausgerichtet und bietet Unternehmen somit die Möglichkeit, COBIT 5 als allumfassendes, integratives Rahmenwerk für die IT-Governance und das IT-Management zu verwenden. In Kapitel 14 wird detailliert auf die von COBIT 5 referenzierten Standards, guten Praktiken und Rahmenwerke eingegangen.

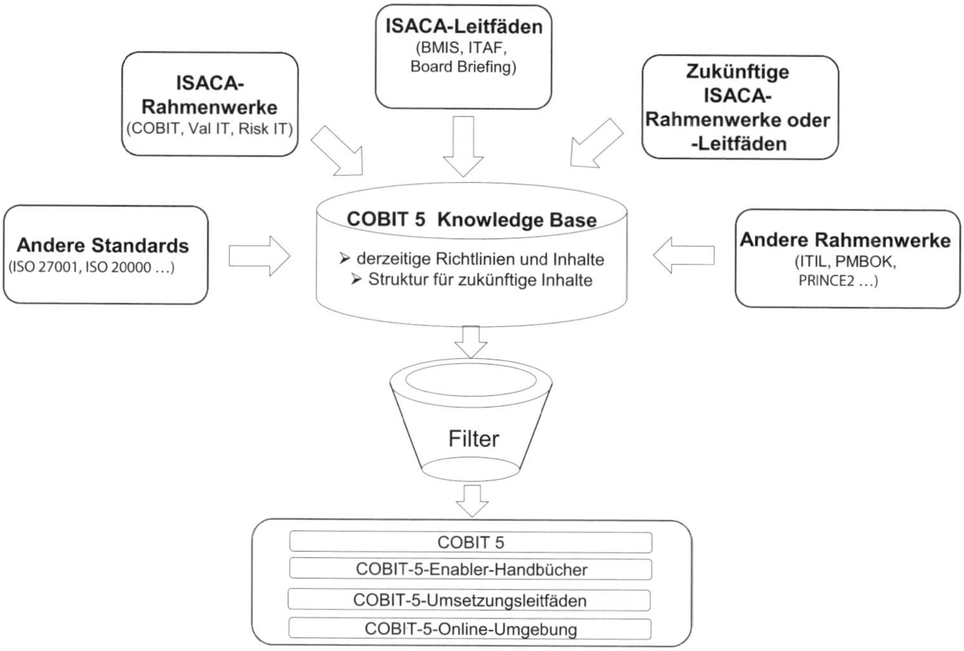

Abb. 3–3 *Anwenden eines einheitlichen, integrierten Rahmenwerks in Anlehnung an [ISACA 2012a]*

3.4 Prinzip 4: Ermöglichen eines ganzheitlichen Ansatzes

Als Schlüsselkomponenten für eine ganzheitliche und effektive IT-Governance sieht COBIT 5 vor allem sieben Elemente, die als Enabler bezeichnet werden. Enabler sind kritische Erfolgsfaktoren, die sowohl individuell als auch kollektiv Einfluss darauf haben, ob etwas funktioniert – in diesem Fall das Erreichen von Zielen durch eine effektive Governance und ein effektives Management der Unternehmens-IT. Das COBIT-5-Rahmenwerk beschreibt sieben Enabler zum Erreichen der IT-Ziele:

- **Prinzipien, Richtlinien und Rahmenwerke (Principles, Policies and Frameworks)**
  Prinzipien, Richtlinien und Rahmenwerke sind das Vehikel zur Erreichung des erwünschten Verhaltens. Der Enabler »Prinzipien, Richtlinien und Rahmenwerke« umfasst die installierten Kommunikationsmittel, um die Vorgaben und Anweisungen der Governance-Organe und des Managements zu vermitteln. Für den Enabler »Prinzipien, Richtlinien und Rahmenwerke« werden im COBIT-5-Rahmenwerk gute Praktiken wie Effektivität, Effizienz, Aktualität oder Eingängigkeit dargestellt. Eine detaillierte Darstellung dieses Enablers erfolgt in Kapitel 5 dieses Buches.

- **Prozesse (Processes)**
  Prozesse beschreiben einen strukturierten Satz mit Praktiken und Aktivitäten zur Erreichung bestimmter Ziele und liefern einen Satz mit Ergebnissen, die zur Erreichung allgemeiner IT-bezogener Ziele beitragen. Der Enabler »Prozesse« umfasst vor allem ein Prozessmodell mit standardisierten Elementen wie Prozessbeschreibung, Prozesszweck, Ziele mit dazugehörigen Metriken, RACI-Diagramm, Prozesspraktiken und -aktivitäten sowie Referenzmaterialien. Eine detaillierte Darstellung dieses Enablers erfolgt in Kapitel 10 dieses Buches.
- **Organisationsstrukturen (Organisational Structures)**
  Organisationsstrukturen sind die wichtigsten Entitäten der Entscheidungsfindung im Unternehmen. Für den Enabler »Organisationsstrukturen« werden im COBIT-5-Rahmenwerk sowohl das Rollenmodell dargestellt als auch gute Praktiken für Organisationsstrukturen wie Arbeitsprinzipien, ausgewogene Zusammensetzung der Mitglieder oder Umfang der Befugnisse. Eine detaillierte Darstellung dieses Enablers erfolgt in Kapitel 6 dieses Buches.
- **Kultur, Ethik und Verhalten (Culture, Ethics and Behaviour)**
  Kultur, Ethik und Verhalten der Mitarbeiter und des Unternehmens werden als Erfolgsfaktoren für Governance- und Managementaktivitäten häufig unterschätzt. Der Enabler »Kultur, Ethik und Verhalten« bezieht sich auf individuelles und kollektives Verhalten innerhalb eines Unternehmens. Das COBIT-5-Rahmenwerk stellt insbesondere Verfahren zur Schaffung, Förderung und Aufrechterhaltung eines erwünschten Verhaltens dar. Eine detaillierte Darstellung dieses Enablers erfolgt in Kapitel 7 dieses Buches.
- **Information (Information)**
  Informationen sind in jeder Organisation allgegenwärtig. Zu ihnen gehören sämtliche vom Unternehmen produzierten und verwendeten Informationen. Informationen sind für die Aufrechterhaltung des Betriebs der Organisation und dessen Steuerung unverzichtbar. Auf operativer Ebene sind Informationen häufig sogar das wichtigste Produkt des Unternehmens überhaupt. Der Enabler »Information« bezieht sich auf alle unternehmensrelevanten Informationen. Die Ziele des Enablers »Information« werden im COBIT-5-Rahmenwerk durch die drei Dimensionen intrinsische Qualität, kontextabhängige Qualität sowie Sicherheit bzw. Zugangsmöglichkeiten beschrieben. Eine detaillierte Darstellung dieses Enablers erfolgt in Kapitel 12 dieses Buches.
- **Services, Infrastruktur und Anwendungen (Services, Infrastructure and Applications)**
  Services, Infrastruktur und Anwendungen umfassen die Infrastruktur, die Technologie und die Anwendungen, die innerhalb des Unternehmens die IT-Verarbeitung und IT-Services sicherstellen. Der Enabler »Services, Infrastruktur und Anwendungen« bezieht sich auf die Ressourcen, die bei der Bereitstellung von IT-Dienstleistungen genutzt werden. Die Ziele des Enablers werden im COBIT-5-Rahmenwerk in Bezug auf die Dienstleistungen (Anwendungen, Infrastruktur,

Technologie) und die Service Level ausgedrückt. Eine detaillierte Darstellung dieses Enablers erfolgt in Kapitel 8 dieses Buches.

- **Mitarbeiter, Fähigkeiten und Kompetenzen (People, Skills and Competencies)** Mitarbeiter, Fähigkeiten und Kompetenzen beziehen sich auf das Personal und sind für die Durchführung aller Aktivitäten, das Treffen der richtigen Entscheidungen und die Umsetzung korrektiver Maßnahmen erfolgskritisch. Das COBIT-5-Rahmenwerk zeigt zum Enabler »Mitarbeiter, Fähigkeiten und Kompetenzen« wichtige Fähigkeiten für jede COBIT-Prozessdomäne auf sowie Ziele für Fähigkeiten und Kompetenzen, wie Bildungs- und Qualifikationsniveaus, technische Fähigkeiten, Erfahrung, Wissen und Verhalten. Eine detaillierte Darstellung dieses Enablers erfolgt in Kapitel 9 dieses Buches.

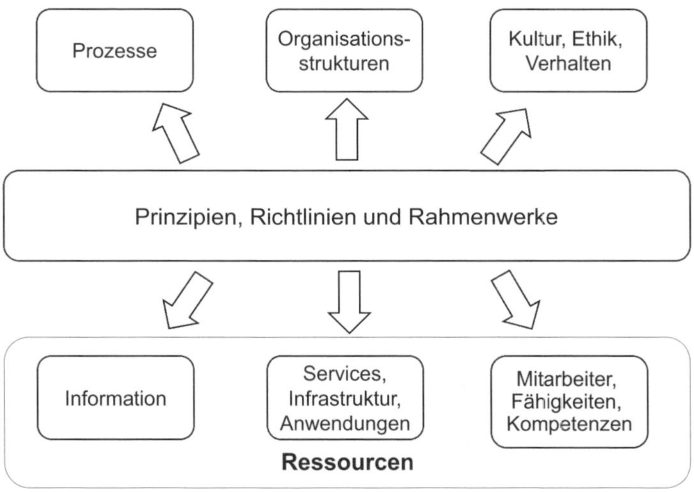

Abb. 3–4 *Ermöglichen eines ganzheitlichen Ansatzes in Anlehnung an [ISACA 2012a]*

Abbildung 3–4 zeigt, dass die sieben Enabler miteinander interagierende kritische Erfolgsfaktoren sind. Prinzipien, Richtlinien und Rahmenwerke sind als Vehikel zur Kommunikation der Vorgaben und Anweisungen der Governance-Organe und des Managements der Ausgangspunkt für alle Enabler. Jeder Enabler wird im COBIT-5-Rahmenwerk durch die Komponenten Anspruchsgruppen, Ziele, Lebenszyklus und gute Praktiken näher beschrieben.

3.5 Prinzip 5: Unterscheiden zwischen Governance und Management

COBIT 5 unterscheidet zwischen Governance und Management der Unternehmens-IT. Diese beiden Disziplinen sind mit unterschiedlichen Arten von Aktivitäten verbunden, erfordern unterschiedliche Organisationsstrukturen und dienen unterschiedlichen Zwecken. Um eine klare Zuordnung und Trennung von Verantwortlichkeiten zu erreichen, sind Governance und Management der Unternehmens-IT auch im Prozessmodell von COBIT 5 durch eigene Domänen getrennt.

Governance stellt sicher, dass die Anforderungen der Anspruchsgruppen, Rahmenbedingungen und Möglichkeiten evaluiert werden, um ausgewogene und vereinbarte Unternehmensziele zu bestimmen. Governance gibt die Richtung durch die Festlegung von Prioritäten und das Fällen von Entscheidungen vor und überwacht die Leistung und die Erreichung der vereinbarten Richtung und Zielvorgaben. Die Governance liegt in den meisten Unternehmen in der Zuständigkeit der Geschäftsleitung und des Aufsichtsorgans (Board of Directors).

Management plant, erstellt, betreibt und überwacht Aktivitäten – im Rahmen der von der Governance vorgegebenen Richtung –, um die Unternehmensziele zu erreichen. Das Management liegt meist in der Zuständigkeit der Ebene unterhalb des Geschäftsleiters (CEO).

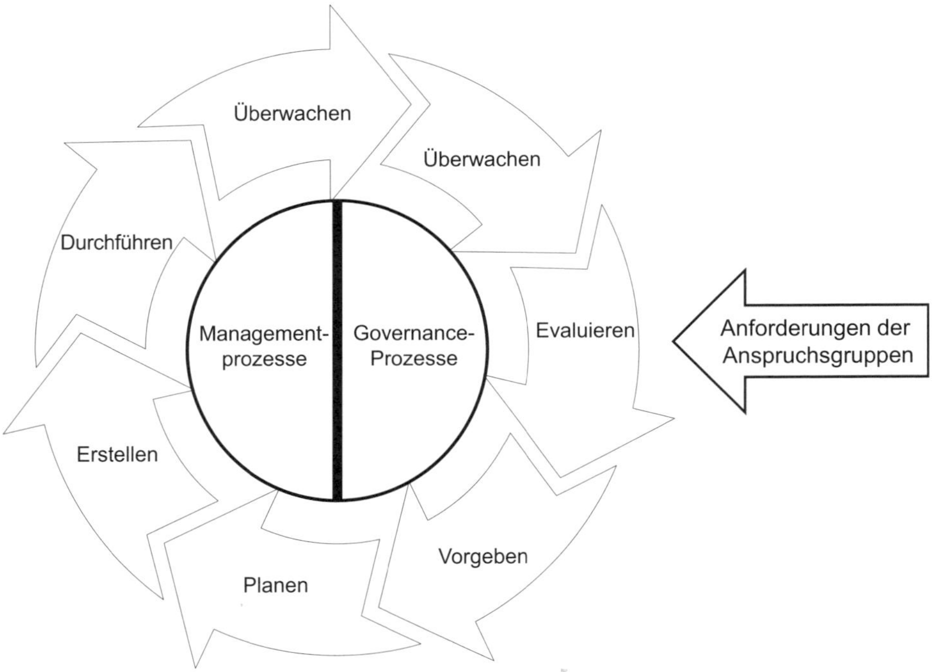

Abb. 3–5 *Unterscheiden zwischen Governance und Management*

Die Governance-Prozesse umfassen das Evaluieren der Anforderungen der unterschiedlichen Anspruchsgruppen, das Vorgeben der Richtung sowie das Überwachen der Zielerreichung. Jeder Prozess der Governance-Domäne von COBIT 5 bildet genau diese drei Aufgaben der Governance ab. Das Management plant, erstellt, betreibt und überwacht Aktivitäten – im Rahmen der von der Governance vorgegebenen Richtung. Die vier Management-Domänen von COBIT 5 bilden genau diese vier Aufgabengebiete ab.

4 Enabler und deren Dimensionen

Enabler sind im COBIT-5-Rahmenwerk kritische Erfolgsfaktoren zum Erreichen der IT-Ziele. Jedes geschäftliche Problem kann über eine Kombination der sieben miteinander in Beziehung stehenden Enabler gelöst werden:

- Prinzipien, Richtlinien und Rahmenwerke (Principles, Policies and Frameworks)
- Prozesse (Processes)
- Organisationsstrukturen (Organisational Structures)
- Kultur, Ethik und Verhalten (Culture, Ethics and Behaviour)
- Information (Information)
- Services, Infrastruktur und Anwendungen (Services, Infrastructure and Applications)
- Mitarbeiter, Fähigkeiten und Kompetenzen (People, Skills and Competencies)

COBIT 5 beschreibt für alle Enabler vier Dimensionen, mit denen die Leistung der Enabler gesteuert und gemessen werden kann. Die allen Enablern gemeinsamen Dimensionen sind:

- Anspruchsgruppen
- Ziele
- Lebenszyklus
- Bewährte Verfahren

Die ersten beiden Dimensionen stellen die Zielerreichung sicher: Wird den Anforderungen der Anspruchsgruppen entsprochen? Werden die Ziele erreicht? Die Dimensionen Lebenszyklus und bewährte Verfahren beeinflussen die Wahrscheinlichkeit der Zielerreichung. Ein aktiv gemanagter Lebenszyklus und die Anwendung bewährter Verfahren erhöht die Wahrscheinlichkeit der Zielerreichung. Während die ersten beiden Dimensionen über rückwärtsgerichtete Indikatoren beurteilt werden, lassen sich die letzten beiden Dimensionen über vorwärtsgerichtete Indikatoren messen.

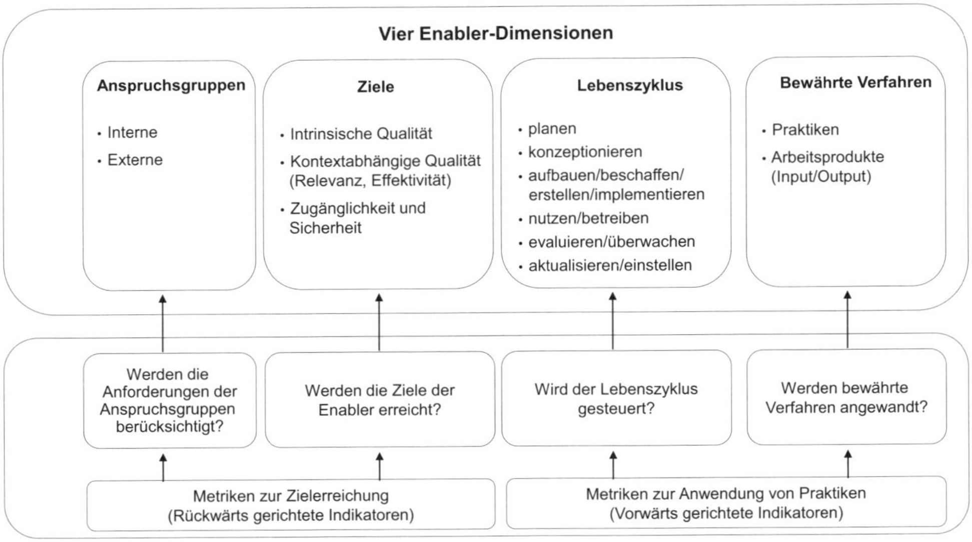

Abb. 4–1 *Dimensionen der Enabler in Anlehnung an [ISACA 2012a]*

Die einzelnen Enabler-Dimensionen werden in den nachfolgenden Abschnitten allgemein diskutiert und in den folgenden Kapiteln spezifisch dargestellt.

4.1 Anspruchsgruppen

Jeder Enabler hat Anspruchsgruppen, d. h. Parteien, die eine aktive Rolle spielen und/oder ein Interesse an dem Enabler haben.

Definition Anspruchsgruppen [ISACA 2012a]:

»Jeder, der Verantwortung für das Unternehmen hat, Erwartungen an das Unternehmen stellt oder ein sonstiges Interesse am Unternehmen hat, z. B. Anteilseigner, Anwender, Regierung, Lieferanten, Kunden und die Öffentlichkeit«

Diese Anspruchsgruppen können innerhalb oder außerhalb des Unternehmens angesiedelt sein. Sie alle haben eigene Interessen und Anforderungen, die manchmal auch in Konflikt zueinander stehen. Anforderungen der Anspruchsgruppen werden in Unternehmensziele übersetzt, die wiederum in IT-bezogene Ziele für das Unternehmen übersetzt werden können. COBIT unterscheidet dabei zwischen internen und externen Anspruchsgruppen.

Anspruchsgruppe	Beispiele
Interne Anspruchsgruppen	■ Geschäftsleitung ■ CEO (Chief Executive Officer) ■ Chief Financial Officer (CFO) ■ Chief Information Officer (CIO) ■ Chief Risk Officer (CRO) ■ Führungskräfte des Unternehmens ■ Geschäftsprozessverantwortliche ■ Business Manager ■ Risikomanager ■ Sicherheitsmanager ■ Service Manager ■ HR-Manager ■ Interne Revision ■ Datenschutzverantwortliche ■ IT-Nutzer ■ IT-Manager
Externe Anspruchsgruppen	■ Geschäftspartner ■ Lieferanten ■ Anteilseigner ■ Regulierungsbehörden/Regierung ■ Externe Anwender ■ Kunden ■ Organisationen für ■ Standardisierung ■ Abschlussprüfer ■ Berater

Tab. 4–1 *Übersicht möglicher interner und externer Anspruchsgruppen [ISACA 2012a]*

Die Erreichung dieser Enabler-Dimension wird über das Ergebnis des Enablers bzw. durch die Feststellung, ob den Anforderungen der Anspruchsgruppen entsprochen wird, definiert. Die anzuwendenden Metriken müssen als rückwärtsgerichtete Indikatoren messen, inwieweit die Ziele erreicht wurden. Diese Metriken werden auch als nachlaufende Indikatoren (Lag Indicators) bezeichnet.

4.2 Ziele

Jeder Enabler verfolgt verschiedene Ziele. Durch die Erreichung dieser Ziele schaffen Enabler einen Wert für das Unternehmen. Ziele des Enablers können als erwartetes Ergebnis oder als Anwendung oder Betrieb des Enablers selbst definiert sein. Die Enabler-Ziele können weiter unterteilt und unterschiedlichen Kategorien zugeordnet werden.

Zielkategorie	Erläuterung
Intrinsische Qualität	Umfang, in dem Enabler akkurat und objektiv funktionieren und akkurate, objektive und wiederholbare Ergebnisse liefern
Kontextbezogene Qualität	Umfang, in dem Enabler und ihre Ergebnisse in dem jeweiligen Kontext, in dem sie eingesetzt werden, zweckdienlich sind und beispielsweise relevant, vollständig, aktuell, geeignet, konsistent, verständlich und leicht anzuwenden sind
Zugänglichkeit und Sicherheit	Umfang, in dem Enabler und ihre Ergebnisse zugänglich und verfügbar sowie sicher und geschützt sind

Tab. 4–2 *Übersicht der Enabler-Ziele [ISACA 2012a]*

Zur Steuerung dieser Dimension muss hinterfragt werden, ob die Enabler-Ziele erreicht wurden. Die Frage bezieht sich auf das Ergebnis des Enablers und die anzuwendenden Metriken müssen als rückwärtsgerichtete Indikatoren messen, inwieweit die Ziele erreicht wurden.

4.3 Lebenszyklus

Jeder Enabler hat einen bestimmten Lebenszyklus, der von der Erstellung über die Nutzungsdauer bis hin zu seiner Beendigung andauert. Der Enabler-Lebenszyklus umfasst folgende Phasen:

- Planen (einschließlich Konzeptentwicklung und Konzeptauswahl)
- Konzipieren
- Aufbauen/Beschaffen/Erstellen/Implementieren
- Nutzen/Betreiben
- Evaluieren/Überwachen
- Aktualisieren/Einstellen

Zur Steuerung dieser Dimension muss hinterfragt werden, ob der Enabler-Lebenszyklus angemessen gesteuert wird. Die Frage bezieht sich auf die Funktionalität des Enablers. Die anzuwendenden Metriken geben dem Management einen Anhaltspunkt, ob die Ziele der Enabler erreicht werden können. Diese Metriken sind entsprechend vorwärtsgerichtete Indikatoren und werden auch als vorlaufende Indikatoren (Lead Indicators) bezeichnet.

4.4 Bewährte Verfahren

Für jeden Enabler können bewährte Verfahren eingesetzt werden. Bewährte Verfahren unterstützen die Erreichung der Enabler-Ziele. Bewährte Verfahren stellen Beispiele oder Empfehlungen bereit, wie ein Enabler optimal implementiert werden kann und wie die erforderlichen Arbeitsprodukte optimal gestaltet sein sollten. Das

COBIT-5-Rahmenwerk beschreibt für jeden Enabler einige bewährte Verfahren und verweist auf andere Standards, gute Praktiken oder Rahmenwerken. Zusätzlich stellt COBIT 5 in separaten Handbüchern und Umsetzungsleitfäden für einzelne Enabler oder Themengebiete umfangreiche Beispiele für bewährte Verfahren bereit.

Definition Bewährte Verfahren [ISACA 2012a]:

»Bewährte Aktivitäten oder Prozesse, die bereits erfolgreich von mehreren Unternehmen durchgeführt wurden und die nachweislich zuverlässige Ergebnisse liefern«

Zur Steuerung dieser Dimension muss hinterfragt werden, ob bewährte Verfahren angewandt werden. Die Frage bezieht sich ebenfalls auf die Funktionalität des Enablers und kann durch vorwärtsgerichtete Indikatoren gemessen werden.

5 Prinzipien, Richtlinien und Rahmenwerke

Der Enabler »Prinzipien, Richtlinien und Rahmenwerke« gilt im COBIT-5-Rahmenwerk als das Vehikel zur Erreichung des erwünschten Verhaltens. Der Enabler umfasst die installierten Kommunikationsmittel, um die Vorgaben und Anweisungen der Governance-Organe, der Organisationsstrukturen und des Managements zu vermitteln. Prinzipien, Richtlinien und Rahmenwerke spiegeln aber auch die Kultur und die ethischen Werte des Unternehmens wider und fördern das gewünschte Verhalten.

Definition Prinzip [ISACA 2012a]:

»Prinzipien umfassen die Werte und fundamentalen Annahmen des Unternehmens, die Überzeugungen, die die Entscheidungsfindung des Unternehmens leiten und definieren, die Kommunikation innerhalb und außerhalb des Unternehmens sowie die Verantwortung für die Betriebsmittel anderer.«

Definition Richtlinie [ISACA 2012a]:

»Formelle Erklärung des Managements in Bezug auf die allgemeine Absicht und Ausrichtung«

Richtlinien bieten eine genauere Anleitung dahingehend, wie die Prinzipien in die Praxis umzusetzen sind, und haben Einfluss darauf, inwieweit die Entscheidungsfindung an den Prinzipien ausgerichtet ist. Richtlinien bilden eine wichtige Komponente des internen Kontrollsystems eines Unternehmens. Die Richtlinien werden weitergehend über Prozesspraktiken und Prozessaktivitäten umgesetzt.

Governance- und Management-Rahmenwerke sollen dem Management eine Struktur, Orientierung und Instrumente an die Hand geben, die eine effektive Governance bzw. ein effektives Management der Unternehmens-IT ermöglichen.

5.1 Anspruchsgruppen

Anspruchsgruppen von Prinzipien und Richtlinien sieht das COBIT-5-Rahmenwerk sowohl intern als auch unternehmensextern. In der nachfolgenden Tabelle sind ein paar Beispiele möglicher interner und externer Anspruchsgruppen dargestellt.

Anspruchsgruppe	Beispiele
Interne Anspruchsgruppen	■ Geschäftsleitung ■ Führungskräfte des Unternehmens ■ Compliance-Beauftragte ■ Risikomanager ■ Interne Revision
Externe Anspruchsgruppen	■ Regulierungsbehörden ■ Kunden ■ Abschlussprüfer ■ Serviceanbieter

Tab. 5–1 *Übersicht möglicher interner und externer Anspruchsgruppen für den Enabler Prinzipien, Richtlinien und Rahmenwerke [ISACA 2012a]*

Anspruchsgruppen haben unterschiedliche Interessen: Einerseits definieren sie Richtlinien und legen sie fest, andererseits müssen sie sich an ihnen orientieren bzw. sie einhalten.

5.2 Ziele

Prinzipien, Richtlinien und Rahmenwerke unterstützen die Governance-Zielvorgaben und Unternehmenswerte. Die nachfolgende Tabelle stellt Beispiele für Merkmale dar, die Prinzipien, Richtlinien und Rahmenwerke aufweisen sollten.

Für die Anspruchsgruppen ist daneben auch wichtig, dass sie einfachen Zugang zu allen relevanten Richtlinien haben und auf diese zugreifen können.

Enabler	Merkmale
Prinzipien	■ Prinzipien müssen in der Anzahl beschränkt sein. ■ Prinzipien müssen in einer einfachen Sprache formuliert sein und die Kernwerte des Unternehmens möglichst klar zum Ausdruck bringen.
Richtlinien	■ Richtlinien müssen effektiv sein, d. h. den geplanten Zweck erfüllen. ■ Richtlinien müssen effizient sein, d. h. sicherstellen, dass die Prinzipien mit maximaler Effizienz implementiert werden. ■ Richtlinien müssen unaufdringlich (non-intrusive) sein, d. h., sie wirken logisch auf diejenigen, die sie zu beachten haben, und lösen keinen unnötigen Widerstand aus.
Rahmenwerke	■ Rahmenwerke sind umfassend und decken alle erforderlichen Bereiche ab. ■ Rahmenwerke sind offen und flexibel und können an die spezifische Unternehmenssituation angepasst werden. ■ Rahmenwerke sind aktuell, d. h., sie bilden die derzeitige Ausrichtung des Unternehmens und die derzeitigen Governance-Zielvorgaben ab. ■ Rahmenwerke sind für alle Anspruchsgruppen verfügbar und zugänglich.

Tab. 5–2 *Übersicht der Merkmale der Zielvorgaben für den Enabler Prinzipien, Richtlinien und Rahmenwerke [ISACA 2012a]*

5.3 Lebenszyklus

Prinzipien, Richtlinien und Rahmenwerke haben einen Lebenszyklus. Als wichtiger Aspekt des Lebenszyklus für Richtlinien und Rahmenwerke wird im COBIT-5-Rahmenwerk deren Aktualität angeführt. Effektive Mechanismen sollten dafür sorgen, dass die Mitarbeiter über die Überarbeitung und Aktualisierung von Richtlinien in Kenntnis gesetzt werden und dass die jeweils neueste Version einer Richtlinie problemlos zugänglich ist.

5.4 Bewährte Verfahren

Im COBIT-5-Rahmenwerk werden für Richtlinien beispielsweise folgende bewährte Verfahren angeführt:

Bewährte Verfahren	Erläuterung
Teil eines allgemeinen Governance- und Management-Rahmenwerks	▪ Richtlinien sollten Teil eines allgemeinen Governance- und Management-Rahmenwerks sein und in eine (hierarchische) Struktur von Dokumenten integriert sein. ▪ Zwischen Richtlinien und den dahinter liegenden Prinzipien sollte eine klare Verbindung bestehen, d. h., es sollte deutlich sein, welche Prinzipien durch eine Richtlinie umgesetzt werden.
Definition von Rahmenbedingungen	▪ Geltungsbereich und Gültigkeit ▪ Konsequenzen bei Nichteinhaltung der Richtlinie ▪ Mittel für den Umgang mit Ausnahmen ▪ Art und Weise der Überprüfung und Messung der Compliance mit der Richtlinie
Orientierung an anerkannten Rahmenwerken	▪ Allgemein anerkannte Governance- und Management-Rahmenwerke können bei der konkreten Formulierung von Richtlinien eine wertvolle Orientierung darstellen.
Ausrichtung an Risikobereitschaft	▪ Richtlinien sollten an der Risikobereitschaft des Unternehmens ausgerichtet sein. Ein Risiken gegenüber eher abgeneigtes Unternehmen hat strengere Richtlinien als ein risikofreudiges Unternehmen.
Regelmäßige Aktualisierung	▪ Richtlinien müssen in regelmäßigen Abständen überprüft und/oder aktualisiert werden.

Tab. 5–3 *Übersicht der bewährten Verfahren für Richtlinien [ISACA 2012a]*

Abhängig vom externen Umfeld des Unternehmens sind die gesetzlichen und aufsichtsrechtlichen Anforderungen unterschiedlich ausgeprägt. Das Richtlinien-Rahmenwerk, das die Struktur für die Richtlinien bildet, sollte dementsprechend ausfallen und eine einfache Navigation im Anweisungswesen des Unternehmens erlauben.

Richtlinien stellen auch Informationen dar. Alle bewährten Verfahren, die für den Enabler Informationen gelten, sind folglich auch für Richtlinien anwendbar. Dies betrifft beispielsweise die Sprache, die Aktualität und den Aufbewahrungszeitraum.

6 Organisationsstrukturen

Unter dem Enabler »Organisationsstrukturen« werden im COBIT-5-Rahmenwerk die wichtigsten Entitäten der Entscheidungsfindung im Unternehmen verstanden.

Definition Organisationsstruktur [ISACA 2012a]:

»Enabler für Governance und Management. Sie umfasst das Unternehmen mit seinen Strukturen, Hierarchien und Abhängigkeiten.«

Der Enabler umfasst auch das Rollenmodell im RACI-Diagramm vom COBIT-5-Prozessreferenzmodell, über das Prozessaktivitäten mit Organisationsstrukturen oder einzelnen Rollen im Unternehmen verknüpft werden (siehe Abschnitt 11.1.3.5). Im RACI-Diagramm wird beschrieben, wie (zuständig, verantwortlich, konsultiert, informiert) die einzelnen Organisationsstrukturen oder Rollen in die verschiedenen Prozesspraktiken eingebunden sind. Die im RACI-Diagramm von COBIT 5 dargestellten vordefinierten Rollen und Strukturen müssen jedoch nicht unbedingt den in einem Unternehmen implementierten Rollen und Strukturen entsprechen. Wichtig ist, dass der beschriebene Zweck der Organisationsstruktur bzw. die Funktion auf die vorhandenen Rollen und Strukturen in einem Unternehmen zugeordnet werden können.

6.1 Anspruchsgruppen

Anspruchsgruppen von Organisationsstrukturen sieht das COBIT-5-Rahmenwerk sowohl intern als auch unternehmensextern. Zu ihnen zählen einzelne Mitglieder einer Organisationsstruktur, andere Organisationsstrukturen, Organisationsentitäten, Kunden, Lieferanten und Regulierungsbehörden. Anspruchsgruppen haben unterschiedliche Rollen und Interessen, z. B. Entscheidungen treffen, Einfluss nehmen oder beratend tätig sein.

6.2 Ziele

Organisationsstrukturen sollen das Ziel unterstützen, für das Unternehmen optimale Entscheidungen zu treffen. Dazu benötigt die Organisationsstruktur Input, in der

Regel Informationen. Für die Effizienz und Effektivität von Organisationsstrukturen und deren Entscheidungen sind weiterhin die Kultur, Ethik sowie das Verhalten im Unternehmen von großer Bedeutung.

Für die Organisationsstrukturen selbst sind das Vorhandensein eines Mandats, sorgfältig definierte operative Prinzipien und die Anwendung bewährter Verfahren typische Ziele. Das Mandat und die operativen Prinzipien der Organisationsstrukturen sollten dabei auf dem bestehenden Richtlinien-Rahmenwerk des Unternehmens basieren.

6.3 Lebenszyklus

Jede Organisationsstruktur verfügt über einen Lebenszyklus. Die Organisationsstruktur wird konzipiert, einberufen, besteht und wird angepasst und kann auch wieder aufgelöst werden. Während ihrer Schaffung muss ein Mandat vorliegen, d. h., es müssen ein Grund und eine Zweckbestimmung für ihr Vorhandensein definiert werden.

6.4 Bewährte Verfahren

Als bewährte Verfahren werden im COBIT-5-Rahmenwerk folgende Beispiele für Organisationsstrukturen angeführt:

Bewährte Verfahren	Erläuterung
Arbeitsprinzipien (Operating Principles)	■ Arbeitsprinzipien sind die praktischen Regelungen für die Funktionsweise der Struktur. Dazu gehören die Häufigkeit von Besprechungen, Dokumentation und hausinterne Regeln.
Zusammensetzung (Composition)	■ Strukturen bestehen aus Mitgliedern, bei denen es sich um interne oder externe Anspruchsgruppen handeln kann. ■ Mitglieder der Organisationsstrukturen sollten ein geeignetes Fähigkeitsprofil haben.
Umfang der Befugnisse (Span of Control)	■ Grenzen der Entscheidungsbefugnisse der Organisationsstruktur sollten definiert sein.
Kompetenzstufe/ Entscheidungsbefugnisse (Level of Authority/ Decision Rights)	■ Die Entscheidungen, die die Organisationsstruktur treffen darf, sollten definiert sein.
Delegation von Autorität (Delegation of Authority)	■ Die Organisationsstruktur kann einen Teilbereich ihrer Entscheidungsbefugnisse anderen, ihr unterstellten Strukturen übertragen.
Eskalationsverfahren (Escalation Procedures)	■ Der Eskalationspfad einer Organisationsstruktur beschreibt die erforderlichen Maßnahmen im Falle von Problemen bei der Entscheidungsfindung.

Tab. 6–1 *Übersicht der bewährten Verfahren für Organisationsstrukturen [ISACA 2012a]*

7 Kultur, Ethik und Verhalten

Der Enabler »Kultur, Ethik und Verhalten« bezieht sich sowohl auf individuelles als auch auf kollektives Verhalten innerhalb eines Unternehmens und wird als Erfolgsfaktor für Governance- und Managementaktivitäten häufig unterschätzt.

Definition Kultur [ISACA 2012a]:

»Muster aus Verhaltensweisen, Überzeugungen, Annahmen, Haltungen und Methoden, das Einfluss darauf hat, wie Dinge gemacht werden«

Selbst sorgfältig konzipierte Prozesse erreichen die gewünschten Prozessergebnisse nicht, wenn die Prozessaktivitäten nicht wie geplant ausgeführt werden, weil Mitarbeiter sich nicht regelkonform verhalten. Ebenso verfehlen gut aufgesetzte Organisationsstrukturen im Sinne einer Governance und eines Managements der Unternehmens-IT ihren Nutzen, wenn ihre Entscheidungen nicht umgesetzt werden, weil zwischen den Beteiligten unterschiedliche persönliche Auffassungen bestehen.

7.1 Anspruchsgruppen

Intern sieht das COBIT-5-Rahmenwerk das gesamte Unternehmen als Anspruchsgruppe für den Enabler Kultur, Ethik und Verhalten. Als externe Anspruchsgruppen werden Regulierungseinheiten, wie z. B. Abschlussprüfer oder Aufsichtsbehörden, angeführt. Einige Anspruchsgruppen, wie der HR-Manager, sind mit der Definition, Implementierung und Umsetzung gewünschter Verhaltensweisen befasst, während sich andere vor allem an die definierten Regeln und Normen halten müssen.

7.2 Ziele

Der Enabler Kultur, Ethik und Verhalten betrifft im Wesentlichen die folgenden Bereiche:

Bereich	Merkmale
Unternehmensethik (Organisational Ethics)	Die Unternehmensethik richtet sich nach den Werten, nach denen das Unternehmen lebt.
Individuelle Ethik (Individual Ethics)	Die individuelle Ethik richtet sich nach den persönlichen Werten aller Mitarbeiter im Unternehmen und ist in hohem Maße von externen Faktoren abhängig, wie z. B. Religion, Herkunft, sozialökonomischer Hintergrund, Geografie und persönlichen Erfahrungen.
Individuelle Verhaltensweisen (Individual Behaviours)	Individuelle Verhaltensweisen machen in Summe die Kultur eines Unternehmens aus. Individuelle Verhaltensweisen werden von vielen Faktoren bestimmt. Dazu zählen nicht nur die oben genannten externen Faktoren, sondern auch zwischenmenschliche Beziehungen im Unternehmen sowie persönliche Ziele und Ambitionen.

Tab. 7–1 *Übersicht der Bereiche des Enablers Kultur, Ethik und Verhalten [ISACA 2012a]*

Individuelle Verhaltensweisen machen in Summe die Kultur eines Unternehmens aus und werden von vielen Faktoren bestimmt. Das COBIT-5-Rahmenwerk hebt beim individuellen Verhalten bestimmte Verhaltenstypen hervor:

- Verhalten in Bezug auf Risiken: Wie viele Risiken meint das Unternehmen absorbieren zu können und welche Risiken ist es bereit zu tragen?
- Verhalten in Bezug auf Richtlinien: In welchem Umfang werden Richtlinien von den Mitarbeitern angenommen und/oder eingehalten?
- Verhalten in Bezug auf negative Ergebnisse: Wie geht das Unternehmen mit negativen Ergebnissen um? Nutzt es solche Situationen, um daraus zu lernen und sich anzupassen, oder macht es Schuldzuweisungen, ohne die eigentliche Ursache anzugehen?

7.3 Lebenszyklus

Der Enabler Kultur, Ethik und Verhalten verfügt über einen eigenen Lebenszyklus. Eine bestehende Unternehmenskultur kann verändert werden, und es gibt bewährte Verfahren, eine solche Änderung anzustoßen und umzusetzen.

7.4 Bewährte Verfahren

Als bewährte Verfahren für die Schaffung, Förderung und Aufrechterhaltung eines gewünschten Verhaltens werden im COBIT-5-Rahmenwerk für den Enabler Kultur, Ethik und Verhalten folgende Beispiele angeführt:

Bewährte Verfahren	Erläuterung
Kommunikation (Communication)	Unternehmensweite Kommunikation der erwünschten Verhaltensweisen und der ihnen zugrunde liegenden Unternehmenswerte
Bewusstsein (Awareness)	Schaffung eines Bewusstseins für das gewünschte Verhalten durch mustergültiges Vorleben des Verhaltens durch das oberste Management und andere wichtige Funktionsträger
Anreize (Incentives)	Anreize für die Förderung des erwünschten Verhaltens und geeignete abschreckende Mittel, um das gewünschte Verhalten durchzusetzen
Regeln und Normen (Rules and Norms)	Regeln und Normen bieten eine weitere Orientierung in Bezug auf das gewünschte Verhalten im Unternehmen.

Tab. 7–2 *Übersicht der bewährten Verfahren für den Enabler Kultur, Ethik und Verhalten [ISACA 2012a]*

Ein wichtiger Anreiz in einem Unternehmen ist das implementierte Bonussystem, das direkte Auswirkungen auf das individuelle Verhalten der Mitarbeiter hat. Regeln und Normen bieten dagegen einen allgemeinen Orientierungspunkt und sind eng mit den vom Unternehmen implementierten Prinzipien und Richtlinien verknüpft. Prinzipien und Richtlinien sind ihrerseits ein sehr wichtiger Mechanismus für die Kommunikation von Unternehmenswerten und der erwünschten Verhaltensweisen.

8 Services, Infrastruktur und Anwendungen

Die Fähigkeit zur Dienstleistungserbringung bezieht sich auf Ressourcen, wie z. B. Anwendungen und Infrastrukturen, die für die Bereitstellung IT-bezogener Services genutzt werden. Die Fähigkeit zur Dienstleistungserbringung oder Servicebefähigung (Service Capabilities) wird daher auch als kollektiver Begriff für Services, Infrastruktur und Anwendungen verwendet.

Definition IT-Service [ISACA 2012a]:

»Die alltägliche Bereitstellung von IT-Infrastruktur, Anwendungen und Support für Kunden. Dazu zählen beispielsweise Service Desks, die Bereitstellung und Umlagerung von Geräten sowie Sicherheitsautorisierungen.«

Definition IT-Anwendung [ISACA 2012a]:

»Elektronische Funktionalität, die Teile von Geschäftsprozessen darstellt, die durch die IT oder mit deren Unterstützung durchgeführt werden«

Servicebefähigung benötigt auch den Enabler Information. Information wird wiederum zusammen mit Prozessen dazu genutzt, interne und externe Services bereitzustellen. Die Servicebefähigung hat mit dem Aufbau einer serviceorientierten Kultur auch kulturelle und verhaltensbezogene Aspekte.

8.1 Anspruchsgruppen

Das COBIT-5-Rahmenwerk sieht Anspruchsgruppen für die Fähigkeit zur Dienstleistungserbringung sowohl innerhalb als auch außerhalb des Unternehmens. Dienstleistungen können von internen und externen Parteien bereitgestellt werden, z. B. von internen IT-Abteilungen, von Betriebsverantwortlichen oder von Anbietern ausgelagerter Services. Auch die Nutzer der Services können intern (Geschäftsanwender) oder extern (Partner, Kunden, Lieferanten) sein. Die Interessen all dieser Anspruchsgruppen müssen identifiziert werden, damit man sich entweder bei der Bereitstellung adäquater Services oder bei der Inanspruchnahme der bei einem Anbieter angeforderten Services auf diese konzentrieren kann.

8.2 Ziele

Die Ziele für den Enabler Services, Infrastruktur und Anwendungen werden in Form von Services, wie der Betrieb von Anwendungen, Infrastruktur und Technologie, sowie in Form von Service Levels ausgedrückt. Für Unternehmen ist die Wirtschaftlichkeit der Fähigkeit zur Dienstleistungserbringung wichtig, die sich sowohl auf ihre Bereitstellungsart als auch auf deren Ergebnis (im Sinne einer erfolgreichen Unterstützung der Geschäftsprozesse) bezieht.

8.3 Lebenszyklus

Der Enabler Services, Infrastruktur und Anwendungen verfügt über einen eigenen Lebenszyklus. Die zukünftige oder geplante Servicebefähigung ist in der Regel in einer Zielarchitektur beschrieben. Diese umfasst die notwendigen Bausteine, wie z. B. künftige Anwendungen oder das anvisierte Infrastrukturmodell, und beschreibt die Verknüpfungen und Beziehungen zwischen den Bausteinen. Die derzeitige Servicebefähigung, die für die Bereitstellung der aktuellen IT-Services angewendet wird, kann in einer Referenzarchitektur beschrieben sein. Je nach Zeitrahmen für die Zielarchitektur kann auch eine Übergangsarchitektur definiert werden, in der das Unternehmen in den inkrementellen Zuständen zwischen der Ziel- und der Referenzarchitektur abgebildet ist.

8.4 Bewährte Verfahren

Als bewährte Verfahren werden im COBIT-5-Rahmenwerk für den Enabler Services, Infrastruktur und Anwendungen folgende Beispiele angeführt:

Bewährte Verfahren	Erläuterung
Definition von Architekturprinzipien (Architecture Principles)	Architekturprinzipien sind allgemeine Leitlinien, die die Implementierung und Verwendung IT-bezogener Ressourcen innerhalb des Unternehmens regeln. Beispiele für mögliche Architekturprinzipien sind Einfachheit (Simplicity), Anpassungsfähigkeit (Agility) oder Offenheit (Openness).
Architektursichten (Architecture Viewpoints)	Definition von Architektursichten, die zur Erfüllung der Anforderungen der verschiedenen Anspruchsgruppen am besten geeignet sind. Dies umfasst Modelle, Kataloge und Matrizen, die zur Beschreibung der Referenz-, Ziel- oder Übergangsarchitektur verwendet werden.
Architektur-Repository (Architecture Repository)	Vorhandensein eines Architektur-Repository, in dem unterschiedliche architektonische Outputs wie Architekturprinzipien und -standards oder Architekturreferenzmodelle gespeichert werden, und das die Bausteine der Services wie Anwendungen oder Infrastruktur definiert.
Dienstvereinbarungen (Service Levels)	Dienstvereinbarungen müssen definiert und vom Serviceanbieter erreicht werden.

→

Bewährte Verfahren	Erläuterung
Architekturrahmenwerke	TOGAF (siehe Abschnitt 14.7) stellt beispielsweise ein technisches Referenzmodell sowie ein Referenzmodell für eine integrierte Informationsinfrastruktur bereit.
Verfahrenssammlung für die Servicebefähigung	ITIL (siehe Abschnitt 14.4) bietet beispielsweise eine umfassende Orientierung bei der Konzeption und dem Erbringen von Services.

Tab. 8–1 *Übersicht der bewährten Verfahren für den Enabler Services, Infrastruktur und Anwendungen [ISACA 2012a]*

Bei der Architektursicht kann beispielsweise eine Anwendungsarchitektur anhand eines Anwendungsschnittstellendiagramms beschrieben werden.

Definition Anwendungsarchitektur [ITGI 2012b]:

»Beschreibung der logischen Gruppierung von Befähigungen, durch die die Objekte gemanagt werden, die für die Verarbeitung von Informationen und die Unterstützung der Unternehmenszielvorgaben erforderlich sind«

Aus dieser Sicht auf die Anwendungsarchitektur gehen dann die verwendeten (oder geplanten) Anwendungen und deren Schnittstellen untereinander hervor.

9 Mitarbeiter, Fähigkeiten und Kompetenzen

Der Enabler »Mitarbeiter, Fähigkeiten und Kompetenzen« bezieht sich auf das Personal im weitesten Sinne. Fähigkeiten und Kompetenzen sind notwendig, um Prozessaktivitäten durchführen und informierte Entscheidungen in Organisationsstrukturen treffen zu können.

Definition Fähigkeit [ITGI 2012b]:

»Erlernte Kapazität zur Erreichung vorab bestimmter Ergebnisse«

Definition Kompetenz [ITGI 2012b]:

»Die Fähigkeit (Ability), eine bestimmte Aufgabe, Maßnahme oder Funktion erfolgreich auszuführen«

Das COBIT-5-Rahmenwerk zeigt zum Enabler »Mitarbeiter, Fähigkeiten und Kompetenzen« zusätzlich wichtige Fähigkeitskategorien für jede COBIT-Prozessdomäne auf. Diese Fähigkeitsdefinitionen sind gleichzeitig Informationen, für die wiederum bewährte Verfahren des Enablers Information zu berücksichtigen sind.

9.1 Anspruchsgruppen

Das COBIT-5-Rahmenwerk sieht Anspruchsgruppen für die Fähigkeit zur Dienstleistungserbringung sowohl innerhalb als auch außerhalb des Unternehmens. Die verschiedenen Anspruchsgruppen nehmen unterschiedliche Rollen wahr, für die jeweils ein bestimmtes Fähigkeitsprofil erforderlich ist.

9.2 Ziele

Die Ziele für den Enabler Mitarbeiter, Fähigkeiten und Kompetenzen sind zweigeteilt:

- Als Ziele für Personal nennt das COBIT-5-Rahmenwerk unter anderem ein adäquates Maß an Mitarbeiterverfügbarkeit und die Fluktuation.

- Als Ziele für Fähigkeiten und Kompetenzen nennt das COBIT-5-Rahmenwerk Bildungs- und Qualifikationsniveaus, technische Fähigkeiten, Erfahrung, Wissen und Verhalten.

Fähigkeiten und Kompetenzen müssen so ausgeprägt sein, dass Prozessaktivitäten erfolgreich durchgeführt und organisatorische Rollen angemessen wahrgenommen werden können. Die verhaltensbezogenen Fähigkeiten, die das individuelle Verhalten bestimmen, werden wiederum durch den Enabler Kultur, Ethik und Verhalten beeinflusst, der die Unternehmensethik ausprägt.

9.3 Lebenszyklus

Der Enabler Mitarbeiter, Fähigkeiten und Kompetenzen verfügt über einen eigenen Lebenszyklus. Ein Unternehmen muss seine derzeitige Fähigkeitsbasis kennen und entsprechend der Unternehmensziele planen, wie diese zukünftig aussehen muss. Die benötigten Fähigkeiten müssen entweder entwickelt (z. B. durch Schulungsmaßnahmen) oder erworben werden (z. B. durch Rekrutierung) und anschließend über die verschiedenen Rollen innerhalb der Organisation zur Verfügung gestellt werden. Der COBIT-Prozess APO07 Managen von Personal umfasst auch das Management des Lebenszyklus von Fähigkeiten und Kompetenzen.

9.4 Bewährte Verfahren

Als bewährte Verfahren für den Enabler Mitarbeiter, Fähigkeiten und Kompetenzen werden im COBIT-5-Rahmenwerk folgende Beispiele angeführt:

Bewährte Verfahren	Erläuterung
Definition von Fähigkeitsanforderungen (Skill Requirements)	Für jede der von den Anspruchsgruppen wahrgenommenen Rollen werden objektive Fähigkeitsanforderungen definiert.
Rahmenwerke für Fähigkeitsanforderungen	Das Skills Framework for the Information Age (SFIA – siehe auch *www.sfia.org.uk*) enthält beispielsweise umfassende Fähigkeitsdefinitionen für den IT-Bereich.

Tab. 9–1 *Übersicht der bewährten Verfahren für den Enabler Mitarbeiter, Fähigkeiten und Kompetenzen [ISACA 2012a]*

Zusätzlich sind in COBIT für jede Prozessdomäne Beispiele für Fähigkeitskategorien aufgeführt. Für die Prozessdomäne Anpassen, Planen und Organisieren (APO) sind dies beispielsweise die Fähigkeitskategorien Formulierung von IT-Richtlinien, IT-Strategie, Unternehmensarchitektur, Innovation, Finanzmanagement und Portfolio Management.

10 Prozesse

Der Enabler »Prozesse« ist im COBIT-5-Rahmenwerk detailliert beschrieben.

Definition Prozess [ISACA 2012a]:

»Eine Sammlung von Praktiken, die von den Richtlinien und Verfahren des Unternehmens geprägt sind und in die Inputs verschiedener Quellen (einschließlich anderer Prozesse) einfließen, verarbeitet und anschließend in Form von Outputs (z. B. Produkte oder Services) wieder ausgegeben werden«

Für diesen Enabler existiert ein separates Enabler-Handbuch (Enabling Processes), in dem das Prozessreferenzmodell dargestellt wird.

10.1 Anspruchsgruppen

Das COBIT-5-Rahmenwerk sieht Anspruchsgruppen für die Prozesse sowohl innerhalb als auch außerhalb des Unternehmens. Die Anspruchsgruppen und ihre Zuständigkeitsebenen sind in RACI-Diagrammen dokumentiert. Zu den externen Anspruchsgruppen gehören beispielsweise Kunden, Geschäftspartner, Anteilseigner und Regulierungsbehörden. Zu den internen Anspruchsgruppen gehören die Geschäftsleitung, das Management und Mitarbeiter.

10.2 Ziele

Das Ziel eines Prozesses kann ein Produkt, eine deutliche Veränderung eines Zustands oder eine erhebliche Leistungsfähigkeitsverbesserung anderer Prozesse sein. Die Prozessziele sind Teil der COBIT-5-Zielkaskade, d. h., Prozessziele ermöglichen das Erreichen IT-bezogener Ziele, die wiederum das Erreichen der Unternehmensziele ermöglichen. Prozessziele können folgenden Kategorien zugeordnet werden:

Prozessziel-Kategorie	Erläuterung
Intrinsische Ziele (Intrinsic Goals)	■ Der Prozess sollte eine intrinsische Qualität aufweisen. ■ Der Prozess sollte genau und mit bewährten Verfahren vereinbar sein. ■ Der Prozess sollte internen und externen Regeln entsprechen.
Kontextbezogene Ziele (Contextual Goals)	■ Der Prozess sollte der spezifischen Unternehmenssituation angepasst sein. ■ Der Prozess sollte relevant, nachvollziehbar und einfach anzuwenden sein.
Zugangs- und Sicherheitsziele (Accessibility and Security Goals)	■ Der Prozess sollte ggf. vertraulich gehandhabt werden und denjenigen Personen bekannt und für diese zugänglich sein, die mit dem Prozess arbeiten.

Tab. 10–1 *Übersicht der Kategorien der Ziele für den Enabler-Prozess [ISACA 2012a]*

Für jeden COBIT-Prozess sind im Enabler-Handbuch Metriken definiert, mit deren Hilfe der Umfang der Zielerreichung gemessen wird.

10.3 Lebenszyklus

Der Lebenszyklus eines Prozesses besteht aus den Phasen

- Definieren,
- Erstellen,
- Betreiben,
- Überwachen und
- Anpassen/Aktualisieren oder Stilllegen.

Generische Prozesspraktiken, wie sie in dem auf ISO/IEC 15504-basierten COBIT-Prozessbeurteilungsmodell definiert sind, können diese Phasen unterstützen.

10.4 Bewährte Verfahren

Die bewährten Verfahren für den Enabler-Prozess sind im Prozessreferenzmodell beschrieben, das in einem separaten Enabler-Handbuch (Enabling Processes) dargestellt ist. Das Prozessreferenzmodell von COBIT 5 wird in Kapitel 11 ausführlich erläutert.

11 Prozessreferenzmodell

Im COBIT-5-Prozessreferenzmodell werden die Governance- und Managementprozesse vollständig und umfassend definiert und beschrieben. Das COBIT-5-Prozessreferenzmodell enthält alle IT-bezogenen Prozesse, die in einem typischen Unternehmen vorhanden sind, und orientiert sich an bewährten Managementpraktiken.

Das COBIT-5-Prozessreferenzmodell soll sowohl für die operative IT als auch für die Business Manager gleichermaßen verständlich und damit geeignet sein, ein operatives Modell und eine gemeinsame Sprache für alle Unternehmensbereiche sowie auch für die Serviceanbieter darzustellen. Das Prozessreferenzmodell enthält außerdem Mechanismen zur Messung und Überwachung der IT-Leistung zur Unterstützung der Governance und des Managements der IT.

Definition Modell [ISACA 2012a]:

»Verfahren zur Beschreibung bestimmter Komponenten und Darstellung der Beziehungen zwischen den Komponenten, um die wesentliche Funktionsweise eines Objekts, Systems oder Konzepts zu veranschaulichen«

COBIT 5 ist ein Rahmenwerk und schreibt Unternehmen mit dem COBIT-5-Prozessreferenzmodell keine Governance- und Managementprozesse vor, sondern empfiehlt lediglich deren Implementierung. Jedes Unternehmen muss seine eigenen Prozesse unter Berücksichtigung seiner spezifischen Situation definieren, dabei aber sicherstellen, dass die Kernbereiche (Domänen) und grundlegenden Governance- und Managementziele ausreichend abgedeckt werden. Kleinere Unternehmen können beispielsweise deutlich weniger Prozesse als größere und komplexere Unternehmen haben.

11.1 Domänen und Prozesse

Das COBIT-5-Prozessreferenzmodell umfasst fünf Governance-Prozesse und 32 Managementprozesse. Die Governance-Prozesse stellen den Rahmen und die Regeln auf, nach welchen die Managementprozesse durchgeführt werden. Sie umfassen neben der Etablierung eines Rahmenwerkes für die IT-Governance und einem transparenten Berichtswesen für die Anspruchsgruppen vor allem die drei Anforderungen der Anspruchsgruppen (Sicherstellen von Nutzenrealisierung, Ressourcenoptimierung und Risikooptimierung). Das Prozessreferenzmodell von COBIT 5 ordnet die Prozesse den nachfolgenden fünf Prozessbereichen oder Domänen zu:

- Evaluieren, Vorgeben und Überwachen (EDM – Evaluate, Direct and Monitor)
- Anpassen, Planen und Organisieren (APO – Align, Plan and Organise)
- Aufbauen, Beschaffen und Implementieren (BAI – Build, Acquire and Implement)
- Bereitstellen, Betreiben und Unterstützen (DSS – Deliver, Service and Support)
- Überwachen, Evaluieren und Beurteilen (MEA – Monitor, Evaluate and Assess)

Abbildung 11–1 stellt die Prozessbereiche im Überblick dar.

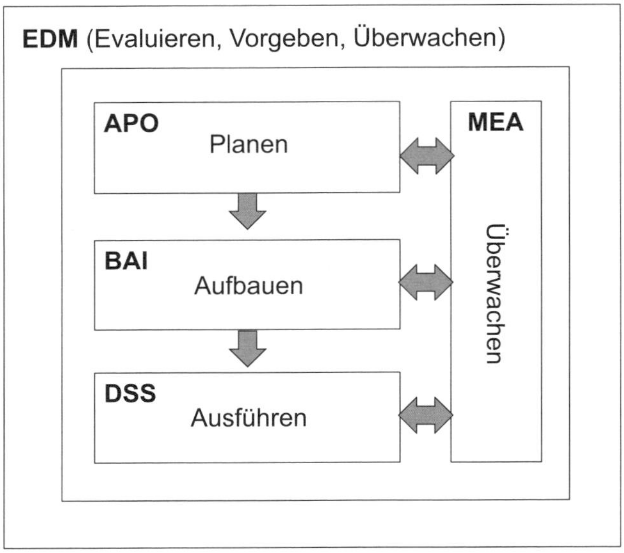

Abb. 11–1 *COBIT-Prozessbereiche*

Die Grafik verdeutlicht insbesondere den umfassenden Charakter der Governance-Domäne EDM sowie den Querschnittscharakter der Management-Domäne MEA.

11.1.1 Governance-Domäne EDM

Die Governance-Domäne EDM (Evaluieren, Vorgeben und Überwachen) besteht aus den folgenden fünf Governance-Prozessen:

COBIT-Prozesse	Kurzbeschreibung der wesentlichen Prozessinhalte
EDM01 Sicherstellen der Einrichtung und Pflege des Governance-Rahmenwerks	▪ Analyse und Formulierung der Governance-Anforderungen an die Unternehmens-IT ▪ Einrichtung unterstützender Strukturen, Prinzipien, Prozesse und Praktiken mit klarer Angabe der Zuständigkeiten und Kompetenzen
EDM02 Sicherstellen der Bereitstellung von Mehrwert	▪ Optimierung des Wertbeitrags für das Kerngeschäft durch Geschäftsprozesse, IT-Services und IT-Betriebsmittel
EDM03 Sicherstellen der Risikooptimierung	▪ Sicherstellen, dass die Risikobereitschaft des Unternehmens verstanden, formuliert und kommuniziert wird ▪ Sicherstellen, dass das Unternehmensrisiko aus der IT-Nutzung identifiziert und gemanagt wird
EDM04 Sicherstellen der Ressourcenoptimierung	▪ Kostenoptimale Bereitstellung ausreichender IT-bezogener Ressourcen (Mitarbeiter, Prozesse, Technologien)
EDM05 Sicherstellen der Transparenz gegenüber Anspruchsgruppen	▪ Transparente Messung und Berichterstattung der IT-Leistung und Konformität

Tab. 11–1 *COBIT-Prozesse der Domäne EDM mit Beschreibung der wesentlichen Prozessinhalte [ISACA 2012b]*

Durch die Prozesse der Domäne »Evaluieren, Vorgeben und Überwachen« (EDM) werden die drei Kernanforderungen der Governance abgebildet (EDM02, EDM03, EDM04). Zusätzlich wird der Governance-Rahmen definiert (EDM01) und die Transparenz gegenüber den Anspruchsgruppen etabliert (EDM05).

11.1.2 Management-Domänen

Die Management-Domänen umfassen vier weitere Domänen und entsprechen den Zuständigkeitsbereichen Planung, Entwicklung, Betrieb und Überwachung (Plan, Build, Run, Monitor). Die Management-Domänen lassen sich folgendermaßen kurz beschreiben:

- **Anpassen, Planen und Organisieren (APO)**
  Diese Management-Domäne deckt strategische und taktische Elemente ab und die Frage, wie die IT am besten zur Erreichung der Unternehmensziele beitragen kann.
- **Aufbauen, Beschaffen und Implementieren (BAI)**
  Diese Management-Domäne enthält die notwendigen Elemente zur Strategieumsetzung, wozu IT-Lösungen identifiziert, entwickelt oder beschafft sowie umgesetzt und in die Geschäftsprozesse integriert werden müssen.
- **Bereitstellen, Betreiben und Unterstützen (DSS)**
  Diese Management-Domäne umfasst alle Elemente der eigentlichen Erbringung der benötigten Leistungen und enthält neben dem eigentlichen IT-Betrieb auch das Incident und Problem Management, die Sicherstellung der Kontinuität und Sicherheit sowie das Management von Geschäftsprozesskontrollen.

- **Überwachen, Evaluieren und Beurteilen** (MEA)
  Diese Management-Domäne behandelt die Überwachung der IT-Performance und -Conformance, die Überwachung des internen Kontrollsystems in der IT sowie die Einhaltung von externen Anforderungen.

COBIT hat den vier Management-Domänen 32 Prozesse zugeordnet. Die Planungsdomäne (APO) enthält 13 Prozesse, die Entwicklungsdomäne (BAI) zehn, die Betriebsdomäne (DSS) sechs und die Überwachungsdomäne (MEA) drei Prozesse. Die Prozesse sind sachlogisch so strukturiert, dass es in einem größeren Unternehmen für diese Prozesse in der Regel dedizierte Zuständigkeiten gibt. Die nachfolgende Übersicht (Tab. 11–2) zeigt in jeder Spalte die den Management-Domänen zugeordneten COBIT-Prozesse und deren Kurzbezeichnung.[1]

Anpassen, Planen und Organisieren (APO)	Aufbauen, Beschaffen und Implementieren (BAI)	Bereitstellen, Betreiben und Unterstützen (DSS)	Überwachen, Evaluieren und Beurteilen (MEA)
APO01 Managen des IT-Management-Rahmenwerks	BAI01 Managen von Programmen und Projekten	DSS01 Managen des Betriebs	MEA01 Überwachen, Evaluieren und Beurteilen von Leistung und Konformität
APO02 Managen der Strategie	BAI02 Managen der Definition von Anforderungen	DSS02 Managen von Serviceanfragen und Störungen	MEA02 Überwachen, Evaluieren und Beurteilen des internen Kontrollsystems
APO03 Managen der Unternehmensarchitektur	BAI03 Managen von Lösungsidentifizierung und Lösungserstellung	DSS03 Managen von Problemen	MEA03 Überwachen, Evaluieren und Beurteilen der Compliance mit externen Anforderungen
APO04 Managen von Innovationen	BAI04 Managen von Verfügbarkeit und Kapazität	DSS04 Managen der Kontinuität	
APO05 Managen des Portfolios	BAI05 Managen der Ermöglichung organisatorischer Veränderungen	DSS05 Managen von Sicherheitsservices	
APO06 Managen von Budget und Kosten	BAI06 Managen von Änderungen	DSS06 Managen von Geschäftsprozess-kontrollen	

→

1. Im Anhang befindet sich zusätzlich eine sequenzielle Übersicht der COBIT-Domänen und COBIT-Prozesse in Deutsch und in Englisch.

Anpassen, Planen und Organisieren (APO)	Aufbauen, Beschaffen und Implementieren (BAI)	Bereitstellen, Betreiben und Unterstützen (DSS)	Überwachen, Evaluieren und Beurteilen (MEA)
APO07 Managen des Personals	BAI07 Managen der Abnahme und Produktivsetzung von Änderungen		
APO08 Managen von Beziehungen	BAI08 Managen von Wissen		
APO09 Managen von Servicevereinbarungen	BAI09 Managen von Betriebsmitteln		
APO10 Managen von Lieferanten	BAI10 Managen der Konfiguration		
APO11 Managen der Qualität			
APO12 Managen von Risiko			
APO13 Managen der Sicherheit			

Tab. 11–2 *Übersicht der COBIT-Prozesse nach Domänen [ISACA 2012a]*

Aus der Tabelle 11–2 wird deutlich, dass den Domänen jeweils eine unterschiedliche Anzahl von Prozessen zugeordnet sind. Die COBIT-Prozessnamen deuten auf den Prozessinhalt hin, sind aber in der Regel nicht ausreichend, um den gesamten Prozessinhalt zu erfassen. Die nachfolgenden Übersichten (Tab. 11–3 bis Tab. 11–6) fassen die Inhalte der COBIT-Prozesse für jede Management-Domäne kurz zusammen.

11.1.2.1 Management-Domäne APO

In der Domäne »Anpassen, Planen und Organisieren (APO)« finden sich die unterschiedlichsten Planungs- und Managementprozesse.

COBIT-Prozesse	Kurzbeschreibung der wesentlichen Prozessinhalte
APO1 Managen des IT-Management-Rahmenwerks	■ Konkretisierung und Aufrechterhaltung der Governance-Vorgaben über die Unternehmens-IT ■ Implementierung und Aufrechterhaltung von Mechanismen und Kompetenzen für das Managen von Informationen und die IT-Nutzung (Prozesse, Strukturen, Rollen und Zuständigkeiten)
APO02 Managen der Strategie	■ Bereitstellung einer ganzheitlichen Übersicht der aktuellen Geschäfts- und IT-Umgebung, der künftigen Ausrichtung und der Initiativen, die für die Migration in die gewünschte künftige IT-Umgebung erforderlich sind
APO03 Managen der Unternehmensarchitektur	■ Einrichtung einer Referenzarchitektur, die Schichten Geschäftsprozesse, Informationen, Daten, Anwendungen und Technologie umfassend ■ Erstellung von Modellen und Praktiken, welche die Basis- und die Zielarchitektur beschreiben ■ Definition der Anforderungen an Taxonomien, Standards, Richtlinien, Verfahren, Vorlagen und Tools
APO04 Managen von Innovationen	■ Identifizierung von Innovationschancen und Abschätzung, inwieweit Innovationen die Geschäftsanforderungen unterstützen können ■ Analyse der Chancen für die Verbesserung des Geschäfts durch aufkommende Technologien, Dienste oder IT-gestützte Geschäftsinnovationen ■ Einflussnahme auf die strategische Planung und Entscheidungen zur Unternehmensarchitektur
APO05 Managen des Portfolios	■ Umsetzung der für Investitionen festgelegten strategischen Ausrichtung in Einklang mit der Unternehmensarchitektur unter Berücksichtigung der unterschiedlichen Investitionskategorien sowie der Ressourcen- und Finanzierungseinschränkungen ■ Bewertung, Priorisierung und Justierung von Programmen und Services unter Berücksichtigung der strategischen Zielvorgaben ■ Überwachung der Leistung des Service- und Programmportfolios sowie Empfehlung etwaiger Anpassungen infolge von Leistungsstörungen oder veränderter Unternehmensprioritäten
APO06 Managen von Budget und Kosten	■ Management der IT-bezogenen Finanzaktivitäten der Geschäfts- und IT-Funktionen, einschließlich Budget-, Kosten- und Nutzenmanagement, sowie Priorisierung von Ausgaben durch Nutzung formeller Budgetierungspraktiken ■ Einsatz eines fairen Systems für die Umlage von IT-Kosten im Unternehmen ■ Identifizierung und Kontrolle der Gesamtkosten im Kontext der strategischen und taktischen IT-Pläne sowie ggf. Einleitung korrektiver Maßnahmen
APO07 Managen des Personals	■ Sicherstellen einer angemessenen Personalausstattung durch Strukturierung und Zuweisung von Entscheidungsbefugnissen und Fähigkeiten ■ Kommunikation der definierten Rollen und Zuständigkeiten, der Lern- und Weiterentwicklungspläne sowie der Leistungserwartungen

→

COBIT-Prozesse	Kurzbeschreibung der wesentlichen Prozessinhalte
APO08 Managen von Beziehungen	▪ Formalisiertes und transparentes Management der Beziehung zwischen Business und IT ▪ Aufbau von Beziehungen auf gegenseitigem Vertrauen ▪ Verwendung üblicher und verständlicher Begriffe und Nutzung einer gemeinsamen Sprache ▪ Förderung der Bereitschaft, Verantwortung für wichtige Entscheidungen zu übernehmen
APO09 Managen von Servicevereinbarungen	▪ Ausrichtung IT-gestützter Services und Servicevereinbarungen an den Bedürfnissen und Erwartungen des Unternehmens ▪ Identifizierung, Spezifizierung, Konzeptionierung, Veröffentlichung, Vereinbarung und Überwachung von IT-Services, Servicevereinbarungen und Leistungsindikatoren
APO10 Managen von Lieferanten	▪ Management aller von Lieferanten bereitgestellten IT-gestützten Services ▪ Auswahl von Lieferanten ▪ Management von Lieferantenbeziehungen und -verträgen ▪ Überprüfung und Überwachung der Effektivität und Compliance der Lieferantenleistung
APO11 Managen der Qualität	▪ Definition und Kommunikation von Qualitätsanforderungen in allen Prozessen, Verfahren und den zugehörigen Ergebnissen ▪ Nutzung von Kontrollen, laufender Überwachung und bewährten Praktiken und Standards zur kontinuierlichen Verbesserung
APO12 Managen von Risiko	▪ Kontinuierliche Identifizierung, Beurteilung und Reduzierung des IT-bezogenen Risikos innerhalb der von der Geschäftsführung festgelegten Toleranzwerte
APO13 Managen der Sicherheit	▪ Definition, Betrieb und Überwachung eines Systems für das Management der Informationssicherheit

Tab. 11–3 *COBIT-Prozesse der Domäne APO mit Beschreibung der wesentlichen Prozessinhalte [ISACA 2012b]*

Der Prozess APO01 (Managen des IT-Management-Rahmenwerkes) ist mit acht Managementpraktiken der umfangreichste Prozess dieser Domäne. In diesem Prozess werden die Organisationsstrukturen und Rollen definiert, Richtlinien erstellt und kommuniziert, Daten- und Systemeigentümer festgelegt sowie Prozessverbesserungen identifiziert und umgesetzt. Bemerkenswert ist auch der Prozess APO04 (Managen von Innovationen), mit dem das Thema Innovationsmanagement in COBIT 5 deutlich hervorgehoben wird.

11.1.2.2 Management-Domäne BAI

In der Domäne »Aufbauen, Beschaffen und Implementieren« (BAI) werden die geschäftlichen Anforderungen umgesetzt, indem erst eine IT-basierte Lösung ausgewählt wird und diese dann in Form von Software, Hardware und Verfahren und Arbeitsanweisungen entwickelt wird. Änderungen werden dabei dokumentiert und nach Test in Produktion gesetzt.

COBIT-Prozesse	Kurzbeschreibung der wesentlichen Prozessinhalte
BAI01 Managen von Programmen und Projekten	■ Management aller Programme und Projekte des Investitionsportfolios in Übereinstimmung mit der Unternehmensstrategie ■ Initiierung, Planung, Kontrolle und Ausführung von Programmen und Projekten sowie deren Abschluss durch einen nachgelagerten Review
BAI02 Managen der Definition von Anforderungen	■ Identifizierung von Lösungen und Analyse von Anforderungen im Vorfeld der Beschaffung oder Erstellung von Geschäftsprozessen, Anwendungen, Informationen/Daten, Infrastruktur und Services ■ Koordination der Bewertung und Genehmigung machbarer Lösungsvorschläge mit den betroffenen Anspruchsgruppen
BAI03 Managen von Lösungsidentifizierung und Lösungserstellung	■ Entwicklung und Pflege von den Unternehmensanforderungen entsprechenden Lösungen für die Bereiche Design, Entwicklung, Beschaffung/Sourcing sowie für die Zusammenarbeit mit Lieferanten/Anbietern ■ Management der Konfiguration, Testvorbereitung, Testdurchführung, Anforderungsmanagement sowie Pflege von Geschäftsprozessen, Anwendungen, Informationen/Daten, Infrastruktur und Services
BAI04 Managen von Verfügbarkeit und Kapazität	■ Abwägung des aktuellen und zukünftigen Bedarfs an Verfügbarkeit, Leistung und Kapazität unter Sicherstellung einer kostenoptimalen Serviceerbringung ■ Beurteilung der derzeitigen Fähigkeiten und Vorhersage des zukünftigen Bedarfs basierend auf den geschäftlichen Anforderungen ■ Analyse der geschäftlichen Auswirkungen sowie des Risikos der Implementierung von Maßnahmen
BAI05 Managen der Ermöglichung organisatorischer Veränderungen	■ Maximierung der Wahrscheinlichkeit für eine erfolgreiche und rasche Implementierung nachhaltiger, unternehmensweiter, organisatorischer Änderungen unter Berücksichtigung aller betroffenen Anspruchsgruppen aus dem geschäftlichen Bereich und der IT
BAI06 Managen von Änderungen	■ Managen sämtlicher Änderungen in einer kontrollierten Art und Weise, einschließlich Standardänderungen und dringender Wartungsmaßnahmen in Bezug auf Geschäftsprozesse, Anwendungen und Infrastruktur ■ Beurteilung von Auswirkungen, Priorisierung und Genehmigung von Änderungen sowie Rückverfolgung, Berichterstattung, Abschluss und Dokumentation
BAI07 Managen der Abnahme und Produktivsetzung von Änderungen	■ Formelle Abnahme und Inbetriebnahme neuer Lösungen ■ Implementierungsplanung, System- und Datenkonvertierung, Abnahmetests, Kommunikation, Release-Vorbereitung, Produktivsetzung neuer oder geänderter Geschäftsprozesse und IT-Services, frühzeitiger Produktiv-Support und Post-Implementation Review
BAI08 Managen von Wissen	■ Aufrechterhaltung der Verfügbarkeit von relevantem, aktuellem, validiertem und zuverlässigem Wissen ■ Identifizierung, Sammlung, Strukturierung, Pflege, Nutzung und Inaktivsetzung von Wissen

→

COBIT-Prozesse	Kurzbeschreibung der wesentlichen Prozessinhalte
BAI09 Managen von Betriebsmitteln	■ Managen der IT-Betriebsmittel während ihres Lebenszyklus, um sicherzustellen, dass ihre Nutzung einen Wertbeitrag zu optimalen Kosten liefert, die Betriebsmittel betriebsfähig bleiben, sie buchhalterisch korrekt erfasst und physisch geschützt werden ■ Managen der Softwarelizenzen, um sicherzustellen, dass die optimale Anzahl an Lizenzen beschafft, erhalten und bereitgestellt wird
BAI10 Managen der Konfiguration	■ Definition und Pflege von Beschreibungen und Beziehungen zwischen wichtigen Ressourcen und Fähigkeiten, die für die Bereitstellung IT-gestützter Services erforderlich sind. Dies umfasst die Erfassung von Konfigurationsinformationen, die Erstellung von Baselines, die Überprüfung und Prüfung von Konfigurationsinformationen sowie die Aktualisierung des Konfigurations-Repositorys.

Tab. 11–4 *COBIT-Prozesse der Domäne BAI mit Beschreibung der wesentlichen Prozessinhalte [ISACA 2012b]*

Der Prozesse BAI01 (Managen von Programmen und Projekten) sowie BAI03 (Managen von Lösungsidentifizierung und Lösungserstellung) sind mit vierzehn und elf Managementpraktiken nicht nur die umfangreichsten Prozesse dieser Domäne, sondern auch im gesamten Prozessreferenzmodell von COBIT 5.

11.1.2.3 Management-Domäne DSS

In der Domäne »Bereitstellen, Betreiben und Unterstützen« (DSS) werden die für den IT-Betrieb wichtigen Prozesse dargestellt.

COBIT-Prozesse	Kurzbeschreibung der wesentlichen Prozessinhalte
DSS01 Managen des Betriebs	■ Koordination und Ausführung der Aktivitäten und betrieblichen Verfahren, die zur Erbringung interner und ausgelagerter IT-Services erforderlich sind ■ Ausführung vordefinierter, standardisierter Betriebsverfahren und der erforderlichen Überwachungstätigkeiten
DSS02 Managen von Serviceanfragen und Störungen	■ Sicherstellung einer zeitnahen und effektiven Behandlung von Benutzeranforderungen und Lösung aller Arten von Störungen ■ Wiederherstellung des Normalbetriebs, Erfassung und Erfüllung von Benutzeranforderungen sowie die Erfassung, Untersuchung, Diagnose, Eskalation und Behebung von Störungen
DSS03 Managen von Problemen	■ Identifizierung und Klassifizierung von Problemen und deren Ursachen ■ Bereitstellung zeitnaher Lösungen, um eine Wiederholung der Störung zu verhindern ■ Bereitstellung von Empfehlungen für Verbesserungen
DSS04 Managen der Kontinuität	■ Einrichtung und Aufrechterhaltung eines Plans, der dem Business und der IT ermöglicht, auf Vorfälle und Unterbrechungen zu reagieren, sodass der Betrieb kritischer Geschäftsprozesse und erforderlicher IT-Services fortgesetzt werden kann

→

COBIT-Prozesse	Kurzbeschreibung der wesentlichen Prozessinhalte
DSS05 Managen von Sicherheitsservices	■ Schutz der Unternehmensinformationen auf einem für das Unternehmen akzeptablen Sicherheitsniveau in Übereinstimmung mit der Sicherheitspolitik ■ Einrichtung und Pflege von Informationssicherheitsrollen und Zugangsrechten ■ Durchführung von Sicherheitsüberwachungsmaßnahmen
DSS06 Managen von Geschäftsprozesskontrollen	■ Definition und Pflege geeigneter Geschäftsprozesskontrollen, um sicherzustellen, dass die Informationenverarbeitung durch interne oder ausgelagerte Geschäftsprozesse sämtlichen relevanten Kontrollanforderungen genügt ■ Identifizierung relevanter Kontrollanforderungen an die Information sowie Management und Betrieb adäquater Kontrollen

Tab. 11–5 *COBIT-Prozesse der Domäne DSS mit Beschreibung der wesentlichen Prozessinhalte [ISACA 2012b]*

Der erste COBIT-Prozess DSS01 (Managen des Betriebs) beinhaltet die eigentliche IT-Produktion und umfasst beispielsweise die Sicherung von Daten, den Betrieb von Rechenzentren sowie die Überwachung der Verarbeitungsläufe. Vorfälle werden zentral erfasst und ggf. zu Problemen aggregiert und gelöst. Bei allen Prozessen werden die übergreifenden Aspekte Leistung und Kapazität sowie der kontinuierliche und sichere Betrieb und auch die Geschäftsprozesskontrollen berücksichtigt.

11.1.2.4 Management-Domäne MEA

In der Domäne »Überwachen, Evaluieren und Beurteilen« (MEA) sind lediglich drei Prozesse angesiedelt.

COBIT-Prozesse	Kurzbeschreibung der wesentlichen Prozessinhalte
MEA01 Überwachen, Evaluieren und Beurteilen von Leistung und Konformität	■ Erfassung, Validierung und Bewertung von geschäftlichen Zielen, IT- und Prozesszielen sowie der zugehörigen Metriken ■ Überwachung, inwieweit Prozesse in Einklang mit den vereinbarten Leistungs- und Konformitätszielen und -metriken durchgeführt werden und eine systematische und zeitnahe Berichterstattung ermöglichen
MEA02 Überwachen, Evaluieren und Beurteilen des internen Kontrollsystems	■ Kontinuierliche Überwachung und Bewertung der Kontrollumgebung, auch durch Selbsteinschätzungen und unabhängige Prüfungen ■ Befähigung des Managements, Kontrollschwächen und Ineffizienzen zu identifizieren und Verbesserungsmaßnahmen einzuleiten ■ Planung, Organisation und Pflege von Standards für die Beurteilung des internen Kontrollsystems und für Prüfungsaktivitäten
MEA03 Überwachen, Evaluieren und Beurteilen der Compliance mit externen Anforderungen	■ Bewertung, inwieweit IT-Prozesse und IT-gestützte Geschäftsprozesse Gesetzen, Bestimmungen und vertraglichen Anforderungen gerecht werden ■ Sicherstellung, dass die Anforderungen identifiziert und eingehalten wurden, sowie Integration der IT-Compliance in die Unternehmens-Compliance

Tab. 11–6 *COBIT-Prozesse der Domäne MEA mit Beschreibung der wesentlichen Prozessinhalte [ISACA 2012b]*

Die Prozesse der Domäne MEA gliedern den Bereich in Überwachung der IT-Performance und -Conformance, des internen Kontrollsystems und der externen Compliance-Anforderungen.

11.1.3 Prozesselemente

Alle Prozesse sind im Enabler-Handbuch »COBIT 5: Enabling Processes« systematisch und strukturiert beschrieben. Dies erleichtert die Anwendung von COBIT 5 erheblich. Für jeden Prozess sind immer die nachfolgenden Elemente dargestellt:

- Prozessidentifizierung (Process Identification)
- Prozessbeschreibung (Process Description)
- Prozesszweck (Process Purpose Statement)
- IT-bezogene Ziele und zugehörige Metriken (IT-related Goals and Metrics)
- Prozessziele und zugehörige Metriken (Process Goals and Metrics)
- RACI-Diagramm (RACI Chart)
- Prozesspraktiken (Process Practices)
- Inputs und Outputs
- Prozessaktivitäten (Process Activities)
- Referenzmaterial (Related Guidance)

Nachfolgend werden anhand des in diesem Buch durchgängig verwendeten COBIT-Prozesses BAI06 (Managen von Änderungen) alle Prozesselemente erläutert.

11.1.3.1 Prozessidentifizierung

Jeder Prozess in COBIT 5 hat eine eindeutige Prozesskennzeichnung bestehend aus dem Präfix der Domäne (EDM, APO, BAI, DSS, MEA) gefolgt von einer Prozessnummer (z. B. BAI06). Als Unterscheidung zu den Vorgängerversionen mit den zweistelligen Domänenpräfixen (PO, AI, DS und ME) wurden in COBIT 5 drei Buchstaben als Abkürzung für die Domänen genommen. Weiterhin hat jeder Prozess einen Prozessnamen, aus dem das Hauptthema des Prozesses hervorgeht (z. B. Managen von Änderungen).

11.1.3.2 Prozessbeschreibung und Prozesszweck

Die Prozessbeschreibung gibt einen Überblick über den Prozess. Der Prozesszweck beschreibt den allgemeinen Zweck des Prozesses. Tabelle 11–7 illustriert die beiden Prozesselemente Prozessbeschreibung und Prozesszweck am Beispiel des COBIT-Prozesses BAI06 (Managen von Änderungen).

Prozesselemente	Inhalte für den COBIT-Prozess BAI06
Prozessbeschreibung	▪ Managen sämtlicher Änderungen in einer kontrollierten Art und Weise, einschließlich Standardänderungen und dringender Wartungsmaßnahmen in Bezug auf Geschäftsprozesse, Anwendungen und Infrastruktur ▪ Damit verbunden sind außerdem Änderungsstandards und -verfahren, die Beurteilung von Auswirkungen, Priorisierung und Genehmigung, dringende Änderungen, Rückverfolgung, Berichterstattung, Abschluss und Dokumentation.
Prozesszweck	▪ Ermöglichung einer schnellen und zuverlässigen Bereitstellung von Änderungen für den Geschäftsbetrieb sowie Minderung des Risikos, was die Beeinträchtigung der Stabilität und Integrität in der geänderten Umgebung anbelangt

Tab. 11–7 *Prozessbeschreibung und Prozesszweck für den COBIT-Prozess BAI06 (Managen von Änderungen) [ISACA 2012b]*

Die Prozessbeschreibung eignet sich gut, um schnell ein Verständnis über den Inhalt des Prozesses zu erhalten. Der Prozesszweck bezieht sich auf die geschäftliche Notwendigkeit des COBIT-Prozesses. Für die Einschätzung des Prozessreifegrades ist die Feststellung der Erreichung des Prozesszweckes ein wesentlicher Beurteilungsmaßstab (siehe Abschnitt 13.2.1).

11.1.3.3 IT-bezogene Ziele und zugehörige Metriken

Jeder Prozess in COBIT unterstützt die Erreichung verschiedener primärer IT- bezogener Ziele. Tabelle 11–8 illustriert die COBIT-Prozesselemente IT-bezogenes Ziel und zugehörige Metriken am Beispiel des COBIT-Prozesses BAI06 (Managen von Änderungen). Dieser COBIT-Prozess unterstützt primär drei IT-bezogene Ziele, und für jedes IT-bezogene Ziel sind in COBIT 5 Metriken angeführt.

Prozesselemente	Inhalte für den COBIT-Prozess BAI06
IT-bezogenes Ziel	**(ITG04) Gemanagtes, IT-bezogenes Unternehmensrisiko**
Zugehörige Metriken	▪ Anteil der kritischen Geschäftsprozesse, IT-Services und IT-gestützten Geschäftsprogramme, die von der Risikobeurteilung abgedeckt werden ▪ Anzahl der gravierenden IT-bezogenen Störungen, die nicht im Rahmen der Risikobeurteilung identifiziert wurden ▪ Anteil der Risikobeurteilungen des Unternehmens, einschließlich IT-bezogener Risiken ▪ Aktualisierungshäufigkeit des Risikoprofils
IT-bezogenes Ziel	**(ITG07) Bereitstellung von IT-Services, die den Geschäftsanforderungen entsprechen**
Zugehörige Metriken	▪ Anzahl der Geschäftsunterbrechungen aufgrund von IT-Servicestörungen ▪ Anteil der geschäftlichen Anspruchsgruppen, die zufrieden sind, weil die IT-Servicebereitstellung dem vereinbarten Service Level entspricht ▪ Anteil der Benutzer, die mit der Qualität der IT-Servicebereitstellung zufrieden sind

→

Prozesselemente	Inhalte für den COBIT-Prozess BAI06
IT-bezogenes Ziel	**(ITG10) Sicherheit von Informationen, Verarbeitungsinfrastruktur und Anwendungen**
Zugehörige Metriken	■ Anzahl der Sicherheitsvorfälle, die zu finanziellen Verlusten, zur Unterbrechung der Geschäftstätigkeit oder zu öffentlichen Unannehmlichkeiten führen ■ Anzahl der IT-Services mit ausstehenden Sicherheitsanforderungen ■ Erforderliche Zeit für das Gewähren, Ändern und Entziehen von Zugriffsrechten entsprechend dem vereinbarten Service Level ■ Häufigkeit von Sicherheitsbeurteilungen nach neuesten Standards und Leitlinien

Tab. 11–8 *IT-bezogene Ziele und zugehörige Metriken für den COBIT-Prozess BAI06 (Managen von Änderungen) [ISACA 2012b]*

Der primäre Zusammenhang zwischen COBIT-Prozessen und IT-bezogenen Zielen leitet sich aus der COBIT-Zielkaskade ab. Die Nummern vor dem IT-bezogenen Ziel (z. B. ITG04) beziehen sich auf die Tabellen der COBIT-Zielkaskade im COBIT-Rahmenwerk. Die IT-bezogenen Ziele sind nicht prozessspezifisch, sondern ein IT-bezogenes Ziel kann durch mehrere COBIT-Prozesse primär unterstützt werden. Beispielsweise wird das IT-bezogene Ziel ITG04 (Gemanagtes, IT- bezogenes Unternehmensrisiko) auch noch durch 14 andere COBIT-Prozesse primär unterstützt (u.a. durch DSS01 Managen des Betriebs). Insofern sind auch die dazugehörigen Metriken nicht spezifisch für den Prozess BAI06, sondern generisch für das IT-bezogene Ziel und müssen in der Praxis entsprechend für den jeweiligen Prozess angepasst werden.

11.1.3.4 Prozessziele und zugehörige Metriken

Jeder COBIT-Prozess unterstützt die Erreichung verschiedener Prozessziele. Diese sind prozessspezifisch und werden durch die Prozesspraktiken erreicht. Zu jedem Prozessziel werden im Prozessreferenzmodell von COBIT 5 die zugehörigen Metriken aufgeführt. Tabelle 11–9 illustriert die COBIT-Prozesselemente Prozessziel und zugehörige Metriken am Beispiel des COBIT-Prozesses BAI06 (Managen von Änderungen). Dieser COBIT-Prozess hat vier Prozessziele.

Prozesselemente	Inhalte für den COBIT-Prozess BAI06
Prozessziel	**1. Genehmigte Änderungen erfolgen rechtzeitig und nahezu fehlerfrei.**
Zugehörige Metriken	■ Umfang der Nacharbeit wegen fehlerhafter Änderungen ■ Änderungen werden schneller und mit weniger Aufwand durchgeführt. ■ Anzahl und Alter der aufgelaufenen Änderungsanträge

→

Prozesselemente	Inhalte für den COBIT-Prozess BAI06
Prozessziel	**2. Die Beurteilung von Auswirkungen (Folgenabschätzung) zeigen die Auswirkungen der Änderung auf alle betroffenen Komponenten.**
Zugehörige Metriken	■ Anteil der erfolglosen Änderungen, die auf eine inadäquate Beurteilung der Auswirkungen zurückzuführen sind
Prozessziel	**3. Alle dringenden Änderungen werden im Anschluss an die Änderung überprüft und genehmigt.**
Zugehörige Metriken	■ Anteil der dringenden Änderung bezogen auf die Gesamtzahl der Änderungen ■ Anzahl der dringenden Änderungen, die im Anschluss an die Änderung nicht genehmigt werden
Prozessziel	**4. Wichtige Anspruchsgruppen werden über alle Aspekte der Änderung auf dem Laufenden gehalten.**
Zugehörige Metriken	■ Beurteilung der Zufriedenheit mit der Kommunikation in Rückmeldungen der Anspruchsgruppen

Tab. 11–9 *Prozessziele und zugehörige Metriken für den COBIT-Prozess BAI06 (Managen von Änderungen) [ISACA 2012b]*

Die Prozessziele sind innerhalb eines jeden COBIT-Prozesses durchnummeriert. Die zugehörigen Metriken sind illustrativ und müssen in der Praxis unternehmensspezifisch angepasst werden. Für die Einschätzung des Prozessreifegrades ist die Feststellung der Erreichung der Prozessziele durch die Prozesspraktiken sowie Inputs und Outputs ein wesentlicher Beurteilungsmaßstab (siehe Abschnitt 13.2.1).

11.1.3.5 RACI-Diagramm

Das RACI-Diagramm zeigt auf, wer innerhalb einer Organisation zuständig oder verantwortlich ist bzw. wer konsultiert oder informiert wird. RACI ist eine bewährte Methodik zur Analyse und Darstellung von Verantwortlichkeiten. Der Name RACI leitet sich aus den Anfangsbuchstaben der englischen Begriffe »Responsible«, »Accountable«, »Consulted« und »Informed« ab, die folgende Bedeutung haben:

- **R(esponsible, zuständig)**
  Durchführungsverantwortlich bzw. zuständig für die erfolgreiche Durchführung der Prozesspraktiken, um das beabsichtigte Ergebnis operativ herbeizuführen.
- **A(ccountable, verantwortlich)**
  Gesamtverantwortlich bzw. rechenschaftspflichtig und letztlich budget- und personalverantwortlich für die Prozessaktivitäten. Da diese Verantwortung nicht gemeinschaftlich wahrgenommen werden sollte, gibt es in den RACI-Diagrammen im Prozessreferenzmodell von COBIT 5 immer nur eine Zuordnung zu einer Rolle. Allerdings kann der Inhaber der Rolle auch operativ in die Aufgabe eingebunden sein.

- **C(onsulted, konsultiert)**
  Beratende Mitwirkung bzw. wird als Berater hinzugezogen und liefert Input. Die Inputs der aufgeführten Rollen müssen berücksichtigt und ggf. geeignete Eskalationsmaßnahmen getroffen werden. Es kann aber auch Aufgabe dieser Rollen sein, ggf. weitere Informationen von anderen Einheiten oder externen Partnern zu beschaffen.
- **I(nformed, informiert)**
  Informative Einbindung, d. h., die Rolle wird über die Ergebnisse und/oder Leistungen der Prozesspraktiken informiert.

In den RACI-Diagrammen des Prozessreferenzmodells von COBIT 5 sind den Prozesspraktiken die nachfolgenden 26 Rollen und Organisationsstrukturen zugeordnet:

Rolle/Organisationsstruktur	Definition der Rolle/Organisationsstruktur
Geschäftsleitung (Board)	■ Auf oberster Ebene angesiedelte Gruppe geschäftsführender und/oder nicht geschäftsführender Direktoren des Unternehmens, die für die Governance des Unternehmens verantwortlich ist und die globale Kontrolle über dessen Ressourcen hat
Chief Executive Officer (CEO)	■ Geschäftsführendes Vorstandsmitglied, das für das Gesamtmanagement des Unternehmens zuständig ist
Chief Financial Officer (CFO)	■ Oberste Führungskraft im Unternehmen, die für sämtliche Aspekte des Finanzmanagements verantwortlich ist, darunter das Finanzrisiko, die Finanzkontrollen sowie die Zuverlässigkeit und Genauigkeit des Rechnungswesens
Chief Operating Officer (COO)	■ Oberste Führungskraft im Unternehmen, die für das operative Geschäft des Unternehmens verantwortlich ist
Chief Risk Officer (CRO)	■ Oberste Führungskraft im Unternehmen, die für sämtliche Aspekte des Risikomanagements im gesamten Unternehmen verantwortlich ist. Zur Überwachung IT-bezogener Risiken kann die Funktion eines leitenden IT-Risikomanagers eingerichtet werden.
Chief Information Officer (CIO)	■ Oberste Führungskraft im Unternehmen, die für die Ausrichtung der IT- und Geschäftsstrategien zuständig ist und die Verantwortung für Planung, Ressourcenbereitstellung und das Management bei der Bereitstellung von IT-Diensten und IT-Lösungen zur Unterstützung der Unternehmenszielvorgaben hat
Chief Information Security Officer (CISO)	■ Oberste Führungskraft im Unternehmen, die für die Sicherheit der in jedweder Form vorliegenden Unternehmensinformationen verantwortlich ist
Führungskräfte/Bereichsleiter (Business Executives)	■ Leitende Führungskraft, die für den Betrieb einer bestimmten Unternehmenseinheit oder Niederlassung verantwortlich ist
Geschäftsprozessverantwortliche (Business Process Owner)	■ Mitarbeiter, der für die Leistung eines Prozesses verantwortlich ist, was die Realisierung von Zielvorgaben, das Vorantreiben von Prozessverbesserungen und die Genehmigung von Prozessänderungen betrifft

→

Rolle/Organisationsstruktur	Definition der Rolle/Organisationsstruktur
(IT) Strategieausschuss (Strategy Committee)	■ Gruppe von leitenden Führungskräften, die vom Vorstand bestellt wurden, um sicherzustellen, dass der Vorstand über alle wichtigen IT-bezogenen Angelegenheiten und Entscheidungen informiert und in diese einbezogen wird ■ Der Ausschuss ist für das Management der Portfolios für IT-gestützte Investitionen, IT-Services und IT-Betriebsmittel verantwortlich und muss sicherstellen, dass Wertbeiträge bereitgestellt und Risiken gemanagt werden. ■ Der Vorsitzende des Ausschusses ist in der Regel ein Vorstandsmitglied und nicht der CIO.
Lenkungsausschuss für Projekte und Programme (Steering Committee)	■ Eine Gruppe aus Anspruchsgruppen und Experten, die für die Steuerung von Programmen und Projekten verantwortlich sind. Dazu gehören unter anderem das Management und die Überwachung von Plänen, die Zuteilung von Ressourcen, die Bereitstellung von Nutzen und Werten sowie das Management von Programm- und Projektrisiken.
Architekturausschuss (Architecture Board)	■ Eine Gruppe aus Anspruchsgruppen und Experten, die für die Beratung bei Angelegenheiten und Entscheidungen im Zusammenhang mit der Unternehmensarchitektur sowie für die Festlegung architekturbezogener Richtlinien und Standards verantwortlich ist
Risikoausschuss des Unternehmens (Enterprise Risk Committee)	■ Eine Gruppe aus Führungskräften des Unternehmens, die für die Zusammenarbeit und Konsensfindung innerhalb des Gesamtunternehmens verantwortlich ist als Grundlage für Aktivitäten und Entscheidungen des unternehmensweiten Risikomanagements (ERM) ■ Zur ausführlicheren Abwägung von IT-Risiken und Beratung des unternehmensweiten Risikoausschusses kann ein IT-Risikorat einberufen werden.
Leiter Personal (Head of HR)	■ Oberste Führungskraft im Unternehmen, die für die Personalplanung und für HR-Richtlinien für alle Mitarbeiter des Unternehmens verantwortlich ist
Compliance	■ Funktion im Unternehmen, die für die Sicherstellung der Einhaltung von rechtlichen, behördlichen und vertraglichen Anforderungen zuständig ist
Audit	■ Unternehmensfunktion, die für die Durchführung interner Prüfungen zuständig ist
Leiter Architektur (Head of Architecture)	■ Leitender Angestellter, der für den Architekturprozess im Unternehmen verantwortlich ist
Leiter Entwicklung (Head of Development)	■ Leitender Angestellter, der für IT-bezogene Anwendungsentwicklungsprozesse im Unternehmen verantwortlich ist
Leiter IT-Betrieb (Head of IT Operations)	■ Leitender Angestellter, der für den Betrieb operativer IT-Umgebungen und die Infrastruktur verantwortlich ist

→

Rolle/Organisationsstruktur	Definition der Rolle/Organisationsstruktur
Leiter IT-Administration (Head of IT Administration)	■ Leitender Angestellter, der für IT-bezogene Verwaltung verantwortlich und für die Bearbeitung IT-bezogener Verwaltungsfragen zuständig ist
Programme and Project Management Office (PMO)	■ Funktion, die für die Unterstützung der Programm- und Projektmanager verantwortlich ist sowie für die Einholung, Bewertung und Dokumentation von Informationen in Hinblick auf die Durchführung der einzelnen Programme und Projekte
Value Management Office (VMO)	■ Sekretariat für das Management von Investitions- und Serviceportfolios; diese umfasst unter anderem die Beurteilung von und die Beratung zu Investitionschancen und Business Cases, die Empfehlung von Methoden und Kontrollen für die Governance und das Management von Werten sowie die Berichterstattung über den Fortschritt bei der Aufrechterhaltung und Generierung von Werten aus Investitionen und Services
Service Manager	■ Mitarbeiter, der für die Entwicklung, Implementierung, Bewertung und das laufende Management neuer und bestehender Produkte und Dienstleistungen für einen bestimmten Kunden (Anwender) oder eine Kundengruppe (mehrere Anwender) zuständig ist
Information Security Manager	■ Mitarbeiter, der für Management, Design, Überwachung und/oder Beurteilung der Informationssicherheit eines Unternehmens zuständig ist
Business Continuity Manager	■ Mitarbeiter, der für Management, Design, Überwachung und/oder Beurteilung der Geschäftskontinuität eines Unternehmens zuständig ist und dafür sorgt, dass kritische Unternehmensfunktionen auch nach einem Störereignis betriebsfähig sind
Datenschutzbeauftragter (Privacy Officer oder Data Protection Officer)	■ Mitarbeiter, der für die Überwachung der Risiken und der Geschäftsauswirkungen von Datenschutzgesetzen zuständig ist und die Implementierung von Richtlinien und Aktivitäten steuert und koordiniert, mit denen die Einhaltung der Datenschutzrichtlinien sichergestellt wird

Tab. 11–10 *Übersicht der Rollen und Organisationsstrukturen in den RACI-Diagrammen von COBIT 5 [ISACA 2012b]*

Die im Prozessreferenzmodell von COBIT 5 vordefinierten 26 Rollen und Organisationsstrukturen sind typische Rollen in einem Unternehmen. Dieses Rollenmodell wird in der Regel aber nicht den tatsächlich in einem Unternehmen implementierten Funktionen entsprechen. Das Rollenmodell gibt auch kein universelles Organigramm für alle Unternehmen vor. Das Rollenmodell dient vielmehr der Veranschaulichung. Der beschriebene Zweck der Organisationsstruktur oder Rolle wird jedoch auf die meisten Unternehmen zutreffen.

Die nachfolgende Tabelle illustriert das COBIT-Prozesselement RACI-Diagramm am Beispiel des COBIT-Prozesses BAI06 (Managen von Änderungen). Rollen und Organisationsstrukturen ohne Zuordnung zu einer Prozesspraktik wurden nicht aufgeführt.

Rolle/ Organisationsstruktur Prozesspraktik	BL	GPV	PMO	CRO	CMPL	AUDIT	CIO	LARCH	LENTW	LITOPS	LITADM	SM	ISM
BAI06.01 Evaluieren, priorisieren und genehmigen von Änderungsanträgen	A	R	C	C	C	C	R	C	R	R	C	R	C
BAI06.02 Managen von Notfalländerungen	A	I		C	C	C	R	I	R	R		I	C
BAI06.03 Verfolgen und Berichten des Änderungsstatus	C	R	C				A		R	R		R	
BAI06.04 Abschließen und Dokumentieren der Änderungen	A	R	R	C	C	C	R	C	R	R	I	I	

Tab. 11–11 *RACI-Diagramm für den COBIT-Prozess BAI06 (Managen von Änderungen) [ISACA 2012b]*

Im oben stehenden RACI-Diagramm werden beispielsweise für die Prozesspraktik BAI06.02 (Managen von Notfalländerungen) die Führungskräfte des Unternehmens (Bereichsleiter – BL) als gesamtverantwortlich gesehen, während die Durchführungsverantwortung sowohl beim Chief Information Officer (CIO), beim Leiter Entwicklung (LENTW) als auch bei dem Leiter IT-Operations Betrieb (LITOPS) liegt. Beratende Mitwirkung haben der Chief Risk Officer (CRO), die Funktionen Compliance und Audit sowie der Information Security Manager (ISM). Die Geschäftsprozessverantwortlichen (GPV), der Leiter Architektur (LARCH) sowie der Service Manager (SM) werden informiert.

Die in COBIT vorgeschlagene Zuordnung von Zuständigkeiten für Prozesspraktiken zu unterschiedlichen Rollen und Strukturen sind als Empfehlung zu betrachten und können als Grundlage zur Erstellung von unternehmensspezifischen Kompetenzmatrixen dienen.

11.1.3.6 Prozesspraktiken

Für jeden der 37 COBIT-Prozesse sind zwischen drei und 15 Prozesspraktiken definiert, insgesamt 210 über alle COBIT-Prozesse. Prozesspraktiken sind allgemeine Anforderungen, die beim Management eines Prozesses berücksichtigt werden sollten. Die nachfolgende Definition erläutert, was mit dem in diesem Buch auch als »Anforderung« bezeichneten COBIT-Kernbegriff »Prozesspraktik« gemeint ist.

Definition Prozesspraktik [ITGI 2012b]:

»Prozesspraktiken (Governance- bzw. Managementpraktiken) stellen einen umfassenden Satz allgemeiner Anforderungen (»a complete set of high-level requirements«) für eine effektive und praktische Governance und ein entsprechendes Management der Unternehmens-IT bereit.«

Prozesspraktiken dienen zur Erfüllung der Governance-Ziele und sind Formulierungen von Maßnahmen zur Bereitstellung von Mehrwert sowie zur Optimierung des Risikos und der Nutzung von Ressourcen. Prozesspraktiken sind demnach Anforderungen, die dem Management helfen, IT-Prozesse angemessen zu steuern und zu überwachen, um letzten Endes die Ziele des Unternehmens zu erfüllen.

Die COBIT-Prozesspraktiken sind an relevanten und allgemein anerkannten Standards und bewährten Verfahren ausgerichtet. Sie sind aber generisch und müssen daher für jedes Unternehmen individuell angepasst werden. Dies ist wichtig zu verstehen: Prozesspraktiken sind keine Anforderungen von Revisoren oder Aufsichtsbehörden, die vollständig umgesetzt werden müssen. Prozesspraktiken unterstützen vielmehr in erster Linie das Management und die Governance-Funktion in der Enabler-Dimension der bewährten Verfahren.

Das Prozessreferenzmodell von COBIT 5 bietet eine sinnvoll strukturierte Sammlung von Prozesspraktiken. Die Governance-Funktion bzw. das Management sollte genau diejenigen auswählen, die für die Organisation entsprechend der Bedeutung und dem Risikogehalt der IT-Prozesse für das Unternehmen relevant sind. Möglicherweise müssen weitere Praktiken hinzugefügt oder bestehende Praktiken angepasst werden. Das Management muss über die Art und Weise der Anpassung und Umsetzung (Häufigkeit, Umfang, Automatisierung usw.) entscheiden und ggf. auch bewusst Risiken akzeptieren, wenn es sich gegen eine (vollständige) Umsetzung entscheidet.

Die nachfolgende Tabelle 11–12 illustriert das COBIT-Prozesselement der Prozesspraktik am Beispiel des COBIT-Prozesses BAI06 (Managen von Änderungen). Dieser Prozess ist aufgrund seiner inhärenten Bedeutung in der Regel bei allen Organisationen ein sehr wichtiger Prozess, da bei unzureichender Durchführung und Überwachung dieses Prozesses für das Unternehmen das Risiko besteht, dass Änderungen an Anwendungen oder Infrastrukturkomponenten die Stabilität oder Integrität der Informationsverarbeitung beeinträchtigen können. Im Prozessreferenzmodell werden für den COBIT-Prozess BAI06 (Managen von Änderungen) vier Prozesspraktiken zur Durchführung und Steuerung des Prozesses angeführt.

Referenz und Bezeichnung der Prozesspraktik	Inhalt der Prozesspraktik
BAI06.01 Evaluieren, Priorisieren und Genehmigen von Änderungsanträgen	■ Bewerten Sie alle Änderungsanträge. ■ Bestimmen Sie die Auswirkungen der jeweiligen Änderung auf Geschäftsprozesse und IT-Services und beurteilen Sie, inwieweit sich die Änderung negativ auf die operative Umgebung auswirken könnte und inakzeptable Risiken birgt. ■ Stellen Sie sicher, dass Änderungen protokolliert, priorisiert, kategorisiert, beurteilt, genehmigt, geplant und terminiert werden.
BAI06.02 Managen von Notfalländerungen	■ Managen Sie dringende Änderungen mit einem hohen Maß an Sorgfalt, um weitere Störungen auf ein Minimum zu reduzieren und um sicherzustellen, dass die Änderung kontrolliert und sicher erfolgt. ■ Stellen Sie sicher, dass dringende Änderungen im Anschluss an die Änderung angemessen beurteilt und genehmigt werden.
BAI06.03 Verfolgen und Berichten des Änderungsstatus	■ Pflegen Sie ein Verlaufs- und Berichtssystem, um abgelehnte Änderungen zu dokumentieren, den Status genehmigter und in Bearbeitung befindlicher Änderungen zu kommunizieren und Änderungen abzuschließen. ■ Stellen Sie sicher, dass genehmigte Änderungen planmäßig implementiert werden.
BAI06.04 Abschließen und Dokumentieren der Änderungen	■ Aktualisieren Sie nach der Implementierung einer Änderung die Lösung, die Benutzerdokumentation und alle von der Änderung betroffenen Verfahren.

Tab. 11–12 *Prozesspraktiken für den COBIT-Prozess BAI06 (Managen von Änderungen) [ISACA 2012b]*

Die Prozesspraktiken werden durch die drei eine COBIT-Domäne identifizierenden Buchstaben (z. B. BAI), die Prozessnummer (z. B. 06) sowie eine fortlaufende Nummer für jede Prozesspraktik (z. B. 02) eindeutig referenziert. Jede Prozesspraktik hat eine Kurzbezeichnung (z. B. Managen von Notfalländerungen), aus der bereits der wesentliche Inhalt hervorgeht, sowie eine Beschreibung der gesamten Anforderung.

In der ersten Managementpraktik (BAI06.01) wird gefordert, dass alle Änderungsanfragen in einer strukturierten Art und Weise auf deren Auswirkungen auf die operativen Systeme und deren Funktionalität hin beurteilt werden. Diese Beurteilung sollte eine Kategorisierung und Priorisierung der Änderungsanfragen umfassen. Zusätzlich wird eine Genehmigung der Änderungsanfrage verlangt.

In der zweiten Managementpraktik (BAI06.02) wird gefordert, dass ein Prozess für die Definition, Aufnahme, Test, Dokumentation, Beurteilung und Genehmigung von Notfalländerungen, die nicht dem bestehenden Change-Management-Verfahren folgen, eingerichtet wird. Dringende Änderungen kommen in der Praxis immer wieder vor, daher besteht die Notwendigkeit, hierfür einen Prozess zu definieren.

In der dritten Managementpraktik (BAI6.03) wird gefordert, dass ein Nachverfolgungs- und Reportingsystem vorhanden ist, um über den Status der Änderungen

Auskunft geben zu können. Diese Anforderung ist Voraussetzung für eine angemessene Steuerung und Überwachung des Prozesses.

In der letzten Managementpraktik (BAI06.04) wird gefordert, dass die betreffende System- und Benutzerdokumentation sowie die Verfahren nach Produktivsetzung der Änderung entsprechend aktualisiert werden. In Deutschland ist diese Forderung als Verpflichtung zur Erstellung einer Verfahrensdokumentation bekannt. Für rechnungslegungsrelevante Anwendungen fordern hierzulande die »Grundsätze ordnungsmäßiger DV-gestützter Buchführungssysteme« (GoBS) eine »aussagekräftige Verfahrensdokumentation«, die insbesondere folgende Bestandteile beinhaltet [GOBS 1995].

Die Erfüllung aller COBIT-Prozesspraktiken des Prozesses BAI06 (Managen von Änderungen) ermöglicht einen kontrolliert und steuerbar ablaufenden Prozess, der verlässliche Ergebnisse im Sinne der Unternehmensziele erzeugt und Risiken für das Unternehmen vermeidet.

11.1.3.7 Inputs und Outputs

Jeder COBIT-Prozesspraktik sind Inputs und Outputs zugeordnet, die für die Anwendung des Prozesses als erforderlich betrachtet werden.

Definition Inputs und Outputs [ISACA 2012b]:

»Die Arbeitsprodukte/Werke des Prozesses, die für die Unterstützung der Prozessanwendung für notwendig erachtet werden«

Inputs sind Arbeitsprodukte, die für die Anwendung des Prozesses benötigt werden. Sie sind mit Angabe der Herkunft beschrieben. Outputs sind Arbeitsprodukte des Prozesses, die entweder nur innerhalb des Prozesses verwendet werden (intern) oder wesentliche Inputs für andere Prozesse darstellen. Im letzteren Fall sind sie mit Angabe des Zielprozesses beschrieben sind. Die nachfolgende Tabelle illustriert das COBIT-Prozesselement Inputs und Outputs am Beispiel des COBIT-Prozesses BAI06 (Managen von Änderungen).

COBIT-Prozesspraktik	Inputs und Outputs
BAI06.01 Evaluieren, Priorisieren und Genehmigen von Änderungsanträgen	**Input:** ■ Integrierte und konfigurierte Lösungskomponenten (Output der Prozesspraktik BAI03.05 – Entwickeln von Lösungen) ■ Genehmigte Serviceanfragen (Output der Prozesspraktik DSS02.03 – Überprüfen, Genehmigen und Erfüllen von Serviceanfragen) ■ Vorgeschlagene Lösungen für bekannte Fehler (Output der Prozesspraktik DSS03.03 – Erfassen bekannter Fehler) ■ Identifizierte nachhaltige Lösungen (Output der Prozesspraktik DSS03.05 – Umsetzen eines proaktiven Problemmanagements) ■ Genehmigte Planänderungen (Output der Prozesspraktik DSS04.08 – Durchführen einer Überprüfung nach der Wiederaufnahme) ■ Ursachenanalysen und Empfehlungen (Output der Prozesspraktik DSS06.01 – Ausrichten der in die Geschäftsprozesse eingebetteten Kontrollaktivitäten an den Zielvorgaben des Unternehmens) **Output:** ■ Auswirkungsbeurteilungen (Weiterverwendung: intern) ■ Genehmigte Änderungsanträge (Weiterverwendung in Prozesspraktik BAI07.01 – Erstellen eines Implementierungsplans) ■ Änderungsplan und Zeitplan (Weiterverwendung in Prozesspraktik BAI07.01 – Erstellen eines Implementierungsplans)
BAI06.02 Managen von Notfalländerungen	**Output:** ■ Überprüfung dringender Änderungen im Anschluss an die Implementierung (Weiterverwendung: intern)
BAI06.03 Verfolgen und Berichten des Änderungsstatus	**Input:** ■ Aufzeichnung der genehmigten und übernommenen Änderungsanträge (Output der Prozesspraktik BAI03.09 – Managen von Anforderungsänderungen) **Output:** ■ Statusberichte von Änderungsanforderungen (Weiterverwendung in Prozesspraktiken BAI01.06 – Ausrichten der in die Geschäftsprozesse eingebetteten Kontrollaktivitäten an den Zielvorgaben des Unternehmens sowie BAI10.03 – Pflegen und Kontrollieren von Konfigurationselementen)
BAI06.04 Abschließen und Dokumentieren der Änderungen	**Output:** ■ Änderungsdokumentation (Weiterverwendung: intern)

Tab. 11–13 *Inputs und Outputs für die Prozesspraktiken des COBIT-Prozesses BAI06 (Managen von Änderungen) [ISACA 2012b]*

Die Inputs und Outputs von COBIT 5 sind illustrativ und nicht als abschließende Auflistung zu verstehen. Unternehmensspezifisch und vor allem in Abhängigkeit des verwendeten Prozessmodells können zusätzliche Informationsflüsse definiert werden.

Die Inputs und Outputs sind im Prozessreferenzmodell von COIT 5 nicht weiter beschrieben. Für die Einschätzung des Prozessreifegrades sind die Inputs und Outputs jedoch ein wesentlicher Beurteilungsmaßstab. Daher enthält das Prozessbefähigungsmodell (Process Assessment Model: Using COBIT 5) für jedes Arbeitsprodukt eine kurze Erläuterung des Arbeitsproduktes für den Assessor. Tabelle 11–14 stellt beispielhaft die Beschreibungen der im COBIT-Prozess BAI06 (Managen von Änderungen) genannten sechs Outputs dar.

Arbeitsprodukte (Work Products)	Beschreibung
WP1: Auswirkungsbeurteilungen (Output von BAI06.01)	■ Teil des IT-Risikomanagement-Prozesses ■ Assessor sollte überprüfen, dass Auswirkungen von normalen betrieblichen Änderungen im Risikoregister erfasst werden.
WP2: Genehmigte Änderungsanträge (Output von BAI06.01)	■ Genehmigte Änderungsanträge werden in einem Change-Management-Protokoll dokumentiert und müssen vom Anwender/Anforderer autorisiert werden.
WP3: Änderungsplan und Zeitplan (Output von BAI06.01)	■ Teil des Change-Management-Prozesses ■ Tägliche Änderungen werden in einem Jahresplan und monatlichem Ablaufplan dokumentiert und umfassen typischerweise Patchmanagement, normale Upgrades etc.
WP4: Überprüfung dringender Änderungen im Anschluss an die Implementierung (Output von BAI06.02)	■ Normalerweise quartärliche Durchführung als Teil des regulären Überwachungs- und Berichtsprozesses
WP5: Statusberichte von Änderungsanforderungen (Output von BAI06.03)	■ Statusberichte zeigen typischerweise auf, wo der Change sich im Zyklus (Entwicklung, Test etc.) befindet.
WP6: Änderungsdokumentation (Output von BAI06.04)	■ Beginnt mit einem umfassenden Änderungsprotokoll oder -register und enthält Änderungsanforderungen, Review und Genehmigung, Rückmeldungen an das Management und den Anforderer. ■ Funktionstrennung ist ein wichtiger Aspekt dieser Dokumentation.

Tab. 11–14 *Beschreibung der Outputs der Prozesspraktiken des COBIT-Prozesses BAI06 (Managen von Änderungen) [ISACA 2013a]*

Die Outputs werden im Prozessbefähigungsmodell als Arbeitsprodukte bezeichnet und sind für jede Prozesspraktik durchnummeriert. Dadurch kann jeder Input und Output zusammen mit der Prozesspraktik eindeutig referenziert werden (z. B. BAI06-WP1 für die Auswirkungsbeurteilungen). Insgesamt wird deutlich, dass die Beschreibung der Inputs und Outputs im Anhang B des Prozessbefähigungsmodells für das Verständnis der Arbeitsprodukte eine gute Hilfestellung sein kann.

11.1.3.8 Prozessaktivitäten

COBIT definiert für jede Prozesspraktik jeweils zwischen drei und 15 Aktivitäten, die bei der Umsetzung der Anforderungen der Prozesspraktiken unterstützen. Prozessaktivitäten beschreiben die wesentlichen Maßnahmen zur Anwendung des Prozesses und beschreiben, wie, warum und was für die einzelnen Prozesspraktiken implementiert werden muss, um die IT-Leistung zu verbessern und/oder Risiken in Verbindung mit IT-Lösungen und der Erbringung von Services zu behandeln.

Definition Prozessaktivität [ISACA 2012b]:

»Anleitungen zur Erreichung von Managementpraktiken für eine erfolgreiche Governance und ein erfolgreiches Management der Unternehmens-IT«

Prozessaktivitäten umfassen sämtliche Schritte, die für die Erreichung der jeweiligen Prozesspraktiken notwendig sind. Prozessaktivitäten beschreiben einen Satz erforderlicher und ausreichender, auf Maßnahmen orientierter Implementierungsschritte zur Erreichung einer Prozesspraktik. Die Prozessaktivitäten berücksichtigen in der Regel auch die Inputs und Outputs der Prozesspraktiken und geben Hinweise zur Verwendung dieser Arbeitsprodukte. Auch unterstützen Prozessaktivitäten in Verbindung mit dem RACI-Diagramm die Festlegung klarer Rollen und Zuständigkeiten.

Prozessaktivitäten sind in der Praxis aber auch hilfreich zur Beurteilung der Prozessleistung und der Identifikation potenzieller Verbesserungen. Wie die Prozesspraktiken basieren auch Prozessaktivitäten auf allgemein anerkannten Standards und bewährten Verfahren. Die Prozessaktivitäten sind keine starren Vorgaben, sondern müssen angepasst und in für das Unternehmen geeignete, spezifische Verfahren umgewandelt werden. Die nachfolgende Tabelle illustriert das COBIT-Prozesselement Prozessaktivitäten am Beispiel der Prozesspraktiken des COBIT-Prozesses BAI06 (Managen von Änderungen).

Prozesspraktik	Prozessaktivitäten
BAI06.01 Evaluieren, Priorisieren und Genehmigen von Änderungsanträgen	1. Setzen Sie formelle Änderungsanträge ein, um Geschäftsprozessverantwortlichen und IT-Vertretern die Möglichkeit zu geben, Änderungen in Bezug auf Geschäftsprozesse, Infrastrukturen, Systeme oder Anwendungen zu beantragen. Stellen Sie sicher, dass Änderungen dieser Art ausnahmslos aus dem Managementprozess für Änderungsanträge hervorgehen. 2. Ordnen Sie die beantragten Änderungen einer bestimmten Kategorie zu (z. B. Geschäftsprozesse, Infrastruktur, Betriebssysteme, Netzwerke, Anwendungssysteme, erworbene/gebündelte Anwendungssoftware) und stellen Sie den Bezug zu den betroffenen Konfigurationselementen her. 3. Priorisieren Sie die beantragten Änderungen basierend auf den geschäftlichen und technischen Anforderungen, den erforderlichen Ressourcen sowie den gesetzlichen, behördlichen und vertraglichen Gründen für die Beantragung der Änderung. 4. Planen und bewerten Sie alle Anträge in einer strukturierten Art und Weise. Führen Sie außerdem eine Analyse der Auswirkungen auf Geschäftsprozesse, Infrastruktur, Systeme und Anwendungen, Geschäftskontinuitätspläne (PCBs: Business Continuity Plans) und Serviceanbieter durch, um sicherzustellen, dass alle von der Änderung betroffenen Komponenten identifiziert wurden. Beurteilen Sie die Wahrscheinlichkeit für eine Beeinträchtigung der operativen Umgebung und das Risiko, das mit der Implementierung der Änderung einhergeht. Berücksichtigen Sie rechtliche und vertragliche Auswirkungen der beantragten Änderung sowie die Auswirkungen auf Sicherheit und Compliance. Berücksichtigen Sie auch Abhängigkeiten zwischen den Änderungen. Beziehen Sie ggf. Geschäftsprozessverantwortliche in den Beurteilungsprozess ein. 5. Sorgen Sie dafür, dass jede Änderung formell von den jeweiligen Geschäftsprozessverantwortlichen, Service-Managern und technischen IT-Anspruchsgruppen genehmigt wird. Änderungen mit geringem Risiko, die relativ häufig vorkommen, sollten vorab als Standardänderungen genehmigt werden. 6. Planen und terminieren Sie alle genehmigten Änderungen. 7. Überlegen Sie, welche Auswirkungen sich durch vertraglich gebundene Serviceanbieter (z. B. für ausgelagerte Geschäftsverarbeitung, Infrastruktur, Anwendungsentwicklung und gemeinsam genutzte Services) für den Änderungsmanagement-Prozess ergeben könnten. Berücksichtigen Sie auch die Integration von Änderungsmanagement-Prozessen der Organisation in die Änderungsmanagement-Prozesse von Serviceanbietern sowie die Auswirkungen auf Vertragsbestimmungen und SLAs.

→

Prozesspraktik	Prozessaktivitäten
BAI06.02 Managen von Notfalländerungen	1. Stellen Sie sicher, dass ein dokumentiertes Verfahren existiert, mit dessen Hilfe dringende Änderungen angekündigt, beurteilt, vorläufig genehmigt und nachträglich autorisiert und aufgezeichnet werden können. 2. Überprüfen Sie, ob alle Zugriffsvorkehrungen in Verbindung mit dringenden Änderungen ordnungsgemäß autorisiert und dokumentiert und nach Übernahme der Änderung wieder aufgehoben wurden. 3. Überwachen Sie dringende Änderungen und führen Sie im Anschluss an die Implementierung eine Überprüfung mit den betroffenen Parteien durch. Im Rahmen der Überprüfung sollten korrektive Maßnahmen auf der Grundlage der jeweiligen Ursache in Erwägung gezogen und eingeleitet werden. Zu den Ursachen können beispielsweise Probleme mit Geschäftsprozessen, der Entwicklung und Wartung des Anwendungssystems, Entwicklungs- und Testumgebungen, Dokumentation und Handbüchern und der Datenintegrität gehören. 4. Definieren Sie die Merkmale einer dringenden Änderung.
BAI06.03 Verfolgen und Berichten des Änderungsstatus	1. Kategorisieren Sie Änderungsanträge innerhalb des Rückverfolgungsprozesses (z. B. Abgelehnt, Genehmigt, aber ausstehend, Genehmigt und in Bearbeitung und Abgeschlossen). 2. Implementieren Sie Änderungsstatusberichte mit Leistungsmetriken, um dem Management die Überprüfung und Überwachung des ausführlichen Status von Änderungen und des allgemeinen Zustands von Änderungen zu ermöglichen (z. B. ältere Analyse von Änderungsanträgen). Stellen Sie sicher, dass die Statusberichte einen Prüfpfad aufweisen, damit Änderungen von der Einführung bis zur Aufhebung zurückverfolgt werden können. 3. Überwachen Sie offene Änderungen, um sicherzustellen, dass alle genehmigten Änderungen zeitgerecht je nach Priorität abgeschlossen werden. 4. Führen Sie ein Verlaufs- und Berichtssystem, im dem alle Änderungsanträge erfasst sind.
BAI06.04 Abschließen und Dokumentieren der Änderungen	1. Berücksichtigen Sie im Rahmen des Änderungsmanagement-Verfahrens die vorgenommenen Änderungen in den verschiedenen Dokumentationen (z. B. operative Geschäfts- und IT-Verfahren, Dokumentation zu Geschäftskontinuität und Notfallwiederherstellung, Konfigurationsinformationen, Anwendungsdokumentation, Hilfe-Bildschirme und Schulungsmaterial) und planen Sie dies als festen Bestandteil der Änderung ein. 2. Legen Sie einen angemessenen Aufbewahrungszeitraum für die Änderungsdokumentation fest sowie für die System- und Benutzerdokumentation vor und nach Einführung der Änderung. 3. Sehen Sie für die Dokumentation denselben Überprüfungsumfang vor wie für die Änderung selbst.

Tab. 11–15 *Prozessaktivitäten für die Prozesspraktiken des COBIT-Prozesses BAI06 (Managen von Änderungen) [ISACA 2012b]*

Die Prozessaktivitäten sind für jede Prozesspraktik durchnummeriert. Dadurch kann jede Prozessaktivität zusammen mit der Prozesspraktik eindeutig referenziert werden

(z. B. BAI06.02.01 für die Prozessaktivität »Stellen Sie sicher, dass ein dokumentiertes Verfahren existiert ...«).

Für weitere Details zu Prozessaktivitäten verweist das Prozessreferenzmodell von COBIT 5 im Abschnitt Referenzmaterial zusätzlich auf die für den Prozess relevanten Rahmenwerke, Standards und guten Praktiken (z. B. ISO/IEC 20000, ITIL).

11.1.3.9 Referenzmaterial

Nahezu jeder Prozess verweist auf weitere Standards, gute Praktiken und Rahmenwerke, die zusätzlich Orientierung bieten. Dadurch wird der Charakter von COBIT als übergeordnetes Rahmenwerk deutlich. Die nachfolgende Tabelle illustriert das COBIT-Prozesselement Referenzmaterial am Beispiel des COBIT-Prozesses BAI06 (Managen von Änderungen).

Zugehöriger Standard	Ausführliche Referenz
ISO/IEC 20000	9.2 Change Management (Änderungsmanagement)
ITIL V3 2011	Service Transition (Serviceüberführung), 4.2 Änderungsmanagement

Tab. 11–16 *Referenzmaterial für den COBIT-Prozess BAI06 (Managen von Änderungen) [ISACA 2012b]*

Die wesentlichen Referenzmaterialien von COBIT 5 sind in Kapitel 14 näher erläutert.

11.1.4 Anforderungen an alle Prozesse (Process Control Objectives)

In COBIT 4.1 wurden zusätzlich zu den prozessspezifischen Prozesspraktiken sechs generische Anforderungen an das Erstellen, Ausführen, Überwachen und Verbessern des Prozesses abgebildet, die für alle Prozesse galten und durch das Kürzel »PC« (englisch: »Process Control«) referenziert wurden. Diese waren Voraussetzung für eine angemessene Prozessqualität und sollten daher bei der Prozessbewertung zusammen mit den prozessspezifischen Anforderungen betrachtet werden, um ein vollständiges Bild der Anforderungen an einen Prozess zu erhalten.

In COBIT 5 kommt zur Beurteilung der Prozessbefähigung ein ISO/IEC 15504-kompatibles Schema zum Einsatz. Innerhalb dieses Schemas wird anhand der Befähigungsattribute der höheren Prozessbefähigungsstufen beschrieben, wie bessere und leistungsstärkere Prozesse eingerichtet werden können. Die Prozesskontrollen aus COBIT 4.1 werden durch diese generischen Attribute der Prozessbefähigung ersetzt.

Tabelle 11–17 fasst die wesentlichen Anforderungen der sechs Process Control Objectives aus COBIT 4.1 und die zugehörigen ISO/IEC 15504-Prozessbefähigungsattribute (PA) aus COBIT 5 zusammen.

Process Control Objective (COBIT 4.1)	Kernforderung des Process Control Objective	Zugehörige ISO/IEC 15504-Prozess-befähigungsattribute (COBIT 5)
PC1 Prozessziele und -zielvorgaben	Für jeden COBIT-Prozess sollten klare Ziele und Vorgaben für dessen wirksame Ausführung entwickelt werden.	PA 2.1 Leistungs-steuerungsattribut
PC2 Prozesseigentümerschaft	Für jeden COBIT-Prozess sollten ein Eigentümer und dessen Rolle und Verantwortung klar definiert werden.	PA 2.1 Leistungs-steuerungsattribut
PC3 Prozesswiederholbarkeit	Jeder Prozess sollte so gestaltet und implementiert werden, dass die Prozessdurchführung und die Prozessergebnisse wiederholbar sind.	PA 3.1 Prozess-definitionsattribut
PC4 Rollen und Verantwortlichkeiten	Für alle Prozesse sollten die Verantwortlichkeiten für Kernaktivitäten und Prozessergebnisse definiert werden.	PA 2.1 Leistungs-steuerungsattribut PA 3.2 Prozess-bereitstellungsattribut
PC5 Richtlinien, (Maßnahmen-)Pläne und Verfahren	Für alle Prozesse sollte festgelegt sein, wie Richtlinien, (Maßnahmen-)Pläne und Verfahren dokumentiert, überprüft, aktualisiert, genehmigt, archiviert und kommuniziert werden.	PA 2.1 Leistungs-steuerungsattribut
PC6 Verbesserung der Prozessleistung	Für alle Prozesse sollten Metriken identifiziert werden, die eine Aussage über das Leistungsverhalten und die Zielerreichung von Prozessen ermöglichen.	PA 2.1 Leistungs-steuerungsattribut PA 5.2 Prozess-optimierungsattribut

Tab. 11–17 *Zuordnung der Process Control Objectives aus COBIT 4.1 und der entsprechenden ISO/IEC 15504-Prozessbefähigungsattribute [ISACA 2012a]*

Im ersten Process Control Objective PC1 (Prozessziele und -zielvorgaben) wird neben klaren Zielvorgaben gefordert, dass Prozessziele und Vorgaben entsprechend der bekannten SMARRT-Kriterien (specific, measurable, actionable, realistic, results-oriented, timely) definiert und kommuniziert werden, diese mit den Geschäftszielen verknüpft sind und deren Erreichung gemessen wird.

Im zweiten Process Control Objective PC2 (Prozesseigentümerschaft) wird neben einer allgemeinen Prozesseigentümerschaft gefordert, dass dabei auch Details wie die Verantwortung für das Prozessdesign, die Schnittstellen mit anderen Prozessen, die Verantwortung für das Prozessergebnis, das Messen der Prozessleistung und die Identifikation von Verbesserungsmöglichkeiten festgelegt werden.

Im dritten Process Control Objective PC3 (Prozesswiederholbarkeit) wird zur Erreichung der Wiederholbarkeit gefordert, dass die Aktivitätenabfolge konsistent und logisch, aber auch ausreichend flexibel und skalierbar ist, um mit Ausnahmen und Notfällen umzugehen.

Im vierten Process Control Objective PC4 (Rollen und Verantwortlichkeiten) wird als Voraussetzung für die Zuweisung der Rollen und Verantwortlichkeiten gefordert, dass die Kernaktivitäten und Prozessergebnisse definiert werden.

Im fünften Process Control Objective PC5 (Richtlinien, (Maßnahmen-)Pläne und Verfahren) wird weitergehend gefordert, dass die Richtlinien, (Maßnahmen-)Pläne und Verfahren zugänglich, korrekt und verstanden sind und deren korrekte Ausführung in angemessenen Zeitabständen überprüft wird.

Im sechsten Process Control Objective PC6 (Verbesserung der Prozessleistung) wird über die Identifikation von Metriken hinaus gefordert, dass die Messergebnisse mit den Zielen verglichen und – wenn notwendig – Maßnahmen ergriffen werden. Auch sollten Metriken, Ziele und Messmethoden mit dem allgemeinen Ansatz zur Überwachung der IT-Leistung abgestimmt sein.

Auch hier gilt, dass diese Anforderungen (Control Objectives) aus COBIT nicht vollständig und für alle IT-Prozesse umgesetzt werden müssen, sondern das Management diejenigen auswählen sollte, die für die Organisation entsprechend der Bedeutung und dem Risikogehalt des IT-Prozesses für die Geschäftsbereiche relevant sind. Trotzdem sind die Kernanforderungen der Process Control Objectives sicherlich allgemeingültig im Sinne eines bewährten Verfahrens.

11.1.5 Anforderungen an Geschäftsprozesse (Application Control Objectives)

Im COBIT-5-Prozessreferenzmodell sind auch Anforderungen an Geschäftsprozesse enthalten. Diese wurden in COBIT 4.1 als Application Control Objectives bezeichnet. Als Anforderungen an die Geschäftsprozesse sollten die Application Control Objectives sicherstellen, dass die Geschäftsprozesse verlässlich ablaufen und in der Folge verlässliche Informationen erzeugt werden. Typische Informationsziele für Geschäftsprozesse sind:

- Sicherstellen der Vollständigkeit der Daten (Completeness)
- Sicherstellen der Korrektheit der Daten (Accuracy)
- Sicherstellen der Gültigkeit der Daten (Validity)
- Sicherstellen der Autorisation (Authorisation)
- Sicherstellen der Funktionstrennung (Segregation of Duties)

Anwendungskontrollen, die im Geschäftsprozess verankert sind, unterstützen das Erreichen dieser Informationsziele. Typische Anwendungskontrollen sind:

- Zugriffskontrollen (z. B. Zugriffsbeschränkungen)
- Dateneingabekontrollen (z. B. Validierung von Kreditkartennummern)
- geschäftliche Regeln (z. B. Rabattstaffeln)
- Ablaufregeln (z. B. Weiterleitungsregeln bei Work-Flow-Systemen)
- vordefinierte Eingabefelder (z. B. Geschlecht kann nur »m« oder »w« sein)

- Abstimmungen (z. B. Abgleich Bestellungen mit Rechnungen)
- Fehlerberichte (z. B. Transaktionen mit Status »on hold«)
- Protokollierung (z. B. Dokumentation von Erfasser und Freigeber)
- Berechnungen (z. B. Zinsberechnungen)
- Prüfspuren (z. B. Aufsatzpunkt zur Datenwiederherstellung)

Beispielsweise kann die Korrektheit und Güte von Daten durch Plausibilitätskontrollen bei der Eingabe von Daten überprüft werden. Die Funktionstrennung kann über Berechtigungskonzepte und systemseitig implementierte Vier-Augen-Prinzipien umgesetzt werden.

Das COBIT-5-Prozessreferenzmodell behandelt entsprechend einer End-to-End-Betrachtung auch die Geschäftsprozesse. Für das Management der Geschäftsprozesse existiert mit DSS06 (Managen von Geschäftsprozesskontrollen) ein eigener Prozess. Die in COBIT 4.1 vorhandenen sechs Application Control Objectives werden im Prozessreferenzmodell von COBIT 5 im Wesentlichen durch die Prozesspraktik DSS06.02 (Kontrollieren der Informationsverarbeitung) abgedeckt. In dieser Prozesspraktik wird vom Management gefordert, dafür zu sorgen, dass »Geschäftsprozessaktivitäten und die zugehörigen Kontrollen unter Berücksichtigung des Unternehmensrisikos ausgeführt werden, um sicherzustellen, dass die Informationsverarbeitung valide, vollständig, genau, zeitgerecht und sicher ist (d. h., dass die Informationsverarbeitung die rechtmäßige und autorisierte Geschäftsnutzung widerspiegelt)«.

Tabelle 11–18 stellt die Zuordnung der Application Control Objectives zu den Aktivitäten der Prozesspraktik DSS06.02 dar.

Application Control Objective (COBIT 4.1)	Kernforderung des Application Control Objective	Zuordenbare Prozessaktivitäten der COBIT-Prozesspraktik DSS06.02
AC1 Aufbereitung und Genehmigung von Urbelegen	Urbelege sollten durch autorisiertes und qualifiziertes Personal entsprechend festgelegter Verfahren erstellt werden, die auch Funktionstrennung und Genehmigungsverfahren berücksichtigen.	- Sorgen Sie dafür, dass Transaktionen durch autorisierte Mitarbeiter unter Einhaltung etablierter Verfahren erstellt werden. - Sehen Sie ggf. eine angemessene Funktionstrennung vor, was die Veranlassung und die Genehmigung von Transaktionen anbelangt. (DSS06.02.01)
AC2 Sammlung und Eingabe von Urbelegen	Dateneingaben sollten durch autorisiertes und qualifiziertes Personal zeitnah erfolgen.	- Geben Sie Transaktionen zeitnah ein. (DSS06.02.03)

→

Application Control Objective (COBIT 4.1)	Kernforderung des Application Control Objective	Zuordenbare Prozessaktivitäten der COBIT-Prozesspraktik DSS06.02
AC3 Prüfung auf Richtigkeit, Vollständigkeit und Echtheit	Transaktionen sollten richtig, vollständig und valide sein.	▪ Stellen Sie sicher, dass die Transaktionen genau, vollständig und gültig sind. ▪ Validieren Sie die Eingabedaten und bearbeiten Sie sie, oder senden Sie diese ggf. zur Korrektur zurück, wobei die Rücksendung möglichst nah am Veranlassungspunkt erfolgen sollte. (DSS06.02.03)
AC4 Integrität und Validierung der Verarbeitung	Während der Verarbeitung sollten die Integrität und Echtheit der Daten erhalten bleiben.	▪ Sorgen Sie während des gesamten Verarbeitungszyklus für eine kontinuierliche Datenintegrität und -validität. (DSS06.02.05)
AC5 Überprüfung, Abstimmung und Fehlerbehandlung von Ausgabedaten	Verfahren und Verantwortlichkeiten sollten sicherstellen, dass Ausgabedaten überprüft, nur für autorisierte Zwecke verwendet, dem richtigen Empfänger zugestellt und während der Übertragung geschützt werden.	▪ Beachten Sie bei der Handhabung von Output die jeweiligen Genehmigungen, liefern Sie Output an den vorgesehenen Empfänger, und schützen Sie die Informationen während der Übertragung. ▪ Überprüfen Sie die Richtigkeit und Vollständigkeit des Outputs. (DSS06.02.07)
AC6 Echtheit und Integrität der Transaktionen	Bei Datenübertragungen sollten die korrekte Adressierung sowie die Echtheit und Integrität der Daten überprüft werden.	▪ Überprüfen Sie vor der Weiterleitung von Transaktionsdaten zwischen internen Anwendungen und geschäftlichen/betrieblichen Funktionen (innerhalb und außerhalb des Unternehmens) die ordnungsgemäße Adressierung, die Authentizität des Absenders sowie die Integrität des Inhalts. ▪ Sorgen Sie für eine kontinuierliche Authentizität und Integrität während der Übertragung oder während des Transports. (DSS06.02.08)

Tab. 11–18 *Zuordnung der Application Control Objectives aus COBIT 4.1 zu den Prozessaktivitäten der COBIT-5-Prozesspraktik DSS06.02 [ISACA 2012b]*

Die Verantwortung/Zuständigkeit für Anwendungskontrollen liegt in der Regel beim Geschäftsprozesseigner. Dieser muss die Geschäftsprozesskontrollen funktional beschreiben und die Produktivsetzung genehmigen. Die IT-Funktion entwickelt automatisierte Anwendungskontrollen in der Regel auf Basis der funktionalen Beschreibung und stellt diese für den Geschäftsprozess bereit.

Das IT Governance Institute hat im Jahr 2009 einen ergänzenden Leitfaden mit dem Titel »COBIT and Application Controls« veröffentlicht [ITGI 2009b]. Dieser Leitfaden beschreibt detailliert die Aufgaben und Verantwortlichkeiten für die Entwicklung und den Betrieb sowie die Überwachung und Prüfung von Application Controls sowie den Zusammenhang mit den allgemeinen IT-Kontrollen.

12 Information

Der Enabler »Information« bezieht sich auf sämtliche Informationen, die für das Unternehmen relevant sind. Geschäftsprozesse generieren und verarbeiten Daten, wandeln diese in Information und Wissen um und generieren dadurch einen Wert für das Unternehmen.

Definition Information [ISACA 2012a]:

»Betriebsmittel, das – wie andere wichtige Betriebsmittel des Unternehmens auch – wesentlich für das Geschäftsfeld des Unternehmens ist. Informationen können in vielen Formen vorliegen: Sie können auf Papier geschrieben oder gedruckt, elektronisch gespeichert, postalisch oder elektronisch übertragen, in Filmen enthalten oder in Gesprächen ausgetauscht werden.«

Der Wert der Information entsteht jedoch allein durch seine Verwendung (entweder interne Verwendung oder Verkauf). Die Information selbst hat keinen intrinsischen Wert. Nur durch aktive Nutzung der Information können Werte generiert werden.

12.1 Anspruchsgruppen

Anspruchsgruppen für den Enabler Information sind innerhalb und außerhalb des Unternehmens. Neben den Anspruchsgruppen selbst sollte auch deren Interesse an Information identifiziert werden, d. h., warum ihnen die Informationen wichtig sind. In der Kategorisierung der möglichen Anspruchsgruppen von Information unterscheidet das COBIT-5-Rahmenwerk zwischen konkreten Rollen für bestimmte Daten- oder Informationsrollen (z. B. Architekt, Eigentümer, Nutzungsbevollmächtigter, Zugangstreuhänder, Lieferant, Empfänger, Datenmodelldesigner, Qualitätsmanager, Sicherheitsmanager) und allgemeinen Rollen.

Allgemeine Rollenkategorie	Erläuterung
Informationserzeuger (Information Producer)	Informationserzeuger sind für die Erstellung von Informationen zuständig.
Informationsverwalter (Information Custodian)	Informationsverwalter sind für die Aufbewahrung und Pflege von Informationen zuständig.
Informationsnutzer (Information Consumer)	Informationsnutzer nutzen die Informationen.

Tab. 12–1 *Übersicht der allgemeinen Rollenkategorien der Anspruchsgruppen für den Enabler Information [ISACA 2012a]; [ISACA 2013g]*

Die Aktivitäten der Rollenkategorien sind von der Phase im Lebenszyklus der Information abhängig (siehe Abschnitt 12.3). Die Rollen der Anspruchsgruppen können je nach Lebenszyklusphase der Information anders definiert werden.

Die konkreten Rollen werden im Enabler-Handbuch »COBIT5: Enabling Information« beispielhaft für Kundendaten, IT-Strategie, Software-Anforderungsdokumentation sowie für Krankenhauspatientendaten beschrieben. Tabelle 12–2 illustriert die Rollen für unterschiedliche Anspruchsgruppen am Beispiel der IT-Strategie.

Anspruchsgruppe	Erläuterung der konkreten Rolle für die IT-Strategie
Aufsichtsorgan (Board of Directors)	Definiert die Unternehmensziele, die als Grundlage für die IT-Strategie und die IT-Ziele dienen
CIO (CIO)	Definiert die IT-Strategie und den Fahrplan, basierend auf Unternehmenszielvorgaben und Zielen
IT Management (IT Management)	Die IT-Strategie definiert Prioritäten und legt die Richtung für die IT-Dienstleistungen und Aktivitäten fest, die von der IT durchgeführt und gesteuert werden.
Unternehmensarchitekten (Enterprise Architects)	Die Unternehmensarchitekten nutzen die IT-Strategie als eine Eingabe bei der Suche nach Innovationsmöglichkeiten und Ausrichtung der Unternehmensarchitektur.
Nutzer (Users)	Die IT-Strategie sollte allen Nutzern mitgeteilt werden, um das Bewusstsein und Verständnis für IT-Ziele und Prioritäten zu schaffen.
Prüfer (Audit)	Prüfer führen Tests durch, um die Compliance mit externen Vorschriften und internen Richtlinien zu gewährleisten, und benötigen Informationen über die IT-Strategie der Organisation als Input für diese Prüfungen.
Lieferanten (Suppliers)	Lieferanten könnten interessiert sein zu sehen, wie die Services, die sie liefern, in die IT-Strategie der Organisation passen und wie sie Mehrwert für die Geschäftsbereiche durch IT liefern können.
Kunden (Customers)	Kunden könnten ein Interesse an der IT-Strategie der Organisation haben, z. B. wenn die Sicherheit der Transaktionen sehr wichtig ist, Online-Services für die Kunden gestellt werden oder innovative Dienstleistungen angeboten werden sollen.

Tab. 12–2 *Übersicht der Rollen und Bedürfnisse der Anspruchsgruppen für die IT-Strategie [ISACA 2013g]*

Die Anspruchsgruppen werden im Enabler-Handbuch »COBIT 5: Enabling Information« zusätzlich in interne und externe Anspruchsgruppen unterschieden. Im Beispiel der IT-Strategie sind die Kunden externe Anspruchsgruppen, während die Lieferanten und Prüfer zur internen oder externen Anspruchsgruppen gehören können.

12.2 Ziele

Die Ziele bzw. geschäftlichen Anforderungen an den Enabler Information werden im COBIT-5-Rahmenwerk in drei qualitative Dimensionen unterteilt:

- Intrinsische Qualität
  Ausmaß, in dem Datenwerte den tatsächlichen oder echten Werten entsprechen
- Kontextbezogene und repräsentative Qualität
  Ausmaß, in dem Informationen für die Aufgabe des Informationsnutzers im Kontext der Nutzung anwendbar sind und in einer verständlichen und klaren Art und Weise dargestellt werden
- Sicherheit und Zugänglichkeit
  Ausmaß, in dem Informationen verfügbar oder erhältlich sind

Tabelle 12–3 beschreibt die Ziele der einzelnen Dimensionen der Informationsqualität.

Im Enabler-Handbuch »COBIT 5: Enabling Information« werden darüber hinaus noch konkrete Bespiele für die einzelnen Informationsziele genannt sowie eine Zuordnung sowohl der Grundwerte der Informationssicherheit zu den Informationszielen von COBIT 5 als auch der Anforderungen von COSO zu den Informationszielen von COBIT 5.

Dimension	Ziele für den Enabler Information
Intrinsische Qualität (Intrinsic Quality)	**Genauigkeit (Accuracy):** Informationen sind richtig und zuverlässig. **Objektivität (Objectivity):** Informationen sind unverfälscht, unvoreingenommen und unparteiisch. **Glaubwürdigkeit (Believability):** Informationen werden als wahr und glaubwürdig erachtet. **Reputation (Reputation):** Informationen genießen aufgrund ihrer Quelle oder ihres Inhalts hohes Ansehen.

→

Dimension	Ziele für den Enabler Information
Kontextbezogene und repräsentative Qualität (Contextual and Representational Quality)	**Relevanz (Relevancy):** Informationen sind für die jeweilige Aufgabe anwendbar und hilfreich. **Vollständigkeit (Completeness):** Informationen sind vollständig und weisen die erforderliche Tiefe und Breite für die jeweilige Aufgabe auf. **Aktualität (Currency):** Informationen sind für die jeweilige Aufgabe auf dem neuesten Stand. **Angemessene Informationsmenge (Appropriate Amount of Information):** Der Umfang der Informationen ist für die jeweilige Aufgabe angemessen. **Präzise Darstellung (Concise Representation):** Informationen werden kompakt dargestellt. **Konsistente Darstellung (Consistent Representation):** Informationen werden in einem einheitlichen Format dargestellt. **Interpretierbarkeit (Interpretability):** Informationen sind aus angemessenen Sprachen, Zeichen, Einheiten und klaren Definitionen aufgebaut. **Verständlichkeit (Understandability):** Informationen können einfach erfasst werden. **Einfache Handhabung (Manipulation):** Informationen sind einfach zu handhaben und für unterschiedliche Aufgaben anwendbar.
Sicherheit und Zugänglichkeit (Security/Accessibility Quality)	**Verfügbarkeit/Rechtzeitigkeit (Availability):** Informationen sind bei Bedarf verfügbar oder können einfach und schnell abgerufen werden. **Eingeschränkter Zugriff (Restricted Access):** Der Zugriff auf die Informationen ist entsprechend berechtigten Nutzern vorbehalten.

Tab. 12–3 *Übersicht der Ziele der Zieldimensionen für den Enabler Information [ISACA 2012a]*

12.3 Lebenszyklus

Für den Enabler »Information« werden in COBIT folgende Lebenszyklusphasen unterschieden:

- **Planen (Plan)**
  Erstellung und die Nutzung der Informationsressource werden vorbereitet. Die Aktivitäten in dieser Phase umfassen die Identifizierung von Zielvorgaben, die Planung der Informationsarchitektur oder die Entwicklung von Standards und Definitionen, z. B. Datendefinitionen oder Verfahren für die Datenerfassung.
- **Konzipieren (Design)**
  Die Informationsressource wird konzipiert.

- **Aufbauen/Erwerben (Build/Acquire)**
  Die Informationsressource wird erworben. Die Aktivitäten in dieser Phase umfassen die Erstellung von Datensätzen, den Erwerb von Daten oder das Laden externer Dateien.
- **Nutzen/Betreiben (Use/Operate)**
  Nutzen/Betreiben umfasst das Speichern (Store), die Freigabe (Share) und die Verwendung (Use).
- **Überwachen (Monitor)**
  Die Informationsressource soll über die Nutzungsdauer planmäßig funktionieren. Die Aktivitäten in dieser Phase umfassen das Aktualisieren von Informationen sowie sonstige Informationsverwaltungstätigkeiten (z. B. bereinigen, zusammenführen, entfernen von Duplikaten).
- **Einstellen (Dispose)**
  Die Informationsressource wird verworfen, weil sie nicht mehr gebraucht wird. Die Aktivitäten in dieser Phase umfassen beispielsweise das Archivieren (Archive) oder Vernichten (Destroy) von Informationen.

Im Enabler-Handbuch »COBIT 5: Enabling Information« werden darüber hinaus Beispiele für die Behandlung von Information über den gesamten Lebenszyklus für die Informationskategorien Anbieterinformationen, Archivierungsanforderungen sowie für Daten zum IT-Änderungsmanagement gegeben. Für die Planungsphase im Lebenszyklus der Daten für das IT-Änderungsmanagement wird beispielsweise ausgeführt, dass das Change Management in der Regel als Standardverfahren implementiert wird. Ein Teil des Prozessdesigns umfasst die Spezifikation des Umfangs, der Eigenschaften und Aufbewahrungsorte der Änderungsanforderungen. Für die Planungsphase des IT-Änderungsmanagements wird auch ein konkretes Beispiel gegeben: Demnach sollte die Unternehmensarchitektur die Existenz und die Integration von einem oder mehreren Repositorys der Änderungsanforderungen (unabhängig von der jeweiligen Implementierung) definieren. Wenn mehrere Repositorys vorhanden sind, sollten Stammdaten-Management-Prinzipien angewandt werden, um festzustellen, welche Repositorys berechtigt sind, Änderungsdaten zu erstellen, und welche Repositorys einfach die Änderungsdaten von autorisierten Systemen replizieren. Wenn mehrere Systeme Daten ändern (z. B. eine Mainframe-Umgebung unterhält ein separates Repository), müssen spezifische Geschäftsregeln, wie die Daten in den verschiedenen Repositorys eingebunden werden, definiert werden.

12.4 Bewährte Verfahren

Der Begriff »Information« wird in den verschiedenen Disziplinen unterschiedlich aufgefasst und es gibt keine allgemeingültige Definition für das, was Information genau ist. Die Beschaffenheit der Information kann jedoch durch Definieren und Beschreiben ihrer Eigenschaften näher bestimmt werden. Das COBIT-5-Rahmenwerk schlägt zur Strukturierung der Informationseigenschaften ein Schema aus sechs Schichten vor, welche die Eigenschaften der Information genauer definieren und beschreiben. Diese sechs Schichten repräsentieren unterschiedlichste Attribute, die von der physischen Welt der Information bis hin zur sozialen Welt reichen. Tabelle 12–4 beschreibt die sechs Schichten und deren Informationsattribute.

Schicht	Erläuterung	Informationsattribute
Schicht der physischen Welt (Physical World Layer)	Welt, in der alle empirisch beobachtbaren Phänomene stattfinden	**Informationsattribut: Informationsträger/Medium** Dieses Attribut bezeichnet den physischen Träger der Information, z. B. Papier, Elektrosignale oder Schallwellen.
Empirische Schicht (Empiric Layer)	Die empirische Beobachtung der Zeichen, die zur Codierung von Information verwendet werden, und ihre Abgrenzung von anderen Zeichen und Hintergrundgeräuschen	**Informationsattribut: Informationszugriffskanal** Dieses Attribut bezeichnet den Kanal, über den auf die Information zugegriffen wird, z. B. Benutzerschnittstellen.
Syntaktische Schicht (Syntactic Layer)	Die Regeln und Prinzipien für den Satzbau in natürlichen oder künstlichen Sprachen. Die Syntax bezieht sich auf das Format der Information.	**Informationsattribut: Code/Sprache** Dieses Attribut bezeichnet die begriffliche Sprache bzw. das Format, das für die Codierung der Informationen verwendet wird, sowie die Regeln für die Kombination der Sprachsymbole zur Erstellung syntaktischer Strukturen.
Semantische Schicht (Semantic Layer)	Die Regeln und Prinzipien zum Ableiten einer Bedeutung aus syntaktischen Strukturen. Die Semantik bezieht sich auf die Bedeutung der Information.	**Informationsattribut: Informationstyp** Dieses Attribut bezeichnet die Art der Information, z. B. finanzielle oder nicht finanzielle Information, interne oder externe Herkunft der Information, prognostizierte oder beobachtete Werte, geplante oder realisierte Werte. **Informationsattribut: Informationsaktualität** Dieses Attribut bezeichnet den von der Information abgedeckten zeitlichen Horizont, also ob sich die Information auf die Vergangenheit, Gegenwart oder Zukunft bezieht. **Informationsattribut: Informationsebene** Dieses Attribut bezeichnet den Ausführlichkeitsgrad der Informationen, z. B. Umsatz pro Jahr, Quartal oder Monat.

→

Schicht	Erläuterung	Informationsattribute
Pragmatische Schicht (Pragmatic Layer)	Die Regeln und Strukturen für die Erstellung größerer Sprachstrukturen, die im Rahmen der menschlichen Kommunikation bestimmte Zwecke erfüllen. Die Pragmatik bezieht sich auf die Verwendung der Informationen.	**Informationsattribut: Aufbewahrungszeitraum** Dieses Attribut beschreibt, wie lange Informationen aufbewahrt werden können, bevor sie vernichtet werden. **Informationsattribut: Informationsstatus** Dieses Attribut beschreibt, ob Informationen operativ oder historisch sind. **Informationsattribut: Neuheit** Dieses Attribut beschreibt, ob durch die Informationen neues Wissen geschaffen oder vorhandenes Wissen bestätigt wird, d. h., es unterscheidet zwischen Information und Bestätigung. **Informationsattribut: Kontingenz** Dieses Attribut identifiziert die Informationen, die erforderlich sind, um die vorhandenen Informationen zu überschreiben (damit sie als Information gelten).
Schicht der sozialen Welt (Social World Layer)	Die Welt, die durch Verwendung von Sprachstrukturen auf pragmatischer Ebene der Semiotik (z. B. Verträge, Gesetze, Kultur) gesellschaftlich geschaffen wird	**Informationsattribut: Kontext** Dieses Attribut bezeichnet den Kontext, in dem Information Sinn ergibt, verwendet wird oder nützlich ist, z. B. kultureller Kontext oder fachlicher Kontext.

Tab. 12–4 *Übersicht der Schichten und Informationsattribute für den Enabler Information [ISACA 2012a]*

Im Enabler-Handbuch »COBIT 5: Enabling Information« wird das Modell der Informationsattribute u. a. anhand von Kundendaten weiter erläutert. Tabelle 12–5 stellt für jedes Informationsattribut dar, was damit identifiziert wird, und gibt Beispiele aus dem Bereich Kundendaten.

Schicht: Informationsattribut	Betrachtungs-gegenstand	Beispiele für Kundendaten
Schicht der physischen Welt: Informationsträger/Medium	Physischer Träger der Information	▪ Die ausgewählte physikalische Datenmanagement-Plattform, beispielsweise ein bestimmtes relationalen Datenbank-managementsystem (RDBMS) auf einem bestimmten Server
Empirische Schicht: Informationszugriffskanal	Zugangskanal zur Information	▪ Auf Kundendaten kann über Structured Query Language (SQL) über eine TCP/IP-Verbindung zugegriffen werden. ▪ Beim Zugriff auf Kundendaten werden mehrere Schichten des Kommunikationsstapels verwendet: SQL auf der Anwendungsebene und der Rest auf einer niedrigeren Ebene (z. B. Transport oder Netzzugang).

→

Schicht: Informationsattribut	Betrachtungsgegenstand	Beispiele für Kundendaten
Syntaktische Schicht: Code/Sprache	Repräsentationssprache/verwendetes Format zur Codierung der Information	- Beispiele für Symbolsätze zur Codierung von Daten sind römisch, kyrillisch und Unicode. Beispiele für Formate sind String, Ziffern und Datum. - Ein Kundenname könnte in römischen Zeichen im Unicode-Zeichensatz erfasst werden, und zugehörige Anmerkungen über die damit verbundenen Transaktionen können in deutscher Sprache verfasst sein. - Namen, Adressen und E-Mails sind Textzeichenfolgen, Postleitzahlen sind numerisch, während Telefonnummern oft alphanumerisch sind.
Semantische Schicht: Informationstyp	Art der Information	- Kundendaten enthalten oftmals persönliche Daten wie Name, Geburtsdatum, Adresse. - Andere Arten von Informationen in Bezug auf Kundendaten können Finanzdaten, z. B. aus der Analyse von Kundeneinkäufen, sein.
Semantische Schicht: Informationsaktualität	Angegebener Zeithorizont der Information	- Kundendaten können auf der Vergangenheit, auf der Gegenwart (wenn sie vor kurzem aktualisiert wurden) oder auf der Zukunft (falls Prognosen oder Vorhersagen gemacht werden) basieren. - Nicht alle Kundendaten müssen häufig aktualisiert werden: Für Adressen können regelmäßige Überprüfungen in Erwägung gezogen werden, während sich das Geburtsdatum einer Person nicht ändert.
Semantische Schicht: Informationsebene	Detaillierungsgrad der Information	- Kundendaten können auf verschiedene Weise segmentiert und aggregiert werden. Mehr statische Ansätze können Stadt, Land und Region oder den Primärkanal, durch den der Kunde bedient wird, umfassen. - Mehr dynamische Ansätze können für Kaufgewohnheiten des Kunden definiert werden, beispielsweise die Segmentierung in allgemeine Kaufpopulationen (z. B. gehobene Technik-Enthusiasten, Vorort-Mütter).

→

Schicht: Informationsattribut	Betrachtungsgegenstand	Beispiele für Kundendaten
Pragmatische Schicht: Aufbewahrungszeitraum	Aufbewahrungsdauer der Information	▪ Kundendaten haben oft einen definierten Aufbewahrungszeitplan, z. B. die Dauer der aktiven Geschäftsbeziehung des Kunden mit dem Unternehmen sowie sieben weitere Jahre (nach sieben Jahren der Inaktivität wird der Kundendatensatz gelöscht).
Pragmatische Schicht: Informationsstatus	Status der Information im Sinne von aktuell oder historisch	▪ Kundendaten bewegen sich durch einen Lebenszyklus und können vor der Löschung als inaktiv gekennzeichnet werden. ▪ Kundendatensätze können aktuell oder historisch sein, z. B. aktuelle offene Aufträge versus geschlossene Aufträge.
Pragmatische Schicht: Neuheit	Bestätigung von existierendem Wissen oder Generierung von neuem Wissen	▪ Ein Kundendatensatz kann einen Indikator für die Bestätigung der Richtigkeit der Daten zu einem bestimmten Zeitpunkt enthalten. ▪ Wenn ein Vertreter des Unternehmens mit einem Kunden spricht und der Kunde gibt an, dass seine Adresse noch so wie im System der Gesellschaft dargestellt ist, kann das System die Möglichkeit bieten, dies zu bestätigen. ▪ Trendanalyse über die Kaufgewohnheiten der Kunden können bekannte Muster bestätigen oder neue Trends aufzeigen.
Pragmatische Schicht: Abhängigkeit/Kontingenz	Information, die einer Information vorausgehen muss	▪ Kundendaten könnten von anderen Informationen abhängig sein (z. B. Produktinformationen oder Verkaufsdaten), bevor sie wie beabsichtigt verwendet oder in Wissen verwandelt werden können. ▪ Einige Unternehmen unterscheiden zwischen potenziellen und tatsächlichen Kunden.

→

Schicht: Informationsattribut	Betrachtungs-gegenstand	Beispiele für Kundendaten
Schicht der sozialen Welt: Kontext	Kontext, in dem die Information sinnvoll ist, verwendet werden kann oder einen Wert hat	▪ Kundendaten folgen auf höchster Ebene dem Produktlebenszyklus von Marketing, Vertrieb, Logistik, Finanzen und Wartung. ▪ Ein Kunde könnte aus einem Marketingsystem entstehen, über ein Verkaufssystem zu einem echten Kunden umgewandelt werden und dann in das Forderungs- und Liefersystem überführt und schließlich am Ende in das Wartungssystem übernommen werden. Andere Unternehmen verwenden ein gemeinsames Stammdatensystem, um alle diese Geschäftsaktivitäten zu unterstützen.

Tab. 12–5 *Informationsattribute, Betrachtungsgegenstände und Beispiele für Kundendaten [ISACA 2013g]*

Tabelle 12–5 verdeutlicht am Beispiel der Kundendaten die Anwendung des 6-Schichten-Modells von COBIT 5.

12.5 Governance und Management des Enablers Information

Im Enabler-Handbuch »COBIT 5: Enabling Information« wird dargestellt, wie COBIT 5 das Management von aktuellen Themen der Informations-Governance und des Informationsmanagements unterstützen kann. Als Themen werden diskutiert:

- Nachfrage/Nutzung von Information
- Big Data für situatives Marketing, Betrugserkennung und Vorhersage-Analysen
- Stamm- und Referenzdaten
- individuelle Datenverarbeitung
- Disintermediation
- regulatorische Compliance
- Datenschutz

Für jedes dieser Themen werden die gleichen Inhalte strukturiert behandelt:

- Beschreibung des Themas und der geschäftlichen Bedeutung
- typische betroffene Informationselemente/-gruppen und die relevanten Informationsqualitätsdimensionen
- betroffene Ziele auf den oberen Ebenen der COBIT-Zielkaskade
- wichtige Enabler für das Thema

Am Beispiel der regulatorischen Compliance soll das Konzept nachfolgend illustriert werden.

12.5.1 Enabling Information für die regulatorische Compliance

Regulatorische Compliance umfasst alle Richtlinien und Prozesse, die eine Organisation eingerichtet hat, um den zahlreichen Gesetzen, Vorschriften und Regulierungen zu genügen. Regulatorische Anforderungen existieren auf verschiedenen Ebenen und können beispielsweise industrieübergreifend und industriespezifisch oder national und international sein. Regulatorische Compliance wird als Bestandteil der Governance-Aufgaben des Aufsichtsorgans und der Geschäftsleitung verstanden. Letztlich kann nur eine gute Governance sicherstellen, dass Unternehmensziele und Risikomanagementstrategien mit der regulatorischen Compliance im Einklang sind.

Als wichtige Aktivitäten werden im Enabler Handbuch »COBIT 5: Enabling Information« sowohl die Identifikation der anwendbaren regulatorischen Anforderungen und deren Management als auch die Zuordnung der regulatorischen Anforderungen zu den bestehenden Systemen und Informationen gesehen. Tabelle 12–6 führt typische Informationselemente auf, die von der regulatorischen Compliance betroffen sind, sowie die relevanten Informationsqualitätsziele der verarbeiteten oder zur Verfügung gestellten Information.

Typische Informationselemente für die regulatorische Compliance	Anwendbare Qualitätsziele bzw. -dimensionen	Informationsqualitätsziele für die regulatorische Compliance
Anwendungs- und Serviceportfolio (Application Service Portfolio)	▪ Vollständigkeit (Completeness) ▪ Aktualität (Currency) ▪ Genauigkeit (Accuracy)	▪ Umfassende Auflistung aller IT-Dienstleistungen, die direkt die Geschäftstätigkeit unterstützen
Relevante Vorschriften (Relevant Regulations)	▪ Relevanz (Relevancy) ▪ Genauigkeit (Accuracy) ▪ Verfügbarkeit (Availability) ▪ Aktualität (Currency) ▪ Vollständigkeit (Completeness)	▪ Umfassende Auflistung aller Vorschriften, die für ein bestimmtes Unternehmen relevant sind ▪ Zuordnung der Vorschriften auf die IT-Systeme, die besonders durch Regulierungen betroffen sind
Regulierte Information kann jede Art von Informationen sein, je nach Branche, Land etc. Beispiele sind Bewegungsdaten, Kundendaten und Produktdaten.	▪ Vollständigkeit (Completeness) ▪ Genauigkeit (Accuracy) ▪ Verfügbarkeit (Availablility) ▪ Sicherheit/Zugänglichkeit (Security/Accessibility) ▪ Angemessene Informationsmenge (Appropriate Amount of Information)	▪ Regulierte Informationen jeglicher Art, die den geltenden Vorschriften entsprechen müssen ▪ Die geltenden Vorschriften können auf die anwendbaren Qualitätsziele und -dimensionen in dieser Tabelle übertragen werden.

Tab. 12–6 *Übersicht der typischen Informationselemente und illustrativen Informationsqualitätsziele für die regulatorische Compliance [ISACA 2013g]*

Die Informationsqualitätsziele im obigen Beispiel werden im Enabler-Handbuch »COBIT 5: Enabling Information« der IT-Funktion und damit den IT-bezogenen Zielen (siehe Abschnitt 11.1.3.3) zugeordnet. Als wichtige IT-bezogene Ziele aus den Informationsqualitätszielen in Tabelle 12–6 ergeben sich:

- ITG02 IT-Compliance und Unterstützung der Compliance des Unternehmens mit externen Gesetzen und Bestimmungen
- ITG04 Gemanagtes, IT-bezogenes Unternehmensrisiko
- ITG10 Sicherheit von Information, Verarbeitungsinfrastruktur und Anwendungen
- ITG15 IT-Compliance mit internen Richtlinien

IT-bezogene Ziele unterstützen wiederum die Erreichung von Unternehmenszielen. Das Ziel der regulatorischen Compliance ist letztlich, die übergeordneten Unternehmensziele zu erreichen. Für die regulatorische Compliance sind vor allem die beiden Unternehmensziele EG04 Einhaltung externer Gesetze und Bestimmungen (Compliance) sowie EG15 Compliance mit internen Richtlinien relevant.

Das Management der regulatorischen Compliance erfolgt auf Ebene der Enabler, die die Erreichung der oben genannten Ziele unterstützen. In Tabelle 12–7 wird illustrativ für die Umsetzung der regulatorischen Compliance dargestellt, wie jeder Enabler zur regulatorischen Compliance beitragen kann.

Enabler	Unterstützung für die Compliance
Prinzipien, Richtlinien und Rahmenwerke (Principles, Policies and Frameworks)	**Richtlinien:** Richtlinien definieren die Werte eines Unternehmens in Bezug auf die Einhaltung regulatorischer Vorschriften. **Pläne und Konzepte:** Hilfestellung bei der Organisation der Compliance-Aufgaben **Interne Kontrolldokumentation:** Dokumentation des internen Kontrollsystems **Verfahren:** Die Verwendung von Standardarbeitsanweisungen (SOP – Standard Operating Procedures) erhöht die Reproduzierbarkeit der Ausführung und ermöglicht eine knapp gehaltene interne Kontrolldokumentation und Berichterstattung. **Genehmigungen:** Jedes der für die Einhaltung der regulatorischen Vorschriften beschriebenen internen Kontrolldokumente unterliegt einer formalen Kontrolle und Genehmigung.

→

Enabler	Unterstützung für die Compliance
Prozesse (Processes)	Die folgenden COBIT-Prozesse sind im Zusammenhang mit der Einhaltung von regulatorischen Vorschriften relevant: ▪ EDM03 Sicherstellen der Risikooptimierung ▪ EDM05 Sicherstellen der Transparenz gegenüber Anspruchsgruppen ▪ APO03 Managen der Unternehmensarchitektur ▪ APO12 Managen von Risiken ▪ APO13 Manage der Sicherheit ▪ BAI01 Managen von Programmen und Projekten ▪ BAI06 Managen von Änderungen ▪ BAI08 Managen von Wissen ▪ BAI10 Managen der Konfiguration ▪ DSS04 Managen der Kontinuität ▪ DSS05 Managen von Sicherheitsservices ▪ DSS06 Managen von Geschäftsprozesskontrollen ▪ MEA02 Überwachen, Evaluieren und Beurteilen des internen Kontrollsystems ▪ MEA03 Überwachen, Evaluieren und Beurteilen der Compliance mit externen Anforderungen
Organisationsstrukturen (Organisational Structures)	Die folgenden Organisationsstrukturen sind für die Einhaltung von regulatorischen Vorschriften wichtig: ▪ Compliance-Gruppe ▪ Geschäftsprozessverantwortliche ▪ Bereichsleiter/Führungskräfte im Unternehmen ▪ Audit ▪ Architekturausschuss
Kultur, Ethik und Verhalten (Culture, Ethics and Behaviour)	Die folgenden Verhaltensweisen sind wichtig für die Aufrechterhaltung der Compliance: ▪ ethisches Verhalten ▪ Lernkultur ▪ Risikobewusstsein ▪ Eigenverantwortung
Information (Information)	Die folgenden Informationen sind wesentliche Elemente für das Management der Compliance: ▪ Regeln für die Validierung und Genehmigung von vorgeschriebenen Berichten ▪ Beurteilung der Wirksamkeit der Berichterstattung ▪ Kommunikation von geänderten Compliance-Anforderungen ▪ Berichte über die Einhaltung der Compliance ▪ Ergebnisse von Compliance-Audits ▪ Bestätigungen der Compliance ▪ Register der Compliance-Anforderungen ▪ identifizierte Compliance-Lücken ▪ Berichte über Versicherungspolicen ▪ gesetzliche und regulatorische Compliance-Anforderungen ▪ Lizenzverstöße ▪ Protokollierung der erforderlichen Compliance-Maßnahmen ▪ Berichte über Compliance-Verstöße und Ursachen ▪ Ergebnisse von durchgeführten Lizenz-Audits ▪ aktualisierte Richtlinien, Prinzipien, Verfahren und Standards

→

Enabler	Unterstützung für die Compliance
Services, Infrastruktur und Anwendungen (Services, Infrastructure and Applications)	Eine Reihe von Dienstleistungen (in der Regel durch die IT-Funktion zur Verfügung gestellt) sind für die Einhaltung von regulatorischen Vorschriften relevant: ■ Konfigurationsmanagement-Datenbank ■ Metadaten-Repository/Data Dictionary ■ Sicherheitsmanagementsysteme ■ Unternehmen /Daten-Architektur-System ■ Test und Validierung Die folgenden Anwendungen sind ebenfalls relevant: ■ GRC-Anwendungen ■ Reporting-Werkzeuge ■ Protokolle ■ Identitätsmanagement ■ Geschäftsprozessmanagement ■ Prüfpfade (audit trails)
Mitarbeiter, Fähigkeiten und Kompetenzen (People, Skills and Competencies)	Die Compliance-Kernfähigkeiten umfassen ein weites Spektrum an Fähigkeiten: ■ Risikobewertung ■ internes Kontrollsystem ■ Inhalt von regulatorischen Vorschriften ■ Informationsarchitektur ■ Sicherheit ■ Geschäftsprozessanalyse

Tab. 12–7 *Beispiele der Enabler-Unterstützung für die regulatorische Compliance [ISACA 2013g]*

Tabelle 12–7 verdeutlicht am Beispiel der regulatorischen Compliance den ganzheitlichen Ansatz von COBIT 5.

13 Reifegradmodelle

Reifegradmodelle (Maturity Models) dienen einer einheitlichen Beurteilung der Prozessqualität und zur Unterstützung für Prozessverbesserungen und werden daher vor allem für Standortbestimmungen und zur Planung von Verbesserungen verwendet. Das Ergebnis einer Prozessreifegradbestimmung kann dem Management aufzeigen, bei welchen Prozessen Handlungsbedarf besteht, und Basis für Investitionsentscheidungen sein, um beispielsweise durch gezielte Verbesserung der Prozesse die nächste Stufe im Reifegradmodell zu erreichen. Einheitliche Reifegradmodelle liefern eine systematische Grundlage zur Durchführung von sog. »Benchmarkings« und ermöglichen damit eine Vergleichbarkeit über verschiedene Unternehmenseinheiten oder Unternehmen hinweg. Die Ergebnisse eines solchen Vergleichs können die Grundlage sein, um die Prozessfähigkeiten zielgerichtet mit dem Markt weiterzuentwickeln und damit die Wettbewerbsfähigkeit aufrechtzuerhalten oder weiterzuentwickeln. Gegenüber externen Geschäftspartnern (z. B. Lieferanten) können Anforderungen an den Reifegrad der relevanten Prozesse bei der Geschäftspartnerauswahl helfen.

Das Erreichen eines höheren Reifegrades führt in der Regel zu weniger fehleranfälligen, effektiveren und vorhersagbaren Prozessen. Im Allgemeinen lassen sich bessere Ergebnisqualitäten und damit eine verringerte Varianz innerhalb der Gesamtergebnisse sowie Zeit- und Kostenvorteile mit steigendem Reifegrad nachweisen.

COBIT 5 umfasst ein eigenständiges Prozessbefähigungsmodell, das auf dem internationalen Standard »ISO/IEC 15504 Informationstechnik – Prozess-Assessment« beruht. Dieser Standard, der im folgenden Kapitel weiter erläutert wird, stellt Mechanismen bereit, mit denen die Leistung beliebiger Prozesse gemessen werden kann und verbesserungsfähige Bereiche identifiziert werden können. Im Anschluss daran werden die Reifegradmodelle von COBIT 5 und vor allem das neue Prozessbefähigungsmodell von COBIT 5 vorgestellt. Letzteres unterscheidet sich in Design und Anwendung grundlegend vom Prozessreifegradmodell in COBIT 4.1.

13.1 ISO/IEC 15504

Die ISO/IEC 15504 ist eine internationale Norm zur Beurteilung von Prozessen (Assessments) mit dem Ziel, die Prozessfähigkeit zu bestimmen (Capability Determination) sowie auch die Verbesserung der Prozesse (Process Improvement) zu unterstützen. Die ISO/IEC 15504 wurde ursprünglich zur Beurteilung von Softwareentwicklungsprozessen entwickelt, eignet sich aber für alle Arten von Unternehmensprozessen.

Historisch gesehen ist das Capability Maturity Model (CMM) das bekannteste und älteste Referenzmodell zur IT-Prozessbewertung und -optimierung. CMM wurde Ende der 80er-Jahre vom Software Engineering Institute (SEI) der Carnegie Mellon University in Pittsburgh für das US-amerikanische Verteidigungsministerium zur Auswahl von Softwarelieferanten entwickelt und später mit zwei anderen Standards in das Rahmenwerk Capability Maturity Model Integrated (CMMI) zusammengeführt.

Als CMM Anfang der 90er Jahre seinen Siegeszug im amerikanischen Raum antrat, entschied sich die ISO, eine internationale Norm für Prozessbewertungen zu entwickeln. Dazu wurde im Juni 1992 das Projekt SPICE (Software Process Improvement and Capability Determination) ins Leben gerufen. Als Ergebnis wurde aber erst 1998 der Technical Report ISO/IEC TR 15504 veröffentlicht, der dann sukzessive ab 2003 in den internationalen Standard ISO/IEC 15504 mündete. Der Name des Projektes (SPICE) wird auch heute noch synonym für die Norm ISO/IEC 15504 verwendet. In Europa gewann SPICE vor allem durch die Votierung der Herstellerinitiative Software der deutschen Automobilhersteller eine herausragende Bedeutung [HöDiHiMü 2006].

Die ISO/IEC 15504 kennt eine Prozess- und eine Fähigkeitsdimension. Die Fähigkeitsdimension (Capability Dimension) drückt den Reifegrad aus. Zur Messung der Fähigkeitsdimension in einzelnen Prozessen gibt das Modell sechs Reifegradstufen vor:

Reifegradstufe	Beschreibung der Reifegradstufe
Stufe 0: unvollständig (Incomplete)	Der Prozess wird nicht ausgeführt bzw. erfüllt seinen Prozesszweck nicht. Auf dieser Stufe gibt es kaum Nachweise, dass der Prozesszweck systematisch erreicht wird.
Stufe 1: durchgeführt (Performed)	Der Prozess erfüllt seinen Prozesszweck.
Stufe 2: gesteuert (Managed)	Der Prozess wird gesteuert ausgeführt (geplant, überwacht und angepasst) und seine Arbeitsprodukte werden angemessen erstellt, gelenkt und gepflegt.
Stufe 3: etabliert (Established)	Der Prozess wird unter Einsatz eines definierten Vorgehens ausgeführt. Der Prozess erreicht die definierten Prozessergebnisse.
Stufe 4: vorhersagbar (Predictable)	Der Prozess läuft innerhalb definierter Grenzen ab, um seine Prozessergebnisse zu erreichen.
Stufe 5: optimierend (Optimizing)	Der Prozess wird kontinuierlich verbessert, damit gegenwärtige und zukünftige Unternehmensziele erreicht werden.

Tab. 13–1 *Reifegradstufen nach ISO/IEC 15504 [ISACA 2013a]*

Auf Stufe 0 (unvollständig) ist der Prozess nicht vorhanden oder der Zweck des Prozesses wird nicht erfüllt. Sobald grundlegende Praktiken des Prozesses vorhanden sind und erste Prozessergebnisse erzielt werden, erreicht der Prozess die Stufe 1 (durchgeführt). Für die Stufe 2 (gesteuert) müssen grundlegende Projektmanagementaspekte für jeden Prozess vorhanden sein. Dies bezieht sich in erster Linie auf die Planung und Verfolgung des Prozesses. Stufe 3 (etabliert) fordert einen standardisierten und einheitlichen Prozess. Werden bei diesen standardisierten Prozessen quantitative Messungen durchgeführt, sind die Voraussetzungen für Stufe 4 (vorhersagbar) erfüllt. Stufe 5 (optimierend) verlangt zusätzlich die kontinuierliche Verbesserung des Prozesses.

Die Entwicklung der Prozessreife wird im Prozessbefähigungsmodell in Form von Prozessattributen ausgedrückt, die in den Reifegradstufen zusammengefasst werden. Prozessattribute sind Merkmale eines Prozesses, die anhand einer Bewertungsskala bewertet werden können und somit ein Maß für die Ausführungsqualität des Prozesses liefern.

Jedes Prozessattribut beschreibt also einen Aspekt der benötigten Fähigkeiten zur Steuerung und Optimierung eines Prozesses hinsichtlich des Prozesszwecks und seines Beitrags zu den IT-bezogenen Zielen bzw. Unternehmenszielen. Jede Reifegradstufe besteht aus einer Menge von Prozessattributen, die im Zusammenspiel eine deutliche Verbesserung der Fähigkeit zur Durchführung eines Prozesses bewirken. Mit jeder Reifegradstufe verbessert sich die Prozessdurchführung. Die Methodik stellt damit eine effiziente Vorgehensweise für die schrittweise Verbesserung der Prozessdurchführung dar. Die nachfolgende Tabelle enthält die neun Prozessattribute nach ISO/IEC 15504:

Prozessattribut-ID	Prozessattribut	Zugeordneter Reifegrad
		Stufe 0: unvollständiger Prozess
PA 1.1	Prozessdurchführung	Stufe 1: durchgeführt (1 Prozessattribut)
PA 2.1	Management der Prozessdurchführung	Stufe 2: gesteuert (2 Prozessattribute)
PA 2.2	Management der Arbeitsprodukte	
PA 3.1	Prozessdefinition	Stufe 3: etabliert (2 Prozessattribute)
PA 3.2	Prozessanwendung/Prozessumsetzung	
PA 4.1	Prozessmessung	Stufe 4: vorhersagbar (2 Prozessattribute)
PA 4.2	Prozesskontrolle	
PA 5.1	Prozessinnovation	Stufe 5: optimierend (2 Prozessattribute)
PA 5.2	Kontinuierliche Optimierung	

Tab. 13–2 *Prozessattribute nach ISO/IEC 15504 [ISACA 2013c]*

Die Messung der Prozessreife stützt sich auf neun Prozessattribute (PA), die in der ISO/IEC 15504-2 definiert sind. Jedes Prozessattribut misst einen bestimmten Aspekt der Prozessfähigkeit, um festzustellen, ob ein Prozess einen bestimmten Reifegrad erreicht hat. Eine Reifegradstufe beinhaltet neben den explizit zugeordneten Prozessattributen auch immer alle Attribute der untergeordneten Stufen.

Die Prozessattribute werden durch Indikatoren weiter detailliert. In der Reifegradstufe 1 sind dies zwei sog. »Indikatoren für die Prozessdurchführung«, die zur Messung des Umsetzungsgrads des Attributs Prozessdurchführung herangezogen werden.

Indikator der Prozessdurchführung	Beschreibung
Grundlegende Praktik (BP, Base Practice)	Die Ausführung der grundlegenden Praktiken zeigt den Grad der Erreichung des Prozesszwecks und der Prozessergebnisse auf.
Arbeitsprodukt (WP, Work Product)	Arbeitsprodukte werden bei der Durchführung des Prozesses entweder verwendet, erzeugt oder sowohl verwendet als auch erzeugt.

Tab. 13–3 *Indikatoren der Prozessdurchführung nach ISO/IEC 15504 [ISACA 2013c]*

Eine grundlegende Praktik (Base Practice) ist eine Aktivität, die auf den Zweck eines Prozesses gerichtet ist. Die lückenlose Durchführung der mit einem Prozess verbundenen grundlegenden Praktiken trägt dazu bei, dass der Prozesszweck erfüllt wird. Für jeden Prozess muss in der Prozessdimension eine kohärente Menge an grundlegenden Praktiken beschrieben sein. Die grundlegenden Praktiken werden auf einer abstrakten Ebene beschrieben und legen fest, »was« zu tun ist, ohne zu spezifizieren, »wie« es zu tun ist.

Durch die Umsetzung der grundlegenden Praktiken eines Prozesses sollen die wesentlichen Ergebnisse, die den Prozesszweck widerspiegeln, erzielt werden. Die grundlegenden Praktiken sind zwar nur der erste Schritt auf dem Weg zur Entwicklung der Prozessfähigkeit, sie stellen aber die spezifischen funktionalen Aktivitäten des Prozesses dar, selbst wenn deren Durchführung nicht systematisch erfolgt.

Die Durchführung eines Prozesses bringt Arbeitsprodukte (Work Products) hervor, die identifizierbar sind und der Realisierung des Prozesszwecks dienen können. Jedes Arbeitsprodukt verfügt über eine festgelegte Menge an Mustercharakteristika, die bei der Prüfung des Arbeitsprodukts auf eine effektive Durchführung eines Prozesses vom Assessor verwendet werden können.

Die nachweisliche Durchführung der grundlegenden Praktiken und das Vorhandensein von Arbeitsprodukten mit deren erwarteten Arbeitsprodukt-Charakteristika liefern einen objektiven Nachweis für das Erreichen des Prozesszwecks.

Die Prozessattribute in den höheren Reifegraddimensionen verfügen über weitergehende Indikatoren für die Prozessfähigkeit, die Hinweise auf das Ausmaß der Umsetzung des Attributes im ausgeführten Prozess geben. Diese Indikatoren betreffen signifikante Aktivitäten, Ressourcen oder Ergebnisse, die mit der Realisierung des Attributzwecks durch einen Prozess in Verbindung stehen. Zu den Indikatoren der höheren Reifegrade gehören:

Indikator der Prozessfähigkeit	Beschreibung
Generische Praktiken (GP, Generic Practice)	■ Generische Praktiken sind allgemein formulierte Aktivitäten, die die Implementierung des jeweiligen Prozessattributs unterstützen. ■ Generische Praktiken unterstützen oftmals die tatsächlich ausgeführten Tätigkeiten (grundlegende Praktiken) durch Prozessmanagementaktivitäten und geben einen Hinweis, inwieweit die Prozessaktivitäten geplant und überwacht werden.
Generische Arbeitsprodukte (GWP, Generic Work Products)	■ Generische Arbeitsprodukte sind Objekte (z. B. Berichte), die für die Ausführung generischer Praktiken benötigt oder durch sie erzeugt werden.
Generische Ressourcen (GR, Generic Resource)	■ Generische Ressourcen werden bei der Ausführung von generischen Praktiken genutzt. Dies können z. B. Mitarbeiter, Methoden oder Werkzeuge sein. ■ Die Verfügbarkeit einer Ressource gibt einen Hinweis auf das Potenzial, das vorhanden ist, um den Zweck eines bestimmten Attributs zu erfüllen.

Tab. 13–4 *Indikatoren der Prozessfähigkeit nach ISO/IEC 15504 [ISACA 2013c]*

In der Praxis haben sich vor allem die generischen Praktiken und die generischen Arbeitsprodukte als Indikatoren zur Prozessbewertung bewährt. Um den Reifegrad zu bestimmen, werden die praktisch ausgeführten Prozesse mit den Indikatoren verglichen und deren Ausprägung bewertet. Dazu wird jedem Prozessattribut ein Wert der in Tabelle 13–5 dargestellten vierstufigen Skala zugeordnet.

Bewertungsstufe	Beschreibung	Erreichungsgrad
N (Not Achieved)	Nicht erreicht	Erreichung zwischen 0 % und 15 %
P (Partially Achieved)	Teilweise erreicht	Erreichung zwischen 15 % und 50 %
L (Largely Achieved)	Größtenteils erreicht	Erreichung zwischen 50 % und 85 %
F (Fully Achieved)	Vollständig erreicht	Erreichung zwischen 85 % und 100 %

Tab. 13–5 *Bewertungsstufen nach ISO/IEC 15504 [ISACA 2013c]*

Ein Reifegrad gilt dann als erreicht, wenn alle Prozessattribute der betreffenden Stufe mindestens mit L bewertet wurden. Die Attribute der untergeordneten Stufen müssen alle bereits den Wert F besitzen. Die Ermittlung der Reifegradstufen folgt also dem nachfolgend dargestellten Schema:

Reifegradstufe	Prozessattribut	Bewertung
Stufe 1: durchgeführt (Performed)	PA 1.1	Größtenteils erreicht
Stufe 2: gesteuert (Managed)	PA 1.1 PA 2.1, PA 2.2	Vollständig erreicht Größtenteils erreicht
Stufe 3: etabliert (Established)	PA 1.1, PA 2.1, PA 2.2 PA 3.1, PA 3.2	Vollständig erreicht Größtenteils erreicht
Stufe 4: vorhersagbar (Predictable)	PA 1.1, PA 2.1, PA 2.2, PA 3.1, PA 3.2 PA 4.1, PA 4.2	Vollständig erreicht Größtenteils erreicht
Stufe 5: optimierend (Optimizing)	PA 1.1, PA 2.1, PA 2.2, PA 3.1, PA 3.2, PA 4.1, PA 4.2 PA 5.1, PA 5.2	Vollständig erreicht Größtenteils erreicht

Tab. 13–6 *Ermittlung Reifegradstufen nach ISO/IEC 15504 [ISACA 2013c]*

13.2 Prozessreifegradmodelle von COBIT 5

COBIT 5 kennt zwei grundsätzliche Arten zur Ermittlung des Reifgrades eines IT-Prozesses:

1. das COBIT-5-Prozessbefähigungsmodell basierend auf dem Standard ISO/IEC 15504 sowie
2. ein Reifegradmodell mit sechs generischen Attributen, das diese sechs Attribute auf jeder Reifegradstufe beschreibt.

Beide Reifegradmodelle verwenden eine ähnliche Reifegradskala, sind aber nicht miteinander vergleichbar. Beide Ansätze liefern jedoch wertvolle Informationen zum Zustand von Prozessen. In COBIT 5 sind Prozesse aber nur einer von sieben Enablern für die Governance und das Management der Unternehmens-IT. Folglich können Prozessbeurteilungen den IT-Governance-Zustand in einem Unternehmen nur zu einem bestimmten Teil abbilden. Um ein Gesamtbild zu erhalten, müssen auch die anderen Enabler beurteilt werden.

13.2.1 COBIT-5-Prozessbefähigungsmodell

Das COBIT-5-Prozessbefähigungsmodell (PAM, Process Assessment Model) definiert ein zweidimensionales Modell zur Bewertung der Prozessfähigkeit und ist Basis für die Beurteilung von COBIT-5-Prozessen. Es basiert auf dem Standard ISO/IEC 15504 Information Technology – Process Assessment (siehe Abschnitt 13.1). Das COBIT-5-Prozessbefähigungsmodell nutzt die in der Norm ISO/IEC 15504-2 definierten Prozessattribute als allgemeine Grundlage für die Durchführung von Bewertungen der Fähigkeitsdimension (Capability Dimension) und die im COBIT-5-Prozessreferenzmodell vorhandenen 37 Prozesse für die Prozessdimension (Process Dimension).

Definition Prozessbefähigungsmodell (PAM, Process Assessment Model) [ISACA 2012g]:

»Ein Modell zur Bestimmung der Prozessfähigkeit, basierend auf einem oder mehreren Prozess-Referenzmodellen (PRM)«

Das COBIT-5-Prozessbefähigungsmodell sieht vor, dass Prozessbefähigungsbeurteilungen für verschiedene Zwecke und mit einem unterschiedlichen Maß an Strenge durchgeführt werden können. Die Zwecke können interner Art (z. B. Vergleiche zwischen Unternehmensbereichen) oder externer Art sein (z. B. Zertifizierungen). Das Modell kann als Eigeneinschätzung (Self Assessment) oder als Fremdeinschätzung (z. B. durch interne oder externe Experten) angewandt werden.

Das Beurteilungsmodell basiert auf Nachweisen (»evidence-based«) und liefert damit eine objektive Sicht auf die gemäß ISO/IEC 15504-2 definierte Prozessreife für die ausgewählten Prozesse des COBIT-5-Prozessreferenzmodells. Das aus dem Beurteilungsprozess resultierende Ergebnis stellt jedoch ausdrücklich keinen Nachweis im Sinne einer Assurance über die Effektivität des internen Kontrollsystems dar.

Definition Prozessbefähigung [ISACA 2012a]:

»Charakterisierung der Befähigung eines Prozesses, aktuellen oder projizierten Geschäftszielen zu entsprechen«

Die Prozessbefähigungsbeurteilungen nach ISO/IEC 15504 werden – wie beschrieben – anhand eines zweidimensionalen Referenz- und Assessment-Modells durchgeführt. Die Fähigkeitsdimension dient der Bestimmung und Bewertung der jeweiligen Leistungsfähigkeit eines Prozesses. Die Prozessdimension dient zur Kennzeichnung und Auswahl der im Assessment zu untersuchenden Prozesse. Zur Prozessbefähigungsbeurteilung wird die Ausführung eines Prozesses anhand der Erreichung von Prozessattributen auf der Basis von auf Bewertungsindikatoren bezogenen Nachweisen bewertet. Dabei werden zwei Arten von Bewertungsindikatoren unterschieden:

- Indikatoren für die Prozessdurchführung, die ausschließlich für die Reifegradstufe 1 gelten (Base Practice, Work Product)
- Indikatoren für die Prozessfähigkeit, die für die Reifegradstufen 1 bis 5 gelten (Generic Practice, Generic Work Product)

Abbildung 13–1 stellt das COBIT-5-Prozessbefähigungsmodell im Überblick dar.

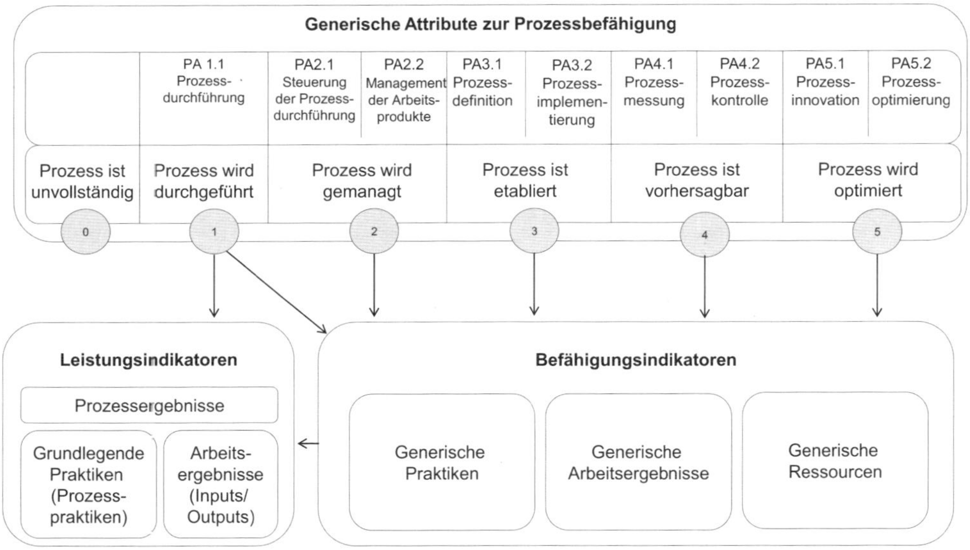

Abb. 13–1 *COBIT-5-Prozessbefähigungsmodell in Anlehnung an [ISACA 2012a]*

13.2.1.1 Indikatoren für die Prozessdurchführung

Die nachweisliche Durchführung der grundlegenden Praktiken und das Vorhandensein von Arbeitsprodukten mit deren erwarteten Arbeitsprodukt-Charakteristika liefern einen objektiven Nachweis für das Erreichen des Prozesszwecks. Dabei müssen aber nicht alle Arbeitsprodukte eines Prozesses existent sein, jedoch sollten die notwendigen Arbeitsprodukte vorhanden sein und inhaltlich den Anforderungen genügen. Die dazugehörige generische Praktik (GP 1.1.1) fordert, dass das Prozessergebnis durch tatsächliche Ausführung der grundlegenden Praktiken und zweckmäßiger Implementierung im Sinne des Prozesszweckes erzielt wird und die Prozessergebnisse durch angemessene Arbeitsergebnisse nachgewiesen werden können.

Anhand des Change-Management-Prozesses von COBIT (BAI06) soll die Vorgehensweise zur Ermittlung des Reifegrades verdeutlicht werden. Im COBIT-5-Prozessbefähigungsmodell werden zu diesem Prozess aus dem COBIT-5-Prozessreferenzmodell die Elemente Prozessbeschreibung und der Prozesszweck herangezogen.

COBIT-5-Element	Beschreibung
Prozessbeschreibung	Managen sämtlicher Änderungen in einer kontrollierten Art und Weise, einschließlich Standardänderungen und dringender Wartungsmaßnahmen in Bezug auf Geschäftsprozesse, Anwendungen und Infrastruktur. Damit verbunden sind außerdem Änderungsstandards und -verfahren, die Beurteilung von Auswirkungen, Priorisierung und Genehmigung, dringende Änderungen, Rückverfolgung, Berichterstattung, Abschluss und Dokumentation.
Prozesszweck	Ermöglichung einer schnellen und zuverlässigen Bereitstellung von Änderungen für den Geschäftsbetrieb sowie Minderung des Risikos, was die Beeinträchtigung der Stabilität und Integrität in der geänderten Umgebung anbelangt

Tab. 13–7 *Elemente des COBIT-5-Prozessbefähigungsmodells für den COBIT-Prozess BAI06 (Managen von Änderungen) [ISACA 2013a]*

Der Assessor muss zur Feststellung des Reifegrades 1 beurteilen, ob der Prozesszweck erfüllt wird. Dazu wird er prüfen, ob bestimmte Prozessziele erreicht werden. Diese werden im COBIT-5-Prozessbefähigungsmodell vorgegeben und entsprechen den Prozesszielen aus dem COBIT-5-Prozessreferenzmodell.

Prozessziel (Outcome)	Beschreibung
BAI06-O1	Genehmigte Änderungen erfolgen rechtzeitig und nahezu fehlerfrei.
BAI06-O2	Die Beurteilung von Auswirkungen (Folgenabschätzung) zeigen die Auswirkungen der Änderung auf alle betroffenen Komponenten.
BAI06-O3	Alle dringenden Änderungen werden im Anschluss an die Änderung überprüft und genehmigt.
BAI06-O4	Wichtige Anspruchsgruppen werden über alle Aspekte der Änderung auf dem Laufenden gehalten.

Tab. 13–8 *Prozessziele des COBIT-5-Prozessbefähigungsmodells für den COBIT-Prozess BAI06 (Managen von Änderungen) [ISACA 2013a]*

Die Prozessziele werden im COBIT-5-Prozessbefähigungsmodell als »Outcome« bezeichnet und sind eindeutig über die COBIT5-Prozess-ID und den Buchstaben »O« durchnummeriert.

Ein Prozess erzielt seinen Zweck, wenn die definierten grundlegenden Praktiken durchgeführt werden. Der Assessor wird also nach Nachweisen fragen, die belegen, dass die grundlegenden Praktiken durchgeführt werden. Im COBIT-5-Prozessbefähigungsmodell entsprechen die grundlegenden Praktiken den Prozesspraktiken aus dem COBIT-5-Prozessreferenzmodell.

Grundlegende Praktik	Beschreibung	Unterstützung für Prozessziel (Outcome)
BAI06.01-BP1	Evaluieren, Priorisieren und Genehmigen von Änderungsanträgen	BAI06-O2
BAI06.02-BP2	Managen von Notfalländerungen	BAI06-O3
BAI06.03-BP3	Verfolgen und Berichten des Änderungsstatus	BAI06-O1/04
BAI06.04-BP4	Abschließen und Dokumentieren der Änderungen	BAI06-O1/04

Tab. 13–9 *Grundlegende Praktiken des COBIT-5-Prozessbefähigungsmodells für den COBIT-Prozess BAI06 (Managen von Änderungen) [ISACA 2013a]*

Die grundlegenden Praktiken werden im COBIT-5-Prozessbefähigungsmodell als »Base Practice« bezeichnet und sind eindeutig über die COBIT-5-Prozess-ID und die Buchstaben »BP« durchnummeriert. Weiterhin wird im COBIT-5-Prozessbefähigungsmodell auch für jede grundlegende Praktik dargestellt, welches Prozessziel durch diese Praktik unterstützt wird.

Neben den grundlegenden Praktiken wird der Assessor auch Nachweise erfragen, um sicherzustellen, dass die nachfolgenden oder ähnliche Arbeitsergebnisse aus dem Prozess heraus erstellt werden. Die ausgehenden Arbeitsergebnisse sind den Outputs aus dem COBIT-5-Prozessreferenzmodell entnommen.

Die Arbeitsprodukte werden im COBIT-5-Prozessbefähigungsmodell als »Work Products« bezeichnet und sind eindeutig über die COBIT-5-Prozess-ID und die Buchstaben »WP« durchnummeriert. Weiterhin wird im COBIT-5-Prozessbefähigungsmodell auch für jedes Arbeitsprodukt dargestellt, welches Prozessziel und welche grundlegenden Praktiken durch dieses Arbeitsprodukt unterstützt werden. Die Beschreibungen der Arbeitsprodukte sind im Anhang B.2 des COBIT-5-Prozessbefähigungsmodells dargestellt.

Der Assessor wird auch erfragen, ob die nachfolgenden oder ähnliche Arbeitsergebnisse vorhanden sind, die Grundlage für den Prozess sind. Die eingehenden Arbeitsergebnisse sind den Inputs aus dem COBIT-5-Prozessreferenzmodell entnommen.

Ausgehende Arbeitsprodukte (Outputs)	Beschreibung	Unterstützung für grundlegende Praktiken/Prozessziele
BAI06-WP1 Auswirkungsbeurteilungen	■ Teil des IT-Risikomanagement-Prozesses. Assessor sollte sicherstellen, dass normale operative Auswirkungen von Änderungen im Risiko-Register erfasst werden.	■ BAI06-BP1 ■ BAI06-O2
BAI06-WP2 Genehmigte Änderungsanträge	■ Dokumentiert in einem Change-Management-Protokoll und muss vom Benutzer/Auftraggeber genehmigt sein	■ BAI06-BP1 ■ BAI06-O2
BAI06-WP3 Änderungsplan und Zeitplan	■ Teil des Change-Management-Prozesses. Alltägliche Änderungen werden in einer jährlichen Planung und einem monatlichen Zeitplan dokumentiert und umfassen in der Regel alle Patches, normale Upgrades usw.	■ BAI06-BP1 ■ BAI06-O2
BAI06-WP4 Überprüfung dringender Änderungen im Anschluss an die Implementierung	■ Normalerweise vierteljährlich im Rahmen der laufenden Überwachung und Berichterstattung durchgeführt	■ BAI06-BP2 ■ BAI06-O3
BAI06-WP5 Statusberichte von Änderungsanforderungen	■ Zeigt typischerweise, wo die Änderung sich im Entwicklungszyklus, Testzyklus usw. befindet	■ BAI06-BP3 ■ BAI06-O1/O4
BAI06-WP6 Änderungsdokumentation	■ Beginnt mit einem umfassenden Änderungsprotokoll oder -register und umfasst Änderungswünsche, Überprüfung und Genehmigung, Rückmeldung an das Management und den Initiator ■ Funktionstrennung ist ein wichtiger Teil dieser Dokumentation.	■ BAI06-BP4 ■ BAI06-O1/O4

Tab. 13–10 *Ausgehende Arbeitsprodukte des COBIT-5-Prozessbefähigungsmodells für den COBIT-Prozess BAI06 (Managen von Änderungen) [ISACA 2013a]*

Eingehende Arbeitsprodukte (Inputs)	Beschreibung	Unterstützung für grundlegende Praktiken/Prozessziele
BAI03-WP6 Integrierte und konfigurierte Lösungskomponenten	▪ In der Regel von der Buchhaltung durchgeführt, aber angeregt durch die Einbringung des neuen Assets in die Produktion	▪ BAI06-BP1 ▪ BAI06-O2
DSS03-WP7 Vorgeschlagene Lösungen für bekannte Fehler	▪ Im Register der Probleme vorhanden	▪ BAI06-BP1 ▪ BAI06-O2
DSS03-WP11 Identifizierte nachhaltige Lösungen	▪ Teil des Registers der Probleme	▪ BAI06-BP1 ▪ BAI06-O2
DSS04-WP18 Genehmigte Planänderungen	▪ Teil des BCP Überwachungs- und Berichterstattungsprozesses	▪ BAI06-BP1 ▪ BAI06-O2
DSS06-WP2 Ursachenanalysen und Empfehlungen	▪ Teil des monatlichen Informationssicherheits-, Überwachungs- und -Berichterstattungsprozesses und verbunden mit dem Security Incident Management System	▪ BAI06-BP1 ▪ BAI06-O2
BAI03-WP13 Aufzeichnung der genehmigten und übernommenen Änderungsanträge	▪ Im Change-Management-Protokoll vorhanden	▪ BAI06-BP3 ▪ BAI06-O1/O4

Tab. 13–11 *Eingehende Arbeitsprodukte des COBIT-5-Prozessbefähigungsmodells für den COBIT-Prozess BAI06 (Managen von Änderungen) [ISACA 2013a]*

Die eingehenden Arbeitsprodukte werden im COBIT-5-Prozessbefähigungsmodell auch als »Work Products« bezeichnet und sind über die COBIT-5-Prozess-ID und die Buchstaben »WP« eindeutig nummeriert.

13.2.1.2 Indikatoren für die Prozessfähigkeit

Während für die Reifegradstufe 1 die prozessspezifischen Praktiken und Arbeitsprodukte Gegenstand der Beurteilung sind, kommen in den weiteren Reifegradstufen generische Arbeitsprodukte des Prozesses (z. B. Berichte, Planungsdaten) und generische Praktiken als Anforderung dazu. In der Norm ISO/IEC 15504 sind den neun Prozessattributen generische Praktiken und generische Arbeitsprodukte zugeordnet.

Prozessattribut	Generische Praktiken (Kurzbeschreibung)	Generische Arbeitsprodukte
PA 1.1 Prozessdurchführung	▪ GP 1.1.1 Erreichung der Prozessergebnisse (über Prozessziele und -praktiken aus dem COBIT-5-Prozessreferenzmodell)	▪ Outputs und Inputs aus dem COBIT-5-Prozessreferenzmodell
PA 2.1 Management der Prozessdurchführung	▪ GP 2.1.1 Ermittlung der Ziele für die Prozessausführung ▪ GP 2.1.2 Planung und Überwachung der Prozessausführung ▪ GP 2.1.3 Anpassung der Prozessausführung ▪ GP 2.1.4 Definition der Verantwortlichkeiten und Befugnisse ▪ GP 2.1.5 Ermittlung und Bereitstellung der Ressourcen ▪ GP 2.1.6 Management der Schnittstellen	▪ GWP 1.0 Prozessdokumentation ▪ GWP 2.0 Prozessplan ▪ GWP 4.0 Qualitätsaufzeichnung ▪ GWP 9.0 Prozessdurchführungsaufzeichnungen
PA 2.2 Management der Arbeitsprodukte	▪ GP 2.2.1 Definition der Anforderungen an die Arbeitsprodukte ▪ GP 2.2.2 Definition der Anforderungen an die Dokumentation und Kontrolle der Arbeitsprodukte ▪ GP 2.2.3 Ermittlung, Dokumentation und Kontrolle der Arbeitsprodukte ▪ GP 2.2.4 Überprüfung und Anpassung der Arbeitsprodukte	▪ GWP 1.0 Prozessdokumentation ▪ GWP 3.0 Qualitätsplan ▪ GWP 4.0 Qualitätsaufzeichnung
PA 3.1 Prozessdefinition	▪ GP 3.1.1 Definition eines Standardprozesses ▪ GP 3.1.2 Festlegung der Reihenfolge und Wechselwirkung zwischen Prozessen ▪ GP 3.1.3 Ermittlung der Rollen und Kompetenzen ▪ GP 3.1.4 Ermittlung der erforderlichen Infrastruktur und Arbeitsumgebung ▪ GP 3.1.5 Ermitteln geeigneter Methoden zur Überwachung	▪ GWP 4.0 Qualitätsaufzeichnung ▪ GWP 5.0 Richtlinien und Standards ▪ GWP 9.0 Prozessdurchführungsaufzeichnungen

→

Prozessattribut	Generische Praktiken (Kurzbeschreibung)	Generische Arbeitsprodukte
PA 3.2 Prozessanwendung	▪ GP 3.2.1 Bereitstellung eines definierten Prozesses ▪ GP 3.2.2 Zuordnung und Kommunikation von Rollen, Verantwortlichkeiten und Befugnissen zur Prozessausführung ▪ GP 3.2.3 Gewährleistung der notwendigen Kompetenzen ▪ GP 3.2.4 Bereitstellung von Ressourcen und Informationen ▪ GP 3.2.5 Bereitstellung angemessener Prozessinfrastruktur ▪ GP 3.2.6 Sammlung und Analyse von Daten	▪ GWP 1.0 Prozessdokumentation ▪ GWP 2.0 Prozessplan ▪ GWP 4.0 Qualitätsaufzeichnung ▪ GWP 5.0 Richtlinien und Standards ▪ GWP 9.0 Prozessdurchführungsaufzeichnungen
PA 4.1 Prozessmessung	▪ GP 4.1.1 Identifikation des Prozess-Informationsbedarfs ▪ GP 4.1.2 Ableitung der Prozessmessziele ▪ GP 4.1.3 Festlegung quantitativer Ziele ▪ GP 4.1.4 Ermittlung von Produkt- und Prozessmesswerten ▪ P 4.1.5 Sammlung von Messergebnissen zu Produkten und Prozessen ▪ GP 4.1.6 Verwendung der Ergebnisse der definierten Messungen	▪ GWP 6.0 Prozessverbesserungsplan ▪ GWP 7.0 Prozessmessplan ▪ GWP 9.0 Prozessdurchführungsaufzeichnungen
PA 4.2 Prozesskontrolle	▪ GP 4.2.1 Bestimmung der Analyse- und Steuerungstechniken ▪ GP 4.2.2 Definition der Parameter zur Steuerung der Prozessausführung ▪ GP 4.2.3 Analyse der Messergebnissen zu Produkten und Prozessen ▪ GP 4.2.4 Bestimmung und Umsetzung von Korrekturmaßnahmen ▪ GP 4.2.5 Anpassung von Schwellwerten zur Prozesskontrolle	▪ GWP 1.0 Prozessdokumentation ▪ GWP 8.0 Prozessteuerungsplan ▪ GWP 9.0 Prozessdurchführungsaufzeichnungen

→

Prozessattribut	Generische Praktiken (Kurzbeschreibung)	Generische Arbeitsprodukte
PA 5.1 Prozessinnovation	■ GP 5.1.1 Definition von Zielen zur Prozessverbesserung ■ GP 5.1.2 Analyse von Messdaten des Prozesses ■ GP 5.1.3 Identifikation von Prozessverbesserungsmöglichkeiten aus Innovation und Best Practices ■ GP 5.1.4 Ableitung von Prozess-verbesserungsmöglichkeiten aus neuen Technologien und Prozesskonzepten ■ GP 5.1.5 Definition einer Umsetzungsstrategie	■ GWP 6.0 Prozessverbesserungsplan ■ GWP 7.0 Prozessmessplan ■ GWP 9.0 Prozessdurchführungsauf-zeichnungen
PA 5.2 Kontinuierliche Optimierung	■ GP 5.2.1 Bewertung der Auswirkungen von vorgeschlagenen Änderungen ■ GP 5.2.2. Management der Umsetzung von vereinbarten Änderungen ■ GP 5.2.3 Beurteilung der Wirksamkeit von Prozessveränderungen	■ GWP 6.0 Prozessverbesserungsplan

Tab. 13–12 *Prozessattribute mit generischen Praktiken und Arbeitsprodukten nach ISO/IEC 15504 [ISACA 2013a]*

Der Assessor wird je nach angestrebtem Reifegrad nach den zugeordneten generischen Praktiken und generischen Arbeitsprodukten fragen.

Generische Praktiken

Die generischen Praktiken stellen Indikatoren der Prozessbefähigung dar und sind im COBIT-5-Prozessbefähigungsmodell weiter erläutert.

Definition Generische Praktik (GP, Generic Practice) [ISACA 2013c]:

»Eine Aktivität, die, wenn sie konsequent durchgeführt wird, einen Beitrag zur Erreichung eines bestimmten Prozessattributes leistet«

Für die Reifegradstufe 2 wird gefordert, dass die Prozessausführung (PA 2.1) und die Arbeitsprodukte (PA 2.2) gesteuert werden. Um das erste Prozessattribut PA 2.1 (Management der Prozessdurchführung) vollständig zu erfüllen, müssen die generischen Praktiken GP 2.1.1 bis GP 2.1.6 umgesetzt sein. Dies bedeutet im Ergebnis:

- **Die Ziele für die Durchführung des Prozesses müssen identifiziert sein (GP 2.1.1)**
  Die Ziele eines Prozesses ergeben sich aus den Anforderungen und können sich beispielsweise auf die Qualität der erstellten Arbeitsprodukte, die Durchlaufzeiten des Prozesses oder die Ressourcennutzung beziehen. Bei der Zielermittlung spielen auch der Aufgabenumfang sowie die Annahmen und Rahmenbedingungen eine wichtige Rolle. Die Ziele können sowohl qualitativ (z. B. Dokumentationsumfang) als auch quantitativ (z. B. mind. 90 % aller Testfälle müssen dokumentiert sein) sein.
- **Die Durchführung des Prozesses muss geplant und überwacht sein (GP 2.1.2)**
  Bei der planerischen Durchführung des Prozesses wird die Anwendung der Prinzipien des Projektmanagements gefordert (beispielsweise die Vereinbarung von Terminen und Meilensteinen).
- **Die Durchführung des Prozesses muss angepasst sein, um die Pläne zu erfüllen (GP 2.1.3)**
  Probleme in der Prozessausführung müssen erkannt und entsprechende Korrekturmaßnahmen ergriffen oder Plananpassungen vorgenommen werden.
- **Die Verantwortlichkeiten und Befugnisse für die Durchführung des Prozesses müssen definiert, zugewiesen und kommuniziert sein (GP 2.1.4)**
  Die Zuweisung von Verantwortlichkeiten und Befugnissen muss dokumentiert und kommuniziert werden. Ein Projektleiter, der u.a. für die Termineinhaltung verantwortlich ist, muss auch entsprechende Befugnisse eingeräumt bekommen, z. B. die Anordnung von Überstunden.
- **Die Ressourcen und Informationen, die zur Durchführung des Prozesses notwendig sind, müssen zur Verfügung gestellt und zugeordnet sein (GP 2.1.5)**
  Der Ressourcenbedarf muss geplant werden. Ressourcen umfassen dabei sowohl Personal als auch Infrastruktur. Daneben müssen Informationen, die zur Prozesssteuerung benötigt werden, identifiziert und bereitgestellt werden.
- **Die Schnittstellen zwischen den Beteiligten müssen gesteuert sein, um eine effektive Kommunikation und eine klare Zuordnung der Verantwortung sicherzustellen (GP 2.1.6)**
  Das Management der Schnittstellen umfasst u.a. regelmäßige Abstimmungstermine zwischen allen Prozessbeteiligten sowie auch andere Formen der Kommunikation (z. B. per E-Mail).

Um das zweite Prozessattribut PA 2.2 (Management der Arbeitsprodukte) vollständig zu erfüllen, müssen die generischen Praktiken GP 2.2.1 bis GP 2.2.4 umgesetzt sein und als Ergebnis müssen

- die Anforderungen für die Arbeitsprodukte der Prozesse definiert sein (GP 2.2.1),
- die Anforderungen an die Dokumentation und Kontrolle der Arbeitsprodukte definiert sein (GP 2.2.2),

- die Arbeitsprodukte in geeigneter Weise identifiziert, dokumentiert und kontrolliert werden (GP 2.2.3),
- Arbeitsprodukte in Übereinstimmung mit den geplanten Vorkehrungen überprüft und soweit notwendig angepasst werden, um die Anforderungen zu erfüllen (GP 2.2.4).

Die Anforderungen an die Arbeitsprodukte können funktional (inhaltliche Anforderungen) oder nichtfunktional (z. B. Struktur, Einhaltung Richtlinien) sein. Oftmals besteht in der Praxis die Schwierigkeit, alle Anforderungen zentral darstellen zu können, da sich die Anforderungen aus verschiedenen Dokumenten ergeben (z. B. Pflichtenheft, Prozesshandbücher). Für jedes Arbeitsprodukt sollte darüber hinaus klar definiert sein, wer es zu welchem Zweck erhält (z. B. Information, Prüfung, Genehmigung) und wie das Arbeitsprodukt mit anderen Arbeitsprodukten in Verbindung steht (beispielsweise basiert ein Testplan auf einem Testkonzept).

Arbeitsprodukte sollten einem Änderungsmanagement unterliegen, damit erkennbar wird, welche Version zu welchem Zeitpunkt gültig war und wann welche Änderung vorgenommen worden ist. Außerdem sollte der Zugriff auf die Arbeitsprodukte im Sinne der notwendigen Verfügbarkeit und des Schutzes vor unberechtigtem Zugriff geregelt sein.

Arbeitsprodukte müssen gegen die unter GP 2.2.1 (Definition der Anforderungen an die Arbeitsprodukte) definierten Anforderungen überprüft werden. Die Ergebnisse der Reviews einschließlich der daraus resultierenden Maßnahmen und Verantwortlichkeiten sind zu dokumentieren.

Generische Arbeitsprodukte

Der Assessor wird neben den dargestellten generischen Praktiken auch nach den generischen Arbeitsprodukten fragen.

Definition Generisches Arbeitsprodukt (GWP, Generic Work Product) [ISACA 2013c]:

»Ein Gegenstand, der mit der Ausführung eines Prozesses verbunden ist und der allgemein beschrieben oder allgemeiner Natur ist«

Die Norm ISO/IEC 15504 unterscheidet neun generische Arbeitsprodukte (GWP), die mit zunehmenden inhaltlichen Anforderungen den Prozessattributen zugeordnet sind:

- GWP 1.0 Prozessdokumentation
- GWP 2.0 Prozessplan
- GWP 3.0 Qualitätsplan
- GWP 4.0 Qualitätsaufzeichnungen
- GWP 5.0 Richtlinien und Standards

- GWP 6.0 Prozessverbesserungsplan
- GWP 7.0 Prozessmessplan
- GWP 8.0 Prozesssteuerungsplan
- GWP 9.0 Prozessdurchführungsaufzeichnungen

Die generischen Arbeitsprodukte sind den generischen Praktiken zugeordnet. Am Beispiel des generischen Arbeitsproduktes »Prozessdokumentation« (GWP 1.0), das ab der Reifegradstufe 2 gefordert wird, zeigt Tabelle 13–13, welche inhaltlichen Anforderungen daran durch die verschiedenen generischen Praktiken gestellt werden.

Generische Praktik mit Anforderungen an das GWP 1.0 (Prozessdokumentation)	Inhaltliche Anforderungen an das GWP 1.0 (Prozessdokumentation)
■ GP 2.1.1 Identifikation der Ziele für die Prozessdurchführung	■ Die Prozessdokumentation sollte den Prozessaufgabenumfang (Scope) beschreiben.
■ GP 2.1.4 Definition der Verantwortlichkeiten und Befugnisse für die Prozessdurchführung	■ Die Prozessdokumentation sollte beschreiben, wer Prozesseigentümer ist und wer durchführungsverantwortlich und gesamtverantwortlich ist sowie wer beratend gefragt oder informiert wird (RACI).
■ GP 2.1.6 Management der Schnittstellen zwischen den involvierten Parteien	■ Die Prozessdokumentation sollte Details der involvierten Personen und Gruppen beschreiben (Lieferanten, Kunden und RACI-Zuordnung).
■ GP 2.2.2 Definition der Anforderungen an die Dokumentation und Kontrolle der Arbeitsprodukte	■ Die Prozessdokumentation sollte Details der Kontrollen beschreiben (Control Matrix).
■ GP 3.2.3 Gewährleistung der notwendigen Kompetenzen für die Prozessdurchführung	■ Die Prozessdokumentation sollte Details der Kompetenzen und Schulungsanforderungen beschreiben.
■ GP 4.2.1 Bestimmung der angemessenen Analyse- und Steuerungstechniken für die Steuerung der Prozessdurchführung	■ Die Prozessdokumentation sollte Details der Kontrollen beschreiben (Control Matrix).

Tab. 13–13 *Generische Praktiken, die Anforderungen an das generische Arbeitsprodukt »Prozessdokumentation« stellen [ISACA 2013c]*

Die generischen Arbeitsprodukte werden im Anhang B.1 des COBIT-5-Prozessbefähigungsmodells weiter erläutert. Die typischen Bestandteile des bereits dargestellten Arbeitsproduktes »Prozessdokumentation« zeigt Tabelle 13–4.

Typische Bestandteile des GWP 1.0 (Prozessdokumentation)	Zugehörige generische Praktik	Zusätzliche Erläuterung
Prozessname	n/a	■ Name des Prozesses
Prozesseigentümer	GP 2.1.4	■ Der Verantwortliche für die Gestaltung des Prozesses ■ Dies beinhaltet die Verantwortung für die Einrichtung, Aktualisierung und Freigabe von Dokumenten (Verfahrensanweisungen, Arbeitsanweisungen/Protokolle), um den Prozess zu unterstützen.
Prozessumfang	GP 2.1.1	■ Eine klare Aussage, wo der Prozess beginnt und endet
Prozessrollen	GP 2.1.6	■ Details von Schlüsselrollen im Prozess: • Lieferant(en) und Inputs • Outputs und Kunden
RACI-Diagramm	GP 2.1.4 GP 2.1.6	■ Zeigt auf, wer verantwortlich ist, zur Rechenschaft gezogen wird, konsultiert und informiert in Bezug auf alle Schlüsselaktivitäten im Prozess
Interne Kontroll-Matrix	GP 2.2.2	■ Matrix, die das identifizierte Risiko innerhalb des Geschäftsprozesses zusammen mit vorhandenen Kontrollen aufzeigt

Tab. 13–14 *Typische Bestandteile des generischen Arbeitsproduktes GWP 1.0 (Prozessdokumentation) [ISACA 2013c]*

Der Assessor wird jedoch nicht erwarten, dass ein Arbeitsprodukt genau den im COBIT-5-Prozessbefähigungsmodell beschriebenen Inhalt mit der dargestellten Spezifizierung hat. Vielmehr sind die Beschreibungen der Arbeitsprodukte als beispielhafte Erläuterungen zu verstehen.

13.2.2 Reifegradmodell mit Attributen

Als Alternative oder auch als Ergänzung zum vorher beschriebenen Reifegradmodell auf Prozessebene wird in COBIT ein generisches Reifegradmodell auf der Basis von sechs Reifegradattributen dargestellt. Die Methodik stammt aus COBIT 4.1 und wurde im Umsetzungsleitfaden »COBIT 5 Implementation« im Anhang E aufgenommen. Diese sechs Reifegradattribute sind teilweise aus den COBIT-Anforderungen an die Prozesse (Process Control Objectives) abgeleitet (siehe Abschnitt 11.1.4) und werden ergänzt um Attribute im Umfeld der Prozesse, wie das Bewusstsein des Managements und die Erfahrung der handelnden Personen. Durch diesen Mix ergibt sich ein guter Eindruck über den Reifegrad eines Prozesses. Die sechs Reifegradattribute sind:

- Bewusstsein und Kommunikation (Awareness and Communication)
- Richtlinien, (Maßnahmen-)Pläne und Verfahren (Policies, Plans and Procedures)

- Werkzeuge und Automatisierung (Tools and Automation)
- Fähigkeiten und Erfahrung (Skills and Expertise)
- Zuständigkeit und Verantwortlichkeit (Responsibility and Accountability)
- Zielsetzung und Messung (Goal Setting and Measurement)

Für jedes dieser Reifegradattribute ist der Zustand je Reifegradstufe beschrieben. Es gibt fünf Abstufungen der Reifegrade. Die niedrigste Stufe eins steht für eine initiale Prozessqualität und die höchste Stufe fünf für eine sich selbst optimierende Prozessqualität. In der nachfolgenden Tabelle werden die Reifegradstufen und die wesentlichen Anforderungen an die Prozesse auf der jeweiligen Reifegradstufe dargestellt.

Reifegradstufe des COBIT-4.1-Reifegrad-Attributmodells	Kernanforderungen der Reifegradstufen
1 initial (initial/ad hoc)	■ Prozesse sind ad hoc und unorganisiert. ■ Das Management hat den Regelungsbedarf erkannt, es existieren jedoch keine standardisierten Prozesse, sondern nur individuelle und situationsbezogene Ansätze.
2 wiederholbar (repeatable but intuitive)	■ Prozesse folgen einem regelmäßigen Muster. ■ Gleichartige Verfahren werden von unterschiedlichen Personen angewandt. Aufgrund fehlenden Trainings und Kommunikation der Standardverfahren wird stark auf das Wissen von Einzelpersonen vertraut, demzufolge sind Fehler wahrscheinlich.
3 definiert (defined Process)	■ Prozesse sind dokumentiert und kommuniziert. ■ Verfahren sind standardisiert und dokumentiert und durch Trainings kommuniziert. Obwohl die Prozesse angewandt werden sollen, werden Abweichungen durch das Management in der Regel nicht entdeckt.
4 gesteuert und überwacht (managed and measurable)	■ Prozesse werden überwacht und gemessen. ■ Das Management überwacht und misst die Einhaltung von Verfahren und ergreift Maßnahmen, wenn Prozesse nicht effektiv funktionieren oder Verbesserungen möglich sind.
5 optimiert (optimised)	■ Good Practices werden angewandt und Prozesse sind automatisiert. ■ Prozesse wurden, basierend auf laufender Verbesserung und Vergleichen mit anderen Unternehmen, auf ein »Best Practice«-Niveau gehoben. Informationstechnologie und Tools unterstützen den Prozess-Workflow.

Tab. 13–15 *Reifegradstufen des COBIT 4.1-Reifegrad-Attributmodells und deren Kernanforderungen [ITGI 2007a]*

Die Reifegradeinschätzung nach dem COBIT 4.1-Reifegrad-Attributmodell dient vor allem zum schnellen Erkennen von Problemen und zur Priorisierung von Verbesserungsmaßnahmen. Eine höhere Granularität des Modells ist explizit nicht gewollt, da diese die Anwendung des Modells schwieriger machen und eine Präzision vortäuschen würde, die nicht gewollt und nicht zweckmäßig ist. Der Vorteil des Ansatzes mit Reifegradattributen liegt vor allem in seiner Generik und seiner einfachen Anwendbarkeit. Tabelle 13–16 stellt die Kernanforderungen des attributorientierten Reifegradansatzes beispielhaft für die Reifegradstufen drei und vier einander gegenüber.

Prozess-Reifegradattribut	Kernanforderungen der Reifegradstufe drei (definiert)	Kernanforderungen der Reifegradstufe vier (gesteuert)
Bewusstsein und Kommunikation	■ Im Falle unzureichender Prozessqualität besteht bei den Mitarbeitern Verständnis für den Handlungsbedarf. ■ Die Prozessthemen werden vom Management formell kommuniziert und strukturiert.	■ Die Anforderungen an den Prozess werden umfassend verstanden. ■ Erprobte Kommunikationstechniken werden durch das Management angewandt und standardisierte Kommunikationswerkzeuge sind im Einsatz.
Richtlinien, (Maßnahmen-) Pläne und Verfahren	■ Bewährte Verfahren werden in Ansätzen verwendet. ■ Prozesse, Richtlinien und Verfahren sind für die wesentlichen Aktivitäten definiert und dokumentiert.	■ Interne »Best Practices« werden angewandt und die Prozesse laufen zufriedenstellend. ■ Alle Aspekte der Prozesse sind entsprechend der Unternehmensvorgaben dokumentiert und vom Management freigegeben.
Werkzeuge und Automatisierung	■ Pläne zum Tooleinsatz existieren für die Prozessautomatisierung. ■ Tools für die Kernprozesse werden angewandt, die Tool-Einsatzbereiche sind aber noch nicht miteinander integriert.	■ Die Nutzung von Tools erfolgt nach einem vereinbarten Plan, und teilweise sind diese Tools miteinander integriert. ■ Der Tooleinsatz erfolgt in wichtigen Bereichen zur Automatisierung des Prozessmanagements und zur Überwachung von kritischen Aktivitäten.
Fähigkeiten und Erfahrung	■ Die Anforderungen an die Fähigkeiten und Kenntnisse sind für alle Bereiche definiert und dokumentiert. ■ Ein definierter Schulungsplan wurde entwickelt, aber diese Schulungen erfolgen noch auf Basis von Eigeninitiative und nicht verpflichtend.	■ Die Anforderungen an Fähigkeiten und Kenntnisse werden routinemäßig für alle Bereiche aktualisiert, und ein ausreichender Leistungsstand wird sichergestellt und durch Zertifizierungen unterstützt. ■ Erprobte Schulungstechniken werden planvoll angewandt, und die Wirksamkeit des Schulungsplanes wird regelmäßig beurteilt.

→

Prozess-Reifegradattribut	Kernanforderungen der Reifegradstufe drei (definiert)	Kernanforderungen der Reifegradstufe vier (gesteuert)
Zuständigkeit und Verantwortlichkeit	▪ Prozesszuständigkeiten und -verantwortlichkeiten sind definiert und Prozesseigner wurden festgelegt. ▪ Der Prozesseigner hat grundsätzlich die Autorität, Zuständigkeiten zuzuweisen.	▪ Prozesszuständigkeiten und -verantwortlichkeiten sind anerkannt, und die Prozesseigner arbeiten so, dass sie ihre Verantwortlichkeiten erfüllen können. ▪ Eine Belohnungskultur, die zu Verbesserungen motiviert, ist verbreitet.
Zielsetzung und Messung	▪ Einige Ziele und Messgrößen sind definiert, diese sind aber nicht kommuniziert und es besteht keine Verbindung zu den Unternehmenszielen. ▪ Messprozesse sind in Entwicklung, aber diese werden noch nicht durchgängig angewandt.	▪ Die Prozesseffizienz und -effektivität wird gemessen und kommuniziert, und die Messgrößen sind mit den Unternehmenszielen und dem strategischen IT-Plan verbunden. ▪ Die IT Balanced Scorecard wird in erkannten Problembereichen eingesetzt und Ursachenanalysen sind standardisiert.

Tab. 13–16 *Kernanforderungen der Reifegradstufen drei und vier des COBIT 4.1-Reifegrad-Attributmodells [ISACA 2012c]*

Anhand der in Tabelle 13–16 dargestellten Beschreibung der Reifegradstufen für die sechs Attribute wird der Unterschied zwischen den Reifegradstufen drei (definiert) und vier (gesteuert und überwacht) nach diesem Reifegradmodell deutlich. So besteht auf der Reifegradstufe drei ein einfaches Verständnis für den Handlungsbedarf im Falle unzureichender Prozessqualität, aber kein umfassendes Verständnis. Dies ist erst auf der Reifegradstufe vier vorhanden. Richtlinien, (Maßnahmen-)Pläne und Verfahrensbeschreibungen sind auf der Reifegradstufe drei für die wesentlichen Prozessaktivitäten definiert und dokumentiert, aber nicht für alle Aspekte der Prozesse. Ebenso ist auf der Reifegradstufe drei ein definierter Schulungsplan entwickelt, aber diese Schulungen erfolgen noch auf Basis von Eigeninitiative und sind nicht verpflichtend, wie dies auf der Reifegradstufe vier der Fall ist.

Auch ist eine direkte Vergleichbarkeit der Reifegradstufen mit den in COBIT 5 verwendeten Stufen des Prozessbefähigungsmodells nach ISO/IEC 15504 nicht gegeben.

14 Referenzen für COBIT

COBIT versteht sich als übergeordnetes Rahmenwerk für die Governance und das Management der Unternehmens-IT. Um diesem Anspruch gerecht zu werden, wurden bei der Entwicklung von COBIT zahlreiche andere IT-bezogene Standards, Praktiken und Rahmenwerke berücksichtigt. Dieses Kapitel stellt die wesentlichen Standards, Praktiken und Rahmenwerke vor, die COBIT zugrunde liegen, und ordnet COBIT in dieses Umfeld ein.

14.1 Einleitung

In den früheren Versionen von COBIT lagen gute Praktiken aus aller Welt dem Rahmenwerk implizit zugrunde. Bei der Entwicklung von COBIT 3 im Jahr 2000 hatten die Autoren über 40 IT-bezogene Standards, Praktiken und Rahmenwerke analysiert und geprüft, ob COBIT die dort enthaltenen Anforderungen abdeckt. Darunter fanden sich technische Standards (herausgegeben von ISO, EDIFACT usw.), Geschäftspraktiken (herausgegeben von EU, OECD, ISACA usw.), Gütekriterien für IT-Systeme und Prozesse (z. B. ITSEC, TCSEC, ISO 9000, SPICE), Berufsstandards (herausgegeben von ISACA, IIA, COSO, IFAC, AICPA usw.) sowie diverse Industriepraktiken und Anforderungen von Industrieforen und behördlich unterstützten Plattformen (z. B. ESF, I4, IBAG, NIST, DTI) sowie sich damals entwickelnde, industriespezifische Anforderungen.

Bei der Weiterentwicklung zu COBIT 4 hat sich das Entwicklungsteam auf wenige weltweit anerkannte IT-bezogene Standards, Praktiken und Rahmenwerke fokussiert, die als primäre Referenzen (primary reference material) verwendet wurden, um eine geeignete Abdeckung, Konsistenz und Ausrichtung von COBIT sicherzustellen. Diese primären Referenzen waren [ISACA 2007a]:

- Committee of Sponsoring Organizations of the Treadway Commission (COSO):
  - Internal Control – Integrated Framework, 1994
  - Enterprise Risk Management – Integrated Framework, 2004

- Office of Government Commerce (OGC):
  - IT Infrastructure Library (ITIL), 1999 – 2004
- International Organisation for Standardisation (ISO):
  - ISO/IEC 17799:2005, Code of Practice for Information Security Management
- Software Engineering Institute (SEI):
  - SEI Capability Maturity Model (CMM), 1993
  - SEI Capability Maturity Model Integrated (CMMI), 2000
- Project Management Institute (PMI):
  - Project Management Body of Knowledge (PMBOK), 2000
- Information Security Forum (ISF):
  - The Standard of Good Practice for Information Security, 2003

Für COBIT 5 wurde das Konzept erweitert: Im Anhang A des COBIT-5-Rahmenwerkes sind alle Rahmenwerke, Standards und Leitfäden aufgeführt, die als Referenzmaterial und Input für die Entwicklung von COBIT 5 herangezogen wurden. Die Übersicht umfasst 17 Referenzen (References):

- Association for Project Management (APM); APM Introduction to Programme Management, Latimer, Trend and Co., Großbritannien, 2007
- British Standards Institute (BSI), BS25999:2007 Business Continuity Management Standard, Großbritannien, 2007
- CIO Council, Federal Enterprise Architecture (FEA), Version 1.0, USA, 2005
- Europäische Kommission, The Commission Enterprise IT Architecture Framework (CEAF), Belgien, 2006
- Kotter, John; Leading Change, Harvard Business School Press, USA, 1996
- HM Government, Best Management Practice Portfolio, Managing Successful Programmes (MSP), Großbritannien, 2009
- HM Government, Best Management Practice Portfolio, PRINCE2, Großbritannien, 2009
- HM Government, Best Management Practice Portfolio, Information Technology Infrastructure Library (ITIL), 2011
- International Organization for Standardization (ISO), 9001:2008 Quality Management Standard, Schweiz, 2008
- ISO/International Electrotechnical Commission (IEC), 20000:2006 IT Service Management Standard, Schweiz, 2006
- ISO/IEC, 27005:2008, Information Security Risk Management Standard, Schweiz, 2008

- ISO/IEC, 38500:2008, Corporate Governance of Information Technology Standard, Schweiz, 2008
- King Code of Governance Principles (King III), Südafrika, 2009
- Organisation for Economic Co-operation and Development (OECD), OECD Principles of Corporate Governance, Frankreich, 2004
- The Open Group, TOGAF 9, Großbritannien, 2009
- Project Management Institute, Project Management Body of Knowledge (PMBOK2), USA, 2008
- UK Financial Reporting Council, Combined Code on Corporate Governance, Großbritannien, 2009

Zusätzlich werden zu jedem COBIT-Prozess die konkreten Referenzmaterialien (related guidance) am Ende der Prozessdarstellung im COBIT-5-Prozessreferenzmodell angegeben. Allerdings sind nicht alle aufgeführten Referenzen aus den Prozessen heraus wiederum als Referenzmaterial explizit referenziert, insbesondere die Referenzen mit eher übergeordnetem Charakter, wie

- APM Introduction to Programme Management,
- Federal Enterprise Architecture (FEA),
- The Commission Enterprise IT Architecture Framework (CEAF),
- Managing Successful Programmes (MSP) oder
- Combined Code on Corporate Governance.

Diese Referenzen dienten lediglich als allgemeiner Input für die Entwicklung von COBIT 5. Umgekehrt werden auch Referenzmaterialien aus den Prozessen heraus referenziert, die im Anhang A des COBIT-5-Rahmenwerkes nicht explizit aufgeführt sind. Dies sind insbesondere die Standards ISO/IEC 27001 und ISO/IEC 27002, das Special Paper SP800-53, die ISO/IEC 31000 sowie die COSO-Rahmenwerke. Nachfolgende Tabelle gibt einen Überblick über die im COBIT-5-Prozessreferenzmodell angegebenen Referenzmaterialien und deren Prozessbezug.

COBIT-5-Referenzmaterial	Urheber/Autor	Referenzierende COBIT-Prozesse
BS25999:2007, Business Continuity Management Standard	British Standards Institute (BSI)	- DSS04 Managen der Kontinuität
Leading Change	Kotter, John	- BAI05 Managen der Ermöglichung organisatorischer Änderungen
PRINCE2	HM Government	- BAI01 Managen von Programmen und Projekten - BAI07 Managen der Abnahme und Produktivsetzung von Änderungen
ITIL V3 2011	HM Government	- APO01, APO02, APO05, APO06, APO08, APO09, APO10, APO13, BAI02, BAI04, BAI06, BAI07, BAI08, BAI09, BAI10, DSS01, DSS02, DSS03, DSS04, DSS05, MEA01
9001:2008, Quality Management Standard	International Organization for Standardization (ISO)	- APO11 Managen der Qualität
20000:2006, IT Service Management Standard	International Organization for Standardization (ISO)	- APO01, APO02, APO05, APO06, APO08, APO09, APO10, BAI04, BAI06, BAI07, BAI10, DSS02, DSS03, DSS04, MEA01
ISO/IEC 27001, Information Security Management	International Organization for Standardization (ISO)	- APO12 Managen von Risiken - APO13 Managen der Sicherheit
ISO/IEC 27002, Information Security Management	International Organization for Standardization (ISO)	- APO01, APO07, APO12, APO13, DSS02, DSS04, DSS05
ISO/IEC 38500:2008, Corporate Governance of Information Technology Standard	International Organization for Standardization (ISO)	- EDM01, EDM02, EDM03, EDM04, EDM05
King Code of Governance Principles (King III)	Institute of Directors in Southern Africa	- EDM01, EDM02, EDM03, EDM04, EDM05
OECD Principles of Corporate Governance	Organisation for Economic Co-operation and Development (OECD)	- EDM01 Sicherstellen der Einrichtung und Pflege des Governance-Rahmenwerks
TOGAF 9	The Open Group Architecture Forum	- EDM04 Sicherstellen der Ressourcenoptimierung - APO03 Managen der Unternehmensarchitektur
Project Management Body of Knowledge (PMBOK2)	Project Management Institute (PMI)	- APO10 Managen von Lieferanten - BAI01 Managen von Programmen und Projekten - BAI07 Managen der Abnahme und Produktivsetzung von Änderungen

→

COBIT-5-Referenzmaterial	Urheber/Autor	Referenzierende COBIT-Prozesse
COSO I	Committee of Sponsoring Organizations of the Treadway Commission (COSO)	■ EDM01 Sicherstellen der Einrichtung und Pflege des Governance-Rahmenwerks ■ EDM02 Sicherstellen der Bereitstellung von Mehrwert ■ EDM05 Sicherstellen der Transparenz gegenüber Anspruchsgruppen
COSO II	Committee of Sponsoring Organizations of the Treadway Commission (COSO)	■ EDM03 Sicherstellen der Risikooptimierung
ISO/IEC 31000, Risk Management	International Organization for Standardization (ISO)	■ EDM03 Sicherstellen der Risikooptimierung ■ APO12 Managen von Risiken
Skills Framework for the Information Age (SFIA)	SFIA Foundation Ltd.	■ APO05 Managen des Portfolios ■ APO07 Managen des Personals
SP800-53 Rev 1	National Institute of Standards and Technology (NIST)	■ APO13 Managen der Sicherheit ■ DSS05 Managen von Sicherheitsservices

Tab. 14–1 *Übersicht der im COBIT-5-Prozessreferenzmodell enthaltenen Referenzmaterialien [ITGI 2012b]*

Die am meisten verwendeten Referenzmaterialien sind ITIL V3, auf das in 21 COBIT-Prozessen referenziert wird, und ISO/IEC 20000 mit 15 Prozessreferenzen. Danach folgt die ISO/IEC 27002 (Information Security Management) in 7 Prozessen sowie die beiden Governance-Rahmenwerke ISO/IEC 38500:2008 (Corporate Governance of Information Technology Standard) sowie der King Code of Governance Principles (King III) mit jeweils 5 Prozessreferenzen. Bei diesen Referenzmaterialien wurde in Tabelle 14–1 aus Gründen der Übersichtlichkeit auf eine Nennung der Prozessnamen verzichtet.

Neben diesen Referenzmaterialien liegen dem Aufbau von COBIT noch allgemeine Managementkonzepte zugrunde, wie die Balanced Scorecard oder der Deming-Kreis (PDCA-Zyklus), die in späteren Kapiteln anwendungsorientiert (siehe Abschnitt 18.1) weiter erläutert werden.

Nachfolgend werden einige der Referenzmaterialien im Kontext von COBIT weitergehend dargestellt.

14.2 COSO: Internal Control – Integrated Framework

In den letzten Jahren, nicht zuletzt unter dem Einfluss der Vorgaben des Sarbanes-Oxley Acts (SOA), hat sich die Bedeutung des internen Kontrollsystems und dessen Prüfung erhöht. Zur Erinnerung: Der Sarbanes-Oxley Act wurde als Reaktion auf mehrere Bilanzskandale amerikanischer Unternehmen am 30. Juli 2002 in Kraft gesetzt und betrifft als amerikanisches Gesetz vor allem Unternehmen, die an der amerikanischen Börse gelistet sind. Der Sarbanes-Oxley Act soll durch eine Erhöhung der Integrität der Finanzberichterstattung das Vertrauen der Anleger in den US-amerikanischen Finanzplatz stärken. Das Unternehmensmanagement ist nach dem SOA verpflichtet, die Effektivität des internen Kontrollsystems über die Finanzberichterstattung (sog. »Internal Control Over Financial Reporting« – ICOFR) zu beurteilen und darüber zu berichten.

Als Maßstab zur Beurteilung der Effektivität des internen Kontrollsystems über die Finanzberichterstattung ist ein angemessenes und akzeptiertes Kontrollrahmenwerk (Control Framework) zugrunde zu legen. Das bekannteste Kontrollkonzept auf Unternehmensebene ist das »Internal Control – Integrated Framework«, das vom Committee of Sponsoring Organizations of the Treadway Commission (COSO) herausgegeben wurde.

COSO wurde 1985 auf Initiative der »US National Commission on Fraudulent Financial Reporting« (Treadway Commission) gegründet, um die ursächlichen Faktoren, die zu Finanzbetrug führen, zu untersuchen und die Qualität der Finanzberichterstattung durch ein effektives internes Kontrollsystem zu erhöhen[1]. Das Ergebnis der Untersuchung war der sog. »COSO-Report« (COSO I), der aus insgesamt vier Büchern besteht. Nach der Veröffentlichung von COBIT 5 ist im Mai 2013 eine aktualisierte Fassung dieses Rahmenwerkes (COSO 2013) erschienen.

14.2.1 COSO I

Das COSO-Hauptbuch »Internal Control – Integrated Framework« definiert fünf zusammenhängende Komponenten (Components) als Mindestbestandteile eines internen Kontrollsystems. Alle fünf Komponenten müssen vorhanden und wirksam sein, damit das interne Kontrollsystem insgesamt als effektiv beurteilt werden kann. Diese fünf Komponenten sind für alle Unternehmen gültig, obwohl ein kleines Unternehmen diese Komponenten sicherlich informeller und weniger strukturiert umsetzen wird als ein großes Unternehmen. Die fünf COSO-Komponenten sind:

---

1. COSO wird als freiwillige privatwirtschaftliche Organisation durch die fünf bedeutendsten US-Organisationen für Kontrolle im Finanz- und Rechnungswesen unterstützt. Diese sind das Institute of Internal Auditors (IIA), das American Institute of Certified Public Accountants (AICPA), das Financial Executives Institute (FEI), das Institute of Management Accountants (IMA) sowie die American Accounting Association (AAA).

- **Kontrollumfeld (Control Environment)**
  Das Kontrollumfeld bestimmt die Grundhaltung des Unternehmens und das Kontrollbewusstsein der Mitarbeiter. Das Kontrollumfeld ist die Grundlage für die anderen vier COSO-Komponenten. Faktoren des Kontrollumfeldes sind typischerweise die Integrität, die ethischen Werte und die Kompetenz der Führungskräfte und Mitarbeiter, der Managementstil der Führungskräfte sowie die Aufmerksamkeit, die das Steuerungsgremium dem Kontrollumfeld zukommen lässt.
- **Risikobeurteilung (Risk Assessment)**
  Jedes Unternehmen sieht sich internen und externen Risiken ausgesetzt, die es einschätzen muss. Bei dieser COSO-Komponente geht es um die laufende Identifikation und Analyse der für die Unternehmensziele relevanten Risiken – als Basis für ein darauf aufbauendes Risikomanagement.
- **Kontrollaktivitäten (Control Activities)**
  Unter Kontrollaktivitäten werden vor allem Richtlinien, Verfahrens- und Arbeitsanweisungen verstanden, die sicherstellen, dass die Vorgaben des Managements erfüllt werden. Kontrollaktivitäten umfassen dabei eine Vielzahl von Aktivitäten, z. B. Genehmigungen, Autorisierungen, Funktionstrennung, Überprüfungen, Abstimmungen, Reviews und allgemeine Sicherheitsmaßnahmen zum Schutz der Unternehmenswerte.
- **Information und Kommunikation (Information and Communication)**
  Relevante Informationen müssen identifiziert, aufbereitet und kommuniziert werden, damit die Mitarbeiter ihrer Verantwortung nachkommen können. Effektive Kommunikation bedeutet, dass Informationen durch alle Organisationsebenen fließen, von oben nach unten und umgekehrt. Insbesondere müssen die Mitarbeiter eine Möglichkeit haben, wichtige Informationen nach oben zu eskalieren. Effektive Kommunikation umfasst aber auch die Kommunikation mit Drittparteien wie Kunden, Lieferanten, Anteilseignern, Banken und Aufsichtsbehörden.
- **Überwachung (Monitoring)**
  Die Qualität des internen Kontrollsystems muss regelmäßig beurteilt werden. Dies kann sowohl durch laufende Überwachungsaktivitäten des Managements als auch durch separate Beurteilungen erfolgen, deren Umfang vom Risiko und der Effektivität der laufenden Überwachungsaktivitäten abhängen. Kontrolldefizite sind der nächsten Managementebene zu berichten, schwerwiegende Defizite dem Top-Management.

Zwischen diesen fünf Komponenten gibt es Synergien und Beziehungen untereinander, auch sind die fünf Komponenten mit den Geschäftsaktivitäten des Unternehmens eng verbunden und sind am effektivsten, wenn sie in die Geschäftsprozesse integriert sind.

Das interne Kontrollsystem dient dazu, die Erreichung der Ziele eines Unternehmens zu unterstützen. Daher betrifft die Einrichtung eines internen Kontrollsystems das gesamte Unternehmen. Der COSO-Report fasst die unterschiedlichen Ziele (Objectives) der Unternehmen in drei Kategorien zusammen:

- **Betrieb (Operations)**
  Dieses Ziel bezieht sich auf die effektive und effiziente Nutzung der Ressourcen des Unternehmens.
- **Finanzberichtswesen (Financial Reporting)**
  Dieses Ziel bezieht sich auf die Vorbereitung von verlässlichen Abschlüssen und sonstigen Finanzberichten.
- **Compliance (Compliance)**
  Dieses Ziel bezieht sich auf die Einhaltung von anwendbaren Gesetzen und Verordnungen.

Die Beziehungen zwischen den COSO-Zielen[2], den COSO-Komponenten und den verschiedenen Geschäftsbereichen und Aktivitäten eines Unternehmens fasst der COSO-Würfel (vgl. Abb. 14–1) grafisch zusammen.

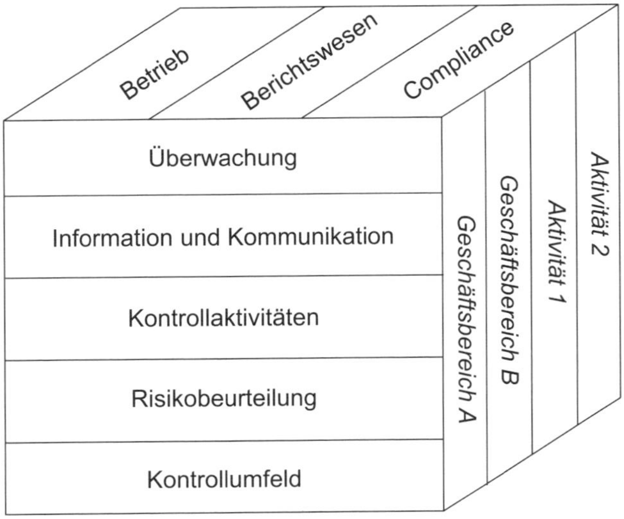

Abb. 14–1 *COSO-Würfel [COSO 1994]*

Der COSO-Würfel verdeutlicht, dass alle Komponenten zur Erreichung der Unternehmensziele beitragen oder dass alle Komponenten für die Erreichung der Ziele eines Geschäftsbereiches oder einer Aktivität notwendig sind.

Obwohl der COSO-Report keinen Schwerpunkt auf die IT legt, werden die IT-bezogenen Kontroll- und Steuerungsmaßnahmen als integraler und essenzieller Bestandteil des internen Kontrollsystems betrachtet. Die mit der Informationstechno-

2. Die im COSO-Report genannten Ziele des internen Kontrollsystems waren auch Grundlage der Definition der Informationskriterien früherer COBIT-Versionen. Das COSO-Ziel »Betrieb« wurde dabei durch die Informationskriterien »Effektivität« und »Effizienz« abgebildet, das COSO-Ziel »Finanzberichtswesen« durch das Informationskriterium »Verlässlichkeit« und das »Compliance«-Ziel durch das COBIT-Informationskriterium »Compliance«.

logie verbundenen Risiken umfassen sowohl die Verarbeitung unrichtiger Daten als auch die fehlerhafte Verarbeitung von Daten. IT-Kontrollen werden als zumeist übergreifende Kontrollen angesehen, die einen reibungslosen Betrieb der IT gewährleisten und zahlreiche anwendungsspezifische Kontrollen unterstützen. Typische IT-Kontrollen nach COSO umfassen:

- strategische Ausrichtung, Steuerung und Überwachung (IT Governance)
- Kontrollen über die Programmentwicklung (System Development Life Cycle Controls)
- Kontrollen über den Programmeinsatz (Change Management Controls)
- Anwendungskontrollen (Application Controls)
- Kontrollen bei Schnittstellen (Interface Controls)
- Zugriffskontrollen auf Programme und Daten (Access Controls)
- Kontrollen beim Betrieb der IT (Operations Controls)

COBIT ergänzt den COSO-Report insbesondere auf Ebene der allgemeinen IT-Kontrollen. In COBIT 4.1 waren die Bestandteile des internen Kontrollsystems nach dem COSO-Modell in der Anlage II primär zugeordnet [ITGI 2007a]. Über das im Anhang A des COBIT-5-Prozessreferenzmodells enthaltene Mapping zwischen COBIT 4.1 und COBIT 5 ergibt sich die in der Tabelle 14–2 dargestellte Zuordnung.

COSO-Komponente	Korrespondierende COBIT-Prozesse
Kontrollumfeld	▪ EDM01 Sicherstellen der Einrichtung und Pflege des Governance-Rahmenwerks ▪ EDM02 Sicherstellen der Bereitstellung von Mehrwert ▪ EDM03 Sicherstellen der Risikooptimierung ▪ EDM04 Sicherstellen der Ressourcenoptimierung ▪ EDM05 Sicherstellen der Transparenz gegenüber Anspruchsgruppen ▪ APO01 Managen des IT-Management-Rahmenwerks ▪ APO07 Managen des Personals ▪ APO10 Managen von Lieferanten ▪ APO11 Managen der Qualität
Risikobeurteilung	▪ EDM02 Sicherstellen der Bereitstellung von Mehrwert ▪ EDM03 Sicherstellen der Risikooptimierung ▪ APO01 Managen des IT-Management-Rahmenwerks ▪ APO02 Managen der Strategie ▪ APO05 Managen des Portfolios ▪ APO12 Managen von Risiko

→

COSO-Komponente	Korrespondierende COBIT-Prozesse
Kontrollaktivitäten	■ EDM01 Sicherstellen der Einrichtung und Pflege des Governance-Rahmenwerks ■ APO01 Managen des IT-Management-Rahmenwerks ■ APO03 Managen der Unternehmensarchitektur ■ APO04 Managen von Innovationen ■ APO05 Managen des Portfolios ■ APO06 Managen von Budget und Kosten ■ APO09 Managen von Servicevereinbarungen ■ APO10 Managen von Lieferanten ■ APO11 Managen der Qualität ■ APO13 Managen der Sicherheit ■ BAI01 Managen von Programmen und Projekten ■ BAI02 Managen der Definition von Anforderungen ■ BAI03 Managen von Lösungsidentifizierung und Lösungserstellung ■ BAI04 Managen von Verfügbarkeit und Kapazität ■ BAI05 Managen der Ermöglichung organisatorischer Veränderungen ■ BAI06 Managen von Änderungen ■ BAI07 Managen der Abnahme und Produktivsetzung von Änderungen ■ BAI09 Managen von Betriebsmitteln ■ BAI10 Managen der Konfiguration ■ DSS01 Managen des Betriebs ■ DSS02 Managen von Serviceanfragen und Störungen ■ DSS03 Managen von Problemen ■ DSS04 Managen der Kontinuität ■ DSS05 Managen von Sicherheitsservices ■ DSS06 Managen von Geschäftsprozesskontrollen ■ MEA03 Überwachen, Evaluieren und Beurteilen der Compliance mit externen Anforderungen
Information und Kommunikation	■ EDM03 Sicherstellen der Risikooptimierung ■ APO01 Managen des IT-Management-Rahmenwerks ■ APO03 Managen der Unternehmensarchitektur ■ DSS02 Managen von Serviceanfragen und Störungen
Überwachung	■ EDM01 Sicherstellen der Einrichtung und Pflege des Governance-Rahmenwerks ■ EDM02 Sicherstellen der Bereitstellung von Mehrwert ■ EDM03 Sicherstellen der Risikooptimierung ■ EDM04 Sicherstellen der Ressourcenoptimierung ■ EDM05 Sicherstellen der Transparenz gegenüber Anspruchsgruppen ■ APO11 Managen der Qualität ■ DSS02 Managen von Serviceanfragen und Störungen ■ MEA01 Überwachen, Evaluieren und Beurteilen von Leistung und Konformität ■ MEA02 Überwachen, Evaluieren und Beurteilen des internen Kontrollsystems

Tab. 14–2 *Zuordnung der COSO-Komponenten zu COBIT-Prozessen*

Aus der Zuordnung wird deutlich, dass der COSO-Komponente Kontrollaktivitäten die meisten COBIT-5-Prozesse zugeordnet sind. Kontrollaktivitäten stellen den Kern eines internen Kontrollsystems dar, müssen allerdings von den anderen Komponenten begleitet werden, damit die Kontrollaktivitäten ihre Wirkung entfalten können.

Die Beziehung zwischen COSO: Internal Control – Integrated Framework und COBIT wird im Abschnitt 23.1.1 über die Anwendung vom COBIT im Umfeld von Sarbanes-Oxley noch weiter behandelt. Ein Abgleich auf hoher Ebene zwischen COBIT und COSO kann der ISACA-Veröffentlichung »Overview of International IT Guidance« entnommen werden [ISACA 2011c].

14.2.2 COSO 2013

Am 14. Mai 2013 hat COSO eine aktualisierte Version des Rahmenwerkes »Internal Control – Integrated Framework« veröffentlicht. Grundsätzlich wurden die bestehenden Konzepte (Komponenten und Ziele) beibehalten: Neu ist jedoch die Zuordnung von Prinzipien zu den fünf Komponenten des internen Kontrollsystems. Prinzipien stellen Grundsätze dar, die für ein effizientes internes Kontrollsystem notwendig sind. Anhand dieser Prinzipien ist eine strukturierte und nachvollziehbare Beurteilung der Effizienz von internen Kontrollsystemen möglich. Die Grundsätze sind auf das gesamte Unternehmen anwendbar sowie unabhängig von Unternehmensart und Unternehmensstrategie. Tabelle 14–3 stellt die Zuordnung der neuen COSO-Prinzipien zu den COSO-Komponenten dar.

COSO-Komponente	COSO-Prinzipien
Kontrollumfeld	1. Die Organisation verpflichtet sich zur Wahrung von Integrität und ethischen Werten. (»demonstrates Commitment to Integrity and Ethical Values«) 2. Das Steuerungsgremium handelt unabhängig vom Management des Unternehmens und überwacht die Entwicklung und den Erfolg des internen Kontrollsystems. (»Exercises oversight Responsibility«) 3. Das Management definiert unter der Aufsicht des Steuerungsgremiums Strukturen, Berichterstattungs-Leitlinien und für die Zielerreichung verantwortliche Aufgaben. (»establishes Structure, Authority, and Responsibility«) 4. Die Organisation verpflichtet sich, entsprechend den Unternehmenszielen kompetente Mitarbeiter zu rekrutieren, zu fördern und an das Unternehmen zu binden. (»demonstrates Commitment to Competence«) 5. Das Unternehmen kann Individuen für die Erfüllung ihrer Verantwortlichkeiten zur internen Kontrolle im Rahmen der Zielverfolgung zur Rechenschaft ziehen. (»enforces Accountability«)

→

COSO-Komponente	COSO-Prinzipien
Risikobeurteilung	6. Die Organisation bestimmt Ziele mit ausreichender Klarheit, um die Identifikation und Beurteilung von zielbezogenen Risiken zu ermöglichen. (»specifies suitable Objectives«) 7. Die Organisation identifiziert zielbezogene Risiken innerhalb des Unternehmens und analysiert diese Risiken, um eine Grundlage für deren Management zu schaffen. (»identifies and analyzes Risk«) 8. Die Organisation erkennt in der zielbezogenen Risikobeurteilung das Potenzial für betrügerische Handlungen. (assesses Fraud Risk) 9. Die Organisation identifiziert und bewertet Entwicklungen bzw. Veränderungen, die einen tiefgehenden Einfluss auf das interne Kontrollsystem nehmen könnten. (»identifies and analyzes significant Change«)
Kontrollaktivitäten	10. Das Unternehmen ist für die Auswahl und Entwicklung von Kontrollaktivitäten verantwortlich, die zu einer angemessenen Risikominderung im Hinblick auf die Zielerreichung führen. (»selects and develops Control Activities«) 11. Das Unternehmen bestimmt und entwickelt allgemeine Kontrollaktivitäten für die Unternehmenstechnologie, um eine effektive Zielerreichung zu unterstützen. (»selects and develops general Controls over Technology«) 12. Das Unternehmen implementiert Richtlinien, die Erwartungen an die Kontrollaktivitäten definieren, und stellt deren Umsetzung im Unternehmen sicher. (»deploys through Policies and Procedures«)
Information und Kommunikation	13. Das Unternehmen beschafft oder erzeugt und verwendet relevante, qualitative Informationen, um die Funktionsfähigkeit der internen Kontrolle zu unterstützen. (»uses relevant Information«) 14. Das Unternehmen kommuniziert intern Informationen (inkl. Ziele und Aufgaben der internen Kontrolle), die zur Unterstützung der internen Kontrolle notwendig sind. (»communicates internally«) 15. Das Unternehmen kommuniziert mit externen Parteien Sachverhalte, die die Funktionsfähigkeit der internen Kontrolle betreffen. (»communicates externally«)
Überwachung	16. Das Unternehmen wählt, entwickelt und führt laufende und separate Beurteilungen durch, um festzustellen, ob die Komponenten der internen Kontrolle vorhanden und funktionsfähig sind. (»conducts ongoing and/or separate Evaluations«) 17. Das Unternehmen bewertet und kommuniziert Schwächen im internen Kontrollsystem zeitnah an diejenigen, die für deren Behebung verantwortlich sind, sowie das Management und das Steuerungsgremium. (»evaluates and communicates Deficiencies«)

Tab. 14–3 *Zuordnung der COSO-Komponenten zu COSO-Prinzipien [COSO 2013]*

Insbesondere beim Prinzip 11 wird die Bedeutung der Informationstechnologie für das interne Kontrollsystem deutlich. Als Schwerpunktthemen für dieses Prinzip werden in COSO 2013 genannt:

- **Festlegung der Abhängigkeit zwischen der Verwendung von Technologie in Geschäftsprozessen und allgemeinen IT-Kontrollen**
  Um die Zuverlässigkeit des Technologieeinsatzes zu erhöhen, muss das Management den Zusammenhang von Geschäftsprozessen, automatisierten Kontrollen und allgemeinen technologiebezogenen Kontrollen im Unternehmen besser verstehen. Die technologiebezogenen Kontrollen umfassen die Überwachung der IT-Infrastruktur, das Sicherheitsmanagement sowie den Erwerb, die Entwicklung und Betrieb von Technologien im Unternehmen. Im Fokus stehen dabei sowohl IT-Anwendungen von Großrechnern, Client/Server-Strukturen, Anwendungen zur individuellen Datenverarbeitung im Unternehmen als auch die genutzte IT-Ausstattung (z. B. Notebooks und Mobiltelefone) oder ganze Anlagenüberwachungssysteme.
- **Einrichtung von relevanten Kontrollaktivitäten über die technologische Infrastruktur**
  Die auf die Infrastruktur bezogenen Kontrollaktivitäten unterstützen die Vollständigkeit, Fehlerfreiheit und Verfügbarkeit von Prozessen in diesem Bereich und umfassen die Implementierung von Datensicherungsprozessen und Notfallplänen.
- **Einrichtung von relevanten Kontrollaktivitäten über den Sicherheitsmanagementprozess**
  Auf das Sicherheitsmanagement bezogene Kontrollaktivitäten sind u.a. auf Datenzugriffsrechte, die Systemsoftware und IT-Anwendungen ausgerichtet. Sie schützen das Unternehmen vor unautorisierten Zugriffen auf Informationen, Daten und Systeme und unterstützen die Einhaltung der Funktionstrennung.
- **Einrichtung von relevanten Kontrollaktivitäten über die Beschaffung, Entwicklung und Betrieb von Technologie**
  Die Kontrollaktivitäten für den Erwerb, die Entwicklung und den Betrieb von Technologien sind abhängig von der Komplexität und dem Ausmaß der Risiken, denen Unternehmen in diesen Bereichen ausgesetzt sind. Entscheidend hierbei kann sein, ob die Software eigenentwickelt oder zugekauft wird und ob Softwareänderungen durch das Unternehmen selbst in Form von Change-Management-Prozessen durchgeführt oder ob diese durch den Softwarehersteller vorgenommen werden. Dementsprechend umfassen die allgemeinen Kontrollaktivitäten beispielsweise die Autorisierung zur Durchführung von Änderungen, die Auswertungen der Testergebnisse oder die effektive Produktivitätssetzung.

Die Umsetzung dieser Schwerpunktthemen führt COSO 2013 nicht weiter aus. Diese Lücke kann jedoch COBIT 5 schließen: COBIT 5 unterstützt die Umsetzung des elften Prinzips von COSO 2013 sowie seine Schwerpunktthemen beispielsweise durch die nachfolgenden Prozesse [Gaulke 2013b]:

- APO13 Managen der Sicherheit
- BAI03 Managen von Lösungsidentifizierung und Lösungserstellung
- BAI04 Managen von Verfügbarkeit und Kapazität
- DSS01 Managen des Betriebs
- DSS04 Managen der Kontinuität
- DSS05 Managen von Sicherheitsservices
- DSS06 Managen von Geschäftsprozesskontrollen

Der COBIT-Prozess APO13 (Managen der Sicherheit) behandelt das Sicherheitsmanagement. Um das Sicherheitsmanagement zu gewährleisten, ist die Implementierung eines Informationssicherheits-Managementsystems (ISMS) im Unternehmen erforderlich, um ein standardisiertes und kontinuierliches Management von sicherheitsrelevanten Informationen zu ermöglichen. Der COBIT-Prozess DSS05 (Managen von Sicherheitsservices) umfasst das Management von Sicherheitsservices im Unternehmen. Dazu gehören u.a. Maßnahmen gegen mögliche Malware, zur Sicherheit von Endpunkten (Laptops, Server, Netzwerkgeräte oder Software) und zur Sicherstellung von logischem Zugriffsschutz. Beide COBIT-Prozesse unterstützen das COSO-Schwerpunktthema zur Einrichtung von relevanten Kontrollaktivitäten über den Sicherheitsmanagementprozess.

Die COBIT-Prozesse BAI03 (Managen von Lösungsidentifizierung und Lösungserstellung) und BAI04 (Managen von Verfügbarkeit und Kapazität) umfassen die Beschaffung, Entwicklung und den Betrieb von Technologie. Ebenso beinhaltet der COBIT-Prozess DSS01 (Managen des Betriebs) den Betrieb von Technologien, insbesondere das Betriebsmanagement und damit verbundene Überwachungsaktivitäten. Der COBIT-Prozess DSS04 (Managen der Kontinuität) umfasst Maßnahmen, um auf Störungen und Unterbrechungen so zu reagieren, dass der Betrieb kritischer Geschäftsprozesse und erforderlicher IT-Services fortgesetzt werden kann. Diese COBIT-Prozesse unterstützen primär die COSO-Schwerpunktthemen der Einrichtung von relevanten Kontrollaktivitäten über die technologische Infrastruktur sowie über die Beschaffung, Entwicklung und den Betrieb von Technologie.

Der COBIT-Prozess DSS06 (Managen von Geschäftsprozesskontrollen) unterstützt das COSO-Schwerpunktthema zum Verständnis des Zusammenhangs von Geschäftsprozessen, automatisierten Kontrollen und allgemeinen technologiebezogenen Kontrollen und zielt auf die Definition und Pflege geeigneter Geschäftsprozesskontrollen, um sicherzustellen, dass Informationen, die in Zusammenhang mit internen oder ausgelagerten Geschäftsprozessen stehen und von diesen verarbeitet werden, sämtlichen relevanten Anforderungen an die Informationskontrolle genügen.

14.3 COSO: Enterprise Risk Management – Integrated Framework

Rund zehn Jahre nach der Veröffentlichung des COSO-Reports (COSO I) hat das Committee of Sponsoring Organizations (COSO) durch das verstärkte Interesse am Thema Risikomanagement einen Bedarf an einem schlüssigen Rahmenwerk zur wirksamen Identifikation, Bewertung und Steuerung von Risiken erkannt. Im Jahr 2004 hat COSO als Ergänzung zu seinem ursprünglichen Modell das »Enterprise Risk Management – Integrated Framework« (COSO ERM oder COSO II) veröffentlicht. COSO II stellt eine Ergänzung zu COSO I dar und setzt den Schwerpunkt im Bereich des allgemeinen, unternehmensweiten Risikomanagements. Ziel von COSO II ist, das interne Kontrollsystem um ein umfassendes Risikomanagementsystem zu ergänzen. Dazu wurde die ursprüngliche COSO-Komponente Risikobeurteilung in die Komponenten Zielfestlegung, Ereignisidentifikation, Risikobeurteilung und Risikoreaktion weiter aufgeteilt. COSO II und seine Beziehung zu COBIT wird im Kapitel 21 über die Anwendung von COBIT für das IT-Risikomanagement noch weiter behandelt.

14.4 ITIL und ISO/IEC 20000

Die IT Infrastructure Library (ITIL) ist ein inzwischen allgemein anerkannter Leitfaden für das IT Service Management. ITIL wurde von der Central Computing and Telecommunications Agency (CCTA), dann Office of Government Commerce (OGC), nun Cabinet Office, Teil von Her Majesty's Government (HMG), einer Regierungsbehörde in Großbritannien, beginnend 1989 entwickelt. Die Version 2 von ITIL, die zum Entwicklungszeitpunkt von COBIT 4 aktuell war, wurde im Jahr 2001 herausgegeben. Im Juni 2007 wurde eine komplett überarbeitete Version ITIL V3 veröffentlicht, die sich in der Struktur am Service-Lebenszyklus orientiert. COBIT 5 referenziert auf die neuste Aktualisierung der Version ITIL V3, die im Juli 2011 als Version ITIL 2011 veröffentlicht wurde.

In ITIL werden in der Praxis erfolgreiche Modelle und Organisationsformen für das IT-Service-Management beschrieben, die als Basis für die Umsetzung in den Unternehmen genommen werden können. Im Mittelpunkt von ITIL steht der IT-Service, der als eine wichtige Ressource (Asset) für das Unternehmen Nutzen generiert. Der IT-Service wird in ITIL V3 über seinen Lebenszyklus hinweg betrachtet: Der IT-Service muss geplant, entwickelt, in den Betrieb überführt, betrieben, kontinuierlich verbessert und ggf. auch wieder eingestellt werden. Diesem Ansatz entspricht auch die Struktur der fünf ITIL-Kernbücher (ITIL Core):

- Servicestrategie (Service Strategy, SS)
- Serviceentwicklung (Service Design, SD)
- Serviceinbetriebnahme (Service Transition, ST)
- Servicebetrieb (Service Operation, SO)
- Kontinuierliche Serviceverbesserung (Continual Service Improvement, CSI)

Die Idee der Lebenszyklus-Betrachtung wurde in COBIT 5 nicht nur für die Prozesse übernommen, sondern auf alle Enabler ausgedehnt. Aus dem COBIT-5-Prozessreferenzmodell heraus wird ITIL in folgenden COBIT-Prozessen referenziert:

COBIT-5-Prozesse	ITIL-Referenzen
APO01 Managen des IT-Management-Rahmenwerks	■ Continual Service Improvement (Kontinuierliche Serviceverbesserung), 4.1 Der siebenstufige Verbesserungsprozess
APO02 Managen der Strategie	■ Service Strategy (Servicestrategie), 4.1 Strategie-Management für IT-Services
APO05 Managen des Portfolios	■ Service Strategy (Servicestrategie), 4.2 Management des Serviceportfolios
APO06 Managen von Budget und Kosten	■ Service Strategy (Servicestrategie), 4.3 Finanzmanagement von IT-Services
APO08 Managen von Beziehungen	■ Service Strategy (Servicestrategie), 4.4 Nachfragemanagement ■ Service Strategy (Servicestrategie), 4.5 Management von Geschäftsbeziehungen
APO09 Managen von Servicevereinbarungen	■ Service Strategy (Servicestrategie), 4.4 Nachfragemanagement ■ Service Strategy (Servicestrategie), 4.2 Management des Serviceportfolios ■ Service Design (Serviceausgestaltung), 4.2 Management des Servicekataloges ■ Service Design (Serviceausgestaltung), 4.3 Service Level Management
APO10 Managen von Lieferanten	■ Service Design (Serviceausgestaltung), 4.8 Lieferanten-Management
APO13 Managen der Sicherheit	■ Service Design (Serviceausgestaltung), 4.7 Informationssicherheitsmanagement
BAI02 Managen der Definition von Anforderungen	■ Service Design (Serviceausgestaltung), 4.1 Design-Koordinierung
BAI04 Managen von Verfügbarkeit und Kapazität	■ Service Design (Serviceausgestaltung), 4.4 Verfügbarkeitsmanagement ■ Service Design (Serviceausgestaltung), 4.5 Kapazitätsmanagement
BAI06 Managen von Änderungen	■ Service Transition (Serviceüberführung), 4.2 Änderungsmanagement
BAI07 Managen der Abnahme und Produktivsetzung von Änderungen	■ Service Transition (Serviceüberführung), 4.1 Überführungsplanung und Support ■ Service Transition (Serviceüberführung), 4.4 Release und Deployment Management ■ Service Transition (Serviceüberführung), 4.5 Validierung und Testen von Services ■ Service Transition (Serviceüberführung), 4.6 Change-Evaluierung

→

COBIT-5-Prozesse	ITIL-Referenzen
BAI08 Managen von Wissen	■ Service Transition (Serviceüberführung), 4.7 Wissensmanagement
BAI09 Managen von Betriebsmitteln	■ Service Transition (Serviceüberführung), 4.3 Betriebsmittel- und Konfigurationsmanagement
BAI10 Managen der Konfiguration	■ Service Transition (Serviceüberführung), 4.3 Betriebsmittel- und Konfigurationsmanagement
DSS01 Managen des IT-Betriebs	■ Service Operation (Servicebetrieb), 4.1 Ereignismanagement
DSS02 Managen von Serviceanfragen und Störungen	■ Service Operation (Servicebetrieb), 4.2 Störungsmanagement ■ Service Operation (Servicebetrieb), 4.3 Anforderungserfüllung
DSS03 Managen von Problemen	■ Service Operation (Servicebetrieb), 4.4 Problemmanagement
DSS04 Managen der Kontinuität	■ Service Design (Serviceausgestaltung), 4.6 Kontinuitätsmanagement für IT-Services
DSS05 Managen von Sicherheitsservices	■ Service Operation (Servicebetrieb), 4.5 Zugangsmanagement
MEA01 Überwachen, Bewerten und Beurteilen des internen Kontrollsystems	■ Continual Service Improvement (Kontinuierliche Serviceverbesserung), 4.1 Der siebenstufige Verbesserungsprozess

Tab. 14–4 *COBIT-Prozesse und referenzierte ITIL-Kapitel [ISACA 2012b]*

Die ITIL-Bücher enthalten zu den angegebenen COBIT-Prozessen in der Regel eine detailliertere Beschreibung der Serviceprozesse als COBIT. ITIL deckt aber nicht die volle Bandbreite der IT-Management- und IT-Governance-Themen wie COBIT 5 ab. Insbesondere fehlen alle Prozesse der Governance-Domäne sowie auch viele Aspekte des Internen Kontrollsystems (IKS) und der Compliance. Daher ergänzt COBIT 5 an dieser Stelle ITIL. ITIL als umfassendes Rahmenwerk für das IT-Service-Management sollte immer in ein IT-Governance-Framework eingebunden werden.

Die ISO/IEC 20000 ist eine internationale Zertifizierungsnorm zum IT-Service-Management. Die ISO/IEC 20000 spezifiziert die Mindestanforderungen an IT-Service-Managementprozesse und wie diese in einer Organisation etabliert sein müssen, um IT-Services in definierter Qualität bereitstellen und managen zu können. Die ISO/IEC 20000 ist an den durch die IT Infrastructure Library (ITIL) beschriebenen Prozessbeschreibungen ausgerichtet und ergänzt diese komplementär. Die ISO/IEC 20000 stellt jedoch das Servicequalitätsmanagement und die kontinuierliche Verbesserung der Servicequalität in den Mittelpunkt [Fröschle & Kütz 2011]. Aus dem COBIT-5-Prozessreferenzmodell heraus wird die ISO/IEC 20000 in folgenden COBIT-Prozessen referenziert:

COBIT-5-Prozesse	ISO/IEC-20000-Referenzen
APO01 Managen des IT-Management-Rahmenwerks	■ 3.1 Management Responsibility (Managementverantwortung) ■ 4.4 Continual Improvement (Kontinuierliche Verbesserung)
APO02 Managen der Strategie	■ 4.0 Planning and Implementing Service Management (Planen und Implementieren von Service-Management) ■ 5.0 Planning and Implementing New or Changed Services (Planen und Implementieren neuer oder modifizierter Services)
APO05 Managen des Portfolios	■ 3.1 Management Responsibility (Managementzuständigkeit) ■ 4.0 Planning and Implementing Service Management (Planen und Implementieren von Service-Management) ■ 5.0 Planning and Implementing New or Changed Services (Planen und Implementieren neuer oder modifizierter Services)
APO06 Managen von Budget und Kosten	■ 6.4 Budgeting and Accounting for IT Services (Budgetieren und Verrechnen von IT-Services)
APO08 Managen von Beziehungen	■ 7.2 Business Relationship Management (Management von Geschäftsbeziehungen)
APO09 Managen von Servicevereinbarungen	■ 5.0 Planning and Implementing New or Changed Services (Planen und Implementieren neuer oder modifizierter Services) ■ 6.1 Service Level Management (Servicegüte-Management)
APO10 Managen von Lieferanten	■ 7.3 Supplier Management (Lieferanten-Management)
BAI04 Managen von Verfügbarkeit und Kapazität	■ 6.3 Service Continuity and Availability Management (Servicekontinuität und Verfügbarkeitsmanagement)
BAI06 Managen von Änderungen	■ 9.2 Change Management (Änderungsmanagement)
BAI07 Managen der Abnahme und Produktivsetzung von Änderungen	■ 0.1 Release Management Process (Release-Managementprozess)
BAI09 Managen von Betriebsmitteln	■ 9.1 Configuration Management (Konfigurationsmanagement)
DSS02 Managen von Serviceanfragen und Störungen	■ 6.1 Service Level Management (Servicegütemanagement) ■ 8.2 Incident Management (Störungsmanagement)
DSS03 Managen von Problemen	■ 8.3 Problem Management (Problemmanagement)
DSS04 Managen der Kontinuität	■ 6.3 Service Continuity and Availability Management (Servicekontinuität und Verfügbarkeitsmanagement)
MEA01 Überwachen, Bewerten und Beurteilen des internen Kontrollsystems	■ 6.2 Service Reporting (Serviceberichte)

Tab. 14–5 *COBIT-Prozesse und referenzierte ISO/IEC 20000-Kapitel [ISACA 2012b]*

Weitere Zusammenhänge zwischen COBIT und ITIL bzw. ISO/IEC 20000 können auch folgenden Veröffentlichungen der ISACA bzw. des ITGI entnommen werden:

- Detailabgleich zwischen ITIL V3 und COBIT vom Juli 2008 (Mapping of ITIL V3 with COBIT 4.1) [ITGI 2008d],
- Detailabgleich zwischen ISO/IEC 20000 und COBIT vom Februar 2011 (Mapping of ISO/IEC 20000 With COBIT 4.1) [ISACA 2011b],
- Praxishandbuch ITIL-COBIT-Mapping des ISACA Germany Chapters und des itsmf [ISACA & itsmf 2011] sowie
- Überblick über internationale IT-Standards, u. a. ITIL V3 sowie ISO/IEC 20000 und COBIT 4.1 (Overview of International IT Guidance) vom August 2011 [ISACA 2011c].

14.5 Capability Maturity Model (Integrated)

Das Capability Maturity Model (CMM) ist das bekannteste und älteste Referenzmodell zur IT-Prozessoptimierung. CMM wurde Ende der 80er Jahre vom Software Engineering Institute (SEI) der Carnegie Mellon University in Pittsburgh für das US-amerikanische Verteidigungsministerium zur Auswahl von Softwarelieferanten entwickelt und später mit zwei anderen Standards in das Rahmenwerk Capability Maturity Model Integrated (CMMI) zusammengeführt. Referenzbasis bei der Entwicklung von COBIT 4 war die Version CMMI V1.1 aus dem Jahr 2002. Mittlerweile wurde diese Version zu CMMI for Development (CMMI-DEV) weiterentwickelt. Daneben hat das SEI noch zwei weitere CMMI-Modelle veröffentlicht: CMMI for Acquisition (CMMI-ACQ) für die Einkaufsprozesse und CMMI for Services (CMMI-SVC) für die Prozesse zur Erbringung von Dienstleistungen.

Ähnlich wie SPICE (siehe Abschnitt 13.1) unterstützt CMMI die kontinuierliche Verbesserung der Prozesse zur Optimierung der Arbeitsergebnisse und ermöglicht zusätzlich die Ermittlung des Reifegrades für diese Prozesse. Als Reifegrad wird dabei das Ausmaß verstanden, in dem die IT-Prozesse definiert, dokumentiert, geplant, gesteuert und kontrolliert werden. Mit steigendem Reifegrad steigen auch die Produktivität der Softwareentwicklung sowie die Vorhersagbarkeit von Terminen, Kosten und Qualität bei IT-Projekten. Gleichzeitig sinkt mit zunehmendem Reifegrad das Risiko, dass IT-Projekte ihr Ziel nicht erreichen. CMMI ordnet dafür die Softwareentwicklungsprozesse den folgenden Reifestufen (maturity levels) zu:

- **1 Initial (Initial)**
  Alle Prozessgebiete weisen Lücken auf. Projekte weisen starke Schwankungen bei der Einhaltung von Budget-, Termin- und Qualitätsvorgaben auf.
- **2 Gesteuert (Managed)**
  Projekte werden geführt und gesteuert. Eine hohe Budget- und Termineinhaltung sowie Qualitätstreue sind vorhanden. Ein ähnliches Projekt kann erfolgreich wiederholt werden, ohne dass bereits eine standardisierte Vorgehensweise vorhanden ist.

- **3 Definiert (Defined)**
  Projekte folgen einem anpassbaren Standardprozess, und eine kontinuierliche Verbesserung der Prozesse findet statt.
- **4 Quantitativ gesteuert (Quantitatively Managed)**
  Prozesse werden mithilfe einer statistischen Prozesskontrolle gesteuert.
- **5 Optimierend (Optimizing)**
  Prozesse werden auf Basis der Daten aus der statistischen Prozesskontrolle gesteuert und kontinuierlich verbessert.

Die Analogie zum Reifegrad-Attributmodell von COBIT 4.1 (siehe Abschnitt 13.2.2) ist augenfällig, aber die COBIT-Reifegradmodelle lehnen sich nicht explizit an CMMI an. Bei der Entwicklung von COBIT 4 wurde dieses Konzept nur als Idee aufgenommen und dann auf eine eigenständige Art und Weise umgesetzt. Auch sind die Reifegradstufen von der Aussage in CMMI und COBIT nicht vergleichbar. Der Fähigkeitsgrad drei in CMMI entspricht beispielsweise im Reifegrad-Attributmodell von COBIT eher dem Reifegrad vier, während die Fähigkeitsgrade vier und fünf in CMMI eher dem Reifegrad fünf im COBIT 4.1-Reifegrad-Attributmodell entsprechen.

Die CMMI-Fähigkeitsgrade (Capability Level) und CMMI-Reifegrade (Maturity Level) sind auch Grundlage für die Durchführung von Begutachtungen (Appraisals), bei denen ermittelt wird, auf welcher Stufe (Reifegrad bzw. Fähigkeitsprofil) sich ein Unternehmen im Reifegradmodell befindet und wie die Softwareprozesse weiter verbessert werden können. Auch dies steht im Gegensatz zur Zielsetzung des Attribut-Reifegradmodells von COBIT 4.1, das ein Managementinstrument zur Ermittlung eines Reifegrades ist und Prozessverbesserungen durch Grobanalysen der Lücken zwischen Ist- und Soll-Zustand ermöglicht. Eine Reifegradbestimmung nach dem Attribut-Reifegradmodell von COBIT 4.1 hat nicht das Ziel, genau einen Reifegrad zu erzielen oder die Erreichung einer Reifegradstufe zu zertifizieren. Auch müssen nicht alle Anforderungen einer niedrigeren Reifegradstufe erreicht werden, um einen höheren Reifegrad zu erreichen. Vielmehr können sich unterschiedliche Übereinstimmungsgrade mit den COBIT-Reifegradstufen ergeben.

Im März 2007 hat das ITGI einen Abgleich zwischen CMMI und COBIT (Mapping of ISO/IEC 20000 With COBIT 4.1) veröffentlicht [ITGI 2007e]. Im COBIT-5-Prozessreferenzmodell ist CMMI jedoch nicht mehr explizit referenziert.

14.6 PRINCE2/PMBOK

PRINCE2 und PMBOK sind zwei weltweit führende Projektmanagement-Methoden.

PRINCE2 (PRojects In Controlled Environments) ist eine Projektmanagement-Methode zur Organisation, Management und Steuerung von Projekten. Die Methode wurde ursprünglich 1989 von der britischen Central Computer and Telecommunications Agency (CCTA) als Regierungsstandard für das IT-Projektmanagement entwickelt und dann im Jahr 1996 zu einer allgemeinen Projektmanagement-Methode weiterentwickelt. Die aktuelle Version wurde im Juni 2009 als PRINCE2:2009 vom Office of Government Commerce (OGC) veröffentlicht. PRINCE2 ist inzwischen nicht nur in Großbritannien, sondern auch weltweit stark verbreitet.

Das Projektmanagement nach PRINCE2 folgt einem prozessbasierten Ansatz. In PRINCE2 sind dazu sieben Prozesse definiert:

- Vorbereiten eines Projekts (Starting Up a Project)
- Lenken eines Projekts (Directing a Project)
- Initiieren eines Projekts (Initiating a Project)
- Steuern einer Phase (Controlling a Stage)
- Managen der Produktlieferung (Managing Product Delivery)
- Managen eines Phasenübergangs (Managing a Stage Boundary)
- Abschließen eines Projekts (Closing a Project)

PRINCE2 strukturiert die wesentlichen, bei der Abwicklung eines Projekts zu beachtenden Themen des Projektmanagements in nachfolgende Wissensbereiche:

- Business Case
- Organisation
- Qualität
- Pläne
- Risiken
- Änderungen
- Fortschritt

PMBOK (Project Management Body of Knowledge) ist ein international weit verbreiteter Projektmanagement-Leitfaden. Das US-amerikanische Project Management Institute (PMI) in Pennsylvania hat in diesem Leitfaden die wichtigsten, allgemein akzeptierten Projektmanagement-Methoden und -Prozesse zusammengefasst. Das PMBOK stellt quasi eine Wissenssammlung innerhalb des Projektmanagement-Berufs dar und umfasst sowohl weit verbreitete und bewährte Verfahren als auch innovative und weiterentwickelte Verfahren im Projektmanagement-Umfeld. Das PMBOK ist inzwischen vom American National Standards Institute (ANSI) als Standard anerkannt (ANSI/PMI 99-001 2000).

Das PMBOK lag zum Zeitpunkt der Entwicklung von COBIT 5 in der vierten Auflage vor; für COBIT 4 wurde noch die dritte Auflage des PMBOK als Referenz herangezogen [PMI 2004]. Das PMBOK ist prozessorientiert. Ein Projekt wird als Zusammenspiel vieler Prozesse gesehen. Die Prozesse sind dabei in fünf übergeordneten Prozessgruppen zusammengefasst:

- Initiierung (Initiating)
- Planung (Planning)
- Ausführung (Executing)
- Überwachung/Steuerung (Controlling)
- Abschluss (Closing)

Das PMBOK selbst ist nach drei einführenden Kapiteln zum Projektmanagement-Rahmen beginnend mit Kapitel 4 nach neun Wissensgebieten (Knowledge Areas) strukturiert, denen insgesamt 42 Prozesse (vierte Ausgabe [PMI 2008]) eindeutig zugeordnet sind. Für jeden Prozess werden im PMBOK strukturiert Eingangswerte (Inputs) und Ausgangswerte (Outputs) sowie Werkzeuge und Methoden beschrieben. Die Wissensgebiete lauten:

- Integrationsmanagement
- Inhalts- und Umfangsmanagement
- Terminmanagement
- Kostenmanagement
- Qualitätsmanagement
- Personalmanagement
- Kommunikationsmanagement
- Risikomanagement
- Beschaffungsmanagement
- Stakeholder-Management (ab der fünften Auflage [PMI 2013])

Die in PRINCE2 und PMBOK beschriebenen Prozesse und Methoden sind für alle Projekte anwendbar und adressieren nicht speziell die Aspekte der Informationstechnologie. COBIT hat seinerseits das Projektmanagement als wichtigen Prozess (BAI01) identifiziert, aber behandelt Projektmanagement nicht in der Detaillierungstiefe wie PRINCE2 oder PMBOK. Der COBIT-Prozess BAI01 (Managen von Programmen und Projekten) deckt aber die Inhalte von PRINCE2 und PMBOK auf hoher Ebene weitestgehend ab.

Weitere Zusammenhänge zwischen COBIT und PRINCE2 bzw. PMBOK können auch folgenden Veröffentlichungen der ISACA bzw. des ITGI entnommen werden:

- Detailabgleich zwischen PMBOK und COBIT vom August 2006 (Mapping of PMBOK to COBIT 4.0) [ITGI 2006b],
- Detailabgleich zwischen PRINCE2 und COBIT vom Februar 2011 (Mapping of PRINCE2 with COBIT 4.0) [ITGI 2007j] sowie
- Überblick über internationale IT-Standards, u. a. PMBOK und COBIT 4.1 (Overview of International IT Guidance) vom August 2011 [ISACA 2011c].

Im COBIT-5-Prozessreferenzmodell werden PRINCE2 und PMBOK aus den COBIT-Prozessen APO10 (Managen von Lieferanten) sowie BAI01 (Managen von Programmen und Projekten) und BAI07 (Managen der Abnahme und Produktivsetzung von Änderungen) referenziert. Im COBIT-Prozess APO 10 (Managen von Lieferanten) ist nur das PMBOK und dort sind explizit die PMBOK-Beschaffungsprozesse referenziert. Aktuelle Detailabgleiche mit COBIT 5 lagen jedoch zum Zeitpunkt der Erstellung dieses Buches nicht vor.

14.7 TOGAF

TOGAF (The Open Group Architecture Framework) bietet einen Ansatz für den Entwurf, die Planung, die Implementierung und die Wartung von Unternehmensarchitekturen sowie mit der Architecture Development Method (ADM) ein Vorgehensmodell zur Entwicklung von technischen Architekturen. Die erste Version von TOGAF wurde im Dezember 1995 veröffentlicht und basierte auf dem durch das Verteidigungsministerium der Vereinigten Staaten entwickelten TAFIM (Technical Architecture Framework for Information Management). Auf dieser Grundlage entwickelte die Open Group TOGAF weiter und veröffentlichte im Februar 2009 die Version 9.

Im COBIT-Prozessreferenzmodell sind im COBIT-Prozess EDM04 (Sicherstellen der Ressourcenoptimierung) die TOGAF-Komponenten Architecture Board, Architecture Governance und Architecture Maturity Models referenziert. Der COBIT-Prozess APO03 (Managen der Unternehmensarchitektur) referenziert die ADM-Methode (Architecture Development Method). Diese entspricht den Prozesspraktiken des COBIT-Prozesses APO03 (Managen der Unternehmensarchitektur) zur Entwicklung einer Architekturvision (APO03.01 – TOGAF.ADM, Phase A), zur Definition von Referenzarchitekturen (APO03.02 – TOGAF.ADM, Phasen B, C und D), zur Auswahl von Chancen und Lösungen (APO03.03 – TOGAF.ADM, Phase E) und zur Definition der Architekturimplementierung (APO03.04 – TOGAF.ADM, Phasen F und G). Einige TOGAF-Komponenten entsprechen der COBIT-5-Prozesspraktik APO03.05 zur Bereitstellung von Unternehmensarchitekturservices. Dazu gehören die Komponenten: ADM Requirements Management, Architecture Principles, Stakeholder Management, Business Transformation Readiness Assessment, Risk Management, Capability-Based Planning, Architecture Compliance und Architecture Contracts [ISACA 2012b].

Das ITGI hatte im Juni 2007 einen Abgleich zwischen TOGAF und COBIT (Mapping of TOGAF 8.1 With COBIT 4.0) veröffentlicht [ITGI 2007k]. Zusätzlich kann ein Abgleich auf hoher Ebene zwischen COBIT und TOGAF 8.1 der ISACA-Veröffentlichung »Overview of International IT Guidance« entnommen werden [ISACA 2011c].

14.8 COBIT als Integrator

COBIT wurde seit Beginn seiner Entwicklung gegen die am Markt existierenden IT-bezogenen Standards, Rahmenwerke, Konzepte und Richtlinien abgeglichen. Dadurch enthält COBIT deren wesentliche Anforderungen. Seit COBIT 4.x wird versucht, sich auf die marktbeherrschenden IT-bezogenen Standards und Rahmenwerke zu konzentrieren und nicht nur deren Anforderungen, sondern auch deren Begriffswahl mit COBIT abzugleichen. Das Verhältnis dieser IT-bezogenen Standards und Rahmenwerke zu COBIT in den Dimensionen Abstraktionsgrad/Umsetzungsorientierung und Abdeckungsbreite der Unternehmensfunktionen verdeutlicht das nachfolgende Schaubild (Abb. 14–2).

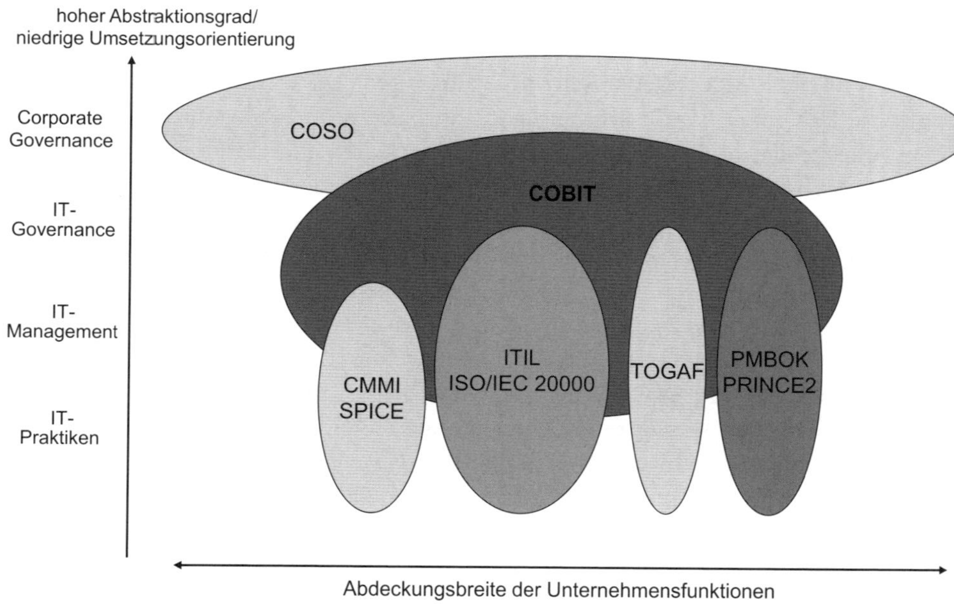

Abb. 14–2 *Darstellung des Abdeckungsgrades und der Umsetzungsorientierung von COSO, COBIT und ausgewählten IT-bezogenen Standards und Rahmenwerken*

Abbildung 14–2 verdeutlicht, dass COBIT ein Integrationsrahmenwerk ist und auf einer relativ hohen Abstraktionsebene (IT-Governance- und IT-Management-Ebene) positioniert ist. Damit überbrückt COBIT die Lücke zwischen den Rahmenwerken der Geschäftsbereiche und den bewährten Praktiken im IT-Bereich. Der Bedarf an detaillierten, erprobten Praktiken wird durch die unterhalb von COBIT liegenden IT-bezogenen Standards und Rahmenwerke abgedeckt, die Teilaspekte der COBIT-Prozesse detaillierter und umsetzungsorientierter beschreiben. Angesichts der dargestellten und international etablierten Standards und Rahmenwerke wäre es auch nicht sinnvoll, diese umsetzungsorientierten Aspekte redundant in COBIT zu integrieren. Stattdessen wird im COBIT-5-Prozessreferenzmodell auf die wesentlichen IT-bezogenen Standards, Leitfäden und Rahmenwerke verwiesen, sodass eine Hierarchie von Rahmenwerken entsteht. Die Abdeckungsfelder zwischen COBIT 5 und anderen Standards und Rahmenwerken illustriert Abbildung 14–3.

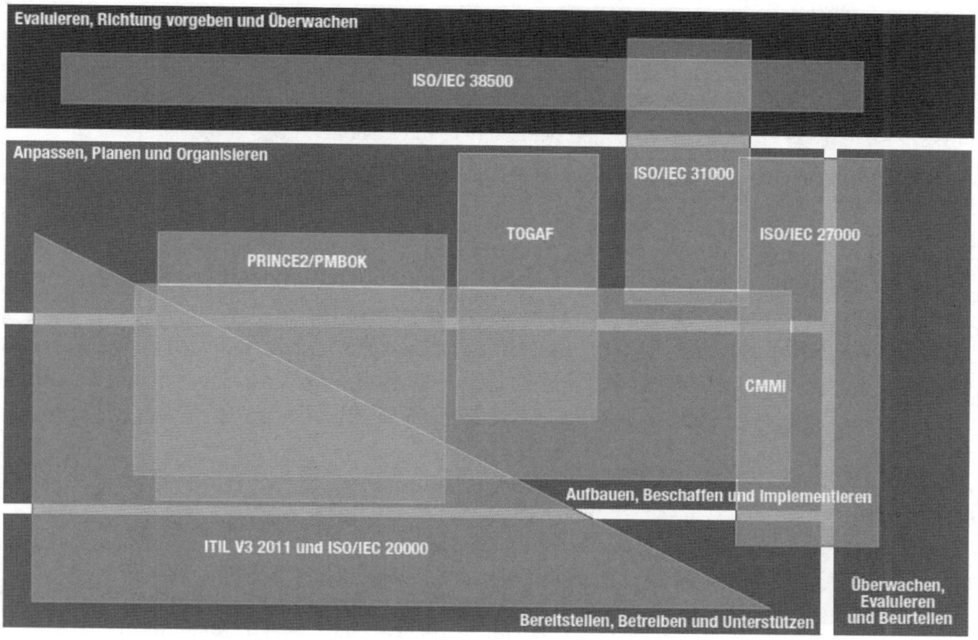

Abb. 14–3 *Abdeckung anderer Standards und Rahmenwerke durch COBIT 5 [ISACA 2012a]*

Das IT Governance Institute bzw. die ISACA unterstützen die Anwendung von COBIT als Integrationsrahmenwerk durch Abgleiche. Diese Abgleiche stellen den Zusammenhang zwischen den unterschiedlichsten Standards, Leitfäden und Rahmenwerken mit COBIT in sog. »Mapping-Dokumenten« dar.

COBIT-Mapping-Dokument	Datum der Veröffentlichung
Overview of International IT Guidance, 3rd Edition	August 2011
Mapping of ISO/IEC 20000 With COBIT 4.1	Februar 2011
Mapping of CMMI for Development V1.2 With COBIT 4.1	Januar 2011
Mapping of FFIEC With COBIT 4.1	Mai 2010
Aligning COBIT 4.1, ITIL V3 and ISO/IEC 27002 for Business Benefits	November 2008
Mapping of ITIL V3 With COBIT 4.1	Juli 2008
Mapping of NIST SP800-53 Rev 1 With COBIT 4.1	November 2007
Mapping of TOGAF 8.1 With COBIT 4.0	Juni 2007
Mapping of CMMI for Development V1.2 With COBIT 4.0	März 2007

→

COBIT-Mapping-Dokument	Datum der Veröffentlichung
Mapping of ITIL With COBIT 4.0	Januar 2007
Mapping of PRINCE2 With COBIT 4.0	Januar 2007
Mapping of ISO/IEC 17799: 2005 With COBIT 4.0	Dezember 2006
Mapping PMBOK to COBIT 4.0	August 2006
Mapping SEI's CMM for Software to COBIT 4.0	August 2006
COBIT Mapping to ISO/IEC 17799:2000 With COBIT, 2nd Edition	Mai 2006
COBIT Mapping Overview of International IT Guidance 2nd Edition	April 2006

Tab. 14–6 *Übersicht der COBIT-Mapping-Dokumente (ab Version 4) in chronologischer Reihenfolge*

Alle in der obigen Übersicht (Tab. 14–6) aufgeführten Mapping-Dokumente sind über die Internetseite der ISACA *(www.isaca.org)* erhältlich.

Für COBIT 5 werden die Abgleiche mit anderen Standards, Leitfäden und Rahmenwerken innerhalb der COBIT-5-Familie in den Umsetzungsleitfäden integriert. Tabelle 14–7 zeigt die bis zum Zeitpunkt der Erstellung dieses Buches verfügbaren Mappings.

Umsetzungsleitfaden	Abgleich mit Standards (Mapping)
COBIT 5 for Information Security	■ 2011 Standard of Good Practice for Information Security, Information Security Forum (ISF), UK, 2011 ■ ISO/IEC 27001 and 27002, Switzerland, 2005 ■ NIST SP 800-53A, Guide for Assessing the Information Security Controls in Federal Information Systems and Organizations, Department of Commerce, USA, 2010
COBIT 5 for Assurance	■ Information Technology Assurance Framework (ITAF), 2nd Edition, ISACA ■ International Professional Practices Framework (IPPF), Institute of Internal Auditors (IIA), 2013 ■ American Institute of Certified Public Accountants' (AICPA) Statement on Standards for Attestation Engagements (SSAE) No. 16
COBIT 5 for Risk	■ ISO 31000:2009 Risk Management Principles ■ ISO/IEC 27005:2011, Information technology – Security techniques – Information security risk management ■ Enterprise Risk Management – Integrated Framework of The Committee of Sponsoring Organisations of the Treadway Commission (COSO)
COBIT 5: Enabling Information	■ Data Management Association International (DAMA), The DAMA Guide to the Data Management Body of Knowledge (DMBOK), USA, 2009 ■ ISO 15489, Information and Documentation – Records Management

Tab. 14–7 *Übersicht der Abgleiche (Mappings) für COBIT 5*

Aus der Übersicht (Tab. 14–7) wird deutlich, dass bereits 11 Abgleiche mit anderen Standards, Leitfäden und Rahmenwerken für COBIT 5 erstellt worden sind. Die Mappings beziehen sich aber nicht nur auf das COBIT-5-Prozessreferenzmodell, sondern auch auf andere Enabler.

15 Die wesentlichen Veränderungen zu COBIT 4.1

Der Anspruch von COBIT, ein umfassendes IT-Governance- und Management-Rahmenwerk für Information und diese verarbeitende Technologie zu sein, wird durch die neue Version 5 von COBIT noch deutlicher unterstützt. COBIT 5 hat sich durch die Erweiterung der Governance-Prozesse und die Ausrichtung auf Geschäftsprozesse und allgemeine Managementprozesse zu einem ganzheitliches Managementmodell für die Governance, Compliance und Steuerung der IT (IT-Governance- und IT-Compliance-Rahmenwerk) entwickelt. Oberstes Ziel des Einsatzes von COBIT 5 ist, einen optimalen Wertbeitrag aus Investitionen in Information und Technologie zum Nutzen aller Anspruchsgruppen zu erhalten. Nachfolgend werden die wesentlichen Veränderungen kurz zusammengefasst. Alle Neuerungen sind detailliert in den vorhergehenden Kapiteln dargestellt.

Neue Prinzipien

Stand bei COBIT 4.1 die Fokussierung auf das Geschäft, die Orientierung an Prozessen, die Control Objectives und die Steuerung durch Messgrößen im Vordergrund, wurde mit COBIT 5 der Anspruch deutlich in Richtung Governance erweitert. Die neuen fünf Kernprinzipien betonen die Bedürfnisse der Anspruchsgruppen, die Abdeckung aller Unternehmensfunktionen, den integrativen Charakter von COBIT, den ganzheitlichen Ansatz sowie den Unterschied zwischen Governance und Management (siehe Kapitel 3).

Umfassende Enabler

COBIT 4.1 war sehr prozessorientiert, daneben gab es im COBIT-Modell zwar noch die Ressourcen Information, Anwendungen, Infrastruktur und Personal, aber diese spielten in der Praxis nur eine untergeordnete Rolle. COBIT 5 hebt dagegen sieben sog. »Enabler« als organisatorische Ressourcen für die Governance hervor: Prinzipien, Richtlinien und Rahmenwerke, Prozesse, Organisationsstrukturen, Kultur, Ethik und Verhalten sowie die klassischen Ressourcen Information, Personal, Fähigkeiten und Kompetenzen sowie Services, Infrastruktur und Anwendungen [siehe

Kapitel 4]. Diese sieben Elemente beeinflussen im Wesentlichen, ob die IT-Governance- und IT-Management-Ziele in einem Unternehmen erreicht werden.

Erweiterung des Prozessreferenzmodells

Das Prozessreferenzmodell hat mit COBIT 5 eine Erweiterung um eine neue Domäne erfahren. Die Governance-Domäne »Bewerten, Steuern und Überwachen« (EDM – Evaluate, Direct and Monitor) umfasst wiederum fünf neue Governance-Prozesse. Diese fünf Prozesse umfassen die Einrichtung und Pflege eines Governance-Rahmenwerks, die Bereitstellung von Mehrwert, die Risikooptimierung, die Ressourcenoptimierung sowie die Transparenz gegenüber Anspruchsgruppen. In COBIT 4.1 wurde das Thema Governance vor allem im Prozess ME 4 (Sorge für IT-Governance) adressiert, der auch die Einführung eines Rahmenwerks für die IT-Governance und dessen strategische Ausrichtung, den Wertbeitrag, das Risikomanagement, das Ressourcenmanagement sowie die Messung der Performance sowie die unabhängige Bestätigung einforderte.

Neue Prozesse für das IT-Management

Auch wenn die Management-Domänen in COBIT 5 gegenüber COBIT 4.1 von der Struktur her gleich geblieben sind und sich nur die Namen leicht geändert haben (beispielsweise wurde aus PO – Plan and Organise nun APO – Align, Plan and Organise), kam es innerhalb der Domänen zu erheblichen Verschiebungen: Die Planungsdomäne (APO – Align, Plan and Organise) enthält nun 13 Prozesse (COBIT 4.1: 10), die Entwicklungsdomäne (BAI – Build, Acquire and Implement) zehn (COBIT 4.1: 7), die Betriebsdomäne (DSS – Deliver, Service and Support) sechs (COBIT 4.1: 13) und die Überwachungsdomäne (MEA – Monitor, Evaluate and Assess) drei Prozesse (COBIT 4.1: 4).

Zusätzlich zu diesen Verschiebungen sind auch komplett neue Prozesse entstanden. So gibt es in COBIT 5 einen eigenen Prozess für das Thema Innovationsmanagement (APO04). In diesem Prozess werden Innovationschancen identifiziert und es wird geplant, inwieweit in Verbindung mit den Geschäftsanforderungen von Innovationen profitiert werden kann. In COBIT 4.1 war dieses Thema nur im Control Objective PO3.3 (Überwachung von zukünftigen Trends und Vorschriften) adressiert.

Ein weiterer neuer Prozess ist APO05 für das Portfoliomanagement. In COBIT 4.1 gab es zu diesem Thema lediglich das Control Objective PO1.6 IT-Portfoliomanagement. Da aber das ISACA-Rahmenwerk Val IT mit in COBIT 5 integriert wurde, ist dem Thema Portfolio- und Programmmanagement mehr Raum in COBIT 5 eingeräumt worden. Dies betrifft auch den COBIT-5-Prozess BAI 01 (Managen von Programmen und Projekten), der inhaltlich den COBIT 4.1-Prozess PO10 zum Projektmanagement aufnimmt, aber zusätzlich um die Aspekte des Programmmanagements aus Val IT erweitert worden ist.

Neu sind auch die Prozesse BAI05 (Managen der Ermöglichung organisatorischer Änderungen) und BAI08 (Managen von Wissen). Organisatorische Änderungen wurden bislang nur außerhalb des Prozessmodells in anderen ISACA-Fachveröffentlichungen diskutiert, und Wissenstransfer wurde in COBIT 4.1 nur im Entwicklungsbereitstellungsprozess AI4 angesprochen. Im COBIT-5-Prozessreferenzmodell werden diesen Themen nun eigene Prozesse gewidmet, was die Ausrichtung von COBIT 5 auf die Governance- und Managementebenen verdeutlicht.

Als letzte Prozessänderung wäre noch der Prozess DSS06 (Managen der Geschäftsprozesskontrollen) hervorzuheben. Ziel dieses Prozesses ist, geeignete Geschäftsprozesskontrollen zu definieren, um sicherzustellen, dass Informationen, die im Zusammenhang mit internen oder ausgelagerten Geschäftsprozessen stehen, den relevanten Anforderungen an die Informationskontrolle genügen. Die Verantwortung für diesen Prozess und dessen Praktiken liegt klar bei den Geschäftsbereichen. In COBIT 4.1 waren die Geschäftsprozesskontrollen daher noch außerhalb des Prozessmodells als Application Control Objectives platziert.

Prozesspraktiken statt Control Objectives

In COBIT 4.1 gab es 210 Control Objectives, die im Deutschen häufig etwas missverständlich als Kontrollziele übersetzt worden sind. Control Objectives waren Anforderungen, die dem Management helfen, IT-Prozesse angemessen zu steuern und zu überwachen, um die Ziele des Unternehmens zu erfüllen. COBIT 5 nennt Control Objectives nunmehr Prozesspraktiken, genauer: Managementpraktiken in den 32 Prozessen der vier Management-Domänen und Governance-Praktiken in den fünf Prozessen der Governance-Domäne. Der Anspruch ist jedoch geblieben: Governance- bzw. Managementpraktiken stellen einen umfassenden Satz allgemeiner Anforderungen für eine effektive und praktische Governance und ein entsprechendes Management der Unternehmens-IT bereit (siehe Abschnitt 11.1.3.6).

Prozessbefähigungsmodell

COBIT 4.1 beschrieb für jeden der 34 IT-Prozesse den Reifegrad in fünf Abstufungen. Das Management konnte anhand der Zustandsbeschreibung des Prozesses relativ einfach beurteilen, auf welcher Reifegradstufe sich der Prozess befindet und welche Reifegradstufe erstrebenswert wäre. Dieses einfache Modell wird durch einen an die ISO/IEC 15504 angelehnten Prozessbewertungsprozess abgelöst, der einen objektiven, wiederholbaren und auf Nachweisen basierenden Beurteilungsprozess ermöglicht. COBIT 5 stellt für die Beurteilung der Prozessfähigkeit das notwendige Prozessmodell mit Praktiken und Arbeitsergebnissen (Inputs/Outputs) bereit (siehe Abschnitt 13.2.1).

Teil II

COBIT anwenden

16 Geschäftsrelevante IT-Prozesse identifizieren

Unternehmensprozesse sollen verlässlich ablaufen sowie angemessen gesteuert und überwacht werden. Eine hohe Prozessqualität ist vor allem für die IT-Prozesse erforderlich, die dazu beitragen, die Ziele der Organisation oder des Geschäftsbereiches zu erfüllen. Eine gleichmäßige Erhöhung der Prozessqualität aller IT-Prozesse im Gießkannenverfahren ist meist nicht effizient und führt zu Ressourcenengpässen und zu einer Ressourcenvergeudung. Daher gilt es, die für die Organisation wichtigen IT-Prozesse zu identifizieren.

Das Rahmenwerk COBIT bietet im Wesentlichen zwei methodische Ansätze, um die zur Erfüllung der geschäftlichen Anforderungen relevanten COBIT-Prozesse zu selektieren und über die Verbesserung dieser Prozesse einen konkreten Wertbeitrag der IT zu ermöglichen:

- Auswahl der relevanten COBIT-Prozesse über die Ziele der Anspruchsgruppen bzw. Geschäftsziele der Organisation (siehe Abschnitt 16.1)
- Auswahl der relevanten COBIT-Prozesse über die Informationskriterien (siehe Abschnitt 16.2)

Bei aller Methodik sollte aber auch immer die Kenntnis über die Organisation mit in den Selektionsprozess einfließen. Alle Ableitungsmethoden sind nicht für eine streng methodische Abarbeitung geeignet. Über die Zuordnungen lässt sich häufig diskutieren, auch ist nicht dokumentiert, wie diese Zuordnung genau zustande kommt. Insofern kann dies nur ein Faktor unter anderen bei der Identifikation der geschäftsrelevanten IT-Prozesse sein.

16.1 COBIT-5-Zielkaskade

Das COBIT-5-Rahmenwerk stellt mit der Zielkaskade einen Mechanismus bereit, um diejenigen COBIT-Prozesse auszuwählen, deren Optimierung der Organisation am meisten Nutzen bringt. COBIT 5 enthält seit der Version 4 ein Zuordnungssystem, um ausgehend von Unternehmenszielen (Enterprise Goals) passende IT-bezogene Ziele abzuleiten und die IT-bezogenen Ziele wiederum mit COBIT-Prozessen zu verknüpfen. Für COBIT 5 wurde dieses Zuordnungssystem nochmals überarbeitet und um die Ebene der Anspruchsgruppen (Stakeholder) nach oben erweitert (siehe Abschnitt 3.1). Die Anspruchsgruppen werden durch Treiber (Stakeholder Driver), wie geschäftliche oder rechtliche Rahmenbedingungen, beeinflusst und stellen Anforderungen an das Unternehmen. Als allgemeine Anforderungen der Anspruchsgruppen wurden im COBIT-5-Rahmenwerk drei generische Ziele definiert:

- Nutzen schaffen (Nutzenrealisierung)
- Nutzen mit optimalem Risiko zu realisieren (Risikooptimierung)
- Nutzen zu optimalen Ressourcenkosten zu realisieren (Ressourcenoptimierung)

Diese drei Anforderungen sind für alle Unternehmen gültig, da Nutzen nicht nur in Form von finanziellem Nutzen auftreten kann, sondern andere Formen von Nutzen umfassen kann (z. B. bei Behörden verbesserte Dienstleistungen für die Bürger). Zusätzlich wurden noch 22 typische Fragestellungen der Anspruchsgruppen formuliert, um diese drei generischen Ziele konkreter zu fassen. Diesen drei generischen Zielen bzw. den 22 Fragestellungen der Anforderungsgruppen sind im COBIT-5-Rahmenwerk dann 17 typische Unternehmensziele zugeordnet. Diese 17 typischen Unternehmensziele sind entsprechend der vier Standardperspektiven der Balanced Scorecard (Finanzen, Kunden, Interne Prozesse, Lernen und Weiterentwicklung) gruppiert und in Tabelle 16–1 dargestellt.

BSC-Perspektive	Unternehmensziele (Enterprise Goals, EG)
Finanzen	■ EG01 Wert für die Anspruchsgruppe aus Geschäftsinvestitionen ■ EG02 Portfolio wettbewerbsfähiger Produkte und Services ■ EG03 Gemanagtes Unternehmensrisiko (Sicherung der Betriebsmittel) ■ EG04 Einhaltung externer Gesetze und Bestimmungen (Compliance) ■ EG05 Finanzielle Transparenz
Kunden	■ EG06 Kundenorientierte Servicekultur ■ EG07 Kontinuität und Verfügbarkeit von geschäftsbezogenen Services ■ EG08 Agile Reaktionen auf sich wandelndes Geschäftsumfeld ■ EG09 Informierte, strategische Entscheidungsfindung ■ EG010 Optimierung der Kosten für die Erbringung von Services
Interne Prozesse	■ EG011 Optimierung der Funktionalität von Geschäftsprozessen ■ EG012 Optimierung der Geschäftsprozesskosten ■ EG013 Gemanagte Programme für Änderungen im Unternehmen ■ EG014 Operative und personelle Produktivität ■ EG015 Compliance mit internen Richtlinien
Lernen und Weiterentwicklung	■ EG016 Kompetente und motivierte Mitarbeiter ■ EG017 Kultur der Produkt- und Geschäftsinnovationen

Tab. 16–1 *Übersicht der Unternehmensziele der COBIT-5-Zielkaskade [ISACA 2012b]*

Diese Unternehmensziele sind also über Zuordnungstabellen sowohl mit den 22 Fragestellungen der Anforderungsgruppen als auch mit den drei Anforderungen der Anspruchsgruppen verknüpft.

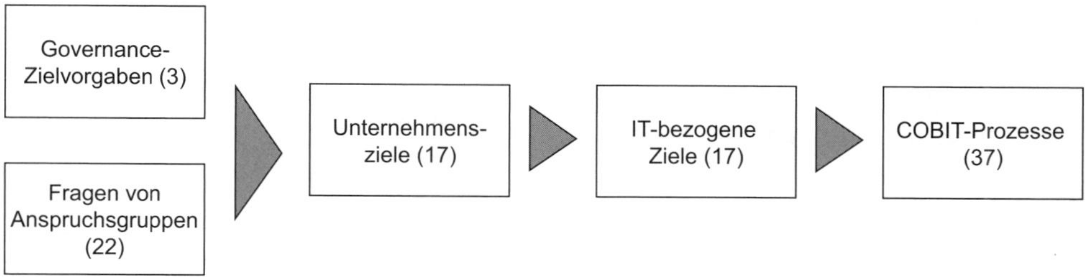

Abb. 16–1 *Schema der Ableitung von geschäftlich relevanten COBIT-Prozessen*

Die Zuordnungstabelle zu den drei Zielvorgaben der Governance differenziert zusätzlich die Stärke der Zuordnung in primär (P) und sekundär (S). Entsprechend der Zuordnungstabelle im COBIT-5-Rahmenwerk ergeben sich zur Erfüllung der Governance-Zielvorgaben folgende primäre Zuordnungen der Unternehmensziele.

Governance-Zielvorgabe	Primär zugeordnete Unternehmensziele
Nutzenrealisierung	■ EG01 Wert für die Anspruchsgruppe aus Geschäftsinvestitionen ■ EG02 Portfolio wettbewerbsfähiger Produkte und Services ■ EG05 Finanzielle Transparenz ■ EG06 Kundenorientierte Servicekultur ■ EG08 Agile Reaktionen auf sich wandelndes Geschäftsumfeld ■ EG09 Informierte, strategische Entscheidungsfindung ■ EG10 Optimierung der Servicebereitstellungskosten ■ EG011 Optimierung der Funktionalität von Geschäftsprozessen ■ EG012 Optimierung der Geschäftsprozesskosten ■ EG013 Gemanagte Programme für Änderungen im Unternehmen ■ EG014 Operative und personelle Produktivität ■ EG017 Kultur der Produkt- und Geschäftsinnovationen
Risikooptimierung	■ EG02 Portfolio wettbewerbsfähiger Produkte und Services ■ EG03 Gemanagtes Unternehmensrisiko (Sicherung der Betriebsmittel) ■ EG04 Einhaltung externer Gesetze und Bestimmungen (Compliance) ■ EG07 Kontinuität und Verfügbarkeit von geschäftsbezogenen Services ■ EG08 Agile Reaktionen auf sich wandelndes Geschäftsumfeld ■ EG09 Informierte, strategische Entscheidungsfindung ■ EG013 Gemanagte Programme für Änderungen im Unternehmen ■ EG015 Compliance mit internen Richtlinien ■ EG016 Kompetente und motivierte Mitarbeiter
Ressourcenoptimierung	■ EG09 Informierte, strategische Entscheidungsfindung ■ EG10 Optimierung der Servicebereitstellungskosten ■ EG011 Optimierung der Funktionalität von Geschäftsprozessen ■ EG012 Optimierung der Geschäftsprozesskosten ■ EG014 Operative und personelle Produktivität ■ EG016 Kompetente und motivierte Mitarbeiter

Tab. 16–2 *Übersicht der primären Beziehung zwischen Governance-Zielvorgaben und Unternehmenszielen [ISACA 2012b]*

Den Unternehmenszielen werden in einer weiteren Zuordnungstabelle im Anhang B des COBIT-5-Rahmenwerkes in nächsten Schritt IT-bezogene Ziele zugeordnet. COBIT kennt 17 generische IT-bezogene Ziele und gruppiert diese ebenfalls nach den vier Perspektiven der Balanced Scorecard.

BSC-Perspektive	IT-bezogene Ziele (IT-related Goals, ITG)
Finanzen	■ ITG01 Angleichung zwischen IT- und Geschäftsstrategie ■ ITG02 IT-Compliance und Unterstützung der Compliance des Unternehmens mit externen Gesetzen und Bestimmungen ■ ITG03 Bereitschaft der Geschäftsführung, IT-bezogene Entscheidungen zu treffen ■ ITG04 Gemanagtes, IT-bezogenes Unternehmensrisiko ■ ITG05 Nutzenrealisierung aus IT-gestützten Investitionen und dem Serviceportfolio ■ ITG06 Transparenz von IT-Kosten, Mehrwert und Risiko
Kunden	■ ITG07 Bereitstellung von IT-Services, die den Geschäftsanforderungen entsprechen ■ ITG08 Adäquate Nutzung von Anwendungen, Informationen und Technologielösungen
Interne Prozesse	■ ITG09 IT-Agilität ■ ITG10 Sicherheit von Information, Verarbeitungsinfrastruktur und Anwendungen ■ ITG11 Optimierung von IT-Betriebsmitteln, -Ressourcen und -Fähigkeiten ■ ITG12 Ermöglichung und Unterstützung von Geschäftsprozessen durch Integration von Anwendungen und Technologie ■ ITG13 Bereitstellung von Programmen, die Mehrwert generieren und die dem Zeitplan, dem Budget sowie den Anforderungen und Qualitätsstandards entsprechen ■ ITG14 Verfügbarkeit zuverlässiger und verwendbarer Informationen zur Entscheidungsfindung ■ ITG15 IT-Compliance mit internen Richtlinien
Lernen und Weiterentwicklung	■ ITG16 Kompetente und motivierte Mitarbeiter (Geschäftsbetrieb und IT) ■ ITG17 Wissen, Erfahrung und Initiativen im Zusammenhang mit geschäftlichen Innovationen

Tab. 16–3 *Übersicht der IT-bezogenen Ziele der COBIT-5-Zielkaskade [ISACA 2012b]*

Diese IT-bezogenen Ziele sind wiederum differenziert nach der Stärke der Zuordnung in primär (P) und sekundär (S) mit den Unternehmenszielen verknüpft. Entsprechend der Zuordnungstabelle im Anhang B des COBIT-5-Rahmenwerkes ergibt sich folgende primäre Zuordnung der IT-bezogenen Ziele zu den Unternehmenszielen:

Unternehmensziel	Primär zugeordnete IT-bezogene Ziele	Anzahl
EG01 Wert für die Anspruchsgruppe aus Geschäftsinvestitionen	ITG01, ITG03, ITG05, ITG07, ITG11, ITG13	6
EG02 Portfolio wettbewerbsfähiger Produkte und Services	ITG01, ITG05, ITG07, ITG09, ITG12, ITG17	6
EG03 Gemanagtes Unternehmensrisiko (Sicherung der Betriebsmittel)	ITG04, ITG10, ITG16	3
EG04 Einhaltung externer Gesetze und Bestimmungen (Compliance)	ITG02, ITG10	2
EG05 Finanzielle Transparenz	ITG06	1
EG06 Kundenorientierte Servicekultur	ITG01, ITG07	2
EG07 Kontinuität und Verfügbarkeit von geschäftsbezogenen Services	ITG04, ITG010, ITG14	3
EG08 Agile Reaktionen auf sich wandelndes Geschäftsumfeld	ITG01, ITG07, ITG09, ITG17	4
EG09 Informierte, strategische Entscheidungsfindung	ITG01, ITG14	2
EG10 Optimierung der Servicebereitstellungskosten	ITG04, ITG06, ITG11	3
EG11 Optimierung der Funktionalität von Geschäftsprozessen	ITG01, ITG07, ITG08, ITG09, ITG12	5
EG12 Optimierung der Geschäftsprozesskosten	ITG05, ITG06, ITG11	3
EG13 Gemanagte Programme für Änderungen im Unternehmen	ITG01, ITG02 , ITG13	3
EG14 Operative und personelle Produktivität	ITG08, ITG16	2
EG15 Compliance mit internen Richtlinien	ITG02, ITG010, ITG15	3
EG16 Kompetente und motivierte Mitarbeiter	ITG16	1
EG17 Kultur der Produkt- und Geschäftsinnovationen	ITG09, ITG17	2

Tab. 16–4 *Übersicht der primären Beziehungen zwischen Unternehmenszielen und IT-bezogenen Zielen [ISACA 2012b]*

Die Übersicht macht deutlich, dass es auch auf der Ebene der primären Zuordnung bei nur zwei Unternehmenszielen (EG05, EG16) 1:1-Relationen zu den IT-bezogenen Zielen gibt. Die beiden erste Unternehmensziele (EG01, EG02) weisen dagegen sechs primäre Zuordnungen zu den IT-bezogenen Zielen auf. Umgekehrt ist das IT-bezogene Ziel ITG01 dasjenige, das die meisten Unternehmensziele primär unterstützt, während das IT-bezogene Ziel ITG15 nur ein Unternehmensziel (EG15) unterstützt.

Der letzte Schritt der Zielkaskadierung geht bis auf die Ebene der Enabler, wobei im COBIT-5-Rahmenwerk diese nur für den Enabler Prozesse ausgestaltet ist. Analog zu der oben beschriebenen Methodik ist im Anhang C des COBIT-5-Rahmenwerkes eine Zuordnungstabelle mit primären und sekundären Abhängigkeiten zwischen den 17 IT-bezogenen Zielen und den 37 COBIT-Prozessen beschrieben. Aus dieser ergibt sich folgende primäre Zuordnung der COBIT-Prozesse zu den IT-bezogenen Zielen:

IT-bezogenes Ziel	Primär zugeordnete COBIT-Prozesse	Anzahl
ITG01 Angleichung zwischen IT- und Geschäftsstrategie	EDM01, EDM02, APO01, APO02, APO03, APO05, APO07, APO08, BAI01, BAI02	10
ITG02 IT-Compliance und Unterstützung der Compliance des Unternehmens mit externen Gesetzen und Bestimmungen	APO01, APO12, APO13, BAI10, DSS05, MEA02, MEA03	7
ITG03 Bereitschaft der Geschäftsführung, IT-bezogene Entscheidungen zu treffen	EDM01, EDM05	2
ITG04 Gemanagtes, IT-bezogenes Unternehmensrisiko	EDM03, APO10, APO12, APO13, BAI01, BAI06, DSS01, DSS02, DSS03, DSS04, DSS05, DSS06, MEA01, MEA02, MEA03	14
ITG05 Nutzenrealisierung aus IT-gestützten Investitionen und dem Serviceportfolio	EDM02, APO04, APO05, APO06, APO11, BAI01	6
ITG06 Transparenz von IT-Kosten, Mehrwert und Risiko	EDM02, EDM03, EDM05, APO06, APO12, APO13, BAI09	7
ITG07 Bereitstellung von IT-Services, die den Geschäftsanforderungen entsprechen	EDM01, EDM02, EDM05, APO02, APO08, APO09, APO10, APO11, BAI02, BAI03, BAI04, BAI06, DSS01, DSS02, DSS03, DSS04, DSS06, MEA01	18
ITG08 Adäquate Nutzung von Anwendungen, Informationen und Technologielösungen	APO04, BAI05, BAI07	3
ITG09 IT-Agilität	EDM04, APO01, APO03, APO04, APO10, BAI08	6
ITG10 Sicherheit von Information, Verarbeitungsinfrastruktur und Anwendungen	EDM03, APO12, APO13, BAI06	5
ITG11 Optimierung von IT-Betriebsmitteln, -Ressourcen und -Fähigkeiten	EDM04, APO01, APO03, APO04, APO07, BAI04, BAI09, BAI10, DSS01, DSS03, MEA01	11
ITG12 Ermöglichung und Unterstützung von Geschäftsprozessen durch Integration von Anwendungen und Technologie	APO08, BAI02, BAI07	3
ITG13 Bereitstellung von Programmen, die Mehrwert generieren und die dem Zeitplan, dem Budget sowie den Anforderungen und Qualitätsstandards entsprechen	APO05, APO07, APO11, APO12, BAI02, BAI07	6

→

IT-bezogenes Ziel	Primär zugeordnete COBIT-Prozesse	Anzahl
ITG14 Verfügbarkeit zuverlässiger und verwendbarer Informationen zur Entscheidungsfindung	APO09, APO13, BAI04, BAI10, DSS03, DSS04	6
ITG15 IT-Compliance mit internen Richtlinien	EDM03, APO01, MEA01, MEA02	4
ITG16 Kompetente und motivierte Mitarbeiter (Geschäftsbetrieb und IT)	EDM04, APO01, APO07	3
ITG17 Wissen, Erfahrung und Initiativen im Zusammenhang mit geschäftlichen Innovationen	EDM02, APO01, APO02, APO04, APO07, APO08, BAI05, BAI08	8

Tab. 16–5 *Übersicht der primären Beziehungen zwischen IT-bezogenen Zielen und COBIT-Prozessen [ISACA 2012b]*

Die Übersicht macht deutlich, dass es auch auf der Ebene der primären Zuordnung kein IT-bezogenes Ziel gibt, das nur durch einen COBIT-Prozess unterstützt wird. Drei IT-bezogenen Zielen (ITG04, ITG07, ITG11) sind dagegen mehr als zehn COBIT-Prozesse primär zugeordnet. Umgekehrt ist der COBIT-Prozess APO01 (Managen des IT-Management-Rahmenwerks) derjenige, der mit sieben die meisten IT-bezogenen Ziele primär unterstützt, während der COBIT-Prozess BAI03 (Managen von Lösungsidentifizierung und Lösungserstellung) nur das IT-bezogene Ziel ITG07 unterstützt.

In der praktischen Umsetzung ergibt sich aus der COBIT-5-Zielkaskade die Möglichkeit, auf Basis von Unternehmenszielen am Ende die COBIT-Prozesse auszuwählen, die über die Erreichung der IT-bezogenen Ziele zum Erreichen der Unternehmensziele sowie letztlich der Zielvorgaben der Anspruchsgruppen beitragen. Die Zielkaskade kann damit zur Operationalisierung der Anforderungen der Anspruchsgruppen und der Unternehmensziele genutzt werden. Allerdings ist eine mechanische Anwendung der Zuordnungstabellen nicht sinnvoll.

Die Zuordnungstabellen wurden zwar auf Basis von empirischen Forschungen der Management School der Universität Antwerpen, Forschungsinstitut für IT-Ausrichtung und Governance, erstellt. Auch flossen zusätzliche Überprüfungen und Expertenmeinungen mit ein. Die Zuordnungen bleiben aber generisch, ebenso wie die Unternehmensziele und IT-bezogenen Ziele, und müssen daher auf das Unternehmen angepasst werden.

Auch würden bei einer rein mechanischen Anwendung einfach zu viele COBIT-Prozesse im Ergebnis herauskommen. Bei der Anwendung der Zuordnungstabellen empfiehlt sich daher, nicht mehr als vier Unternehmensziele auszuwählen (z. B. eines aus jeder Perspektive der Balanced Scorecard) und dann auf der Ebene der IT-bezogenen Ziele ähnlich restriktiv zu verfahren. Die zugeordneten IT-bezogenen Ziele sind genau zu betrachten und es ist zu diskutieren, inwieweit diese für das Unternehmensziel im Kontext der Anforderungen der Anspruchsgruppen und der Unternehmensstrategie wirklich relevant sind. Gleiches gilt auf der nächsten Ableitungsstufe für die

COBIT-Prozesse, die ebenfalls nochmals auf ihre Eignung zur Erreichung der IT-bezogenen Ziele und der Unternehmensziele hinterfragt werden müssen. Zusätzlich kann das Spektrum der COBIT-Prozesse durch die ergänzende Betrachtung der im nächsten Abschnitt betrachteten Informationskriterien erweitert bzw. reduziert werden.

16.2 Anforderungen an die Informationsqualität definieren

COBIT verfolgt einen geschäftsorientierten Steuerungsansatz: Die COBIT-Prozesse werden durchgeführt, um die geschäftlichen Anforderungen zu erfüllen. Eine der wichtigsten Unternehmensressourcen ist die Information. In COBIT 4.1 wurden die geschäftlichen Anforderungen an die Information in Form von sieben Informationskriterien formuliert:

- **Effektivität (Effectiveness)**
  Informationen sind relevant für den Geschäftsprozess und werden zeitnah, korrekt, konsistent und in einer verwendbaren Form geliefert. Sie erfüllen die Anforderungen des Informationsnutzers, der die Informationen für eine bestimmte Aufgabe verwendet.
- **Effizienz (Efficiency)**
  Informationen werden unter optimaler Ressourcenverwendung bereitgestellt. Der Informationsnutzer kann die benötigte Information auf einfache Weise erlangen und verwenden (d. h. durch Einsatz geringer Ressourcen).
- **Vertraulichkeit (Confidentiality)**
  Informationen sind vor unberechtigter Veröffentlichung geschützt.
- **Integrität (Integrity)**
  Informationen sind richtig und vollständig sowie valide entsprechend den geschäftlichen Anforderungen.
- **Verfügbarkeit (Availability)**
  Informationen sind dann verfügbar, wenn sie vom Geschäftsprozess benötigt werden.
- **Compliance (Compliance)**
  Informationsverarbeitung erfolgt unter Einhaltung von Gesetzen, Vorschriften und vertraglichen Regelungen (intern und extern), denen der Geschäftsprozess unterliegt.
- **Verlässlichkeit (Reliability)**
  Verlässliche oder zuverlässige Informationen sind wahr und glaubwürdig. Im Vergleich zur Integrität ist die Zuverlässigkeit ein eher subjektives Kriterium, das sich mehr auf die Wahrnehmung bezieht und nicht nur auf Fakten. In COBIT 4.1 wurde zusätzlich der Aspekt der Eignung der Information genannt, damit das Management die Organisation steuern und der Verantwortung für die gesetzlich geforderte Berichterstattung nachkommen kann.

Diese sieben Informationskriterien sind vom Standpunkt des Business Managements formuliert. Die ersten beiden (Effektivität und Effizienz) sind Anforderungen aus Sicht der Produktion oder des Geschäftsbetriebs. Hier geht es darum, die Produktionsprozesse im weitesten Sinne optimal mit IT zu unterstützen. Die nächsten drei Anforderungen (Vertraulichkeit, Integrität und Verfügbarkeit) sind in der IT-Sicherheit als die klassischen Grundbedrohungen bekannt, im englischen Sprachraum auch gerne doppeldeutig als »CIA« (Confidentiality, Integrity, Availability) abgekürzt. Aufgrund der zunehmenden Bedeutung der Eigenschaften wie Echtheit, Überprüfbarkeit und Vertrauenswürdigkeit von Daten wird häufig die Authentizität als vierte Grundbedrohung betrachtet. Diese Grundbedrohung lässt sich am besten unter dem COBIT-Informationskriterium »Integrität« subsummieren. Die letzten beiden Informationskriterien (Compliance und Verlässlichkeit) reflektieren die steigenden Anforderungen an die Zuverlässigkeit der Geschäftsprozesse, speziell auch im Bereich der Finanzberichterstattung.

Das COBIT-Modell bietet gegenüber anderen gängigen IT-bezogenen Sicherheitsstandards und -normen den Vorteil, dass die COBIT-Informationskriterien nicht nur die drei zentralen Sicherheitsanforderungen Vertraulichkeit, Verfügbarkeit und Integrität umfassen, sondern auch über das Thema Sicherheit hinausgehende Anforderungen an die Qualität sowie an die Compliance und Zuverlässigkeit der geschäftlich notwendigen Information einbeziehen. Damit decken Sie auch die drei Zielkategorien von COSO I ab (siehe Abschnitt 14.2.1) und ergänzen dieses Rahmenwerk auf der IT-Ebene.

Dies soll an einem kleinen Beispiel verdeutlicht werden: Ein Leiter Rechnungswesen eines Konsumgüterherstellers hat als Prozesseigner der Rechnungslegungsprozesse in einem Workshop seine Anforderungen an die Informationsqualität wie in Abbildung 16–2 dargestellt.

Für den Leiter Rechnungswesen sind die Verlässlichkeit und direkt danach die Integrität und Compliance die wichtigsten Anforderungen an die Informationsqualität. Effektivität und Effizienz sind für die Rechnungslegungsprozesse in der Regel nicht vorrangig, da diese in Relation zu anderen Unternehmensprozessen nur einen geringen Anteil der Ressourcen benötigen. Auch eine Hochverfügbarkeit der Prozesse und Systeme ist in der Regel nicht notwendig. Hier könnte beispielsweise eine tägliche Datensicherung ausreichend sein. Auf dieser Basis ließen sich mit der COBIT-4.1-Zielkaskade die wichtigen Unterstützungsprozesse herausarbeiten.

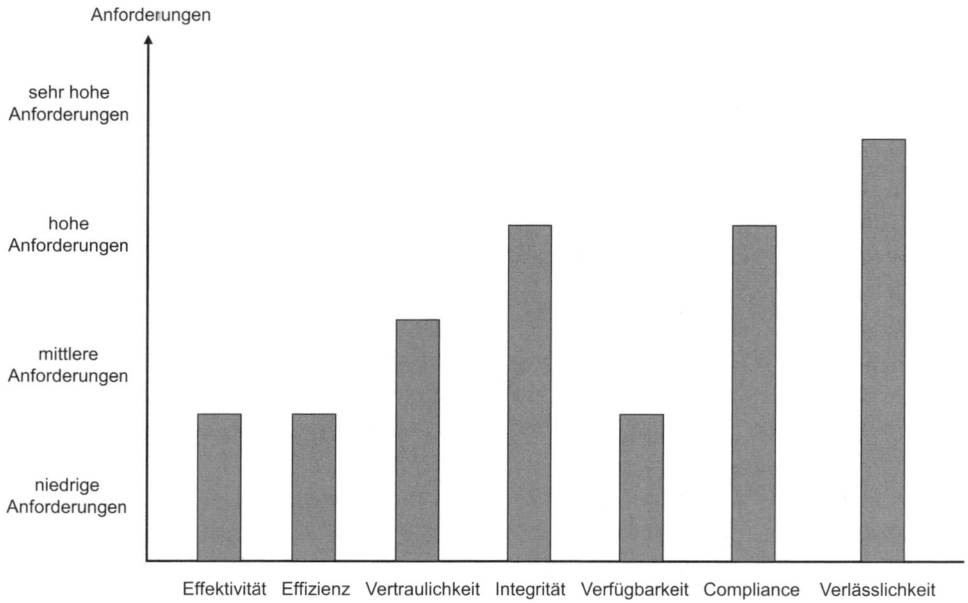

Abb. 16–2 *Darstellung der Anforderungen an die Informationsqualität im Rechnungswesen*

COBIT 5 hat die Anforderungen an die Information weiter verfeinert. Information ist in COBIT 5 ein eigener Enabler, und die Ziele der Informationsqualität werden in drei Qualitätsdimensionen mit 14 Informationszielen strukturiert (siehe Kapitel 12). Die COBIT-5-Informationsziele werden im Anhang F des COBIT-5-Rahmenwerks den Informationskriterien aus COBIT 4.1 folgendermaßen zugeordnet:

Informationskriterium aus COBIT 4.1	Zugeordnete Informationsziele für den Enabler »Information« in COBIT 5
Effektivität	■ geeignete Menge ■ Relevanz ■ Verständlichkeit ■ Interpretierbarkeit ■ Objektivität
Effizienz	■ Glaubwürdigkeit ■ Zugänglichkeit ■ einfache Anwendung ■ Reputation
Vertraulichkeit	■ Eingeschränkter Zugriff
Integrität	■ Vollständigkeit ■ Genauigkeit
Verfügbarkeit	■ Verfügbarkeit

→

Informationskriterium aus COBIT 4.1	Zugeordnete Informationsziele für den Enabler »Information« in COBIT 5
Compliance	■ Compliance ist eine Anforderung in Verbindung mit der Verwendung der Informationen und stellt keine eigentliche Qualität der Informationen dar. Compliance in dem Sinn, dass Informationen bestimmten Spezifikationen entsprechen müssen, wird je nach Anforderung von unterschiedlichen Qualitätszielen für Informationen abgedeckt.
Verlässlichkeit	■ Glaubwürdigkeit ■ Reputation ■ Objektivität

Tab. 16–6 *Zuordnung der COBIT-4.1-Informationskriterien zu den COBIT-5-Informationszielen [ISACA 2012a]*

Die Tabelle 16–6 belegt, dass die Informationskriterien von COBIT 4.1 in COBIT 5 auch abgebildet werden können. Allerdings ermöglicht das COBIT-5-Informationsmodell die Definition zusätzlicher Kriterien und stellt damit eine Verbesserung gegenüber den Informationskriterien aus COBIT 4.1 dar. Eine direkte Ableitung der COBIT-Prozesse aus den COBIT-5-Informationszielen ist jedoch im COBIT-5-Rahmenwerk nicht enthalten. Ausgehend von der Zuordnung der COBIT 4.1 Informationskriterien zu den COBIT-4.1-Prozessen [ITGI 2007a] in Verbindung mit der im Anhand A des COBIT-5-Prozessreferenzmodells enthaltenen Zuordnung zwischen den Control Objectives aus COBIT 4.1 und Prozesspraktiken von COBIT 5 [ISACA 2012b] lassen sich die relevanten COBIT-5-Prozesse aber indirekt herleiten. Für die sieben COBIT-Informationskriterien stellt die nachfolgende Übersicht (vgl. Tabelle 16–7) die primäre Zuordnung der COBIT-5-Prozesse dar.

Die Methode der Selektion über die COBIT 4.1-Informationskriterien war in der Vergangenheit aufgrund ihrer Einfachheit und der Übereinstimmung der Informationskriterien mit den Zielen aus COSO I (siehe Abschnitt 14.2.1) sehr beliebt. Im COBIT-5-Rahmenwerk wird zur Selektion von geschäftskritischen Prozessen nur noch die bereits dargestellte Methodik der COBIT-5-Zielkaskade beschrieben. Dennoch stellt die Tabelle 16–7 eine mögliche Überleitungsmöglichkeit der Informationskriterien zu den COBIT-5-Prozessen dar.

Informationskriterium	Primär zugeordnete COBIT-5-Prozesse
Effektivität	■ Nahezu alle COBIT-Prozesse
Effizienz	■ Nahezu alle COBIT-Prozesse
Vertraulichkeit	■ EDM03 Sicherstellen der Risikooptimierung ■ APO01 Managen des IT-Management-Rahmenwerks ■ APO12 Managen von Risiko ■ APO13 Managen der Sicherheit ■ DSS02 Managen von Serviceanfragen und Störungen ■ DSS05 Managen von Sicherheitsservices
Integrität	■ EDM03 Sicherstellen der Risikooptimierung ■ APO01 Managen des IT-Management-Rahmenwerks ■ APO03 Managen der Unternehmensarchitektur ■ APO12 Managen von Risiko ■ APO13 Managen der Sicherheit ■ BAI06 Managen von Änderungen ■ DSS01 Managen des Betriebs ■ DSS02 Managen von Serviceanfragen und Störungen ■ DSS04 Managen der Kontinuität ■ DSS05 Managen von Sicherheitsservices ■ DSS06 Managen von Geschäftsprozesskontrollen
Verfügbarkeit	■ EDM03 Sicherstellen der Risikooptimierung ■ APO01 Managen des IT-Management-Rahmenwerks ■ APO12 Managen von Risiko ■ BAI06 Managen von Änderungen ■ DSS01 Managen des Betriebs ■ DSS04 Managen der Kontinuität ■ DSS05 Managen von Sicherheitsservices
Compliance	■ MEA03 Überwachen, Evaluieren und Beurteilen der Compliance mit externen Anforderungen
Verlässlichkeit	■ APO06 Managen von Budget und Kosten ■ DSS01 Managen des Betriebs ■ DSS04 Managen der Kontinuität ■ DSS05 Managen von Sicherheitsservices ■ DSS06 Managen von Geschäftsprozesskontrollen

Tab. 16–7 *Übersicht der primär den COBIT-5-Prozessen zugeordneten Informationskriterien von COBIT 4.1 [ITGI 2007a, ISACA 2012b]*

17 Reifegrad von IT-Prozessen ermitteln

Die Reifegradermittlung ist ein wichtiges Instrument zur Messung der Qualität von Prozessen. Die Reifegradmodelle in COBIT fokussieren auf die Bestimmung der aktuellen Fähigkeit (Capability) und die Ermittlung der notwendigen Fähigkeit zur Erreichung der IT-Ziele der Organisation. Hohe Prozessfähigkeiten sind vor allem für geschäftskritische Anwendungen notwendig. Daher ist die im vorherigen Kapitel dargestellte Identifikation der geschäftsrelevanten COBIT-Prozesse wichtig für die Bestimmung des Umfangs einer Reifegradermittlung.

COBIT 5 beschreibt zwei Modelle zur Ermittlung des Reifegrades von IT-Prozessen (siehe Abschnitt 13.2):

- das COBIT-5-Prozessbefähigungsmodell basierend auf dem Standard ISO/IEC 15504 sowie
- ein Reifegradmodell mit sechs generischen Attributen.

In der Anwendung und Aussage unterscheiden sich die beiden Reifegradmodelle aber erheblich.

17.1 Prozessbefähigungsbeurteilungen durchführen

Zur Durchführung von Prozessbefähigungsbeurteilungen nach ISO/IEC 15504 hat die ISACA als Hilfsmittel für den Beurteiler den Leitfaden »COBIT Assessor Guide: Using COBIT 5« veröffentlicht. Der COBIT Assessor Guide beschreibt vor allem die Rollen und die einzelnen Schritte zur Durchführung eines Assessments. Die drei wichtigsten Rollen sind Sponsor, Lead Assessor und Assessor:

- Der Sponsor ist in der Regel der Auftraggeber, der u.a. sicherstellt, dass die notwendigen Ressourcen bereitstehen und das Assessment-Team Zugang zu allen relevanten Ressourcen hat. Der Sponsor legt den Umfang des Assessments fest und akzeptiert die Bewertungsergebnisse im Namen der Organisation.
- Der Lead Assessor verantwortet das Assessment und sorgt dafür, dass es in Übereinstimmung mit den Anforderungen des COBIT-5-Prozessbefähigungsmodells

und der Norm ISO/IEC 15504 durchgeführt wird. Er stellt das passende Assessment-Team zusammen und weist die Aufgaben den Assessoren zu.

- Die Assessoren bewerten die Prozessattribute und führen die einzelnen Bewertungsaktivitäten durch.

Die Kompetenz der Assessoren und des Lead Assessors sind ein wesentlicher Erfolgsfaktor für das Assessment. Der Lead Assessor sollte Erfahrung in der Durchführung von Assessments haben (mindestens zwei durchgeführte Assessments) sowie gute Kenntnisse über den Gegenstand des Assessments, über COBIT 5 und über die ISO/IEC 15504. ISACA hat für Assessoren zusammen mit der AMPG ein Schulungs- und Zertifizierungsprogramm entwickelt, um die Qualifizierung zu unterstützen und die Kompetenz des Assessors nachzuweisen. Aktuelle Informationen dazu finden sich auf *http://www.isaca.org*.

Die wesentlichen Aufgaben in einem Assessment nach dem COBIT-5-Prozessbefähigungsmodell lassen sich sieben Phasen zuordnen:

1. Initiierung (Initation)
2. Planung (Planning)
3. Unterweisung (Briefing)
4. Datensammlung (Data Collection)
5. Datenvalidierung (Data Validation)
6. Bewertung der Prozessattribute (Process Attribute Rating)
7. Berichterstattung über das Assessment (Assessment Reporting)

Während der Initiierungsphase werden das Ziel und der Umfang des Assessments festgelegt. Weiterhin werden die initiale Planung durchgeführt sowie die Ansprechpartner und das Assessment-Team festgelegt. Die Norm ISO/IEC 15504 unterscheidet drei Klassen von Assessment, bei denen die Verlässlichkeit des Bewertungsergebnisses von Klasse drei bis Klasse eins ansteigt und die unterschiedliche Anforderungen an das Assessment und das Assessment-Team stellen.

Während der Planungsphase wird ein Assessment-Plan entwickelt, der alle Aktivitäten zur Beweiserhebung und Durchführung der Bewertung umfasst. Die Basis des Assessments muss vor der Datenerhebungsphase definiert und durch den Sponsor des Assessments genehmigt werden. Weiterhin muss vor der Datenerhebung sichergestellt werden, dass das Assessment-Team alle Elemente des Assessment-Prozesses versteht und die Mitarbeiter in den Unternehmen, die vom Assessment betroffen sind, informiert worden sind, wie das Assessment durchgeführt wird.

Assessment-Klasse	Beschreibung	Anwendung
Class One	■ Durchführung durch mindestens zwei externe Assessoren, davon mindestens einer zertifiziert und unabhängig vom Unternehmen ■ Bewertung auf Basis von Nachweisen (Evidence)	■ Vergleich mit anderen Unternehmen oder Unternehmenseinheiten
Class Two	■ Durchführung durch mindestens zwei interne oder externe Assessoren ■ Bewertung auf Basis von Nachweisen (Evidence)	■ Verlässliche Feststellung des Reifegrades für interne Zwecke und Basis für Optimierungsprogramme
Class Three	■ Durchführung durch mindestens einen internen oder externen Assessor ■ Bewertung auf Basis von Nachweisen (Evidence)	■ Verständnis des Status der IT-Prozesse gewinnen ■ Gap-Analyse und Aufzeigen von Optimierungspotenzial ■ Vorbereitung auf rigidere Assessments

Tab. 17–1 *Assessment-Klassen nach ISO/IEC 15504 [ISACA 2013c]*

In der Datenerhebungsphase werden objektive Beweise erlangt, um die Bewertung der ausgewählten Prozesse zu unterstützen. Die Strategie für die Datenerhebung wird bereits während der Planungsphase festgelegt. Dies betrifft auch die Definition von Prozessinstanzen auf Basis des COBIT-5-Prozessmodell. Eine Prozessinstanz wird als einzelne Instanz eines Prozesses definiert, die eindeutig identifizierbar ist und über welche Informationen in einer wiederholbaren Weise gesammelt werden können. Für den COBIT-Prozess BAI06 (Managen von Änderungen) könnte ein Änderungsantrag eine Prozessinstanz sein. Prozessinstanzen sollten repräsentativ für den Prozess im normalen Betrieb sein.

In der Regel werden die primären Quellen von Nachweisen Interviews sein, die durch eine Prüfung der Arbeitsergebnisse bestätigt werden. Grundlegende Praktiken sind eine weitere Quelle, um zu beurteilen, ob die Prozessergebnisse erreicht worden sind. In einigen Fällen kann es notwendig sein, dass der Assessor den Prozess anhand eines Beispiels nachvollziehen muss, um ihn zu verstehen.

Auf der Reifegradstufe 1 muss der Assessor feststellen, ob ein allgemeines Verständnis des Prozesszweckes sowie die Prozessergebnisse vorhanden sind und ob die grundlegenden Praktiken ausgeführt werden. Dies kann durch Interviews oder Umfragen bestätigt werden. Für höhere Reifegradstufen kann der Assessor sich auf indirekte Nachweise, wie z. B. Richtlinien, verlassen und untersuchen, ob diese Richtlinien umgesetzt wurden und befolgt werden.

In der Datenvalidierungsphase muss der Assessor beurteilen, ob die Nachweise objektiv und ausreichend für den Umfang und Zweck des Assessments sind. Weiterhin muss der Assessor die Konsistenz der Daten in ihrer Gesamtheit beurteilen, beispielsweise indem er sie mit Daten vergangener Assessments vergleicht.

In der Bewertungsphase muss jedem Prozessattribut ein Rating zugeordnet werden. Das Rating basiert auf Daten, die in der vorherigen Phase validiert worden sind.

Dabei muss nachvollziehbar sein, wie das zugeordnete Rating mit den objektiven Nachweisen zusammenhängt. Für jedes bewertete Prozessattribut muss der Zusammenhang zwischen den Indikatoren und den Nachweisen dokumentiert sein.

In der Praxis erfordert die Anwendung der Rating-Skala trotz Vorliegen von Nachweisen am Ende immer noch eine eigenständige Beurteilung durch die Assessoren. Allerdings müssen die Assessoren sicherstellen, dass sie konsistent in der Anwendung der Skala sind, so dass die Zuverlässigkeit und Reproduzierbarkeit der Assessment-Ergebnisse durch verschiedene Assessoren gegeben ist. Die Gründe der Einwertung eines Prozesses als nicht vollständig erreicht sollten klar dokumentiert werden, so dass Hinweise auf Bereiche, in denen ein Prozess verbessert werden kann, gegeben werden können. Auch der Entscheidungsfindungsprozess im Assessment-Team sollte klar dokumentiert werden.

Während der Berichtsphase werden die Ergebnisse der Bewertung analysiert und dem Sponsor und anderen Anspruchsgruppen präsentiert.

Unabhängig von der Art des Assessments (Klasse eins, zwei oder drei) ist der Beurteilungsbericht – anders als ein Prüfungsbericht nach ISAE 3402 oder IDW PS951 – keine Bescheinigung oder Zusicherung über die Wirksamkeit des internen Kontrollsystems eines Unternehmens. Der Bericht über das Assessment ist vor allem ein interner Bericht für das Management, um das Niveau der IT-Prozessfähigkeit nach dem COBIT-5-Prozessbefähigungsmodell zu verstehen und um Hinweise zu geben, welche Prozesse verbessert werden müssen.

17.2 Selbsteinschätzung der Prozessbefähigung durchführen

Zur Durchführung von Selbsteinschätzungen hat die ISACA mit »COBIT Self-Assessment Guide: Using COBIT 5« einen Leitfaden veröffentlicht. COBIT Self-Assessment ist ein vereinfachter Ansatz zur Durchführung einer Prozessbewertung. Die im Leitfaden »COBIT Self-Assessment Guide: Using COBIT 5« beschriebene Methode kann von Unternehmen genutzt werden, um eine weniger formale und damit auch weniger aufwendige Bewertung der Reife ihrer IT-Prozesse durchzuführen. Das COBIT Self-Assessment erfordert weder Nachweise noch einen unabhängigen oder zertifizierten Gutachter. Das Self-Assessment kann daher auch vom Management oder von beauftragten Mitarbeitern des Unternehmens selber durchgeführt werden.

Für eine wiederholbare und objektive Beurteilung ist eine Beurteilung nach dem COBIT-5-Prozessbefähigungsmodell und dem Assessoren-Leitfaden notwendig (siehe Abschnitt 17.1). Eine Selbsteinschätzung kann aber trotzdem geeignet sein, um mit wenig Aufwand erste Prozessverbesserungsmöglichkeiten zu identifizieren oder um im Vorfeld eines formalen Assessments dem Management eine erste Einschätzung zu liefern und Prozessdefizite erkennen zu helfen.

Der Leitfaden »COBIT Self-Assessment Guide: Using COBIT 5« enthält alle notwendigen Informationen aus dem COBIT-5-Prozessbefähigungsmodell. Der Leitfaden enthält sowohl die Prozessschritte als auch die Bewertungsblätter für eine vereinfachte Beurteilung der Prozesse. Insofern ist der Leitfaden ausreichend für die Durchführung der Selbsteinschätzung und benötigt nicht die beiden anderen ISACA-Veröffentlichungen zur Prozessbefähigung (COBIT-5-Prozessbefähigungsmodell, COBIT Assessor Guide).

Prozessschritte zur Selbsteinschätzung

Der COBIT-5-Self-Assessment-Prozess ist ein vereinfachter Assessment-Prozess, der eng mit dem im nachfolgenden Abschnitt dargestellten Template verknüpft ist. Der COBIT-5-Self-Assessment-Prozess besteht aus fünf Schritten:

- Schritt 1: Entscheidung über die zu beurteilenden Prozesse (Scoping)
- Schritt 2: Bestimmung, ob der gewählte Prozess den Fähigkeitsgrad 1 erreicht
- Schritt 3: Bestimmung, ob Fähigkeitsgrade 2 bis 5 für die ausgewählten Prozesse erreicht worden sind
- Schritt 4: Dokumentation und Zusammenfassung der Fähigkeitsgrade
- Schritt 5: Entwicklung eines Aktionsplans zur Verbesserung

Der erste Schritt bei der Selbsteinschätzung endet mit der Entscheidung, welche Prozesse beurteilt werden sollen. Dazu stellt die ISACA ein Excel-Sheet bereit (COBIT assessment programme tool kit), das ausgehend von den Geschäftszielen über die IT-bezogenen Ziele die relevanten COBIT-Prozesse selektieren hilft. Alternativ können Faktoren wie Wichtigkeit, Leistungsfähigkeit, formale Dokumentation, Prüfungsergebnisse und Klarheit der Verantwortlichkeiten je Prozess eingeschätzt werden, um auf dieser Basis eine Prozessauswahl zu treffen.

Mit dem zweiten Schritt beginnt die Beurteilung der einzelnen Prozesse. Dabei wird bestimmt, ob ein Prozess tatsächlich durchgeführt wird und seine Ergebnisse erzielt.

Im dritten Schritt werden die generischen Kriterien bewertet. Für jedes Prozessattribut muss eine Entscheidung getroffen werden, ob und in welchem Umfang die Anforderungen der Kriterien der Norm ISO/IEC 15504 erfüllt werden. Allerdings werden dazu die Kriterien nur verkürzt wiedergegeben.

Im vierten Schritt wird die Zusammenfassung der Prüfungsergebnisse aufgezeichnet und der Reifegrad festgelegt.

Als letzter Schritt kann basierend auf dem Self-Assessment ein Aktionsplan zur Prozessverbesserung entwickelt werden.

Bewertungsblätter

Der Leitfaden »COBIT Self-Assessment Guide: Using COBIT 5« umfasst auch ein Template für die Bewertung der COBIT-Prozesse (COBIT Self-Assessment Template). Darin werden die Prozessattribute mit den Beurteilungskriterien aus der Norm ISO/IEC 15504 zeilenweise aufgelistet, und in den Spalten kann das Bewertungsergebnis jeder Zeile eingetragen werden. Die Erfahrung zeigt allerdings, dass solche Selbsteinschätzungen oftmals zu optimistisch sind und gegenüber einem formalen, auf Nachweisen basierenden Assessment in besseren Ergebnissen resultieren.

17.3 Attribut-Reifegradmodell anwenden

Das Attribut-Reifegradmodell beschreibt den Zustand von sechs Prozessattributen auf den einzelnen Reifegradstufen und unterstützt dabei, den Handlungsbedarf auf Attributebene aus der Analyse von Ist- und Soll-Zustand zu erkennen. Die Anforderungen an den zukünftigen Reifegrad sollten von den geschäftlichen Anforderungen abgeleitet werden.

Das Attributmodell ist besonders einfach anzuwenden, da es nicht prozessspezifisch für die Analyse umgesetzt werden muss. Vielmehr kann es in einen generischen Fragebogen umgesetzt werden, der beispielsweise für jede Reifegradstufe eines Prozessattributes zwei Fragen anführt, die mit Ja oder Nein zu beantworten sind. Damit würden sich für die sechs Reifegradattribute 60 Fragen ergeben. Die Tabelle 17–2 stellt diesen Fragebogen, der beispielhaft von einem Prozesseigner beantwortet worden ist, illustrativ für das Attribut »Bewusstsein und Kommunikation« dar.

Reifegradstufe	Fragen zur Erhebung des Reifegrades	Antwort
1 initial	▪ Entsteht bei den Mitarbeitern Kenntnis über den Bedarf des Prozesses? ▪ Sind die wichtigen Prozessthemen an alle betroffenen Mitarbeiter kommuniziert?	▪ Ja ▪ Ja
2 wiederholbar	▪ Besteht bei den Mitarbeitern Bewusstsein für den Handlungsbedarf im Falle unzureichender Prozessqualität? ▪ Werden übergreifende Prozessthemen den Mitarbeitern durch das Management kommuniziert?	▪ Ja ▪ Nein
3 definiert	▪ Besteht bei den Mitarbeitern Verständnis für den Handlungsbedarf im Falle unzureichender Prozessqualität? ▪ Kommuniziert das Management Prozessthemen formell und strukturiert?	▪ Nein ▪ Nein
4 gesteuert und überwacht	▪ Werden die Anforderungen an den Prozess umfassend verstanden? ▪ Werden erprobte Kommunikationstechniken durch das Management angewandt und sind standardisierte Kommunikationswerkzeuge im Einsatz?	▪ Nein ▪ Nein
5 optimiert	▪ Besteht ein zukunftsgerichtetes und fortgeschrittenes Verständnis für die Anforderungen an diesen Prozess? ▪ Werden die Themen auf Basis von Trends proaktiv durch das Management kommuniziert und sind ausgereifte und integrierte Kommunikationswerkzeuge im Einsatz?	▪ Nein ▪ Nein

Tab. 17–2 *Fragebogen zur Einschätzung des Reifegrades für das Attribut »Bewusstsein und Kommunikation«*

Aus den beispielhaften Antworten im obigen Beispiel ergäbe sich der Reifegrad eins. Die analoge Erhebung über alle sechs Attribute führt zu einem Gesamtreifegradprofil (vgl. Abb. 17–1), das den Handlungsbedarf direkt erkennen lässt.

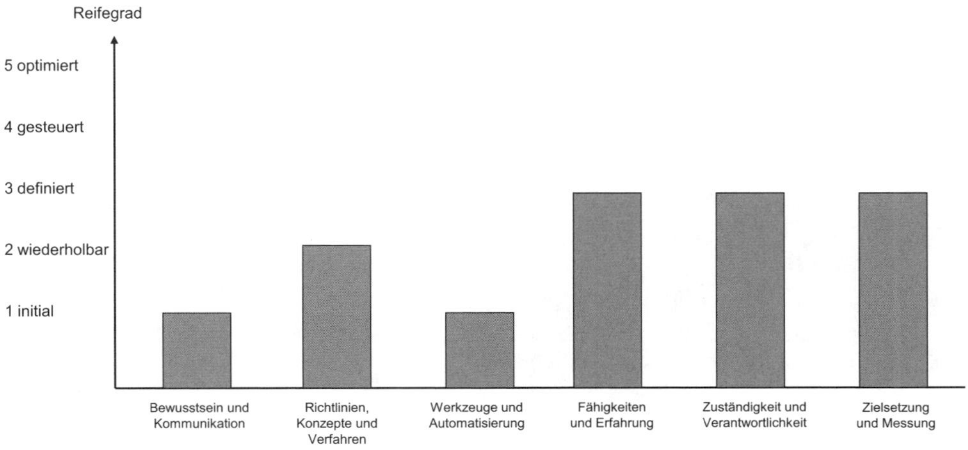

Abb. 17–1 *Reifegradprofil nach den COBIT-Reifegradattributen*

In dem in Abbildung 17–1 dargestellten Beispiel ergibt sich ein Handlungsbedarf vor allem bei den Attributen »Bewusstsein und Kommunikation« sowie »Werkzeuge und Automatisierung«.

18 Kennzahlensysteme aufbauen

Eine ganzheitliche Sicht auf die IT-Prozesse muss von Messgrößen unterstützt werden, die zeitnah Auskunft geben, wie gut die aktuelle Leistung der IT-Prozesse ist und wie gut die IT die Unternehmensziele unterstützt. Oftmals werden in den Unternehmen Abwandlungen der Balanced Scorecard eingesetzt. Eine unternehmensweite Balanced Scorecard muss aber auch den IT-Bereich umfassen. Das COBIT-5-Prozessreferenzmodell enthält für jeden COBIT-Prozess eine Sammlung von exemplarischen Prozesszielen und -metriken (siehe Abschnitt 11.1.3.4), die auch Ausgangspunkt für die Erstellung einer IT Balanced Scorecard sein können.

18.1 IT Balanced Scorecard

Der Ansatz der Balanced Scorecard war Anfang der 90er Jahre als Vorschlag eines Managementsystems in Reaktion auf die Defizite klassischer (rein finanzieller) Kennzahlensysteme entwickelt worden. Der Ansatz geht auf Arbeiten von Robert S. Kaplan und David P. Norton an der Harvard-Universität zurück. Die Balanced Scorecard (BSC) ermöglicht die Steuerung und Ausrichtung einer Organisation auf Basis einer Unternehmensstrategie. Dabei wird die Leistung einer Organisation als Gleichgewicht (»Balance«) zwischen vier Perspektiven auf einem Berichtsbogen (»Scorecard«) abgebildet. In der Literatur werden meist die nachfolgenden vier Perspektiven einer Balanced Scorecard genannt, die auch COBIT verwendet:

- **Finanzielle Perspektive (Financial Perspective)**
  Die finanzielle Perspektive umfasst die finanziellen Ziele, die erreicht werden müssen, um die Anspruchsgruppen (z. B. Anteilseigner, Gläubiger) zufriedenzustellen. Typische Ziele sind Gewinn-, Umsatz- und Kostenziele.
- **Kundenperspektive (Customer Perspective)**
  Die Kundenperspektive umfasst die auf Kundenbedürfnisse bezogenen Ziele, die erreicht werden müssen, um die finanziellen Ziele zu erreichen. Typische Ziele betreffen das kundenorientierte Verhalten, mit dem eine hohe Kundenzufriedenheit erreicht werden soll.

- **Interne Prozessperspektive (Internal Process Perspective)**
  Die interne Prozessperspektive fragt nach Zielen für die wichtigen internen Geschäftsprozesse, um Kunden und andere Anspruchsgruppen zufriedenzustellen. Typische Ziele betreffen die Prozessdurchlaufzeiten und die Prozessqualität.
- **Lern- und Wachstumsperspektive (Learning and Growth Perspective)**
  Die Lern- und Wachstumsperspektive umfasst Ziele, damit eine Organisation lernen und Neuerungen einführen kann, um ihre (langfristigen) Ziele zu erreichen. Typische Ziele beziehen sich auf die Mitarbeiter sowie auf die Forschung und Entwicklung.

Die Erreichung von strategischen Zielen wird nach dem Balanced-Scorecard-Ansatz über Kennzahlen gemessen und operativ über Maßnahmen umgesetzt. Für jede Perspektive werden Messgrößen ausgewählt, die die Erreichung der strategischen Ziele messen. Tabelle 18–1 führt beispielhafte Messgrößen für jede der vier Standardperspektiven einer Balanced Scorecard auf.

BSC-Perspektive	Typische Messgrößen
Finanzielle Perspektive	▪ Gewinnwachstum ▪ Umsatzwachstum ▪ Kostensenkung
Kundenperspektive	▪ Kundenzufriedenheit ▪ Kundenbindungsquote ▪ Umsatzanteil Stammkunden
Interne Prozessperspektive	▪ Arbeitstage zwischen Auftragseingang und Auslieferung ▪ Anteil Projekte ohne Budgetüberschreitung
Lern- und Wachstumsperspektive	▪ Index Mitarbeiterzufriedenheit ▪ Schulungstage pro Mitarbeiter ▪ Anzahl Patente

Tab. 18–1 *Typische Messgrößen einer Balanced Scorecard*

Die Balanced Scorecard weist zwei wesentliche Konzeptmerkmale auf: Ausgewogenheit und die Konzentration auf den Umsetzungsprozess. Die Ausgewogenheit umfasst neben der bereits dargestellten Leistungsmessung aus unterschiedlichen Perspektiven (Kapitalmarkt, Absatzmarkt, Prozesse und Ressourcen) und der Nutzung von monetären und nichtmonetären Kennzahlen auch die Nutzung von vorlaufenden Indikatoren (Leistungstreiber) sowie nachlaufenden Indikatoren. Bei der Konzentration auf den Umsetzungsprozess geht es sowohl um die sinnvolle Beschränkung der Anzahl der Messgrößen als auch um den Systemcharakter der Balanced Scorecard als Ursache-Wirkungs-Verbund. Es geht also nicht darum, möglichst viele Indikatoren unverbunden nebeneinander zu einem Managementreporting zu aggregieren, sondern nur die hochgradig wettbewerbsentscheidenden Kennzahlen über Ursache-Wirkung-Ketten mit den Geschäftszielen zu verbinden. Dabei liefert das Modell der Balanced

Scorecard einen Denkrahmen, der unternehmensspezifisch gestaltbar ist und in einem iterativen Prozess erarbeitet werden sollte [Horváth 1998].

In Konzernen werden oftmals eigene Balanced Scorecards für einzelne Geschäftsbereiche aus der konzernweiten Balanced Scorecard abgeleitet, um der Größe und Vielfalt der Organisation Rechnung zu tragen. Die Ziele der Organisationsbereiche werden so mit den übergeordneten Organisationszielen verknüpft.

Die IT-Funktion ist heutzutage in der Regel wesentlich für den Erfolg der Gesamtorganisation. Sie unterstützt die Ziele der vier Perspektiven der Balanced Scorecard und erhält diese aufrecht. Aufgrund der herausragenden Bedeutung der IT muss diese in den Balanced-Scorecard-Ansatz eingebunden werden. Die Verwendung einer IT Balanced Scorecard (IT BSC), die mit den Scorecards auf einer höheren Organisationsebene verknüpft ist, stellt eines der wirkungsvollsten Mittel dar, um Entscheidungsträgern zu helfen, die IT an den Unternehmensanforderungen auszurichten. Um das Balanced-Scorecard-Konzept auf die IT anzuwenden, müssen die vier klassischen Balanced-Scorecard-Perspektiven IT-spezifisch definiert werden [ITGI 2003]. In Tabelle 18–2 sind den vier Standardperspektiven der Balanced Scorecard für die IT-Funktion geeignete IT-BSC-Perspektiven mit einer erläuternden Frage gegenübergestellt worden.

BSC-Perspektive	IT-BSC-Perspektive
Finanzielle Perspektive	■ Beitrag zum Unternehmenserfolg ■ Was erwartet das Management des Unternehmens von der IT?
Kundenperspektive	■ Kundenorientierung ■ Was erwarten die geschäftlichen Anwender von der IT?
Interne Prozessperspektive	■ Reifegrad des IT-Betriebs ■ Wie effektiv und effizient sind die IT-Prozesse?
Lern- und Wachstumsperspektive	■ Zukunftsorientierung ■ Wie gut ist die IT positioniert, um zukünftige geschäftliche Anforderungen zu erfüllen?

Tab. 18–2 *Gegenüberstellung der Perspektiven einer Balanced Scorecard und einer IT Balanced Scorecard*

Eine IT-Funktion, deren Mitarbeiter für zukünftiges Wachstum ausgerichtet sind, wird IT-Services mit erhöhter Effektivität erbringen. Diese besseren Services erfüllen wiederum die Geschäftserwartungen der Kunden und leisten damit einen Beitrag zum Unternehmenserfolg. Durch diese Ursache-Wirkung-Kette wird die IT Balanced Scorecard mit der Balanced Scorecard der Gesamtorganisation verknüpft.

18.2 COBIT-Ziele und -Metriken in eine IT Balanced Scorecard integrieren

COBIT 5 enthält eine Auflistung von möglichen Zielen und Metriken auf der Ebene der Unternehmensziele, der IT-bezogenen Ziele sowie der Prozessziele. Dies ermöglicht ausgehend von den Geschäftszielen den Aufbau einer durchgehenden Balanced Scorecard. Das folgende Beispiel verdeutlicht für den COBIT-Prozess BAI06 (Managen von Änderungen), wie die Ziele und Metriken von COBIT in eine IT Balanced Scorecard integriert werden können.

18.2.1 COBIT-Ziele in eine IT Balanced Scorecard integrieren

Im COBIT-5-Prozessreferenzmodell werden für jeden Prozess die IT-bezogenen Ziele und die Prozessziele mit den zugehörigen Metriken aufgeführt. Für den COBIT-Prozess BAI06 (Managen von Änderungen) sind die IT-bezogenen Ziele:

- Gemanagtes, IT-bezogenes Unternehmensrisiko (ITG04)
- Bereitstellung von IT-Services, die den Geschäftsanforderungen entsprechen (ITG07)
- Sicherheit von Informationen, Verarbeitungsinfrastruktur und Anwendungen (ITG10)

Diese IT-bezogenen Ziele können über die Zuordnungstabellen im Anhang B des COBIT-5-Rahmenwerkes den Perspektiven der Balanced Scorecard zugeordnet werden. Auch können die primär mit den IT-bezogenen Zielen zusammenhängenden Unternehmensziele aus der Zuordnungstabelle ermittelt werden. Das Ergebnis zeigt Tabelle 18–3.

IT-bezogene Ziele	BSC-Perspektive	Primär zugeordnete Unternehmensziele
Gemanagtes, IT-bezogenes Unternehmensrisiko (ITG04)	Finanziell	▪ Gemanagtes Unternehmensrisiko (EG03)
Bereitstellung von IT-Services, die den Geschäftsanforderungen entsprechen (ITG07)	Kunde	▪ Kundenorientierte Servicekultur (EG06) ▪ Agile Reaktionen auf sich wandelndes Geschäftsumfeld (EG08)
Sicherheit von Informationen, Verarbeitungsinfrastruktur und Anwendungen (ITG10)	Interne	▪ Compliance mit internen Richtlinien (EG15)

Tab. 18–3 *IT-bezogene Ziele für den COBIT-Prozess BAI06 (Managen von Änderungen) und primär zugeordnete Unternehmensziele [ISACA 2012a]*

Als Prozessziele ergeben sich aus dem COBIT-5-Prozessreferenzmodell für den COBIT-Prozess BAI06 (Managen von Änderungen):

- BAI06-O1 Genehmigte Änderungen erfolgen rechtzeitig und nahezu fehlerfrei.
- BAI06-O2 Die Beurteilung von Auswirkungen (Folgenabschätzung) zeigen die Auswirkungen der Änderung auf alle betroffenen Komponenten.
- BAI06-O3 Alle dringenden Änderungen werden im Anschluss an die Änderung überprüft und genehmigt.
- BAI06-O4 Wichtige Anspruchsgruppen werden über alle Aspekte der Änderung auf dem Laufenden gehalten.

Den Prozesszielen wurden hier die eindeutigen IDs aus dem Prozessbefähigungsmodell zugeordnet (»O« steht für Outcome). In der nachfolgenden Tabelle sind den Prozesszielen die Prozesspraktiken zugeordnet, die die Erreichung der Prozessziele unterstützen. Dieser Zusammenhang ergibt sich ebenfalls aus dem COBIT-5-Prozessbefähigungsmodell.

Prozessziele des COBIT-Prozess BAI06	Unterstützende Prozesspraktiken
BAI06-O1 Genehmigte Änderungen erfolgen rechtzeitig und nahezu fehlerfrei	■ BAI06.03 Verfolgen und Berichten des Änderungsstatus ■ BAI06.04 Abschließen und Dokumentieren der Änderungen
BAI06-O2 Die Beurteilung von Auswirkungen (Folgenabschätzung) zeigen die Auswirkungen der Änderung auf alle betroffenen Komponenten.	■ BAI06.01 Evaluieren, Priorisieren und Genehmigen von Änderungsanträgen
BAI06-O3 Alle dringenden Änderungen werden im Anschluss an die Änderung überprüft und genehmigt.	■ BAI06.02 Managen von Notfalländerungen
BAI06-O4 Wichtige Anspruchsgruppen werden über alle Aspekte der Änderung auf dem Laufenden gehalten.	■ BAI06.03 Verfolgen und Berichten des Änderungsstatus ■ BAI06.04 Abschließen und Dokumentieren der Änderungen

Tab. 18–4 *COBIT-Prozessziele und zugehörige Prozesspraktiken für den Prozess BAI06 (Managen von Änderungen) [ISACA 2013a]*

Für die Anwendung der COBIT-5-Zielkaskade muss eine Anpassung auf die spezifischen Unternehmensbedürfnisse erfolgen. Für ein Unternehmen, bei dem die Kundenzufriedenheit eine hohe Priorität hat, könnte beispielsweise das Unternehmensziel der agilen Reaktionen auf ein sich wandelndes Geschäftsumfeld (EG08) sehr wichtig sein. Daraus ergibt sich u.a. das IT-bezogene Ziel der Bereitstellung von IT- Services, die den Geschäftsanforderungen (ITG07) entsprechen, welches auch durch die Prozessziele des COBIT-Prozesses BAI06 (Managen von Änderungen) unterstützt wird. In diesem Kontext erscheint das erste Prozessziel, dass genehmigte Änderungen rechtzeitig und nahezu fehlerfrei erfolgen (BAI06-O1), relevant. Dieses Prozessziel wird durch die beiden Praktiken der Statusverfolgung und der abschließenden Dokumentation der Änderungen unterstützt. Abbildung 18–1 verdeutlicht die Ableitung in diesem Beispiel.

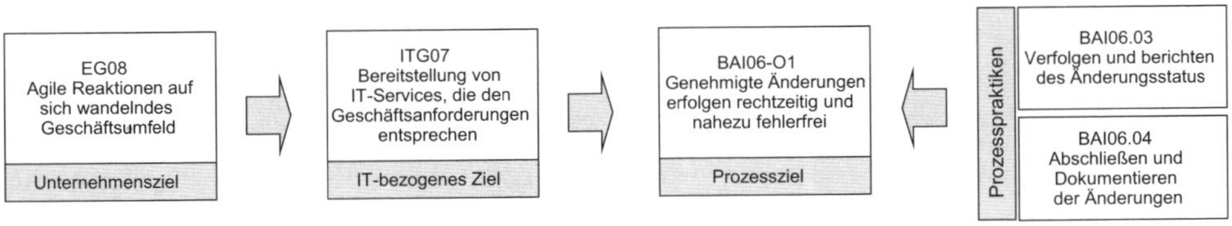

Abb. 18–1 *Anwendung der COBIT-5-Zielkaskade zur Bestimmung der relevanten COBIT-Prozessziele*

Neben der reinen Ableitung von geschäftlich relevanten COBIT-Prozesszielen und -praktiken lässt sich mit den COBIT-Prozesszielen auch das Konzept der Balanced Scorecard umsetzen. Dazu wird das Unternehmensziel EG08 (Agile Reaktionen auf sich wandelndes Geschäftsumfeld) als Beitrag zum Unternehmenserfolg definiert. Das IT-bezogene Ziel ITG07 (Bereitstellung von IT-Services, die den Geschäftsanforderungen entsprechen) adressiert die Kundenperspektive. Die interne Perspektive wird durch das Prozessziel BAI06-O1 (Genehmigte Änderungen erfolgen rechtzeitig und nahezu fehlerfrei) adressiert. Zur Zukunftsorientierung finden sich im COBIT-5-Prozessreferenzmodell keine passenden Ziele. Diese ergeben sich eher aus den Enablern Mitarbeiter, Fähigkeiten und Kompetenzen oder Kultur, Ethik und Verhalten. In diesem Beispiel könnten Mitarbeiter mit einem hohem Qualifikationsniveau das Prozessziel nachhaltig unterstützen. Abbildung 18–2 verdeutlicht die Ziele und Perspektiven der IT Balanced Scorecard.

In Abbildung 18–2 wird auch die Ursachen-Wirkungs-Kette deutlich. Kompetente Mitarbeiter sorgen für zeitnahe und fehlerfreie Änderungsumsetzungen, die wiederum Basis für eine anforderungsgerechte Bereitstellung der IT-Services sind, wodurch eine agile Reaktion des Unternehmens auf ein sich wandelndes Geschäftsumfeld unterstützt wird.

Aus der Vorgehensweise wird deutlich, dass die COBIT-Ziele nicht eins zu eins für eine Balanced Scorecard übernommen werden können, sondern unternehmensspezifische Anpassungen stattfinden müssen. Auch ist die Auswahl der Ziele nicht auf das in COBIT vorgegebene Zielspektrum begrenzt, sondern es können auch Ziele gewählt werden, die in COBIT nicht aufgeführt sind. Hier erfüllt COBIT vor allem die Funktion eines Ideengebers und eines Repositorys zur Unterstützung bei der Erstellung einer IT Balanced Scorecard.

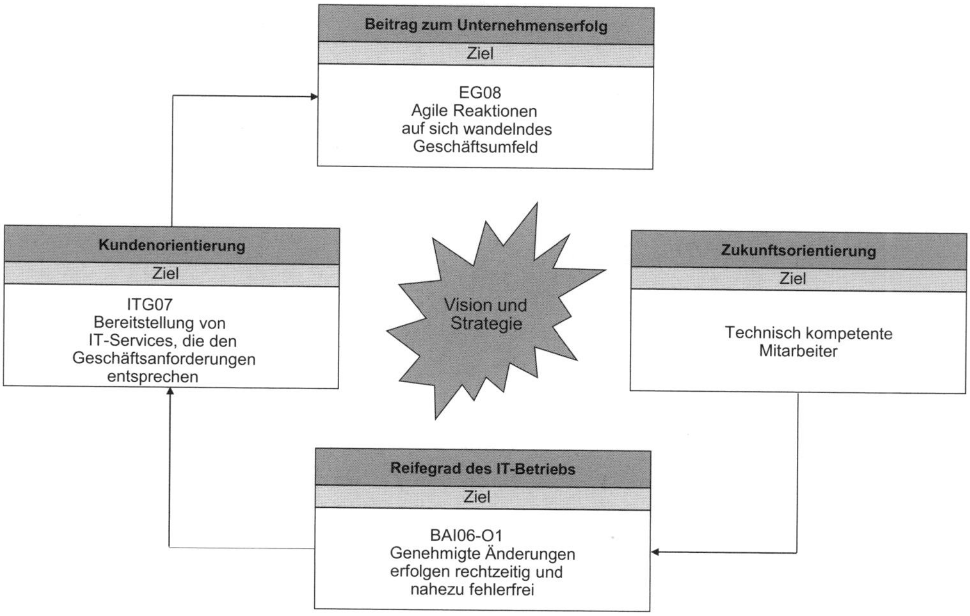

Abb. 18–2 *Beispielhafte Integration von COBIT-Zielen in eine IT Balanced Scorecard*

18.2.2 COBIT-Metriken in eine IT Balanced Scorecard integrieren

Für die festgelegten Ziele der einzelnen Perspektiven der Balanced Scorecard sollen im nächsten Schritt Metriken definiert werden, die das Management unterstützen, die Zielerreichung zu überwachen. Analog zur unternehmensspezifischen Formulierung der Ziele ergibt sich wiederum die Notwendigkeit, die Metriken unternehmensspezifisch auszuarbeiten. Metriken sind in COBIT definiert als »quantifizierbare Größen, mit denen die Erreichung eines Prozessziels gemessen werden kann« [ISACA 2012a]. Metriken sollten den SMART-Kriterien entsprechen. SMART steht dabei für die Anfangsbuchstaben der fünf Kriterien in Englisch:

- Präzise (**S**pecific)
- Messbar (**M**easurable)
- Erreichbar (**A**ctionable)
- Realistisch (**R**elevant)
- Zeitnah (**T**imely)

Die Metriken sollen demnach eindeutig definiert sein und mit konkreten Messbarkeitskriterien unterlegt werden. Sie sollen erreichbar sein und einen starken Bezug auf das gewünschte Ergebnis besitzen sowie zeitgerecht gemessen werden, so dass auf diese Metriken gehandelt werden kann.

Auch für diesen Schritt kann COBIT als Ideenlieferant verwendet und die im COBIT-5-Prozessreferenzmodell dargestellten Metriken können herangezogen werden. Für das im dargestellten Beispiel (siehe Abschnitt 18.2.1) gewählte Unternehmensziel EG08 (Agile Reaktionen auf sich wandelndes Geschäftsumfeld) werden im Enabler-Handbuch »COBIT 5: Enabling Processes« drei beispielhafte Metriken aufgeführt:

- Grad der Zufriedenheit der Geschäftsleitung mit der Reaktionsfähigkeit auf neue Anforderungen
- Anzahl kritischer Produkte und Services, die von aktuellen Geschäftsprozessen unterstützt werden
- Durchschnittlich erforderliche Zeit, um strategische Unternehmenszielvorgaben in eine abgestimmte und genehmigte Initiative umzusetzen

Für das verwendete IT-bezogene Ziel ITG07 (Bereitstellung von IT-Services, die den Geschäftsanforderungen entsprechen) werden im COBIT-5-Prozessreferenzmodell die folgenden drei beispielhaften Metriken genannt:

- Anzahl der Geschäftsunterbrechungen aufgrund von IT-Servicestörungen
- Anteil der geschäftlichen Anspruchsgruppen, die zufrieden sind, weil die IT-Servicebereitstellung dem vereinbarten Service Level entspricht
- Anteil der Benutzer, die mit der Qualität der IT-Servicebereitstellung zufrieden sind

Als Metriken für das Prozessziel BAI06-O1 (Genehmigte Änderungen erfolgen rechtzeitig und nahezu fehlerfrei) schlägt der COBIT-5-Prozess die folgenden Metriken vor:

- Umfang der Nacharbeit wegen fehlerhafter Änderungen
- Änderungen werden schneller und mit weniger Aufwand durchgeführt
- Anzahl und Alter der aufgelaufenen Änderungsanträge

Mit diesem Fundus an Metriken kann auch die Balanced Scorecard weiterentwickelt werden und passende Metriken können jedem Ziel einer Perspektive zugeordnet werden. Das Ergebnis ist illustrativ in Abbildung 18–3 dargestellt.

Alle Metriken mit Ausnahme der Metrik zur Zukunftsorientierung sind dem Enabler-Handbuch »COBIT 5: Enabling Processes« entnommen. Dabei können die Unternehmensziele für den Beitrag zum Unternehmenserfolg dem Kapitel 2 des Enabler-Handbuchs entnommen werden. Die Ziele und Metriken für die beiden Perspektiven Kundenorientierung und Reifegrad des IT-Betriebs ergeben sich aus dem COBIT-5-Prozessreferenzmodell. Für die Perspektive Zukunftsorientierung wurde in diesem Beispiel die Metrik in Anlehnung an die Ausführungen zum Enabler Mitarbeiter, Fähigkeiten und Kompetenzen im COBIT-5-Rahmenwerk gebildet.

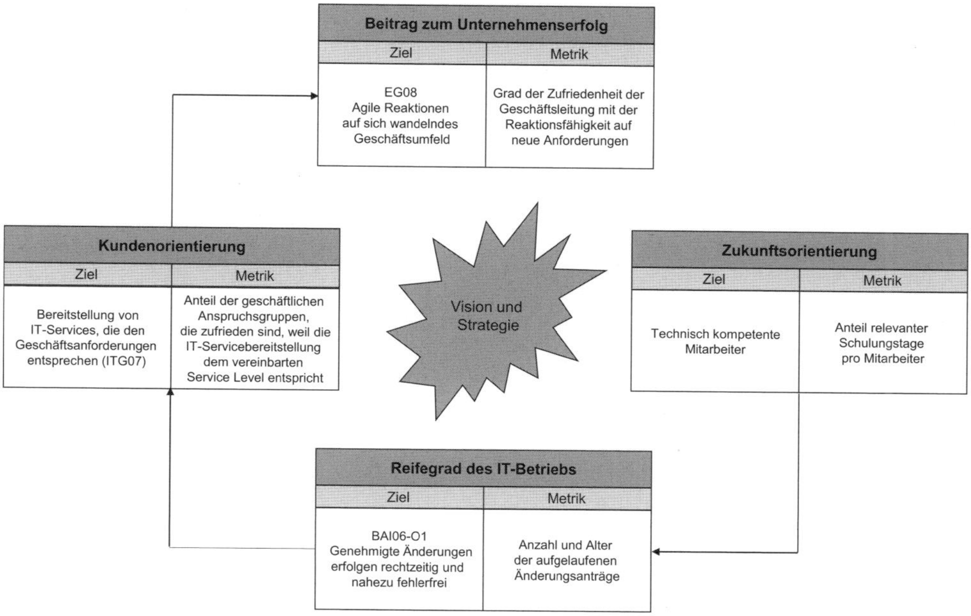

Abb. 18–3 *Beispielhafte Integration von COBIT-Zielen und -Metriken in eine IT Balanced Scorecard*

19 IT-Governance ausüben

Angesichts der steigenden Bedeutung der Informationstechnologie ist eine enge Verzahnung zwischen Unternehmensstrategie und IT-Strategie unerlässlich. Schließlich sind gerade aktuell populäre Ziele wie die »Konzentration auf das Kerngeschäft« oder die »Operational Excellence« sehr eng mit einem soliden Geschäftsprozessmanagement und der zugrunde liegenden Informationstechnologie verknüpft. Aber auch bei Akquisitionen, Fusionen, Kooperationen und anderen organisatorischen Umbrüchen steht die Informationstechnologie im Unternehmen vor großen Herausforderungen, da die IT-Integrationsschritte für den Erfolg solcher Transaktionen oder Reorganisationen mitverantwortlich sind. IT-Governance ist entsprechend eine folgerichtige und notwendige Erweiterung der Corporate Governance. In diesem Kapitel wird gezeigt, wie COBIT als Rahmenwerk für die IT-Governance genutzt werden kann.

19.1 Grundlagen der IT-Governance

Das englische Wort »Governance« bedeutet im Deutschen »Beherrschung« oder »Steuerung«. Die Definition von Governance im COBIT-5-Rahmenwerk stellt die Aspekte Evaluieren, Richtung vorgeben und Überwachen in den Vordergrund. Diese Aspekte waren auch Namensgeber der Governance-Domäne EDM (Evaluate, Direct and Monitor).

Definition Governance [ISACA 2012a]:

»Governance stellt sicher, dass die Anforderungen, Rahmenbedingungen und Möglichkeiten der Anspruchsgruppen evaluiert werden, um ausgewogene und vereinbarte Unternehmensziele zu bestimmen, die es zu erreichen gilt. Sie gibt die Richtung durch die Festlegung von Prioritäten und das Fällen von Entscheidungen vor und überwacht die Leistung und Regeleinhaltung gegen vereinbarte Vorgaben und Ziele.«

Aufsichtsorgane, Vorstände und Führungskräfte müssen dabei auch die IT so steuern, dass diese die Strategie und die Ziele der Organisation optimal unterstützt. Diese Steuerungsfunktion wird unter dem Begriff »IT-Governance« zusammengefasst.

19.1.1 IT-Governance

Ziel einer guten IT-Governance ist, die geschäftlichen Anforderungen an die IT sowie die strategische Bedeutung der IT zu verstehen, um den Unternehmensbetrieb nachhaltig zu unterstützen und Strategien für die zukünftige Ausweitung der Geschäftsaktivitäten zu schaffen. Das IT Governance Institute definiert den Begriff »IT Governance« entsprechend folgendermaßen:

Definition IT-Governance [ITGI 2003]:

»IT-Governance liegt in der Verantwortung der Aufsichtsorgane und der Geschäftsleitung (board of directors and executive management) und des Managements und ist ein wesentlicher Bestandteil der Unternehmensführung. IT-Governance besteht aus Führung (leadership), Organisationsstrukturen und Prozessen, die sicherstellen, dass die IT die Unternehmensstrategie und -ziele unterstützt.«

In der neuen Literatur wird meist der Begriff »Corporate Governance of IT« verwendet, der die Verantwortung der Unternehmensführung mehr herausstellt. Kritische Erfolgsfaktoren für eine angemessene »Corporate Governance« über die IT ist das Bewusstsein, dass die IT integraler Bestandteil der Organisation ist und keine rein technische Funktion und dass die IT erfolgskritisch für die Organisation ist und daher eine klare Zuweisung der Managementverantwortung notwendig ist.

In der Praxis werden diese Führungspflichten von Organisationsstrukturen (z. B. Gremien) wahrgenommen, auf höchster Ebene beispielsweise von einem »IT Strategy Committee«, das direkt unterhalb des für die Corporate Governance zuständigen »Executive Boards« angesiedelt sein sollte. Für die operativeren Führungsaufgaben zu Schwerpunktthemen werden häufig Steuerungskreise gebildet, wie ein »IT Steering Committee« oder ein »IT Architecture Board«.

19.1.2 ISO/IEC 38500: Corporate Governance of IT

Die ISO (International Organization for Standardization) und die IEC (International Electrotechnical Commission) haben Mitte 2008 den Standard ISO/IEC 38500 »Corporate Governance of Information Technology« veröffentlicht. Ziel der ISO/IEC 38500 als prinzipienbasierter Standard ist, Organisationen einen Rahmen für ihre IT-Governance-Aktivitäten auf hohem Abstraktionsgrad zu liefern. ISO/IEC 38500 basiert im Wesentlichen auf dem australischen Standard AS8015:2005, der bereits die sechs Prinzipien und den IT-Governance-Zyklus aus den drei Phasen Evaluieren, Vorgeben und Überwachen (Evaluate, Direct, Monitor) enthielt. Danach unterstützt eine gute IT-Governance eine Organisation dabei, sowohl die gesetzlichen, aufsichtsrechtlichen, allgemeinen und vertraglichen Anforderungen zu erfüllen (»conformance of the organization«) als auch die Leistungsstärke positiv zu beeinflussen (»performance of the organization«).

Der Standard ISO/IEC 38500 definiert Corporate Governance of IT folgendermaßen:

Definition Corporate Governance of IT [ISO 2008a]:

»System, das die gegenwärtige und zukünftige Verwendung der IT steuert und überwacht«

Sechs Prinzipien (Principles) unterstützen nach ISO/IEC 38500 eine gute Corporate Governance der IT:

- **Verantwortung (Responsibility)**
  Zuständigkeiten und Verantwortung sind klar zugewiesen und werden von den Beteiligten verstanden und akzeptiert.
- **Strategie (Strategy)**
  Die Strategie der Organisation berücksichtigt die IT-Potenziale, und die IT-Strategie orientiert sich an der Strategie der Organisation.
- **Beschaffung (Acquisition)**
  Investitionen in die IT orientieren sich am Bedarf und werden auf der Basis von angemessenen Analysen und im Rahmen transparenter Entscheidungsprozesse getätigt.
- **Leistung (Performance)**
  Die IT liefert Service in dem Umfang und der Qualität, die den Anforderungen der Geschäftsbereiche genügt.
- **Konformität (Conformance)**
  Die IT erfüllt die rechtlichen und aufsichtsrechtlichen Vorgaben und beachtet interne Richtlinien und Verfahren.
- **Menschliches Verhalten (Human Behaviour)**
  IT-bezogene Richtlinien, Verfahren und Entscheidungen respektieren die Bedürfnisse der internen und externen IT-Nutzer.

Das zweite Element der ISO/IEC 38500 ist ein IT-Governance-Modell, das aus einem Zyklus von drei Aufgaben (tasks) des Aufsichtsgremiums und des Managements der Organisation besteht:

- **Evaluieren (Evaluate)**
  Das Aufsichtsgremium und das Management müssen den gegenwärtigen und zukünftigen Einsatz der IT beurteilen. Dabei werden die Elemente Strategie, Projekte und Lieferverträge besonders hervorgehoben.
- **Vorgeben (Direct)**
  Das Aufsichtsgremium und das Management müssen die Anfertigung und Implementierung von strategischen Plänen und Richtlinien steuern und Verantwortung zuweisen.

- **Überwachen (Monitor)**
  Das Aufsichtsgremium und das Management müssen durch ein angemessenes Kennzahlensystem die Leistung der IT überwachen. Auch muss die Konformität der IT mit externen und internen Verpflichtungen sichergestellt werden.

Die Abbildung 19–1 verdeutlicht die Zusammenhänge zwischen den drei, in einem Zyklus angeordneten Governance-Aufgaben und dem geschäftlichen Umfeld.

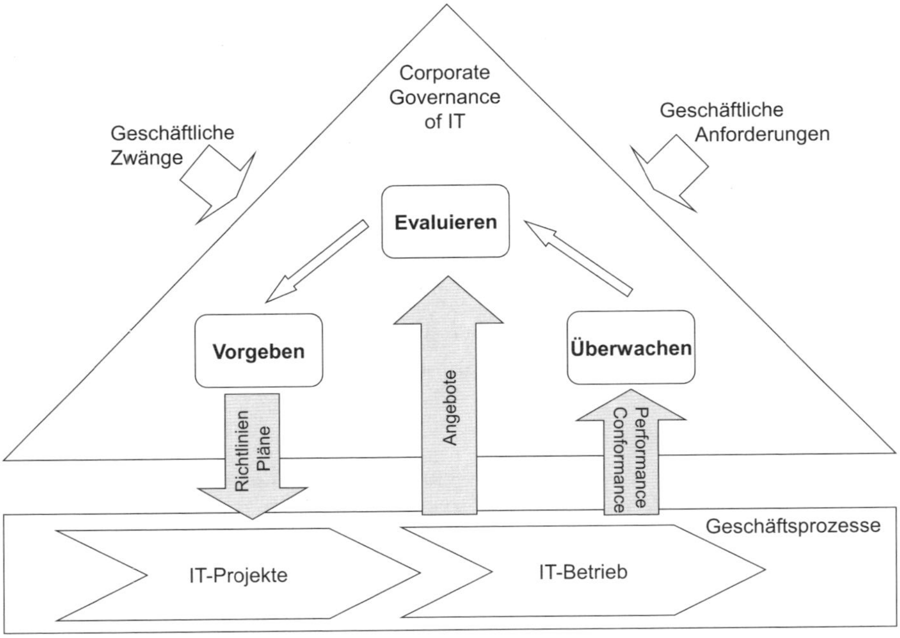

Abb. 19–1 *ISO/IEC 38500-Modell der IT-Governance [ISO 2008a]*

Jedem der sechs Prinzipien sind in der ISO/IEC 38500 jeweils diese drei Aufgaben zugeordnet, so dass eine Matrix mit 18 Feldern entsteht, für die im Standard über 40 Praktiken angeführt werden. Diese Praktiken sind als normative Aussagen formuliert und sollen ein Leitfaden für die IT-Governance sein, der für die meisten Organisationen anwendbar ist. Beispielsweise werden für das zweite Prinzip (Strategie) im Aufgabenfeld »Überwachen« zwei Praktiken aufgeführt:

- Das Management oder das Aufsichtsgremium sollte den Fortschritt von genehmigten IT-bezogenen Projekten überwachen, um sicherzustellen, dass diese die Ziele innerhalb des erforderlichen Zeitrahmens mit den zugewiesenen Ressourcen erreichen.
- Das Management oder das Aufsichtsgremium sollte die Nutzung der IT überwachen, um sicherzustellen, dass diese den angestrebten Nutzen erzielt.

Insgesamt bewegt sich der Standard ISO/IEC 38500 auf einer sehr hohen Abstraktionsebene. Bei der organisatorischen Umsetzung bietet COBIT 5 in Verbindung mit anderen Veröffentlichungen des IT Governance Institute weitergehende Hilfestellung. Die Tabelle 19–1 führt die sechs Prinzipien der ISO/IEC-38500-Elemente aus COBIT 5 auf, die die Umsetzung der einzelnen ISO/IEC-38500-Prinzipien unterstützen können.

ISO/IEC-38500-Prinzip	Wichtige Unterstützung durch COBIT 5
Verantwortung (Responsibility)	▪ Enabler Prozesse: RACI-Tabellen ▪ Enabler Organisationsstrukturen: Bewährte Verfahren
Strategie (Strategy)	▪ EDM02 Sicherstellen der Bereitstellung von Mehrwert ▪ COBIT-Zielkaskade: Verbindung Unternehmensziele mit IT-bezogenen Zielen ▪ COBIT-Domäne APO (Anpassen, Planen und Organisieren)
Beschaffung (Acquisition)	▪ COBIT-Domäne EDM (Evaluieren, Vorgeben und Überwachen) ▪ COBIT-Domäne APO (Anpassen, Planen und Organisieren), speziell APO05 (Managen des Portfolios) ▪ COBIT-Domäne BAI (Aufbauen, Beschaffen und Implementieren) ▪ COBIT-Domäne MEA (Überwachen, Evaluieren und Beurteilen)
Leistung (Performance)	▪ Ziele und Metriken ▪ Prozessbefähigungsbeurteilungen ▪ COBIT-Prozess APO2 (Managen der Strategie) ▪ COBIT-Prozess APO9 (Managen von Servicevereinbarungen) ▪ COBIT-Prozess MEA01 (Überwachen, Evaluieren und Beurteilen von Leistung und Konformität) ▪ COBIT 5 for Assurance
Konformität (Conformance)	▪ COBIT Prozesspraktiken sowie Prozessbefähigungsbeurteilungen ▪ COBIT-Prozess APO02 (Managen der Strategie) ▪ COBIT-Prozess MEA02 (Überwachen, Evaluieren und Beurteilen des internen Kontrollsystems) ▪ COBIT-Prozess MEA03: Überwachen, Evaluieren und Beurteilen der Compliance mit externen Anforderungen ▪ COBIT 5 for Assurance
Menschliches Verhalten (Human Behaviour)	▪ COBIT-Prozess APO07 (Managen des Personals) ▪ COBIT-Prozess BAI02 (Managen der Definition von Anforderungen) ▪ COBIT-Prozess BAI05 (Managen der Ermöglichung organisatorischer Veränderungen) ▪ COBIT-Prozess BAI08 (Managen von Wissen)

Tab. 19–1 *Wesentliche Unterstützung der ISO/IEC 38500-Prinzipien durch COBIT 5 [ITGI 2012a]*

Die drei Aufgaben (Evaluieren, Vorgeben, Überwachen) der Corporate Governance of IT gemäß ISO/IEC 38500 finden sich in der Governance-Domäne von COBIT 5 nicht nur in der Domänen-Bezeichnung wieder, sondern für jeden der fünf Prozesse dieser Domäne sind auch jeweils drei Praktiken nach dieser Struktur definiert.

19.2 COBIT als IT-Governance-Rahmenwerk

IT-Governance bedeutet nicht nur Governance-Strukturen zu schaffen, sondern auch verlässliche Prozesse auf Basis anerkannter Praktiken einzurichten, um sicherzustellen, dass die IT die Unternehmensziele nachhaltig unterstützt. Eine effektive IT-Governance benötigt ein Rahmenwerk zur Steuerung der IT, das insbesondere mit dem COSO-Rahmenwerk Internal Control – Integrated Framework (siehe Abschnitt 14.2) als dem De-facto-Standard für Corporate Governance und für das interne Kontrollsystem kompatibel ist sowie weitere Rahmenwerke für die IT unterstützt. COBIT 5 stellt bewährte Praktiken (good practices) für alle Erfolgsfaktoren der Governance (Enabler) und insbesondere ein Prozessreferenzmodell in einer handhabbaren und logischen Struktur zur Verfügung. Die bewährten Praktiken sichern die Leistungserbringung, unterstützen bei der Verbesserung von IT-bezogenen Investitionen und stellen objektive Beurteilungsmaßstäbe bereit. Als IT-Governance-Rahmenwerk unterstützt COBIT 5 die wesentlichen Anforderungen an eine gute IT-Governance:

- **Verbindung zu den Geschäftsanforderungen**
  COBIT stellt eine Beziehung zwischen dem geschäftlichen Informationsbedarf und den IT-Prozessen bzw. zwischen den Unternehmenszielen, IT-bezogenen Zielen und Enablern (z. B. Prozessen) her (siehe Kapitel 16) und unterstützt dadurch, die wesentlichen zu steuernden Prozesse und Enabler zu identifizieren.
- **Klare Zuordnung von Aktivitäten**
  COBIT benennt in RACI-Diagrammen (siehe Abschnitt 11.1.3.5) die Verantwortlichen und Zuständigkeiten für die wesentlichen Aktivitäten in jedem COBIT-Prozess.
- **Einbindung aller IT-bezogenen Aktivitäten in ein allgemein akzeptiertes Prozessreferenzmodell**
  COBIT strukturiert die Prozesse in die Bereiche Governance, Planung, Entwicklung, Betrieb und Überwachung (siehe Kapitel 11), wodurch eine ganzheitliche Sicht auf die IT entsteht.
- **Definition der zu berücksichtigenden Anforderungen an Prozesse**
  Das COBIT-5-Prozessreferenzmodell stellt allgemein anerkannte Prozesspraktiken bereit (siehe Abschnitt 10.4), die gewährleisten, dass Prozesse verlässlich ablaufen und ungeplante Vorkommnisse verhindert oder entdeckt und korrigiert werden. Dadurch wird die Basis dafür gelegt, dass Unternehmensziele erreicht werden.
- **Bereitstellung von Managementinformation zur Leistungsmessung und zur Beurteilung des Prozesspotenzials**
  COBIT stellt für jeden Prozess Ziele und Metriken zur Steuerung und Leistungsmessung sowie ein Reifegradmodell zur Beurteilung des Prozesspotenzials bereit (siehe Abschnitt 18.2). Insbesondere die Beurteilung des Prozesspotenzials von

geschäftskritischen Prozessen auf Basis des COBIT-Prozessbefähigungsmodells kann eine wesentliche Grundlage für die Verbesserung der IT-Leistung sein. Auch unterstützt COBIT die laufende Überwachung von Arbeitsergebnissen aus den Prozessen heraus (Prozess-Output).

- **Bereitstellung von eigenen Prozessen für die Einrichtung und Überwachung der IT-Governance**
  Die Einrichtung eines wirksamen IT-Governance-Rahmenwerks, das die Festlegung von Organisationsstrukturen, Prozessen, Führung, Rollen und Verantwortlichkeiten umfasst, ist das Ziel der Governance-Domäne EDM (Evaluieren, Vorgeben, Überwachen). Auf Organisationsebene dient diese Domäne dazu, die IT-Governance in die Corporate Governance zu integrieren und die Einhaltung von Gesetzen und Vorschriften zu gewährleisten.

Auf der Ebene unterhalb der strategischen Ausrichtung der IT-Governance kann COBIT 5 aber auch als Leitlinie für das IT-Management herangezogen werden. Tabelle 19–2 enthält die wesentlichen IT-Governance-Fragestellungen für das IT-Management je COBIT-Domäne.

COBIT-Domäne	IT-Governance-Kernpunkte für das IT-Management
Anpassen, Planen und Organisieren (APO)	▪ Sind IT-Strategie und Geschäftsstrategie aufeinander abgestimmt? ▪ Kann das Unternehmen seine IT-Ressourcen optimal nutzen? ▪ Sind die Ziele der IT von allen Mitarbeitern verstanden? ▪ Sind die IT-Risiken erkannt, verstanden und unter Kontrolle? ▪ Ist die Qualität der IT-Systeme angemessen für die geschäftlichen Anforderungen?
Aufbauen, Beschaffen und Implementieren (BAI)	▪ Liefern neue Projekte voraussichtlich Lösungen, die den geschäftlichen Anforderungen genügen? ▪ Werden neue Projekte voraussichtlich im vorgesehenen Zeit- und Kostenrahmen abgeschlossen? ▪ Können neue Systeme eine ordnungsgemäße Verarbeitung nach der Einführung sicherstellen? ▪ Können Änderungen an IT-Systemen durchgeführt werden, ohne die Geschäftsprozesse zu behindern?
Bereitstellen, Erbringen und Unterstützen (DSS)	▪ Werden IT-Dienstleistungen entsprechend der geschäftlichen Prioritäten ausgeführt? ▪ Sind die IT-Kosten optimiert? ▪ Können die Mitarbeiter mit den IT-Systemen effektiv und sicher umgehen? ▪ Ist eine angemessene Vertraulichkeit, Integrität und Verfügbarkeit gewährleistet?
Überwachen, Evaluieren und Beurteilen (MEA)	▪ Kann die IT-Leistung gemessen werden? ▪ Können IT-Probleme rechtzeitig erkannt werden?

Tab. 19–2 *IT-Governance-Kernpunkte für das IT-Management nach COBIT-Domänen [ITGI 2007c]*

Die Qualität der IT-Governance lässt sich über diese Kernpunkte auf Basis der COBIT-Domänen beurteilen. Um diese Kernpunkte erfüllen zu können, müssen einerseits die notwendigen Organisationsstrukturen sowie Richtlinien und Prozesse, aber andererseits auch die notwendigen Kontrollen zur Überwachung der Richtlinien-, Prozess- und Zieleinhaltung sowie zur Überwachung der IT-Risiken vorhanden sein.

19.3 Kernbereiche der IT-Governance

Die Anforderungen der Unternehmensführung sind der Treiber für die wichtigsten Aufgaben der IT-Governance. Das IT Governance Institute hat diese Aufgaben in fünf Kernbereiche (Focus Areas) strukturiert [ITGI 2003], wobei vor allem die beiden Bereiche »Wertbeitrag der IT« und »IT-Risikomanagement« die ergebnisorientierten Hauptbereiche sind, während die »Strategische Ausrichtung der IT«, das »Management der IT-Ressourcen« und das »Messen der IT-Leistung« notwendige, aber mehr unterstützende bzw. steuernde Aufgaben beinhalten. IT-Governance wird als ein kontinuierlicher Zyklus gesehen, der mit der Formulierung einer Strategie und den Anforderungen an die IT beginnt. Die Ausrichtung der IT an diese Anforderungen ist Voraussetzung für das Schaffen von Werten durch die IT, wozu diese IT-Ressourcen benötigt, die entsprechend gesteuert werden müssen. Bei aller Wertorientierung dürfen die IT-bezogenen Risiken nicht aus den Augen verloren werden. Wertschaffung und Risikomanagement müssen immer in der von der Organisation festgelegten Balance bleiben. Die Ergebnisse der IT-Aktivitäten werden regelmäßig gemessen und es wird darüber transparent berichtet, um eine Steuerung und Rückkopplung mit der Strategie zu gewährleisten. Abbildung 19–2 stellt diesen Lebenszyklus grafisch dar.

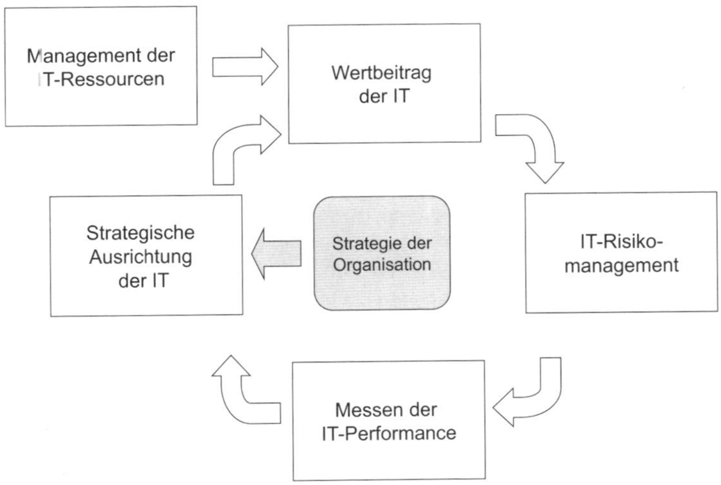

Abb. 19–2 *IT-Governance-Zyklus*

Der Einstiegspunkt in den IT-Governance-Zyklus ist die Abstimmung der Unternehmensziele der Organisation mit den IT-bezogenen Zielen. Ohne die Kongruenz von Unternehmens- und IT-bezogenen Zielen können auch die nachgelagerten IT-Governance-Elemente nicht erreicht werden. Für den IT-Governance-Kernbereich »Strategische Ausrichtung der IT« bietet sich die COBIT-Zielkaskade als methodische Unterstützung zur Ausrichtung der IT-bezogenen Ziele auf die Strategie der Organisation an. Außerdem dienen viele COBIT-Prozesse aus der Domäne APO (Anpassen, Planen und Organisieren) vor allem der strategischen Ausrichtung der IT. Für den IT-Governance-Kernbereich »Wertbeitrag der IT« liefert der Governance-Prozess EDM02 (Sicherstellen der Bereitstellung von Mehrwert) Hilfestellung, genauso wie der Governance-Prozess EDM03 (Sicherstellen der Risikooptimierung) für den IT-Governance-Kernbereich »IT-Risikomanagement«. Um einen Wertbeitrag zu liefern, müssen die benötigten Ressourcen entsprechend der Vorgaben des Governance-Prozesses EDM04 (Sicherstellen der Ressourcenoptimierung) in den COBIT-Prozessen der Domänen BAI (Aufbauen, Beschaffen und Implementieren) sowie DSS (Bereitstellen, Betreiben und Unterstützen) eingesetzt werden. Für das operative IT-Risikomanagement liefert der COBIT-Prozess APO12 (Managen von Risiko) weitere Hinweise. Der IT-Governance-Zyklus endet mit dem IT-Governance-Kernbereich »Messen der IT-Performance« als überwachendem Element. Dieser IT-Governance-Kernbereich wird vor allem durch den Governance-Prozess EDM05 (Sicherstellen der Transparenz gegenüber Anspruchsgruppen) sowie operativ durch die Ziele und Metriken aus dem COBIT-Prozessreferenzmodell als die beiden wesentlichen Elemente zur Umsetzungsüberwachung unterstützt. Abbildung 19–3 zeigt den um die unterstützenden COBIT-Elemente erweiterten IT-Governance-Zyklus.

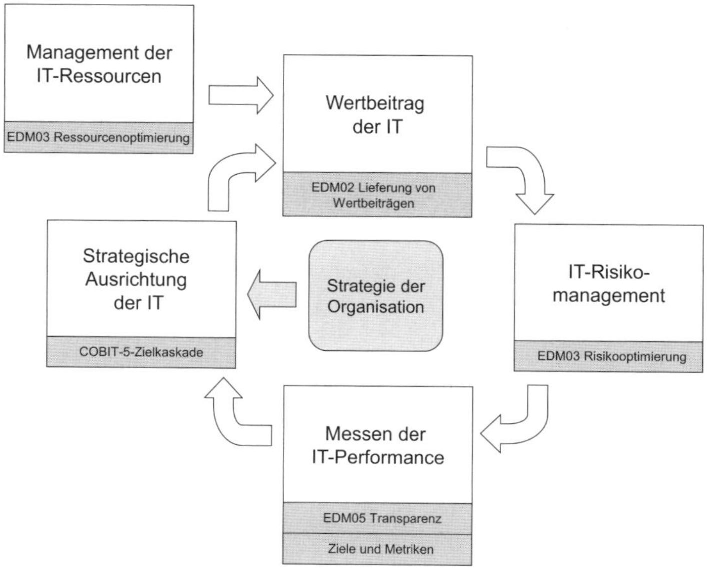

Abb. 19–3 *IT-Governance-Zyklus mit den die IT-Governance-Kernbereiche unterstützenden Elementen*

Die Kernbereiche des IT-Governance-Zyklus sind auch der Dreh- und Angelpunkt für COBIT als IT-Governance-Rahmenwerk und werden daher nachfolgend genauer besprochen. Das IT Governance Institute sieht für die Aufsichtsorgane insbesondere das Stellen relevanter Fragen als wirksamen Weg für die Beurteilung des Reifegrades der IT-Governance und für die Initiierung von IT-Governance-Aktivitäten. Diejenigen, die für die Governance verantwortlich sind, sollten entsprechende Fragen regelmäßig stellen und die Antworten bewerten.

19.3.1 Strategische Ausrichtung der IT

Das IT-Governance-Kernelement »Strategische Ausrichtung der IT« (IT Strategic Alignment) beschäftigt sich mit dem Zusammenhang zwischen geschäftlicher Strategie und IT-Strategie und entsprechend mit der Abstimmung zwischen den IT-Aktivitäten und den Geschäftsaktivitäten. Hauptziel jedes IT-Vorhabens muss die Unterstützung der Unternehmensstrategie sein; gleichzeitig sollte das IT-Vorhaben in die IT-Strategie passen. In COBIT 5 fordert die Prozesspraktik APO01.01 (Definieren der Organisationsstruktur), dass eine interne, erweiterte Organisationsstruktur eingerichtet wird, die den Geschäftsanforderungen und IT-Prioritäten Rechnung trägt. Dazu gehören Organisationsstrukturen (z. B. Gremien), die für eine möglichst effektive und effiziente Entscheidungsfindung auf Managementebene erforderlich sind.

Das wichtigste Instrument für die »Strategische Ausrichtung der IT« ist die IT-Strategie. Diese muss vor allem die Unternehmensziele und das Wettbewerbsumfeld, aber auch die technologischen Möglichkeiten, die vorhandene Anwendungsarchitektur und die IT-Infrastruktur, die Kapazität der IT-Organisation sowie die Kosten berücksichtigen. Strukturell sollte die IT-Strategie durch einen vom Vorstand eingesetzten IT-Strategieausschuss (IT Strategy Committee) vorangetrieben und überwacht werden. Der IT-Strategieausschuss hat sicherzustellen, dass IT-Governance als Teil der Corporate Governance angemessen adressiert wird. Der IT-Strategieausschuss soll bei der strategischen Ausrichtung beraten und im Namen der Unternehmensleitung wesentliche IT-bezogene Investitionen beurteilen. Die Ziele, Aufgaben und Verantwortlichkeiten, die Befugnisse, die Mitglieder sowie die Häufigkeit und Dauer der Gremientreffen sollen in einer Geschäftsordnung (Charta) festgelegt werden, deren Elemente in Tabelle 19–3 beispielhaft dargestellt sind.

Typische Aufgaben	Typische Befugnisse	Typische Mitglieder
■ Strategische Vorgaben und Richtlinien erstellen ■ IT-Strategie an Strategie der Organisation ausrichten ■ IT-Services an die Anforderungen der Organisation ausrichten ■ IT-bezogene Investitionen in verschiedenen Bereichen der Organisation untereinander abstimmen ■ Verfügbarkeit angemessener IT-Ressourcen beurteilen ■ Risiken, Rendite (ROI), Fortschritt, Zielerreichung von IT-bezogenen Investitionen beurteilen ■ Rolle, Risiko und Wertbeitrag von Auslagerungen beurteilen ■ Einhaltung von (strategischen) IT-Zielen überwachen ■ Begrenzung der IT-Risiken überwachen ■ IT-Entwicklungen im Markt aus Sicht des Kerngeschäfts beurteilen	■ Beratung des Top-Managements und des Managements ■ Vorbereitung von Entscheidungen ■ Einfordern von Informationen als Entscheidungsgrundlage ■ Zusammenarbeit mit anderen Gremien	■ Mitglieder des Top-Managements ■ Repräsentanten wesentlicher operativer Bereiche ■ Spezialisten

Tab. 19–3 *Typische Elemente einer Geschäftsordnung eines IT-Strategieausschusses [IITGI 2003]*

Der IT-Strategieausschuss ist sicherlich die wichtigste und in der Praxis gängigste Einrichtung in größeren Organisationen für die strategische Ausrichtung der IT.

Daneben kennt COBIT als Struktur im RACI-Diagramm den IT-Lenkungsausschuss (IT Steering Committee), dem Mitglieder der Unternehmensleitung sowie aus dem Business- und IT-Management angehören sollten. Dieser Ausschuss legt die Prioritäten der durch die IT-ermöglichten Investitionsprogramme in Abstimmung mit der Unternehmensstrategie fest, verfolgt den Status von Projekten, löst Ressourcenkonflikte und überwacht die Servicevereinbarungen und Serviceverbesserungen.

Als weiteres Gremium wird im RACI-Diagramm ein IT-Architekturgremium (IT Architecture Board) genannt. Dieses Gremium soll die Leitlinie für die IT-Architektur erstellen und Ratschläge für die Anwendung und Einhaltung der IT-Architektur-Leitlinie bereitstellen. Das IT-Architekturgremium steuert somit das Design der IT-Architektur und stellt sicher, dass sowohl die Unternehmensstrategie unterstützt wird als auch die regulatorischen Anforderungen an die Compliance und das Notfallmanagement berücksichtigt werden.

Der Reifegrad des IT-Governance-Kernbereichs »Strategische Ausrichtung der IT« kann übergreifend durch folgende Fragestellung ermittelt werden [ITGI 2003]:

- Hat die Geschäftsleitung die Ziele der Organisation zur Ausrichtung der IT definiert und kommuniziert?
- Sind Prozesse und Richtlinien vorhanden, die die strategische Richtung der IT und die Abstimmung der IT-Strategie mit der geschäftlichen Ausrichtung festlegen?
- Ist die IT-Architektur geeignet, um eine maximale Geschäftsunterstützung zu liefern?
- Hat die Organisation eine klare Position zur Technologie: Pionier, Early Adopter, Mitläufer oder Nachläufer?

COBIT 5 unterstützt diese Phase im IT-Governance-Zyklus mit der COBIT-5-Zielkaskade, um entsprechend der geschäftlichen Anforderungen diejenigen IT-Prozesse auszuwählen, die die Geschäftsanforderungen unterstützen, und durch diese Fokussierung auf die relevanten Prozesse den Wertbeitrag der IT für die Organisation zu maximieren. Generell unterstützen die in Tabelle 19–4 aufgeführten COBIT-5-Prozesse die strategische Ausrichtung der IT.

Der Schwerpunkt der unterstützenden COBIT-Prozesse für die strategische Ausrichtung der IT liegt neben der Governance-Domäne EDM (Evaluieren, Vorgeben und Überwachen) auf der Management-Domäne APO (Anpassen, Planen und Organisieren). Zentraler Prozess ist hier sicherlich der COBIT-Prozess APO01 (Managen des IT-Management-Rahmenwerks), der mit der Prozesspraktik APO01.01 (Definieren der Organisationsstruktur) die Einrichtung interner Organisationsstrukturen fordert, die den Geschäftsanforderungen und IT-Prioritäten Rechnung trägt.

IT-Governance-Kernbereich	Unterstützende COBIT-Prozesse
Strategische Ausrichtung der IT	▪ EDM01 Sicherstellen der Einrichtung und Pflege des Governance-Rahmenwerks ▪ EDM02 Sicherstellen der Bereitstellung von Mehrwert ▪ EDM03 Sicherstellen der Risikooptimierung ▪ EDM04 Sicherstellen der Ressourcenoptimierung ▪ EDM05 Sicherstellen der Transparenz gegenüber Anspruchsgruppen ▪ APO01 Managen des IT-Management-Rahmenwerks ▪ APO02 Managen der Strategie ▪ APO05 Managen des Portfolios ▪ APO03 Managen der Unternehmensarchitektur ▪ APO07 Managen des Personals ▪ APO09 Managen von Servicevereinbarungen ▪ APO11 Managen der Qualität ▪ APO12 Managen von Risiko ▪ BAI01 Managen von Programmen und Projekten ▪ BAI02 Managen der Definition von Anforderungen ▪ BAI03 Managen von Lösungsidentifizierung und Lösungserstellung ▪ MEA03 Überwachen, Evaluieren und Beurteilen der Compliance mit externen Anforderungen

Tab. 19–4 *COBIT-Prozesse zur Unterstützung des IT-Governance-Kernbereichs »Strategische Ausrichtung der IT« [ITGI 2007a] [ISACA 2012b]*

19.3.2 Wertbeitrag der IT

Beim IT-Governance-Kernbereich »Wertbeitrag der IT« (IT Value Delivery) geht es um die zeit- und budgetgerechte Bereitstellung einer angeforderten IT-Leistung, die den erwarteten Wertbeitrag zu geringstmöglichen Kosten für das Unternehmen liefert. Ein weiteres wichtiges Element dieses IT-Governance-Kernbereichs ist die sorgfältige Auswahl der richtigen IT-bezogenen Investitionen und deren Management über ihren gesamten Lebenszyklus. Studien belegen, dass IT-bezogene Investitionen ein deutlich höheres Renditepotenzial haben als die meisten konventionellen Investitionen [ITGI 2005b].

Der Wertbeitrag der IT kann jedoch auf vielfältige Weise erfolgen, was die Messung des Wertbeitrages und damit auch die Transparenz des Wertbeitrages der IT in der Praxis schwierig macht. Typische Wertbeiträge der IT, wie die Erhöhung der Kundenzufriedenheit, der Anstieg der Mitarbeiterproduktivität oder die Verbesserung der Wettbewerbsposition, sind nur schwer direkt in der IT messbar. Voraussetzung für die Erbringung eines Wertbeitrages sind aber immer zwei wesentliche Rahmenbedingungen:

- Die IT muss auf das Unternehmen ausgerichtet sein und dessen Erwartungen kennen und abdecken.
- Die Aufgaben und Verantwortlichkeiten zwischen IT und Geschäftsbereichen müssen klar definiert sein.

Der Grad der Übereinstimmung zwischen IT und Geschäftsbereichen kann mit ein paar wenigen Fragen festgestellt werden [ITGI 2003]:

- Ist der Geschäftsbereich mit der IT zufrieden?
- Werden IT-bezogene Investitionen gut gemanagt? Wie oft erfüllen IT-Projekte die Erwartungen der Geschäftsbereiche?
- Ist die IT flexibel genug, um auf neue Anforderungen eingehen zu können? Unterstützt die IT der Geschäftsbereich zeitgerecht bei der Produkteinführung?
- Entsprechen Durchsatz und Antwortzeiten den geschäftlichen Anforderungen? Sind die Endbenutzer mit der Qualität der IT-Services zufrieden?
- Sind die IT-Systeme bedienerfreundlich, sicher und widerstandsfähig gegenüber Angriffen von außen?
- Sind die von der IT bereitgestellten Informationen genau, zeitnah und integer?
- Wie erfolgreich ist die Zusammenarbeit mit externen Partnern in der IT?

Bei der Analyse des Wertbeitrages der IT muss vorab definiert sein, was der Geschäftsbereich von der IT erwartet: Wird die IT als reine Unterstützungsfunktion gesehen oder auch als Treiber für das zukünftige Unternehmenswachstum?

Die zweite wesentliche Rahmenbedingung für einen hohen Wertbeitrag der IT ist eine klare Festlegung der Aufgaben, Kompetenzen und Verantwortlichkeiten. Um festzustellen, inwieweit dies ausreichend zwischen IT und Geschäftsbereichen geregelt ist, ergeben sich folgende weiterführende Fragestellungen [ITGI 2003]:

- Sind die Verantwortlichkeiten für die IT-Anwendungen und die IT-Infrastruktur klar festgelegt?
- Ist eindeutig festgelegt, wer die geschäftlichen Anforderungen an die IT definiert?
- Ist geregelt, wie die Geschäftsbereiche in die »Lieferprozesse« der IT einbezogen werden?
- Sind die Anforderungen der Fachbereiche in schriftlichen Service-Level-Vereinbarungen eindeutig festgehalten?

COBIT unterstützt den IT-Governance-Kernbereich »Wertbeitrag der IT« primär mit den in Tabelle 19–5 aufgeführten COBIT-Prozessen.

IT-Governance-Kernbereich	Unterstützende COBIT-Prozesse
Wertbeitrag der IT	▪ EDM01 Sicherstellen der Einrichtung und Pflege des Governance-Rahmenwerks ▪ EDM02 Sicherstellen der Bereitstellung von Mehrwert ▪ EDM03 Sicherstellen der Risikooptimierung ▪ EDM04 Sicherstellen der Ressourcenoptimierung ▪ EDM05 Sicherstellen der Transparenz gegenüber Anspruchsgruppen ▪ APO05 Managen des Portfolios ▪ APO06 Managen von Budget und Kosten ▪ APO07 Managen des Personals ▪ APO09 Managen von Servicevereinbarungen ▪ APO10 Managen von Lieferanten ▪ BAI02 Managen der Definition von Anforderungen ▪ BAI03 Managen von Lösungsidentifizierung und Lösungserstellung ▪ BAI05 Managen der Ermöglichung organisatorischer Veränderungen ▪ BAI06 Managen von Änderungen ▪ BAI07 Managen der Abnahme und Produktivsetzung von Änderungen ▪ BAI10 Managen der Konfiguration ▪ DSS01 Managen des Betriebs ▪ DSS02 Managen von Serviceanfragen und Störungen ▪ DSS03 Managen von Problemen ▪ DSS04 Managen der Kontinuität ▪ DSS05 Managen von Sicherheitsservices ▪ DSS06 Managen von Geschäftsprozesskontrollen ▪ MEA02 Überwachen, Evaluieren und Beurteilen des internen Kontrollsystems

Tab. 19–5 *COBIT-Prozesse zur Unterstützung des IT-Governance-Kernbereichs »Wertbeitrag der IT« [ITGI 2007a]; [ISACA 2012b]*

Zentraler Governance-Prozess für den IT-Governance-Kernbereich »Management der IT-Ressourcen« ist EDM02 (Sicherstellen der Bereitstellung von Mehrwert), der vor allem zum Ziel hat, den Wertbeitrag aus IT-gestützten Initiativen, Services und

Betriebsmitteln zu optimieren. Der Schwerpunkt der unterstützenden COBIT-Managementprozesse für den Wertbeitrag der IT liegt auf der COBIT-Domäne DSS (Bereitstellen, Betreiben und Unterstützen). Im Sinne der schriftlichen Fixierung der gegenseitigen Erwartungen ist der COBIT-Prozess APO09 (Managen von Servicevereinbarungen) zentral, mit dem bezweckt wird, dass IT-Services und Service Levels den aktuellen und künftigen Unternehmensanforderungen gerecht werden.

19.3.3 Management der IT-Ressourcen

Der IT-Governance-Kernbereich »Management der IT-Ressourcen« (Resource Management) beschäftigt sich mit den Investitionen und dem Management der kritischen IT-Ressourcen, also mit den Services, der Infrastruktur und den Anwendungen, der Information sowie mit den Mitarbeitern und deren Fähigkeiten und Kompetenzen.

Aufgrund der Bedeutung der Mitarbeiter muss ein Schwerpunkt des Ressourcenmanagements auf der Planung und Rekrutierung der benötigten Mitarbeiterbasis sowie der Aus- und Weiterbildung der Mitarbeiter liegen. Neben den internen oder externen Personalressourcen stellen ein wirksames Management der Hardware, der Softwarelizenzen und der Serviceverträge weitere wichtige Schwerpunkt in diesem IT-Governance-Kernbereich dar.

Mögliche Fragen zur Ermittlung des Reifegrades dieses IT-Governance-Kernbereichs sind [ITGI 2003]:

- Sind die IT-Kapazitäten und die IT-Infrastruktur ausreichend und geeignet, um die gegenwärtigen und zukünftigen geschäftlichen Anforderungen zu unterstützen?
- Gibt es eine mittelfristige Kapazitätsplanung für die kritischen IT-Ressourcen?
- Werden die Budgets für den IT-Betrieb regelmäßig überschritten?
- Wie oft und wie hoch haben IT-Projekte das Budget überschritten?
- Verfügt das IT-Personal über die notwendigen IT- und Fachkenntnisse?

COBIT unterstützt den IT-Governance-Kernbereich »Management der IT-Ressourcen« primär mit den in Tabelle 19–6 aufgeführten COBIT-Prozessen.

Zentraler Governance-Prozess für den IT-Governance-Kernbereich »Management der IT-Ressourcen« ist EDM04 (Sicherstellen der Ressourcenoptimierung), der sicherstellen soll, dass adäquate und ausreichende IT-bezogene Ressourcen (Mitarbeiter, Prozesse, Technologien) im Sinne einer effektiven Unterstützung der Unternehmensziele bereitgestellt werden. Der Schwerpunkt der unterstützenden COBIT-Managementprozesse für das Ressourcenmanagement liegt auf der COBIT-Domäne APO (Anpassen, Planen und Organisieren). Durch den COBIT-Prozess APO07 (Managen des Personals) soll beispielsweise sichergestellt werden, dass motivierte und kompetente Arbeitskräfte für die Erstellung und den Betrieb von wichtigen IT-Services für das Kerngeschäft zur Verfügung stehen. Der COBIT-Prozess BAI04

(Managen von Verfügbarkeit und Kapazität) hat zum Zweck, dass die Serviceverfügbarkeit, ein effizientes Ressourcenmanagement sowie die Optimierung der Systemleistung durch Vorhersage zukünftiger Leistungs- und Kapazitätsanforderungen sichergestellt werden.

IT-Governance-Kernbereich	Unterstützende COBIT-Prozesse
Management der IT-Ressourcen	▪ EDM01 Sicherstellen der Einrichtung und Pflege des Governance-Rahmenwerks ▪ EDM02 Sicherstellen der Bereitstellung von Mehrwert ▪ EDM03 Sicherstellen der Risikooptimierung ▪ EDM04 Sicherstellen der Ressourcenoptimierung ▪ EDM05 Sicherstellen der Transparenz gegenüber Anspruchsgruppen ▪ APO01 Managen des IT-Management-Rahmenwerks ▪ APO02 Managen der Strategie ▪ APO03 Managen der Unternehmensarchitektur ▪ APO04 Managen von Innovationen ▪ APO06 Managen von Budget und Kosten ▪ APO07 Managen des Personals ▪ APO09 Managen von Servicevereinbarungen ▪ APO10 Managen von Lieferanten ▪ APO11 Managen der Qualität ▪ BAI03 Managen von Lösungsidentifizierung und Lösungserstellung ▪ BAI04 Managen von Verfügbarkeit und Kapazität ▪ BAI09 Managen von Betriebsmitteln ▪ BAI10 Managen der Konfiguration ▪ DSS01 Managen des Betriebs ▪ DSS04 Managen der Kontinuität ▪ DSS05 Managen von Sicherheitsservices ▪ DSS06 Managen von Geschäftsprozesskontrollen

Tab. 19–6 *COBIT-Prozesse zur Unterstützung des IT-Governance-Kernbereichs »Management der IT-Ressourcen« [ITGI 2007a]; [ISACA 2012b]*

19.3.4 Risikomanagement in der IT

Der IT-Governance-Kernbereich »IT-Risikomanagement« (Risk Management) beschäftigt sich mit operationellen IT-Risiken, insbesondere mit der IT-Sicherheit und der Gewährleistung eines kontinuierlichen IT-Betriebs. Voraussetzung für ein effektives Risikomanagement ist, dass Klarheit sowohl über den Risikoappetit der Organisation als auch über die wesentlichen Risiken besteht. Risikomanagement muss in den täglichen Betrieb integriert sein, um auf sich ändernde Risiken schnell reagieren zu können, und die Verantwortung für das Risikomanagement muss klar zugewiesen sein.

Übergreifende Fragen, die im Zusammenhang mit dem Risikomanagement in der IT zu stellen sind, sind beispielsweise [ITGI 2003]:

- Ist die Risikoeinstellung eindeutig: Risikovermeidung oder Risikoakzeptanz?
- Gibt es eine Aufstellung der relevanten IT-Risiken?
- Sind vorbeugende und risikobegrenzende Maßnahmen ergriffen worden, um sicherzustellen, dass die relevanten IT-Risiken bewältigt und überwacht werden?
- Arbeiten IT und Geschäftsbereich bei der Wiederanlaufplanung eng zusammen?
- Gibt es eine Verbindung zwischen der Identifizierung und Bewältigung von IT-Risiken und dem übergreifenden Management der operationellen Risiken?
- Welche Bedeutung hat die Informationssicherheit im Unternehmen?

Aufgrund der hohen Bedeutung der Informationssicherheit für viele Organisationen wird den Risiken der Informationssicherheit häufig eine besondere Aufmerksamkeit zuteil. Das IT Governance Institute hat daher zusätzlich eigenständige Veröffentlichungen zur Governance der Informationssicherheit (Information Security Governance) herausgegeben. In dem Leitfaden »Information Security Governance: Guidance for Boards of Directors and Executive Management« wird die Governance der Informationssicherheit als ein Teilbereich der unternehmensweiten Governance betrachtet [ITGI 2006f]. Ausgehend von der Geschäftsstrategie ist die Erstellung einer Strategie für die Informationssicherheit vorgesehen, die das Thema umfassend behandelt und als Entscheidungsbasis über weitere Aktionspläne zur Umsetzung der Sicherheitsstrategie dient. Fragen, die von für die Governance der Informationssicherheit verantwortlichen Gremien zu stellen sind, sind beispielsweise [ITGI 2006f]:

- Hat die Organisation den Wert und die Bedeutung der Informationssicherheit verstanden und entsprechende Rahmenbedingungen für ein Sicherheitsbewusstsein geschaffen?
- Hat die Organisation eine Strategie für die Informationssicherheit? Ist diese mit der Geschäftsstrategie abgestimmt?
- Versteht das Top-Management die potenziellen Haftungsfolgen im Falle einer Kompromittierung von sensiblen Informationen?
- Steht Informationssicherheit bei Treffen des Top-Managements regelmäßig auf der Agenda? Wird das Top-Management regelmäßig über den Status der Programme für die Informationssicherheit informiert?
- Hat das Management eine Richtlinie zur Informationssicherheit veröffentlicht? Falls ja, wird diese Richtlinie regelmäßig überprüft, aktualisiert und genehmigt?
- Kann die Organisation weiterarbeiten, wenn kritische Informationen nicht verfügbar, kompromittiert oder verloren sind?
- Gibt es einen Verantwortlichen für die Informationssicherheit (Chief Information Security Officer, CISO) in der Organisation?

- Gibt es angemessene Schulungen und Sensibilisierungskampagnen, um sicherzustellen, dass die Mitarbeiter sich ihrer Verantwortung für die Informationssicherheit bewusst sind?

Eine weitergehende Veröffentlichung mit dem Titel »Information Security Governance: Guidance for Information Security Managers« beschreibt, wie eine Sicherheitsstrategie für die Informationssicherheit entwickelt und daraus Programme für die Informationssicherheit abgeleitet werden können [ITGI2008e]. Mit dem Umsetzungsleitfaden »COBIT 5 for Information Security« wurden diese und weitere Veröffentlichungen der ISACA und des ITGI zum Thema Informationssicherheit in einem Werk zusammengefasst.

COBIT unterstützt den IT-Governance-Kernbereich »IT-Risikomanagement« primär durch folgende Prozesse (vgl. Tab. 19–7):

IT-Governance-Kernbereich	Unterstützende COBIT-Prozesse
IT-Risikomanagement	▪ EDM01 Sicherstellen der Einrichtung und Pflege des Governance-Rahmenwerks ▪ EDM02 Sicherstellen der Bereitstellung von Mehrwert ▪ EDM03 Sicherstellen der Risikooptimierung ▪ EDM04 Sicherstellen der Ressourcenoptimierung ▪ EDM05 Sicherstellen der Transparenz gegenüber Anspruchsgruppen ▪ APO01 Managen des IT-Management-Rahmenwerks ▪ APO07 Managen des Personals ▪ APO10 Managen von Lieferanten ▪ APO11 Managen der Qualität ▪ APO12 Managen von Risiko ▪ APO13 Managen der Sicherheit ▪ DSS01 Managen des Betriebs ▪ DSS02 Managen von Serviceanfragen und Störungen ▪ DSS04 Managen der Kontinuität ▪ DSS05 Managen von Sicherheitsservices ▪ DSS06 Managen von Geschäftsprozesskontrollen ▪ MEA02 Überwachen, Evaluieren und Beurteilen des internen Kontrollsystems ▪ MEA03 Überwachen, Evaluieren und Beurteilen der Compliance mit externen Anforderungen

Tab. 19–7 *COBIT-Prozesse zur Unterstützung des IT-Governance-Kernbereiches »IT-Risikomanagement« [ITGI 2007a]; [ISACA 2012b]*

Zentraler Governance-Prozess für den IT-Governance-Kernbereich »IT-Risikomanagement« ist EDM03 (Sicherstellen der Risikooptimierung). Der Prozess soll gewährleisten, dass das IT-bezogene Unternehmensrisiko nicht über die Risikobereitschaft und Risikotoleranz des Unternehmens hinausgeht und dass die Gefahr für Compliance-Verfehlungen minimal ist. Daneben fordert APO12 (Managen von Risiko) als der zentrale COBIT-Managementprozess für das IT-Risikomanagement die kontinuierliche Identifizierung, Beurteilung und Reduzierung des IT-bezogenen

Risikos innerhalb der von der Geschäftsführung festgelegten Toleranzwerte. Ein weiterer Schwerpunkt der unterstützenden COBIT-Managementprozesse für das Risikomanagement liegt auf der COBIT-Domäne DSS (Bereitstellen, Betreiben und Unterstützen). Prozesse der COBIT-Domäne DSS sind vor allem die Quelle für Gefährdungen der Vertraulichkeit (DSS05 Managen von Sicherheitsservices), der Integrität (DSS05 Managen von Sicherheitsservices, DSS01 Managen des Betriebs, DSS06 Managen von Geschäftsprozesskontrollen) sowie der Verfügbarkeit (DSS04 Managen der Kontinuität, DS001 Managen des Betriebs).

19.3.5 Messen der IT-Performance

Der IT-Governance-Kernbereich »Messen der IT-Performance« (Performance Measurement) umfasst die laufende Überwachung der Umsetzung der strategischen IT-bezogenen Vorhaben, der IT-Projekte, der IT-Ressourcennutzung, der IT-Prozesse und IT-Services sowie des IT-Risikomanagements. Notwendig dafür ist ein transparentes Reporting mit geeigneten Kennzahlen. Die Messung der Performance der IT-Prozesse und IT-Services wird von COBIT vor allem durch die im Prozessreferenzmodell vorhandenen Ziele und Metriken unterstützt.

In COBIT 5 ist die Methodik der Balanced Scorecard insbesondere in die Zielkaskade integriert. Nach einer Untersuchung des ITGI wurde diese als über die rein finanzielle Betrachtung hinausgehende Methode bei 30 Prozent der Unternehmen am meisten verwendet [ITGI 2005c]. Die Balanced Scorecard transponiert die Strategie der Organisation in konkrete Ziele und Aktionen, deren Ergebnis gemessen wird. Dabei werden nicht nur Ziele aus finanzieller Sicht, sondern auch Ziele aus Kundensicht und aus interner Prozesssicht verwendet und darüber hinaus noch Ziele, in welche Richtung die Organisation lernen und sich weiterentwickeln soll. Die Unternehmens-IT unterstützt nicht nur die einzelnen Dimensionen der Balanced Scorecard, indem es die entsprechenden Kernanwendungen für die Finanzberichterstattung, das Kundenmanagementsystem, Workflow-Tools oder Wissensmanagementsysteme bereitstellt und betreibt, sondern sollte auch eine eigene IT Balanced Scorecard aufbauen, da dies eine bewährte Methode ist, um Entscheidungsträgern zu helfen, die IT entsprechend den Anforderungen der Organisation zu steuern und zu überwachen. Die Umsetzung der IT Balanced Scorecard mit COBIT 5 wurde im Kapitel 18 bereits näher beleuchtet.

Mögliche Fragen zur Ermittlung des Reifegrades dieses IT-Governance-Kernbereichs sind [ITGI 2003]:

- Wie wird der von der IT generierte Nutzen gemessen?
- Werden Geschäftsleitung und Aufsichtsgremium regelmäßig über die IT-Risiken informiert, denen die Organisation ausgesetzt ist?
- Werden Geschäftsleitung und Aufsichtsgremium regelmäßig über das interne Kontrollsystem in der IT informiert?

- Ist IT ein fester Tagesordnungspunkt auf der Agenda des Managements?
- Kennen Geschäftsleitung und Aufsichtsgremium größere IT-Investitionen sowie deren Risiken und Nutzen? Wird er über den Status laufender IT-Projekte informiert?
- Erhalten Geschäftsleitung und Aufsichtsgremium regelmäßig unabhängige Bestätigungen über die Zielerreichung und die Angemessenheit des Risikomanagements in der IT?

COBIT unterstützt den IT-Governance-Kernbereich »Messen der IT-Performance« mit den in Tabelle 19–8 aufgeführten COBIT-Prozessen.

IT-Governance-Kernbereich	Unterstützende COBIT-Prozesse
Messen der IT-Performance	▪ EDM01 Sicherstellen der Einrichtung und Pflege des Governance-Rahmenwerks ▪ EDM02 Sicherstellen der Bereitstellung von Mehrwert ▪ EDM03 Sicherstellen der Risikooptimierung ▪ EDM04 Sicherstellen der Ressourcenoptimierung ▪ EDM05 Sicherstellen der Transparenz gegenüber Anspruchsgruppen ▪ APO09 Managen von Servicevereinbarungen ▪ MEA01 Überwachen, Evaluieren und Beurteilen von Leistung und Konformität

Tab. 19–8 *COBIT-Prozesse zur Unterstützung des IT-Governance-Kernbereichs »Messen der IT-Performance« [ITGI 2007a]; [ISACA 2012b]*

Neben dem Prozess EDM05 Sicherstellen der Transparenz gegenüber Anspruchsgruppen ist in den anderen Prozessen der EDM-Domäne vor allem die dritte Praktik (z. B. EDM01.03 Überwachen des Governance-Systems) die zentrale Prozesspraktik für den IT-Governance-Kernbereich »Messen der IT-Performance«, die den Aspekt der Überwachung zum Inhalt hat.

Der Schwerpunkt der unterstützenden COBIT-Managementprozesse für das Messen der IT-Performance liegt bei MEA01 (Überwachen, Evaluieren und Beurteilen von Leistung und Konformität), bei dem es explizit darum geht, inwieweit Prozesse in Einklang mit den vereinbarten Leistungszielen und -metriken durchgeführt werden.

Zusätzlich fordert die Prozesspraktik APO09.04 (Überwachen und Berichten von Service Levels) die kontinuierliche Überwachung von definierten Leistungskriterien der Servicevereinbarungen und darüber hinaus die Identifikation von Trends.

19.4 IT Governance Policy erstellen

Unternehmen benötigen einen strukturierten Ansatz, um die vielfältigen Herausforderung der IT-Governance zu managen. Als Basis kann dazu eine IT Governance Policy erstellt werden, in der alle wesentlichen Bereiche der IT-Governance grundlegend definiert sind. Diese IT-Governance-Leitlinie muss durch weiterführende Richtlinien, Verfahrensbeschreibungen und Arbeitsanweisungen ergänzt werden, bildet jedoch immer die Verständigungsbasis zwischen Geschäftsbereichen und IT. Eine idealtypische IT Governance Policy sollte die in Tabelle 19–9 dargestellten Themenstellungen behandeln.

IT-Governance-Bereich	Inhalte	Hilfreiche COBIT-Elemente
Organisationsstruktur	IT-Organigramm und Schnittstellen zum Geschäftsbereich	▪ APO01 (Managen des IT-Management-Rahmenwerks)
Querschnittsfunktionen	Beschreibung wichtiger Querschnittsfunktionen (z. B. CIO-Büro, IT-Providersteuerung, IT-Architekturmanagement, IT-Prozesslenkung, IT-Qualitätsmanagement)	▪ APO01 (Managen des IT-Management-Rahmenwerks) ▪ RACI-Diagramme
Gremien	Beschreibung wichtiger Gremien (z. B. für IT-Strategie, IT-Steuerung, IT-Architektur)	▪ EDM01 (Sicherstellen der Einrichtung und Pflege des Governance-Rahmenwerks)
Aufgaben, Kompetenzen, Verantwortung	Kompetenzmatrixen mit Rollen und Aufgaben	▪ RACI-Diagramme
Wichtige IT-Prozesse	Beschreibungen der Prozesse (z. B. IT-Budgetplanung, IT-Controlling, IT-Einkauf, IT-Entwicklung, IT-Service und IT-Betrieb)	▪ Entsprechende COBIT-Prozesse
Projekt-Governance	Beschreibung der Portfolio-, Programm- und Projektmanagementprozesse	▪ APO05 (Managen des Portfolios) ▪ BAI01 (Managen von Programmen und Projekten)
Architektur-Governance	Beschreibung der Architekturmanagementprozesse und -standards	▪ APO01 (Managen des IT-Management-Rahmenwerks) ▪ APO02 (Managen der Strategie) ▪ APO03 (Managen der Unternehmensarchitektur) ▪ APO04 (Managen von Innovationen)
IT-Risikomanagement	Beschreibung der Risikomanagementprozesse (z. B. Business Continuity Management, Informationssicherheitsmanagement, Projektrisikomanagement)	▪ EDM03 (Sicherstellen der Risikooptimierung) ▪ APO01 (Managen des IT-Management-Rahmenwerks) ▪ APO12 (Managen von Risiko)

→

IT-Governance-Bereich	Inhalte	Hilfreiche COBIT-Elemente
IT-Ressourcenmanagement	Beschreibung der IT-Ressourcenmanagementprozesse (z. B. Ressourcenplanung und -beschaffung)	■ APO01 (Managen des IT-Management-Rahmenwerks) ■ APO07 (Managen des Personals)
IT-Performance- und Compliance-Messung	Beschreibung der Prozesse zur Messung der IT-Performance und der IT-Compliance	■ MEA01 (Überwachen, Evaluieren und Beurteilen von Leistung und Konformität) ■ MEA02 (Überwachen, Evaluieren und Beurteilen des internen Kontrollsystems) ■ MEA03 (Überwachen, Evaluieren und Beurteilen der Compliance mit externen Anforderungen)
Provider-Governance	Beschreibung der Prozesse für das Provider-Management	■ APO10 (Managen von Lieferanten)

Tab. 19–9 *Typische Inhalte einer IT Governance Policy mit Referenzen zu COBIT 5*

Eine IT Governance Policy legt die Grundlage für eine erfolgreiche Zusammenarbeit zwischen Geschäftsbereichen und IT. In der Tabelle 19–9 sind nicht nur die typischen Bereiche beschrieben, die für eine umfassende Corporate Governance der IT notwendig sind, sondern auch hilfreiche Referenzen auf Elemente von COBIT 5 angegeben. COBIT 5 kann damit als wesentlicher Referenzpunkt bei der Erstellung einer IT Governance Policy dienen; deren Ausgestaltung muss aber immer unternehmensindividuell erfolgen.

20 Unternehmens-IT kontinuierlich verbessern

Zur Unterstützung der Verbesserung der »Governance of Enterprise IT« (GEIT) hat die ISACA im April 2012 einen umfassenden Umsetzungsleitfaden (COBIT 5 Implementation) veröffentlicht, der auf einem Lebenszyklus der kontinuierlichen Verbesserung basiert. Dieser Umsetzungsleitfaden beinhaltet bewährte Verfahren für Implementierungsinitiativen und behandelt sowohl das Programmmanagement, das Änderungsmanagement als auch das kontinuierliche Verbesserungsmanagement. Der Umsetzungsleitfaden wird zusätzlich von einem Implementierungs-Toolkit ergänzt.

20.1 Implementierungslebenszyklus

Der Umsetzungsleitfaden »COBIT 5 Implementation« beschreibt u. a. einen Lebenszyklus (Life Cycle) mit sieben Phasen von der anfänglichen Bedarfsermittlung über die Sollkonzeption und Planung bis zur Implementation der Lösungen. Die sieben Phasen des Lebenszyklus zur Implementierung von IT-Governancen sind [ISACA 2012c]:

- Phase 1: Was sind die Treiber? (What are the drivers?)
- Phase 2: Wo stehen wir jetzt? (Where are we now?)
- Phase 3: Wo wollen wir sein? (Where do we want to be?)
- Phase 4: Was muss getan werden? (What needs to be done?)
- Phase 5: Wie kommen wir dorthin? (How do we get there?)
- Phase 6: Sind wir dort angekommen? (Did we get there?)
- Phase 7: Wie halten wir das Momentum aufrecht? (How do we keep the momentum going?)

Jeder dieser sieben Phasen ist eine Programmmanagement-Komponente, eine Veränderungskomponente sowie eine Komponente für die kontinuierliche Verbesserung zugeordnet. Die Programmmanagement-Komponente bezieht sich auf das Programm, das zur Umsetzung notwendig ist, und besteht aus den nachfolgend aufgelisteten Programmphasen (Programme Management):

- Programm initiieren (Initiate Programme)
- Probleme und Chancen definieren (Define Problems and Opportunities)
- Vorgehen festlegen (Define Road Map)
- Programm planen (Plan Programme)
- Plan umsetzen (Execute Plan)
- Vorteile realisieren (Realise Benefits)
- Effektivität überprüfen (Review Effectiveness)

Im Umsetzungsleitfaden »COBIT 5 Implementation« wird die Bedeutung des Managements der menschlichen, verhaltensbezogenen und kulturellen Aspekte der Änderung und der Motivation der Anspruchsgruppen hervorgehoben, die erforderlich sind, um die Akzeptanz und Nachhaltigkeit der Änderung sicherzustellen. Eine eigene Veränderungskomponente stellt die weichen Faktoren jeder Veränderung, wie Verhaltensaspekte oder kulturelle Aspekte, in den Mittelpunkt. Ausgangspunkt für die Entwicklung der Veränderungskomponente war der achtstufige Ansatz von John Kotter für erfolgreiches Veränderungsmanagement, den er in seinem Bestseller »Leading Change" [Kotter 1996] dargestellt und als Fabel in »Our Iceberg is Melting« [Kotter 2011] anschaulich illustriert hat. Die acht Veränderungsphasen laut Kotter sind:

- Gefühl der Dringlichkeit wecken (Establish a Sense of Urgency)
- Ein schlagkräftiges Team zusammenstellen (Form a Powerful Guiding Coalition)
- Ziele definieren und eine Strategie entwickeln (Create a Clear Vision that is Expressed Simply)
- Für Verständnis und Akzeptanz werben (Communicate the Vision)
- Handlungsfreiräume einräumen und sichern (Empower Others to Act on the Vision)
- Kurzfristige Erfolge sichern (Plan for and Create Short-term Wins)
- Dranbleiben – nicht nachlassen (Consolidate Improvements and Produce more Change)
- Eine neue Kultur entwickeln (Institutionalise New Approaches)

ISACA hat diesen achtstufigen Ansatz auf die speziellen Anforderungen eines Einführungs- oder Verbesserungsprojektes im Umfeld der IT-Governance angepasst. Die sieben Phasen der Veränderungskomponente (Change Enablement) lauten:

- Wunsch nach Veränderung etablieren (Establish Desire to Change)
- Umsetzungsteam bilden (Form Implementation Team)
- Zielbild kommunizieren (Communicate Outcome)
- Wichtige Funktionen identifizieren (Identify Role Players)
- Betreiben und nutzen (Operate and Use)

- Neue Ansätze verankern (Embed New Approaches)
- Aufrechterhalten (Sustain)

Die sieben Phasen der Veränderungskomponente decken sich inhaltlich auch mit den sieben Prozesspraktiken des COBIT-Prozesses BAI05 (Managen der Ermöglichung organisatorischer Veränderungen).

Bezeichnung der Prozesspraktik	Inhalt der Prozesspraktik
BAI05.01 Begründen des Wunsches nach Änderung	■ Machen Sie sich mit dem Umfang und den Auswirkungen der in Erwägung gezogenen Änderung vertraut und überprüfen Sie, inwieweit die Anspruchsgruppen bereit für die Änderung und gewillt sind, diese zu realisieren. ■ Identifizieren Sie, welche Maßnahmen erforderlich sind, um die Anspruchsgruppen zu motivieren, die Änderung zu akzeptieren und sich für deren erfolgreiche Umsetzung einzusetzen.
BAI05.02 Aufstellen eines effektiven Implementierungsteams	■ Stellen Sie ein effektives Implementierungsteam zusammen, indem Sie geeignete Teammitglieder auswählen, Vertrauen schaffen und gemeinsame Ziele und Effektivitätsmaßnahmen festlegen.
BAI05.03 Kommunizieren der gewünschten Vision	■ Kommunizieren Sie die gewünschte Vision für die Änderung und verwenden Sie dabei die Sprache derer, die von der Änderung betroffen sind. Die Mitteilung sollte durch den obersten Führungsstab erfolgen und die Begründung der Änderung und ihre Vorteile beinhalten, die Auswirkungen aufzeigen, die sich bei Nichtumsetzung der Änderung ergäben, die Vision und Roadmap umfassen sowie die erforderliche Beteiligung der verschiedenen Anspruchsgruppen darlegen.
BAI05.04 Befähigen von Rolleninhabern und Identifizieren kurzfristiger Erfolge	■ Befähigen Sie die Inhaber von Implementierungsrollen, indem Sie für die Zuweisung von Verantwortlichkeiten sorgen, Schulungsmaßnahmen bereitstellen und Organisationsstrukturen und HR-Prozesse ausrichten. ■ Identifizieren und kommunizieren Sie kurzfristig realisierbare Erfolge, die wichtig für die Begünstigung von Änderungen sind.
BAI05.05 Ermöglichen von Betrieb und Nutzung	■ Planen und implementieren Sie alle technischen, operativen und nutzungsbezogenen Aspekte so, dass all diejenigen, die in die zukünftige Umgebung involviert sein werden, ihren Zuständigkeiten nachkommen können.
BAI05.06 Einbetten neuer Ansätze	■ Betten Sie die neuen Ansätze ein, indem Sie implementierte Änderungen verfolgen, die Effektivität des Betriebs- und Nutzungsplans beurteilen und ein dauerhaftes Bewusstsein durch regelmäßige Kommunikation aufrechterhalten. ■ Leiten Sie ggf. korrektive Maßnahmen ein, die u. a. die Durchsetzung der Compliance beinhalten können.
BAI05.07 Aufrechterhalten von Änderungen	■ Unterstützen Sie Änderungen, indem Sie für eine effektive Schulung neuer Mitarbeiter, regelmäßige Kommunikationskampagnen, ein dauerhaftes Engagement des obersten Führungsstabs, die Überwachung der Änderungsübernahme und einen unternehmensweiten Wissens- und Erfahrungsaustausch sorgen.

Tab. 20–1 *Prozesspraktiken des COBIT-Prozesses BAI05 (Managen der Ermöglichung organisatorischer Veränderungen) [ISACA 2012b]*

Als weiteres Element enthält der Implementierungslebenszyklus noch sieben Phasen der kontinuierlichen Verbesserung [ISACA 2012c]:

- Notwendigkeit des Handelns erkennen (Recognise Need to Act)
- Gegenwärtigen Zustand beurteilen (Assess Current State)
- Zielzustand definieren (Define Target State)
- Verbesserungen planen (Build Improvements)
- Verbesserungen umsetzen (Implement Improvements)
- Betreiben und messen (Operate and Measure)
- Überwachen und beurteilen (Monitor and Evaluate)

Die Komponente der kontinuierlichen Verbesserung betont, dass die Implementierungsinitiative kein punktuelles Projekt ist, sondern dass die implementierten Strukturen und Prozesse eine kontinuierliche Ausrichtung an den unternehmensweiten Ansätzen für Governance und Risikomanagement sicherstellen sollten.

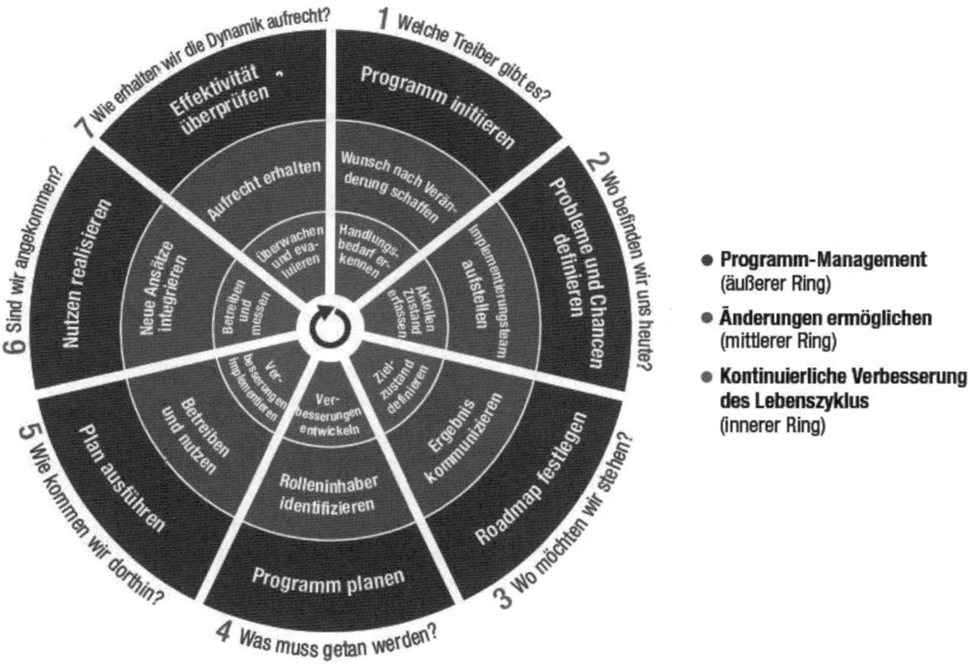

Abb. 20–1 *Die sieben Phasen des Implementierungslebenszyklus [ISACA 2012c]*

Die Abbildung zeigt die sieben Phasen des Implementierungslebenszyklus mit seinen Komponenten im Überblick. Der Lebenszyklus sollte iterativ befolgt werden. Parallel sollte ein nachhaltiger Ansatz für die Governance und das Management der Unternehmens-IT entwickelt werden.

Der Umsetzungsleitfaden stellt deutlich heraus, dass jede GEIT-Initiative das »Buy-in« des Managements benötigt. Das oberste Management muss die Richtung vorgeben, das Mandat für die Initiative erteilen und seine kontinuierliche Zustimmung und Unterstützung demonstrieren. Die Unterstützung durch die wichtigsten Anspruchsgruppen, wie Geschäftsleitung und Führungskräfte, ist unverzichtbar, damit Verbesserungen übernommen und nachhaltig verfolgt werden. Insbesondere gilt dies für Unternehmen mit unklaren Betriebsmodellen oder fehlenden Governance-Enablern auf Unternehmensebene.

Um die Zusage der Anspruchsgruppen zu erhalten, geeignete Ressourcen bereitzustellen, können »Schmerzpunkte« (Pain Points) im Sinne wirklich erfahrener Schwachstellen dienen. Reale, im Unternehmensalltag erlebte Schwierigkeiten schaffen eine gewisse Dringlichkeit und fördern die Akzeptanz für die Maßnahmen, die für das Anstoßen der Implementierung erforderlich sind. Die typischen Schmerzpunkte und die zugehörigen COBIT-Prozesse zur Behebung dieser Schwachstellen sind in Tabelle 20–2 aufgeführt.

Schmerzpunkte	Hilfreiche COBIT-Prozesse
Frustration im Unternehmen aufgrund von fehlgeschlagenen Initiativen, steigenden IT-Kosten und Wahrnehmung eines geringen Geschäftswerts	■ EDM02 Sicherstellen der Bereitstellung von Mehrwert ■ APO01 Managen des IT-Management-Rahmenwerks ■ APO02 Managen der Strategie ■ APO05 Managen des Portfolios ■ APO07 Managen des Personals ■ BAI01 Managen von Programmen und Projekten ■ BAI02 Managen der Definition von Anforderungen
Gravierende Störungen in Verbindung mit IT-Risiken, z. B. durch Datenverlust oder Projektversagen	■ EDM03 Sicherstellen der Risikooptimierung ■ APO09 Managen von Servicevereinbarungen ■ APO12 Managen von Risiko ■ Prozesse der Domäne DSS
Bereitstellungsprobleme mit ausgelagerten Diensten, z. B. wenn vereinbarte Service Levels regelmäßig verfehlt werden	■ EDM04 Sicherstellen der Ressourcenoptimierung ■ APO09 Managen von Servicevereinbarungen ■ APO10 Managen von Lieferanten
Nichteinhaltung behördlicher oder vertraglicher Anforderungen	■ EDM03 Sicherstellen der Risikooptimierung ■ MEA03 Überwachen, Bewerten und Beurteilen der Compliance mit externen Anforderungen
IT als begrenzender Faktor für innovative Fähigkeiten und die Anpassungsfähigkeit des Unternehmens	■ EDM04 Sicherstellen der Ressourcenoptimierung ■ APO02 Managen der Strategie ■ APO04 Managen von Innovationen
Audits bescheinigen regelmäßig eine schlechte IT-Leistung oder Probleme mit der IT-Service-Qualität.	■ MEA02 Überwachen, Bewerten und Beurteilen des internen Kontrollsystems

→

Schmerzpunkte	Hilfreiche COBIT-Prozesse
Versteckte und unseriöse IT-Ausgaben	■ EDM02 Sicherstellen der Bereitstellung von Mehrwert ■ APO05 Managen des Portfolios ■ APO06 Managen von Budget und Kosten
Redundanz oder Überlappung von Initiativen oder Ressourcenverschwendung	■ EDM02 Sicherstellen der Bereitstellung von Mehrwert ■ EDM04 Sicherstellen der Ressourcenoptimierung ■ APO05 Managen des Portfolios ■ BAI01 Managen von Programmen und Projekten
Unzureichende IT-Ressourcen, mangelnde Fähigkeiten der Mitarbeiter oder Burnout/Unzufriedenheit bei den Mitarbeitern	■ EDM04 Sicherstellen der Ressourcenoptimierung ■ APO07 Managen des Personals
Durch IT ermöglichte Änderungen verfehlen die Unternehmensanforderungen, den Zeitrahmen oder das Budget.	■ APO02 Managen der Strategie ■ APO05 Managen des Portfolios ■ BAI01 Managen von Programmen und Projekten
Verschiedenartige und komplexe IT-Assurance-Anstrengungen	■ MEA02 Überwachen, Bewerten und Beurteilen des internen Kontrollsystems
Mitglieder der Aufsichtsgremien, Geschäftsleitung oder Senior Manager stehen der IT reserviert gegenüber, oder es fehlt an engagierten und zufriedenen Unternehmenssponsoren für die IT.	■ EDM01 Sicherstellen der Einrichtung und Pflege des Governance-Rahmenwerks ■ EDM02 Sicherstellen der Bereitstellung von Mehrwert ■ APO01 Managen des IT-Management-Rahmenwerks ■ APO02 Managen der Strategie
Komplexe IT-Betriebsmodelle	■ EDM01 Sicherstellen der Einrichtung und Pflege des Governance-Rahmenwerks ■ APO01 Managen des IT-Management-Rahmenwerks ■ APO02 Managen der Strategie ■ MEA01 Überwachen, Bewerten und Beurteilen von Leistung und Konformität

Tab. 20–2 *Schmerzpunkte und zugehörige COBIT-Prozesse [ISACA 2012c]*

Der Umsetzungsleitfaden »COBIT 5 Implementation« führt zusätzlich nachfolgende Ereignisse (Trigger Events) als mögliche Auslöser für Implementierungsinitiativen an:

- Fusion, Übernahme oder Veräußerung
- Veränderungen in der Markt-, Wirtschafts- oder Wettbewerbsposition
- Veränderungen des Betriebsmodells (Operating Model) oder Sourcing-Vereinbarungen
- neue regulatorische Auflagen oder Compliance-Anforderungen
- bedeutende technologische Veränderungen oder Paradigmenwechsel
- unternehmensweiter Governance-Schwerpunkt oder entsprechendes Projekt
- neues Vorstandsmitglied (CIO, CFO, CEO) oder neues Mitglied im Aufsichtsgremium

- Beurteilungen durch externe Abschlussprüfer oder andere Berater
- neue Geschäftsstrategie oder -priorität

Diese Ereignisse im internen oder externen Umfeld des Unternehmens sind häufig Auslöser für eine Fokussierung der Anspruchsgruppen auf die Governance und das Management der Unternehmens-IT.

20.2 Implementierungselemente und Tools

Das im vorherigen Kapitel aufgezeigte Konzept wird durch den Umsetzungsleitfaden »COBIT 5 Implementation« durch zahlreiche Implementierungselemente und Tools unterstützt. Beispielsweise wird jede der sieben Phasen des Implementierungslebenszyklus durch folgende Elemente beschrieben [ITGI 2012c]:

- Ziel der Phase (Phase Objective)
- Beschreibung der Phase (Phase Description)
- Aufgaben der kontinuierlichen Verbesserung (Continual Improvement Tasks)
- Aufgaben der organisatorischen Veränderung (Change Enablement Tasks)
- Aufgaben des Programmmanagements (Programme Management Tasks)
- Beispiele für Eingangswerte (Inputs)
- anwendbare ISACA- oder COBIT-Elemente (ISACA and Other Framework Items)
- Ausgangswerte (Outputs)
- RACI-Diagramm für die Kernaktivitäten der drei Aufgabenbereiche

Im »Toolkit« zum Umsetzungsleitfaden werden Office-Anwendungen und Präsentationen zur Unterstützung der einzelnen Phasen bereitgestellt.

21 IT-Risiken managen

Das Management von Risiken ist ein wichtiger Baustein der IT-Governance, um sicherzustellen, dass strategische Geschäftsziele nicht durch Defizite bei der Informationsverarbeitung gefährdet werden [ITGI 2005d]. Angesichts der zunehmenden IT-Bedrohungen, der steigenden Abhängigkeit von der Informationsverarbeitung und der aktuellen Regulierungen gewinnt das Thema IT-Risikomanagement weiter an Bedeutung. COBIT stellt dem Management und den Geschäftsprozesseignern ein ganzheitliches IT-Governance-Modell zur Verfügung, das auch dabei hilft, die Risiken zu verstehen und zu managen, die mit der Anwendung von Informationstechnologie verbunden sind. Obwohl COBIT in erster Linie einen proaktiven Ansatz verfolgt, in dem Prozesspraktiken im Sinne bewährter Verfahren angewendet werden, enthält COBIT auch einen expliziten Prozess für das IT-Risikomanagement sowie explizite Anforderungen an das Risikomanagement in kritischen IT-Prozessen. Weitere Elemente von COBIT, wie Ziele und Metriken oder Risikoszenarien, können im Risikomanagementprozess unterstützend eingesetzt werden und beispielsweise als Grundlage für Risikobeurteilungen in Risiko-Workshops dienen. Das IT Governance Institute hat die besondere Bedeutung des Themas erkannt und in Ergänzung zu COBIT im Herbst 2009 mit Risk IT ein separates Rahmenwerk zum Thema IT-Risikomanagement herausgegeben. Die Inhalte dieses Rahmenwerkes sind nunmehr aber in COBIT 5 eingegangen, insbesondere in die COBIT-Prozesse EDM03 (Sicherstellen der Risikooptimierung) und APO12 (Managen von Risiko) sowie den Umsetzungsleitfaden »COBIT 5 for Risk«.

21.1 Grundlagen des Risikomanagements

Unter Risiko kann ganz allgemein die Gefahr verstanden werden, dass Ereignisse oder Handlungen ein Unternehmen daran hindern, seine Ziele zu erreichen bzw. seine Strategien erfolgreich umzusetzen. Risiko enthält sowohl den Bestandteil der Unsicherheit über das Eintreten eines Ereignisses als auch den Bestandteil der negativen Auswirkung eines Ereignisses. Das Risiko kann mathematisch als Funktion des Erwartungswertes der Schadenshöhe mit den berechenbaren Eingangsgrößen Wahrscheinlichkeit und Schadenshöhe betrachtet werden.

Eine zuverlässige Wahrscheinlichkeitsberechnung bedarf jedoch immer einer umfangreichen Anzahl von Beobachtungen, die für IT-Risiken in der Regel nur schwierig durchzuführen sind. Einen Ausweg aus diesem Dilemma bietet die subjektive Auffassung der Wahrscheinlichkeit. Dabei werden Wahrscheinlichkeitsaussagen als subjektiver Überzeugtheitsgrad oder anschaulicher als Wettbereitschaft einer (sachkundigen) Person auf das Eintreten eines Ereignisses betrachtet. Die Schadenskomponente beim Risiko wird gewöhnlich in Geldeinheiten gemessen. Der Schaden im Falle von Defiziten in der Informationsverarbeitung entsteht aber häufig über die Auswirkungen in den Geschäftsprozessen. Zusätzlich bergen IT-Risiken häufig auch ein hohes Reputationsrisiko. Diese nichtfinanziellen Dimensionen der Schadensauswirkung sowie die Schäden außerhalb der IT machen die Quantifizierung der Schadenshöhe bei IT-Prozessen in der Praxis schwierig.

Risikomanagement umfasst alle systematischen Maßnahmen zur rechtzeitigen Erkennung, Bewertung und Bewältigung von Risiken. Risikomanagement soll die Unternehmensführung unterstützen, wesentliche Risiken, die den Unternehmenserfolg oder -bestand gefährden können, rechtzeitig zu erkennen und zu bewältigen. Dazu müssen ungünstige Entwicklungen im Unternehmen (z. B. durch geeignete Indikatoren) frühzeitig aufgezeigt, aber auch neue, bisher nicht definierte Risiken erkannt werden. Ein Risikomanagementsystem muss daher ganzheitlich angelegt sein und alle Unternehmensbereiche berücksichtigen, insbesondere da sich Einzelrisiken, die sich in Wechselwirkung mit anderen Risiken befinden, auch kumulieren können.

Ein umfassendes Risikomanagementsystem (vgl. Abb. 21–1) enthält nach herrschender Meinung mindestens die drei folgenden Elemente [Gaulke 2006a]:

- Frühwarnsystem,
- Überwachungssystem und
- Controlling.

Das Frühwarnsystem sollte negative interne und externe Entwicklungen und daraus resultierende Risiken rechtzeitig erkennen. Dazu sind verlässliche Frühwarnindikatoren als Kennzahlen notwendig, deren Entwicklung Hinweise auf entstehende Risiken geben können.

Das Überwachungssystem umfasst das interne Kontrollsystem (IKS) bestehend aus prozessintegrierten organisatorischen Sicherungsmaßnahmen und Kontrollen sowie die prozessunabhängige interne Revision [IDW 2000] und soll die Verlässlichkeit und Compliance der betrieblichen Abläufe sicherstellen.

Das Controlling ist dafür verantwortlich, die Geschäftsleitung rechtzeitig über Risiken zu informieren, damit Gegenmaßnahmen zeitnah eingeleitet werden können.

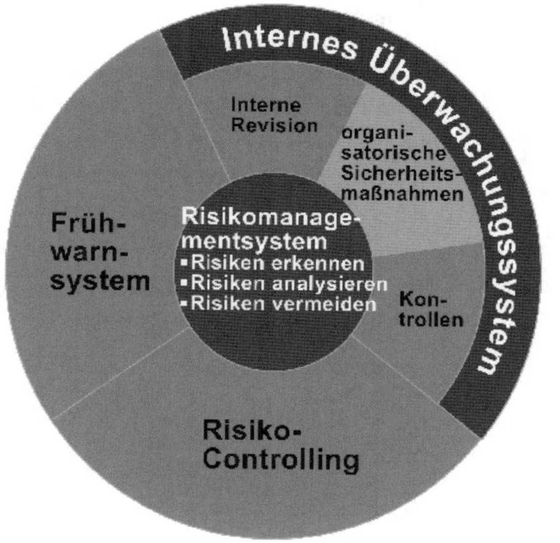

Abb. 21–1 *Grundelemente eines Risikomanagementsystems [Gaulke 2004]*

Die oben dargestellten drei Grundelemente eines umfassenden Risikomanagementsystems (Frühwarnsystem, Überwachungssystem und Controlling) werden durch verschiedene COBIT-Elemente unterstützt.

Die Prozessziele und -metriken aus dem COBIT-5-Prozessreferenzmodell können beim Aufbau eines Frühwarnsystems unterstützen, um negative Entwicklungen und daraus resultierende Risiken rechtzeitig zu erkennen. Die Prozessmetriken können durch Anpassung und Schwellwertbestimmung auch als Basis zur Bildung von Risikoindikatoren genutzt werden.

Das Überwachungssystem im Sinne des internen Kontrollsystems (IKS) wird durch den proaktiven Risikoansatz von COBIT durch die Prozesspraktiken und die dazu notwendigen Aktivitäten unterstützt.

Die Anforderung an das Controlling und damit letztlich die rechtzeitige Information der Geschäftsleitung über IT-Risiken wird sowohl im Managementprozess APO12 (Managen von Risiko) als auch im Governance-Prozess EDM03 (Sicherstellen der Risikooptimierung) adressiert.

Für das unternehmensweite Risikomanagementsystem wird in EDM03 das Rahmenwerk »COSO Enterprise Risk Management – Integrated Framework« referenziert. Beim Managementprozess APO12 wird neben der ISO/IEC 27001 und ISO/IEC 27002 auch der ISO-Standard zum Risikomanagement »ISO/IEC 31000 Risk Management – Guidelines on Principles and Implementation« referenziert. Beide Referenzdokumente werden nachfolgend kurz vorgestellt.

21.1.1 COSO Enterprise Risk Management

Rund zehn Jahre nach der Veröffentlichung von »Internal Control – Integrated Framework« (COSO I) hat das Committee of Sponsoring Organizations (COSO) ein verstärktes Interesse am Thema Risikomanagement festgestellt und einen Bedarf an einem schlüssigen Rahmenwerk zur wirksamen Bestimmung, Bewertung und Steuerung von Risiken erkannt. Als Ergänzung zu dem ursprünglichen COSO-Rahmenwerk (siehe Abschnitt 14.2) wurde im Jahr 2004 das Rahmenwerk »Enterprise Risk Management – Integrated Framework« (COSO ERM oder COSO II) veröffentlicht. COSO ERM setzt den Schwerpunkt im Bereich des allgemeinen, unternehmensweiten Risikomanagements, um interne Kontrollsysteme zu gestalten und zu einem umfassenden Risikomanagementsystem weiterzuentwickeln.

Das Rahmenwerk fokussiert in erster Linie auf die Ziele einer Organisation. Diese gliedern sich in vier Kategorien:

- strategische Ziele (d. h. übergeordnete Ziele)
- betriebliche Ziele (d. h. wirksamer und wirtschaftlicher Ressourceneinsatz)
- Berichterstattung (d. h. Zuverlässigkeit der Berichterstattung)
- Regeleinhaltung (d. h. Einhalten anwendbarer Gesetze und Vorschriften)

Diese Zielausrichtung wird auch in der Definition von Risiko in COSO ERM deutlich.

Definition Risiko [COSO 2004]:

»Risiko ist die Wahrscheinlichkeit, dass ein Ereignis eintritt und die Erreichung von Zielen negativ beeinflusst.«

Das COSO-ERM-Rahmenwerk definiert acht wechselseitig verknüpfte Komponenten, die Bestandteil eines umfassenden Risikomanagementsystems sind:

- **Internes Umfeld (Internal Environment)**
  Das interne Umfeld beschreibt die Kultur einer Unternehmung und bildet die Grundlage dafür, wie Risiken betrachtet und behandelt werden.
- **Zielfestlegung (Objective Setting)**
  Ziele müssen festgelegt sein, bevor mögliche Ereignisse, die deren Erreichen beeinflussen, bestimmt werden können.
- **Identifikation von Ereignissen (Event Identification)**
  Interne und externe Ereignisse, die das Erreichen der Ziele beeinflussen, müssen identifiziert und nach Risiken und Chancen unterschieden werden. Eine umfassende Identifikation der auf das Unternehmen einwirkenden Risiken bedarf einer systematischen und laufenden Risikoanalyse des Unternehmens und seiner wesentlichen Geschäftsabläufe. Voraussetzung für eine systematische Risikoidentifikation ist das Vorhandensein einer gleichen Sichtweise auf die gemeinsamen

Unternehmensziele sowie der für die Umsetzung der Unternehmensziele zugehörigen Erfolgsfaktoren.

- **Risikobeurteilung (Risk Assessment)**
  Die Risikobeurteilung umfasst insbesondere die Ermittlung der Eintrittswahrscheinlichkeit und der möglichen Auswirkungen/Schadenshöhe der identifizierten Risiken, um eine Grundlage für ihre Steuerung zu erhalten. Dabei sind auch die Abhängigkeiten zwischen den Einzelrisiken zu berücksichtigen. Um die Auswirkungen der Risiken im Zusammenhang mit ihren Abhängigkeiten exakt zu quantifizieren, müssen in der Regel Szenariorechnungen, Sensitivitätsanalysen und Risikosimulationen durchgeführt werden.
- **Risikoreaktion (Risk Response)**
  Instrumente zur Risikoreaktion umfassen: Vermeiden (avoid), Annehmen (accept), Verringern (reduce) oder Teilen (share) von Risiko. Maßnahmen dienen zum Anpassen der Risiken an die festgelegte Risikobereitschaft.
- **Kontrollaktivitäten (Control Activities)**
  Vorschriften und Verfahren zur Umsetzung der Risikoreaktionen werden festgelegt und umgesetzt.
- **Information und Kommunikation (Information & Communication)**
  Wesentliche Informationen werden erkannt, erfasst und verbreitet. Die Berichtswege und -abläufe müssen dabei eine zeitnahe Information der zuständigen Entscheidungsträger über wesentliche Risiken sicherstellen, so dass für die Unternehmensleitung zu jedem Zeitpunkt Transparenz über die Art und das Ausmaß der Risiken als Option für strategische Entscheidungen besteht.
- **Überwachung (Monitoring)**
  Das unternehmensweite Risikomanagement muss permanent überwacht und erforderliche Anpassungen an die Unternehmenssituation und das Unternehmensumfeld müssen vorgenommen werden.

Die acht Komponenten des COSO-ERM-Rahmenwerks werden zusammen mit den Prozessbereichen und den Organisationsbereichen häufig als Würfel dargestellt (vgl. Abb. 21–2). Dieser verdeutlicht sowohl die enge Beziehung zwischen den Zielen und den Komponenten eines Risikomanagementsystems als auch die unternehmensweite Anwendbarkeit.

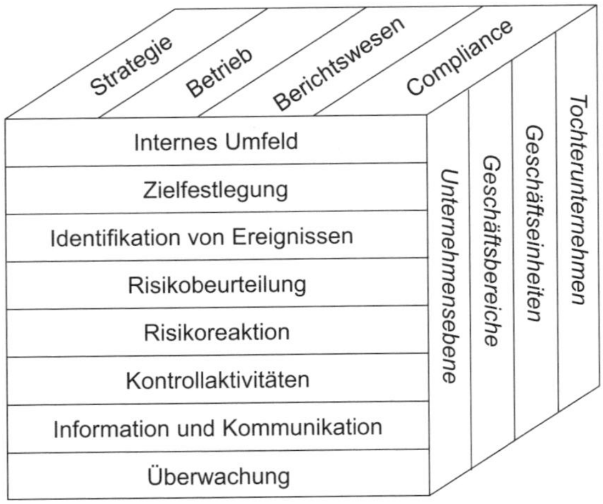

Abb. 21–2 *COSO-ERM-Würfel [COSO 2004]*

Die acht Komponenten eines unternehmensweiten Risikomanagements werden in COSO ERM weiter beschrieben und auch Methoden zur Umsetzung werden vorgestellt. Obwohl die Informationstechnologie kein Schwerpunkt von COSO ERM bildet, wird IT in der Beschreibung der einzelnen Komponenten mitbehandelt. Beispielsweise wird zur Komponente »Identifikation von Ereignissen« eine Kategorisierung vorgeschlagen, die mit »Technologie« auch eine IT-relevante Kategorie mit folgenden internen Faktoren umfasst:

- Datenintegrität
- System und Datenverfügbarkeit
- Systemauswahl
- Entwicklung
- Inbetriebnahme
- Wartung und Pflege

Die externen Faktoren dieser Kategorie umfassen:

- Unterbrechungen
- elektronischer Geschäftsverkehr
- externe Daten
- neue Technologien

Diese Faktoren können auf Unternehmensebene als erster Ansatz zur Strukturierung von IT-bezogenen Ereignissen herangezogen und als Basis für Workshops oder Prozessanalysen zur Ereignisidentifikation verwendet werden.

21.1.2 ISO/IEC 31000

Im November 2008 hat die ISO maßgeblich auf Basis der australisch-neuseeländische Norm AS/NZS 4360:2004 Risk Management des australischen und neuseeländischen Institutes für Standardisierung einen neuen Standard für das Risikomanagement mit der Bezeichnung ISO/IEC 31000 (Risk Management – Principles and Guidelines) verabschiedet [ISO 2008b]. Diese Norm bietet eine umfassende Risikosicht mit Ansätzen zum Risikomanagement für verschiedenste Organisationen. Der Standard beinhaltet Grundsätze (Principles), einen Rahmen für das Risikomanagement (Framework) sowie die wichtigsten Risikomanagementprozesse (Process). Die Grundsätze sind der normative Teil der Norm und lauten:

- Risikomanagement schafft und schützt Werte.
- Risikomanagement ist Bestandteil aller Organisationsprozesse.
- Risikomanagement ist Teil der Entscheidungsfindung.
- Risikomanagement befasst sich ausdrücklich mit Unsicherheit.
- Risikomanagement ist systemisch, strukturiert und zeitnah.
- Risikomanagement basiert auf den besten verfügbaren Informationen.
- Risikomanagement ist maßgeschneidert.
- Risikomanagement berücksichtigt menschliche und kulturelle Faktoren.
- Risikomanagement ist transparent und umfassend.
- Risikomanagement ist dynamisch, iterativ und reagiert auf Veränderungen.
- Risikomanagement ermöglicht die kontinuierliche Verbesserung der Organisation.

Den Rahmen bildet der strategische Teil der Norm. Dieser umfasst die Themenblöcke Mandat und Verpflichtung, Gestaltung des Rahmens, Umsetzung, Überwachung und Überprüfung sowie kontinuierliche Verbesserung. Den operativen Teil bilden die Risikomanagementprozesse:

- **Festlegung des Risikokontexts (Establishing the Context)**
  Vor der Einführung eines Risikomanagementsystems muss eine Risikostrategie festgelegt werden. Diese definiert auf Basis eines Verständnisses der internen und externen Rahmenbedingungen der Organisation die Ziele, die mit der Implementierung eines Risikomanagementsystems erreicht werden sollen.
- **Risikoidentifikation (Risk Identification)**
  Die Risikoidentifikation ist Teil der Risikobeurteilung (Risk Assessment). Bei der Identifikation von Risiken wird versucht, alle Risiken zu finden, die direkt oder indirekt auf das Unternehmen einwirken. Die Risikoidentifikation muss breit angelegt werden, und es sind auch Risiken zu betrachten, die nicht vom Unternehmen ausgehen oder von diesem beeinflussbar sind.

- **Risikoanalyse (Risk Analysis)**
  Die Risikoanalyse ist Teil der Risikobeurteilung (Risk Assessment). Nach der Identifikation der Risiken wird eine Abschätzung nach Schadenshöhe und Eintrittswahrscheinlichkeit für die einzelnen Risiken vorgenommen. Bei der Bewertung unterscheidet die Norm drei Typen von Bewertungsschemata: die qualitative Analyse, die semi-quantitative Analyse sowie die quantitative Analyse.
- **Risikobewertung (Risk Evaluation)**
  Die Risikobewertung ist Teil der Risikobeurteilung (Risk Assessment). Die Risiken werden auf Basis von Daten aus der Risikoanalyse bewertet, um festzulegen, welche Maßnahmen mit welcher Priorität umgesetzt werden müssen.
- **Risikobehandlung (Risk Treatment)**
  Maßnahmen als Antworten auf Risiken können die Risikovermeidung, die Risikoreduzierung oder die Risikoüberwälzung sein. Wichtig ist, dass die Maßnahmenkosten in einem angemessenen Verhältnis zum erzielten Ertrag (Risikoreduktion, höhere Chancenwahrnehmung) stehen.
- **Überwachung und Überprüfung (Monitoring and Review)**
  Alle oben genannten Prozessschritte müssen adäquat überwacht und überprüft werden, um die Funktionsfähigkeit und die Gültigkeit der gemachten Aussagen zu bewahren. Dies betrifft insbesondere die Identifikation der Risiken und die Einschätzung der Wahrscheinlichkeit sowie der Auswirkungen.
- **Kommunikation und Konsultation (Communication and Consultation)**
  Erfolgreiches Risikomanagement basiert auf der Kommunikation aller Beteiligten über alle Prozessschritte hinweg.

Abbildung 21–3 stellt die dargestellten Prozesse im Zusammenspiel dar. Dabei wird auch der prozessübergreifende Charakter der beiden Phasen der Überwachung und Überprüfung sowie der Kommunikation und Beratung deutlich.

Der Standard betont vor allem die Rolle und Verantwortung des Managements. Risikomanagement wird als eine der wichtigsten Aufgaben der obersten Leitung bezeichnet, die sich fortlaufend mit den wesentlichen Risiken der Organisation befassen muss. Das Risikomanagementsystem basiert auf dem Prinzip des PDCA-Zyklus (Plan-Do-Check-Act). Die erste Phase »Festlegung der Risikostrategie« deckt die Planungskomponente des PDCA-Zyklus ab und beinhaltet die Risikostrategie der Organisation. Die zweite PDCA-Komponente (»Do«) beinhaltet den eigentlichen Risikomanagementprozess bestehend aus der Identifikation von Risiken, der Risikoanalyse, der Risikobeurteilung und der Risikobehandlung. Die beiden PDCA-Komponenten »Check" und »Act« werden durch die Phase »Überwachung und Überprüfung« und deren Interaktion mit den anderen Phasen abgedeckt. Die Kommunikation und Beratung unterstützt und ermöglicht übergreifend die effektive Durchführung aller Phasen des Risikomanagementprozesses.

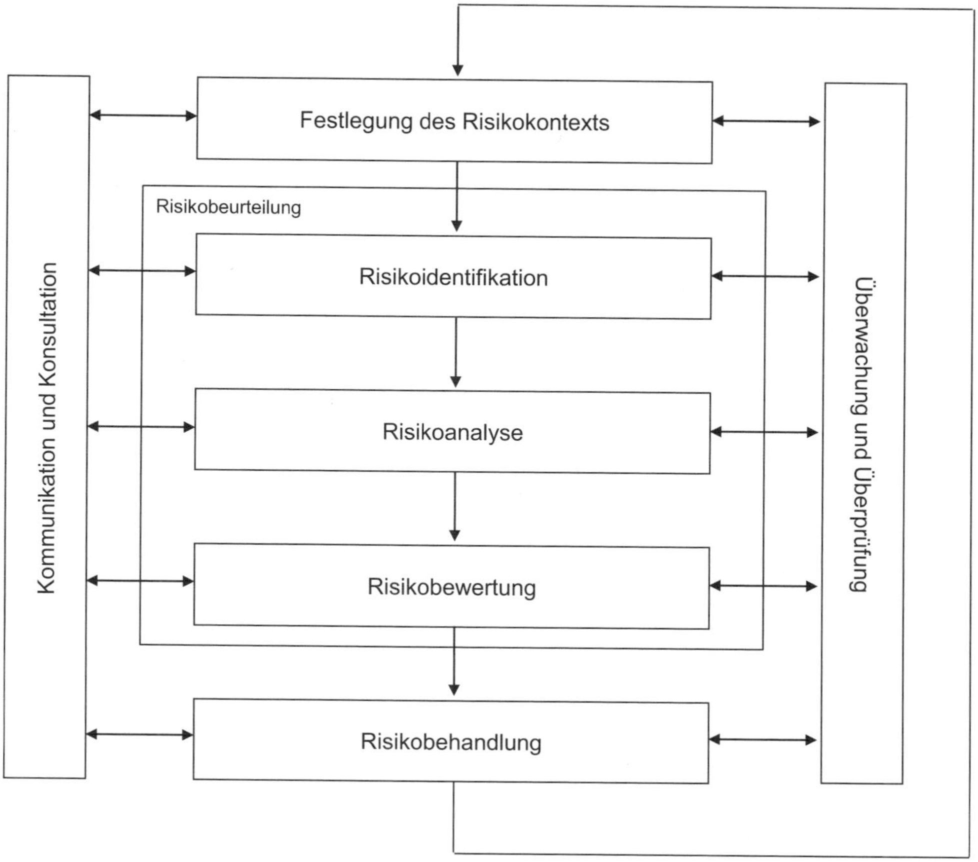

Abb. 21–3 *Risikomanagementprozesse nach ISO/IEC 31000 [ISO 2008b]*

Der Umsetzungsleitfaden »COBIT 5 for Risk« enthält ein Mapping zur ISO/IEC 31000. Das Mapping erfolgt zu den Prinzipien sowie zu den Elementen des Rahmens und zu den Prozessen der ISO/IEC 31000. Danach sind alle Inhalte der ISO/IEC 31000 durch den Umsetzungsleitfaden »COBIT 5 for Risk« adressiert. Der Umsetzungsleitfaden enthält in der Regel mehr Details als die ISO/IEC 31000, insbesondere zur Governance und zum Management von IT-Risiken.

21.2 IT-Risikomanagement im COBIT-5-Prozessreferenzmodell

Das COBIT-5-Prozessreferenzmodell adressiert das Thema IT-Risikomanagement in unterschiedlichen Prozessen. Die beiden Kernprozesse zu diesem Thema sind EDM03 (Sicherstellen der Risikooptimierung) und APO12 (Managen von Risiko). COBIT 5 betrachtet aber nicht nur die Risiken beim Betrieb von Informationssystemen, sondern auch die Risiken in den Planungs- und Entwicklungsprozessen, die häufig auch ein erhebliches Risikopotenzial bergen. Vornehmlich zu nennen sind Projektrisiken oder Risiken in der Softwareentwicklung, aber auch strategische Risiken, die mit der Festlegung der IT-Strategie und des Investitionsportfolios begründet werden. In den COBIT-Prozessen zu diesen Themen werden daher ebenfalls konkrete Anforderungen an das IT-Risikomanagement gestellt.

21.2.1 COBIT-Prozess EDM03

Die Prozesspraktiken des Governance-Prozesses EDM03 (Sicherstellen der Risikooptimierung) sollen Unternehmen unterstützen, die Risikobereitschaft und die Risikotoleranz zu verstehen, zu formulieren und zu kommunizieren. Ziel jedes Unternehmens muss es sein, dass das IT- bezogene Unternehmensrisiko die Risikobereitschaft und Risikotoleranz des Unternehmens nicht übersteigt. Dazu müssen die mit der IT-Nutzung einhergehenden Risiken auf den Unternehmenswert identifiziert und gemanagt werden. Der COBIT-Prozess EDM03 umfasst die in der Tabelle 21–1 beschriebenen drei Prozesspraktiken.

COBIT-Prozesspraktik	Kernforderungen
EDM03.01 Evaluierung des Risikomanagements	■ Kontinuierliche Analyse und Beurteilung der Wirkung von Risiken auf die derzeitige und künftige IT-Nutzung im Unternehmen ■ Das Aufsichtsorgan soll bestimmen, inwieweit die Risikobereitschaft des Unternehmens angemessen ist, und überprüfen, ob das Risiko für den Unternehmenswert in Verbindung mit der IT-Nutzung identifiziert wurde und gemanagt wird.
EDM03.02 Steuern des Risikomanagements	■ Steuerung der Einrichtung von Risikomanagementpraktiken ■ Das Aufsichtsorgan soll sicherstellen, dass die IT-Risikomanagement-Praktiken geeignet sind und dass das tatsächliche IT-Risiko nicht über seine Risikobereitschaft hinausgeht.
EDM03.03 Überwachen des Risikomanagements	■ Überwachung von wichtigen Zielen und Metriken der Risikomanagementprozesse. ■ Das Aufsichtsorgan soll festlegen, wie Abweichungen oder Probleme identifiziert, verfolgt und gemeldet werden sollen, um deren Behebung zu ermöglichen.

Tab. 21–1 *Prozesspraktiken für den COBIT-Prozess EDM03 (Sicherstellen der Risikooptimierung) [ISACA 2012b]*

Die Eingangswerte (Inputs) für diese Prozesspraktiken kommen in der Regel aus den Prozesspraktiken des nachfolgend beschriebenen COBIT-Prozesses APO12 (Managen des Risikos).

21.2.2 COBIT-Prozess APO12

Der Managementprozess APO12 (Managen des Risikos) sorgt dafür, dass das IT-bezogene Risiko kontinuierlich identifiziert, beurteilt und innerhalb der von der Geschäftsführung festgelegten Toleranzwerte reduziert wird. Ziel ist dabei, das Management des IT-bezogenen Unternehmensrisikos in das allgemeine unternehmensweite Risikomanagement (ERM) zu integrieren. Der COBIT-Prozess APO12 umfasst die in der Tabelle 21–2 beschriebenen sechs Prozesspraktiken.

COBIT-Prozesspraktiken	Kernforderungen
APO12.01 Erfassen von Daten	■ Identifikation und Erfassung der relevanten Daten ■ Dies soll eine effektive Identifizierung, Analyse und Meldung IT-bezogener Risiken ermöglichen.
APO12.02 Analysieren des Risikos	■ Entwicklung von hilfreichen Informationen (z. B. Risikoszenarien, Risikoanalyseergebnisse) für die Unterstützung von Risikoentscheidungen ■ Dabei sollen auch alle geschäftlich relevanten Risikofaktoren berücksichtigt werden.
APO12.03 Pflegen eines Risikoprofils	■ Pflege einer Bestandsliste der bekannten Risiken und Risikoattribute (einschließlich erwartete Häufigkeit, potenzielle Auswirkungen und Behandlung) sowie der zugehörigen Ressourcen, Befähigungen und aktuellen Kontrollaktivitäten
APO12.04 Artikulieren des Risikos	■ Der Chief Information Officer stellt den Anspruchsgruppen zeitnah Informationen zum aktuellen Zustand der IT-bezogenen Risikopotenziale und Chancen zur Verfügung, um den Anspruchsgruppen eine angemessene Reaktion zu ermöglichen. ■ Beispiele für Arbeitsergebnisse für diese Praktik sind Risikoanalyse- und Risikoprofilberichte, Überprüfungsergebnisse aus Risikobeurteilungen Dritter oder Möglichkeiten für die Übernahme eines größeren Risikos.
APO12.05 Definieren eines Portfolios für Risikomanagementmaßnahmen	■ Der Chief Risk Officer erstellt Projektvorschläge, um das Risiko auf ein akzeptables Maß zu reduzieren.
APO12.06 Behandeln des Risikos	■ Zeitnahe Reaktion und Einsatz effektiver Mittel, um die Tragweite von Verlusten, die durch IT-bezogene Ereignisse bedingt sind, in Grenzen zu halten ■ Der Chief Information Officer stellt beispielsweise risikobezogene Störfall-Reaktionspläne bereit oder kommuniziert Risikoauswirkungen.

Tab. 21–2 *Prozesspraktiken für den COBIT-Prozess APO12 (Managen des Risikos) [ISACA 2012b]*

Insbesondere die Prozesspraktiken APO12.1 bis APO12.4 erzeugen Arbeitsergebnisse (Outputs), die als Inputs für die Prozesspraktiken des Governance-Prozesses EDM03 dienen. Beispielsweise erzeugt die Prozesspraktik APO12.4 (Artikulieren des

Risikos) als Arbeitsergebnisse Risikoanalyse- und Risikoprofilberichte für Anspruchsgruppen, die Eingangswerte für die Governance-Praktik EDM03.03 (Überwachen des Risikomanagements) darstellen.

Bei allen Prozesspraktiken des Prozesses APO12 ist der Geschäftsprozesseigner verantwortlich beteiligt. Dies entspricht dem Prinzip, dass die Ermittlung des IT-Risikos mit der Identifizierung der kritischen Geschäftsprozesse beginnt.

21.2.3 Risikobehandlung in anderen COBIT-5-Prozessen

Das COBIT-5-Prozessreferenzmodell beschränkt sich nicht nur auf den Prozess des IT-Risikomanagements, sondern stellt Anforderungen an wichtige IT-Risikobereiche, wie das Projektrisikomanagement oder das Lieferantenrisikomanagement, nochmals separat in den thematisch zugehörigen COBIT-Prozessen.

21.2.3.1 Projektrisikomanagement

Im COBIT-Prozess BAI01 (Managen von Programmen und Projekten) wird mit der Prozesspraktik BAI01.10 ein speziell auf Projekte zugeschnittener Risikomanagementprozess gefordert (vgl. Tab. 21–3).

COBIT-Prozesspraktik	Kernforderungen
BAI01.10 Managen des Programm- und Projektrisikos	■ Minimierung des spezifischen Risikos in Verbindung mit Programmen und Projekten anhand eines systematischen Prozesses zur Planung, Identifizierung, Analyse, Behandlung, Überwachung und Kontrolle derjenigen Bereiche oder Ereignisse, die ein Potenzial für unerwünschte Änderungen bergen ■ Risiken, die im Rahmen des Programm- und Projektmanagements auftreten, sollten benannt und zentral erfasst werden.

Tab. 21–3 *COBIT-Prozesspraktik BAI01.10 zum Projektrisikomanagement [ISACA 2012b]*

Während sich das allgemeine Vorgehen für das Risikomanagement am COBIT-Prozess APO12 (Managen des Risikos) orientieren kann, wird in der Prozesspraktik BAI01.10 die Notwendigkeit betont, einen speziellen Risikomanagementprozess für IT-Projekte zu installieren. Dies steht im Einklang mit anderen Standards zum Projektmanagement, insbesondere mit dem in Abschnitt 14.6 besprochenen Leitfaden »A Guide to the Project Management Body of Knowledge« (PMBOK) vom Project Management Institute (PMI), der die wichtigsten, allgemein akzeptierten Projektmanagementmethoden und -verfahren zusammenfasst. Die Prozesspraktik benötigt jedoch Ergebnistypen vom COBIT-Prozess APO12 (Ergebnisse von Risikoanalyse).

21.2.3.2 Lieferanten-Risikomanagement

In der Domäne APO (Anpassen. Planen und Organisieren) wird im COBIT-Prozess APO10 (Managen von Lieferanten) mit der Prozesspraktik APO10.04 (vgl. Tab. 21–4) ein spezifisches Risiko behandelt, das mit der Zunahme des IT-Outsourcings immer weiter an Bedeutung gewinnt und daher separat gemanagt und an das zentrale IT-Risikomanagement berichtet werden sollte.

COBIT-Prozesspraktik	Kernforderungen
APO10.04 Managen des Lieferantenrisikos	Identifikation und Management des Risikos in Verbindung mit der Fähigkeit von Lieferanten, kontinuierlich sichere, effiziente und effektive Services bereitzustellen

Tab. 21–4 *COBIT-Prozesspraktik APO10.04 zum Lieferanten-Risikomanagement [ISACA 2012b]*

Die COBIT-Prozesspraktik APO10.04 (vgl. Tab. 21–4) fokussiert in den dazugehörigen Aktivitäten vor allem auf das Risiko der Vertragsgestaltung beim IT-Outsourcing. Darüber hinaus werden in den Aktivitäten weitere typische Aspekte einer angemessenen Gestaltung der Lieferantenbeziehung angesprochen. Die Prozesspraktik bezieht Ergebnistypen vom COBIT-Prozess APO12 (Ergebnisse von Risikobeurteilungen Dritter, Risikoanalyse- und Risikoprofilberichte für Anspruchsgruppen) und erzeugt wiederum einen Ergebnistyp für diesen COBIT-Prozess (Identifiziertes Risiko der Lieferantenleistung).

21.2.3.3 Risikoanalyse bei der Softwareauswahl und -entwicklung

Im Zusammenhang mit Projekten findet sich im COBIT-5-Prozessreferenzmodell noch ein weiteres Risiko. Die COBIT-Prozesspraktik BAI02.03 (vgl. Tab. 21–5) des COBIT-Prozesses BAI02 (Managen der Definition von Anforderungen) fordert eine Risikoanalyse im Entwicklungsprozess. Die Risikobehandlung wird jedoch als Teil des Entwicklungsprozesses gesehen und das Risiko vor allem innerhalb der Domäne BAI (Aufbauen, Beschaffen und Implementieren) weiterbehandelt.

COBIT-Prozesspraktik	Kernforderungen
BAI02.03 Managen des Anforderungsrisikos	Identifikation, Dokumentation, Priorisierung und Minderung der funktionalen, technischen und der auf die Informationsverarbeitung bezogenen Risiken, die mit den Unternehmensanforderungen und der vorgeschlagenen Lösung einhergehen

Tab. 21–5 *COBIT-Prozesspraktik BAI02.03 zum Anforderungsrisiko [ISACA 2012b]*

Die COBIT-Prozesspraktik BAI02.03 (vgl. Tab. 21–5) fordert, dass in den Prozess der Erstellung der Anforderungsdefinition und der Auswahl möglicher Lösungen Risikobetrachtungen integriert werden. In Übereinstimmung mit anderen Standards im Projektbereich wird hier die rechtzeitige Aufnahme von Anforderungen zur Minimierung späterer Risiken bereits am Beginn des Prozesses zur Softwareauswahl und -entwicklung als bewährtes Verfahren dargestellt. Die Prozesspraktik erzeugt mit dem »Register der Anforderungsrisiken« einen Ergebnistyp für die bereits dargestellte COBIT-Prozesspraktik BAI01.10 (Managen des Programm- und Projektrisikos).

21.3 Risikoereignisse identifizieren

COBIT 5 enthält nicht nur Prozesse für das IT-Risikomanagement, sondern unterstützt auch die Identifikation und Überwachung von IT-Risiken.

21.3.1 Risikoereignisse

Das IT Governance Institute hat in der Veröffentlichung »IT Control Objectives for Basel II« ein Rahmenwerk für das Management von IT-bezogenen operativen Risiken im Kontext der Basler Eigenkapitalvereinbarung (Basel II) entwickelt. Hintergrund waren die Auswirkungen der vom Basler Ausschuss für Bankenaufsicht damals neu entwickelten Regelungen, die erstmals auch eine Messung des operationellen Risikos und die Ermittlung einer Eigenkapitalunterlegung für diese operationellen Risiken vorsahen.

Die Gründe für die explizite Berücksichtigung von operationellen Risiken waren die erheblichen Verluste bei namhaften Banken, die durch effektive Kontrollmaßnahmen und besser konzipierte Geschäftsabläufe hätten verhindert werden können. Weitere Gründe waren die verstärkte Abhängigkeit der Kreditinstitute von der IT, die intensive Ausrichtung auf die Nutzung des Internets, die gestiegene Komplexität von Finanzprodukten und die steigende Zahl von Vertriebskanälen.

Das operationelle Risiko wird dabei vom Basler Ausschuss folgendermaßen definiert:

Definition Operationelles Risiko [BIZ 2006]:

»Operationelles Risiko ist die Gefahr von Verlusten, die infolge der Unzulänglichkeit oder des Versagens von internen Verfahren, Menschen und Systemen oder infolge externer Ereignisse eintreten.«

Informationstechnologie ist eine der wesentlichen Komponenten des operationellen Risikos und eine verlässliche Informationsverarbeitung ein wichtiges Element, um die Eigenkapitalunterlegung in diesem Bereich zu optimieren. Basel II hat für das operationelle Risiko Verlustereignisse in Ereigniskategorien (event types) klassifiziert, die eine Strukturierungshilfe für das Management der operationellen Risiken sein können. Diese haben immer auch einen IT-Aspekt, der in der Tab. 21–6 mit den diese IT-Risiken minimierenden COBIT-4.1-Prozessen zusammengestellt ist.

Ereigniskategorie	Beispiele mit IT-Aspekten	Hilfreiche COBIT-4.1-Prozesse
Interne betrügerische Handlungen	■ Unbefugte Handlungen sowie Diebstahl und Betrug mithilfe von IT-Systemen: • Manipulation von System- oder Anwendungsdaten, Programmen, Jobabläufen, Hardware (z. B. Falschbezeichnung einer Position, unzulässige Transaktionserfassung) • unautorisierte Nutzung von Änderungsfunktionalitäten • Verwendung unlizenzierter oder unautorisierter Software • Umgehung von Zugriffsbeschränkungen	■ PO6 Kommuniziere Managementziele und -vorgaben ■ DS5 Gewährleiste Systemsicherheit ■ DS9 Manage die Konfiguration ■ DS12 Manage die physische Umgebung
Externe betrügerische Handlungen	■ Schäden durch Hackeraktivitäten ■ Diebstahl von Informationen	■ DS5 Gewährleiste Systemsicherheit
Beschäftigungspraxis und Arbeitsplatzsicherheit	■ Missbrauch von IT-Ressourcen ■ Fehlen von Sicherheitsbewusstsein	■ PO6 Kommuniziere Managementziele und -vorgaben ■ DS5 Gewährleiste Systemsicherheit
Kunden, Produkte und Geschäftsgepflogen-heiten	■ Verletzung von Datenschutzbestimmungen ■ Missbrauch vertraulicher Informationen	■ PO6 Kommuniziere Managementziele und -vorgaben
Sachschäden	■ Schäden an der physischen IT-Infrastruktur durch Katastrophen und andere Ereignisse	■ DS12 Manage die physische Umgebung
Geschäftsunter-brechungen und Systemausfälle	■ Verlust, Diebstahl oder Fehlfunktionen von Hardware oder Software ■ Störungen der Telekommunikation ■ Ausfall/Störung der Stromversorgung ■ Sabotage durch Mitarbeiter ■ Verlust von Schlüsselpersonal ■ Computerviren ■ Versagen der Datensicherung ■ »Denial-of-Service«-Attacken ■ Fehlerhaftes Freigabe- und Konfigurationsmanagement	■ AI7 Installiere und genehmige Änderungen ■ DS3 Manage Leistung und Kapazität ■ DS4 Gewährleiste kontinuierlichen Service ■ DS5 Gewährleiste Systemsicherheit ■ DS9 Manage die Konfiguration ■ DS11 Manage Daten

→

Ereigniskategorie	Beispiele mit IT-Aspekten	Hilfreiche COBIT-4.1-Prozesse
Abwicklung, Lieferung und Prozessmanagement	■ Störungen der IT-Kommunikationsinfrastruktur ■ Fehler bei der Dateneingabe, -pflege oder -speicherung ■ fehlerhafte Anwendung von Systemen ■ ungenehmigter Zugriff auf Konten ■ Auslagerungen ■ Fehler bei IT-Providern ■ Fehler bei der Handhabung von Datenträgern oder bei der Wiederherstellung von Systemen ■ fehlerhaftes Test- und Änderungsmanagement	■ AI3 Beschaffe und pflege die technologische Infrastruktur ■ AI6 Manage Änderungen ■ AI7 Installiere und genehmige Änderungen ■ DS2 Manage die Services von Dritten ■ DS5 Gewährleiste Systemsicherheit ■ DS11 Manage Daten

Tab. 21–6 *Ereigniskategorien nach Basel II mit IT-bezogenen Beispielen und korrespondierenden COBIT-4.1-Prozessen (in Anlehnung an [ITGI 2007g] und [BIZ 2006])*

Auf Basis der Vielzahl der möglichen Risikoereignisse können relevante IT-Risikoszenarien gebildet werden. Dabei sollten relevante Ereignisse in einen konkreten Unternehmenskontext gesetzt und deren Wahrscheinlichkeit und geschäftliche Auswirkungen bestimmt werden. In der ITGI-Veröffentlichung »IT Control Objectives for Basel II« sind bereits zehn generische IT-Risikoszenarien unterteilt in Kategorie A (sehr wichtig) und B (wichtig) beschrieben. In COBIT 5 sind diese Szenarien erheblich erweitert worden (siehe Abschnitt 21.4)

21.3.2 Risikoindikatoren

Risikoindikatoren sind ein Managementinstrument, um Trends zu analysieren und damit Handlungsmöglichkeiten zu eröffnen und Risiken zu erkennen, bevor sie eintreten. COBIT enthält für jeden Prozess eine Auswahl von Metriken auf Prozess- und IT-Ebene. Diese Metriken eignen sich auch als mögliche Risikoindikatoren. Als Beispiel soll eine der Metriken auf der IT- und Prozess-Ebene für den COBIT-Prozess BAI06 (Managen von Änderungen) dienen (siehe Abschnitt 11.1.3.4):

- Anzahl und Alter der aufgelaufenen Änderungsanträge

Diese Metrik dient zur Messung des ersten Prozesszieles BAI06-O1 (Genehmigte Änderungen erfolgen rechtzeitig und nahezu fehlerfrei). Als Risikoindikator könnte diese Metrik abgewandelt werden in:

- Anzahl der aufgelaufenen Änderungsanträge älter als 30 Tage

Als Schwellwerte für das Management könnten dazu definiert werden:

- Gelbe Ampel: Anzahl größer als 5 und kleiner als 10
- Rote Ampel: Anzahl größer als 10

Die Prozessmetriken können also – mit unternehmensindividuellen Schwellwerten und Tendenzen versehen – als Anregung für Risikoindikatoren im Rahmen eines Risikomanagementreportings verwendet werden. Eine Nutzung als weitere Basis für Risiko-Workshops zur Identifikation von IT-Risiken ist ebenso denkbar.

21.4 Risikoszenarien bilden

Im Risikomanagementprozess müssen Risiken identifiziert, analysiert und behandelt werden. Risikoszenarien unterstützen diese Aktivitäten. Risikoszenarien sind greifbare und bewertbare Darstellungen von Risikoereignissen. Die Bildung von Risikoszenarien ist eine Technik des Risikomanagements, um von der Ereignisdefinition zu einem Risikoportfolio zu gelangen. Risikoszenarien werden durch die Kombination verschiedener Einzelrisiken zu praxisnahen, allgemeinen Szenarien gebildet. In der Regel fließen in die Szenariobildung sowohl die Meinung von Experten als auch externe Daten ein. Risikoszenarien werden in COBIT 5 for Risk folgendermaßen definiert:

Definition Risikoszenario [ISACA 2013f]:

»Ein Risikoszenario ist eine Beschreibung eines möglichen Ereignisses, das bei Eintritt eine ungewisse Auswirkung auf die Erreichung der Unternehmensziele hat. Die Auswirkung kann positiv oder negativ sein.«

Der Umsetzungsleitfaden »COBIT 5 Implementation« enthält im Anhang C eine Aufstellung von Risikoszenarien, die zur Identifikation sowie zur Beurteilung und Festlegung von risikomindernden Maßnahmen genutzt werden kann. Diese Risikoszenarien sind dem ISACA-Rahmenwerk Risk IT entnommen und auf COBIT 5 angepasst worden. Die Risikoszenarien sind dabei den aus Risk IT bekannten Risikokategorien zugeordnet:

Risikokategorie	IT-Risikoszenarien
■ IT-Nutzen-/Wertbeitragsrisiko (IT Benefit/Value Enablement Risk)	■ Auswahl von IT-Programmen (IT Programme Selection) ■ Neue Technologien (New Technologies) ■ Auswahl von Technologie (Technology Selection) ■ Entscheidungsfindung über IT-Investitionen (IT Investment Decision Making) ■ Verantwortung für die IT (Accountability over IT) ■ Beenden von IT-Projekten (IT Project Termination) ■ Wirtschaftlichkeit von IT-Projekten (IT Project Economics)

→

Risikokategorie	IT-Risikoszenarien
■ IT-Programm- und Projektrisiko (IT Programme and Project Delivery Risk)	■ Architekturagilität und -flexibilität (Architectural Agility and Flexibility) ■ Integration von IT in Geschäftsprozesse (Integration of IT within Business Processes) ■ Softwareimplementierung (Software Implementation) ■ Projektabwicklung (Project Delivery) ■ Projektqualität (Project Quality)
■ IT-Betriebs- und IT-Serviceerbringungsrisiko (IT Operations and Service Delivery Risk)	■ Zustand der Infrastrukturtechnologie (State of Infrastructure Technology) ■ Alterung der Anwendungssoftware (Ageing of Application Software) ■ Aufsichtsrechtliche Compliance (Regulatory Compliance) ■ Auswahl/Leistung von Drittanbietern (Selection/Performance of Third-party Suppliers) ■ Infrastrukturdiebstahl (Infrastructure Theft) ■ Zerstörung der Infrastruktur (Destruction of Infrastructure) ■ IT-Mitarbeiter (IT Staff) ■ IT-Kenntnisse und -Fähigkeiten (IT Expertise and Skills) ■ Softwareintegrität (Software Integrity) ■ Infrastruktur (Hardware) (Infrastructure (Hardware)) ■ Leistung von Software (Software Performance) ■ Systemkapazität (System Capacity) ■ Alterung der Infrastruktursoftware (Ageing of Infrastructural Software) ■ Malware (Malware) ■ Logische Angriffe (Logical Attacks) ■ Informationsmedien (Information Media) ■ Leistung von Dienstprogrammen (Utilities Performance) ■ Arbeitskampfmaßnahmen (Industrial Action) ■ Daten-/Datenbankintegrität (Data(base) Integrity) ■ Logischer »Hausfriedensbruch« (Logical Trespassing) ■ Operationale IT-Fehler (Operational IT Errors) ■ Vertragliche Compliance (Contractual Compliance) ■ Umweltschutz (Environmental) ■ Naturereignisse (Acts of Nature)

Tab. 21–7 *Übersicht der Risikoszenarien [ITGI 2012c]*

Im Anhang C des Umsetzungsleitfadens »COBIT 5 Implementation« wird jedes Szenario anhand eines Beispiels beschrieben und es werden die COBIT-Prozesse aufgeführt, die zur Verminderung des Risikos genutzt werden können. Am Beispiel des IT-Risikoszenarios »Softwareimplementierung« ist dies in Tabelle 21–8 dargestellt.

IT-Risikoszenario	Beschreibung der Szenarien	Hilfreiche COBIT-5-Prozesse
Softwareimplementierung	▪ Betriebliche Störungen, wenn neue Software in Betrieb genommen wird ▪ Benutzer, die nicht bereit zur Nutzung der neuen Anwendungssoftware sind	▪ APO11 Managen der Qualität ▪ BAI01 Managen von Programmen und Projekten ▪ BAI02 Managen der Definition von Anforderungen ▪ BAI03 Managen von Lösungsidentifizierung und Lösungserstellung ▪ BAI05 Managen der Ermöglichung organisatorischer Änderungen ▪ BAI06 Managen von Änderungen ▪ BAI07 Managen der Abnahme und Produktivsetzung von Änderungen ▪ BAI08 Managen von Wissen

Tab. 21–8 *IT-Risikoszenario Softwareimplementierung und zugeordnete IT-Risikoszenarien [ITGI 2012c]*

Umgekehrt kann aus der Übersicht im Anhang C des Umsetzungsleitfadens »COBIT 5 Implementation« auch extrahiert werden, auf welche IT-Risikoszenarien ein bestimmter COBIT-Prozess wirkt. Der in diesem Buch betrachtete COBIT-Prozess BAI06 (Managen von Änderungen) wirkt beispielsweise auf die in Tabelle 21–9 dargestellten Risikoszenarien.

IT-Risikoszenario	Beschreibung der Szenarien
Softwareimplementierung	▪ Betriebliche Störungen, wenn neue Software in Betrieb genommen wird ▪ Benutzer, die nicht bereit zur Nutzung der neuen Anwendungssoftware sind
Softwareintegrität	▪ Vorsätzliche Modifikation der Software, die zu falschen Daten oder betrügerischen Handlungen führt ▪ Unbeabsichtigte Änderung der Software, die zu unerwarteten Ergebnissen führt ▪ Unbeabsichtigte Konfigurations und Änderungsmanagementfehler
Daten-/Datenbankintegrität	▪ Vorsätzliche Änderung von Daten (z. B. Buchhaltung, sicherheitsrelevante Daten, Verkaufszahlen) ▪ Datenbankkorruption (z. B. Kunden- oder Transaktionsdatenbank)

Tab. 21–9 *Übersicht der dem COBIT-Prozess BAI06 (Managen von Änderungen) zugeordneten IT-Risikoszenarien [ITGI 2012c]*

Die Bündelung von Einzelrisiken zu konkreten Risikoszenarien erleichtert die Diskussion über Risiken erheblich. Die angeführten Szenarien stellen einen guten Ausgangspunkt dar, müssen aber noch konkret auf das Unternehmen und dessen Systemumgebung angepasst werden. In der Praxis können Risikoszenarien sowohl top-down, ausgehend von den Unternehmenszielen, als auch bottom-up, ausgehend von generischen Risikoszenarien, entwickelt werden. Beide Ansätze sollten komplementär verwendet werden. Damit Risikoszenarien den Risikomanagementprozess optimal unterstützen, sollten sie folgenden Komponenten umfassen:

- Akteur (Actor) – Erzeuger einer Bedrohung, die eine Schwachstelle ausnutzt. Akteure können intern oder extern sein.
- Bedrohungstyp (Threat Type) – Merkmal des Ereignisses. Beispiele sind bösartig, zufällig, Versagen, Naturereignis
- Ereignis (Event) – Das Ereignis kann Systemunterbrechungen, Veröffentlichung vertraulicher Informationen, Diebstahl oder Zerstörung umfassen.
- Asset/Ressource (Asset/Resource) – Ein Asset ist jedes Element mit Wert für das Unternehmen, das durch ein Ereignis beeinflusst werden kann und geschäftliche Auswirkungen hat. Ressourcen unterstützen die Erreichung von Unternehmens- und IT-Zielen. Beispiele sind Mitarbeiter, Fähigkeiten, Organisationsstrukturen, Prozesse und Infrastrukturkomponenten.
- Zeit (Time) – Die Zeitdimension umfasst den genauen Zeitpunkt des Szenarioeintritts, die Dauer, den Entdeckungszeitpunkt und die Zeitspanne zwischen Ereignis und Auswirkung.

Jedes Unternehmen sollte sein eigenes Risikoregister an Risikoszenarien aufbauen und dieses als Ausgangspunkt für die Risikoanalyse verwenden. Die Anzahl der relevanten Risikoszenarien sollte aber überschaubar und damit handhabbar gehalten werden. Weitere bewährte Praktiken bei der Verwendung von Risikoszenarien sind:

- Risikoszenarien und Risikofaktoren sollten aktuell und gepflegt sein.
- Risikoszenarien sollten verwendet werden, um das Risikobewusstsein und die Risikoerkennung zu erhöhen.
- Generische Risikoszenarien sollten als Ausgangspunkt verwendet werden und, wenn erforderlich, dann mit mehr Details verfeinert werden.
- Anzahl der Risikoszenarien sollte repräsentativ sein.
- Risikosystematik sollte die ökonomische Realität und Komplexität widerspiegeln.
- Eine generische Risikoszenario-Struktur sollte verwendet werden, um die Risikoberichterstattung zu vereinfachen.
- An das Personal und die Fertigkeiten für die Entwicklung von relevanten Risikoszenarien sollten angemessene Anforderungen gestellt werden.
- Ein Risikoszenario-Entwicklungsprozess sollte verwendet werden, um »Buy-in« zu erhalten.
- Die erste Verteidigungslinie sollte in den Risikoszenario-Entwicklungsprozess einbezogen werden.

- Es sollten nicht ausschließlich seltene und extreme Risikoszenarien betrachtet werden.
- Komplexe Risikoszenarien sollten von einfachen Risikoszenarien durch Aufzeigen von Auswirkungen und Abhängigkeiten abgeleitet werden.
- Systemische und ansteckende Risiken sollten berücksichtigt werden.

21.4.1 Generische Risikoszenarien

Ein generisches Risikoszenario dient als Vorlage für die Risikoanalyse und muss unter Berücksichtigung der geschäftlichen Auswirkungen angepasst werden. Im Umsetzungsleitfaden »COBIT 5 for Risk« sind 111 beispielhafte Risikoszenarien aufgeführt, die 20 generische Szenariokategorien zugeordnet worden sind. Die Kategorien der Risikoszenarien umfassen:

- Portfolioaufbau und -pflege (Portfolio Establishment and Maintenance)
- Programm- und Projektlebenszyklusmanagement (Programme/Projects Life Cycle Management)
- IT-Investitionsentscheidung (IT Investment Decision Making)
- IT-Fachkenntnisse und IT-Fähigkeiten (IT Expertise and Skills)
- Betrieb durch Mitarbeiter (Staff Operations)
- Information (Information)
- Architektur (Architecture)
- Infrastruktur (Infrastructure)
- Software (Software)
- Geschäftseigentümerschaft von IT (Business Ownership of IT)
- Lieferantenauswahl/-leistung, Vertragseinhaltung, Beendigung und Übertragung von Dienstleistungen
- regulatorische Compliance (Regulatory Compliance)
- Geopolitik (Geopolitical)
- Infrastrukturdiebstahl und -zerstörung (Infrastructure Theft or Destruction)
- Schadsoftware (Malware)
- logische Angriffe (Logical Attacks)
- Arbeitskampfmaßnahmen (Industrial Action)
- Umwelt (Environmental)
- Naturereignisse (Acts of Nature)
- Innovation (Innovation)

Der in diesem Buch als Beispiel verwendete Change-Management-Prozess ist risikomitigierend für die Risikoszenariokategorie »Software«, die daher exemplarisch den Aufbau der Risikoszenarien im Umsetzungsleitfaden »COBIT 5 for Risk« verdeutlichen soll. Die nachfolgende Tabelle stellt die Risikoszenarien für die Risikoszenariokategorie »Software« (Auswahl/Implementation, Betrieb und Abschaltung) dar, die alle primär der Risikokategorie »IT-Nutzen-/Wertbeitragsrisiko« zugeordnet sind, da die Risikoszenarien dieser Risikoszenariokategorie vor allem verpasste Chancen der IT-Optimierung von Geschäftsprozessen betreffen. In zweiter Linie (sekundär) sind die Risikoszenarien aufgrund des Einflusses auf das Leistungsverhalten und die Verfügbarkeit von IT-Systemen und IT-Services der Risikokategorie »IT-Betriebs- und IT-Serviceerbringungsrisiko« zugeordnet.

Negatives Risikoszenario (beispielhaft)	Positives Riskoszenario (beispielhaft)
Die Software kann nicht verwendet werden, um die gewünschten Ergebnisse zu erzeugen.	Die Software im Einsatz regt die Entwicklung neuer Ideen an.
Unreife Software (Early Adopters, Bugs etc.) wird implementiert.	
Die falsche Software (Kosten, Leistung, Funktionen, Kompatibilität etc.) ist für die Umsetzung ausgewählt.	Eine Upfront-Analyse wird durchgeführt und ein Business Case wird erstellt, um eine angemessene Auswahl an Software zu gewährleisten.
Es gibt operative Pannen, wenn neue Software in Betrieb genommen wird.	Speziell für die Benutzer angepasstes Training und Benutzerakzeptanz-Tests werden vor der GoLive-Entscheidung durchgeführt, um sicherzustellen, dass der Umstieg auf die neue Software reibungslos verläuft und weiterhin Mehrwert für das Geschäft generiert wird.
Benutzer können neue Anwendungssoftware nicht nutzen.	
Vorsätzliche Modifikation von Software führt zu falschen Daten oder betrügerischen Handlungen.	Das Vier-Augen-Prinzip wird für bestimmte Dateneingaben/-änderungen angewendet, um den Anreiz für betrügerische Handlungen zu verringern bzw. unerwartete Ergebnisse zu verhindern.
Unbeabsichtigte Änderungen von Software führen zu unerwarteten Ergebnissen.	
Unbeabsichtigte Konfigurations- und Change-Management-Fehler treten auf.	Unternehmensweites Konfigurationsmanagement verringert die Lösungszeit im Incident und Problem Management.
Regelmäßig treten Softwarestörungen bei kritischer Anwendungssoftware auf.	Angemessene Tests werden vor der Go-Live-Entscheidung durchgeführt, um die Verfügbarkeit und Funktionsfähigkeit der Software zu gewährleisten.
Sporadisch treten Softwareprobleme bei wichtiger Systemsoftware auf.	

→

Negatives Risikoszenario (beispielhaft)	Positives Riskoszenario (beispielhaft)
Anwendungssoftware ist veraltet (z. B. alte Technologie, schlecht dokumentiert, teuer im Unterhalt, schwierig zu erweitern, nicht in der aktuellen Architektur integriert).	IT ist ein Innovator und ermöglicht eine Zwei-Wege-Interaktion zwischen Geschäftsbereichen und IT.
Eine Rückkehr zu früheren Versionen bei operativen Problemen mit der neuen Version ist nicht möglich.	Sicherungs- und Wiederherstellungspunkte sind im Einklang mit der geschäftlichen Kritikalität definiert, um Roll-Back-Verfahren zu ermöglichen.

Tab. 21–10 *Beispielhafte Risikoszenarien für die Risikoszenariokategorie »Software« [ISACA 2013f]*

Die beispielhaften Risikoszenarien in Tabelle 21–10 umfassen teilweise auch positive Risikoszenarien. In diesem Falle ist das Ergebnis des Szenarios für das Unternehmen wertschöpfend oder werterhaltend (Value Creation or Preservation), während bei negativen Risikoszenarien im Ergebnis immer Wert vernichtet (Value Destruction or Fail to Gain) wird. Im Risikoszenario in der ersten Zeile der Tabelle 21–10 kann das negative Ergebnis beispielsweise das Misslingen der erforderlichen Änderungen am Geschäftsmodell oder der Organisation sein, während das positive Ergebnis eine kontinuierliche Verbesserung bedeuten könnte.

Um die Risikoszenarien in der Risikoszenariokategorie »Software« (Auswahl/Implementation, Betrieb und Abschaltung) zu mitigieren, sollten die sieben Enabler aus dem COBIT-5-Rahmenwerk entsprechend ausgestaltet sein. In Tabelle 21–11 ist für jeden Enabler aufgeführt, welche Ausprägungen zur Abmilderung des Risikos beitragen können.

Enabler	Referenz
Prinzipien, Richtlinien und Rahmenwerke	■ Change-Management-Richtlinie ■ Roll-Back-Verfahren ■ Architekturprinzipien
Prozesse	■ BAI03 Managen von Lösungsidentifizierung und Lösungserstellung (BAI03.01, BAI03.02, BAI03.03, BAI03.05, BAI03.06, BAI03.07, BAI03.08, BAI03.09, BAI03.10) ■ BAI05 Managen der Ermöglichung organisatorischer Veränderungen (BAI05.05) ■ BAI06 Managen von Änderungen (BAI06.01 – BAI06.04) ■ BAI07 Managen der Abnahme und Produktivsetzung von Änderungen (BAI07.01, BAI07.03, BAI07.05, BAI07.08) ■ BAI08 Managen von Wissen (BAI08.01, BAI08.04) ■ BAI10 Managen der Konfiguration (BAI10.04, BAI10.05)
Organisationsstrukturen	■ Leiter Entwicklung ■ Leiter Architektur
Kultur, Ethik und Verhalten	■ Tests finden auf allen Ebenen statt

→

Enabler	Referenz
Information	■ Architekturmodell ■ Designspezifikation ■ Qualitätssicherungspläne ■ Wartungspläne
Dienstleistungen, Infrastruktur und Anwendungen	■ Integrierte Entwicklungsumgebung ■ Wissensspeicher
Mitarbeiter, Fähigkeiten und Kompetenzen	■ Architekturbezogene Fähigkeiten ■ Technische Fähigkeiten

Tab. 21–11 *Ausprägung der Enabler zur Mitigation der Risikoszenarien für die Risikoszenariokategorie »Software« [ISACA 2013f]*

Im Anhang D des Umsetzungsleitfadens »COBIT 5 for Risk« sind die Beiträge zur Abmilderung der Risikoszenariokategorie »Software« für jede Ausprägung des Enablers weiter erläutert. Beispielsweise umfassen die architekturbezogenen Fähigkeiten des Enablers Mitarbeiter, Fähigkeiten und Kompetenzen, dass eine effiziente und effektive Architektur entwickelt werden kann, die an den Geschäftsanforderungen ausgerichtet ist. Die technischen Fähigkeiten beinhalten das Management der verschiedenen Infrastrukturkomponenten.

Ebenso sind im Anhang D des Umsetzungsleitfadens »COBIT 5 for Risk« für die anderen 19 generischen Kategorien der Risikoszenarien jeweils alle sieben Enabler detailliert beschrieben.

21.5 Governance und Management der Risiko-Funktion

Der Umsetzungsleitfaden »COBIT 5 for Risk« wendet das ganzheitliche Konzept der Enabler auch auf die für Risiken zuständige Organisationseinheit selbst an, um eine funktionsfähige Risiko-Funktion in einem Unternehmen aufzubauen und zu erhalten (Risk Function Perspective). Dazu werden die Enabler in folgender Weise interpretiert:

- Prinzipien, Richtlinien und Rahmenwerke für das Risikomanagement, wie Risikoprinzipien, Risikorichtlinien und Compliance-Ansätze
- Kernprozesse für das Risikomanagement (EDM03, APO12) sowie weitere Prozesse für die Risiko-Funktion
- risikospezifische Organisationsstrukturen, wie der Risikoausschuss des Unternehmens (ERM committee) oder der CRO (Chief Risk Officer)
- Faktoren der Kultur, Ethik und Verhalten zur Unterstützung des Riskomanagements
- risikospezifische Informationstypen, wie Risikoprofile, Risikoszenarien und Risikoübersichten

- Dienstleistungen, Infrastruktur und Anwendungen, um die Risiko-Funktion zu unterstützen
- risikospezifische Fähigkeiten und Kompetenzen der benötigten Mitarbeiter

Die im Umsetzungsleitfaden »COBIT 5 for Risk« enthaltenen bewährten Praktiken der einzelnen Enabler für die Risiko-Funktion werden in den nachfolgenden Abschnitten vorgestellt.

21.5.1 Prinzipien, Richtlinien und Rahmenwerke für die Risiko-Funktion

Der Umsetzungsleitfaden »COBIT 5 for Risk« führt sieben bewährte Risikoprinzipien auf, die eine systematische und strukturierte Basis für das Risikomanagement bilden [ISACA 2013f].

Prinzip	Erläuterung
Verbindung zu Zielen des Unternehmens (Connect to Enterprise Objectives)	▪ Ziele des Unternehmens und die Höhe des Risikos, das das Unternehmen bereit ist zu nehmen, sind klar definiert und treiben das IT-Risikomanagement.
Ausrichtung am unternehmensweiten Risikomanagement (Align with ERM)	▪ IT-Risiko wird als unternehmerisches Risiko behandelt (und nicht als eine separate Art von Risiko), und der Ansatz ist umfassend und bereichsübergreifend.
Ausgleich zwischen Kosten und Nutzen von IT-Risiken (Balance Cost/Benefit of IT Risk)	▪ Das IT-Risiko wird priorisiert und steht im Einklang mit der Risikobereitschaft und der Risikotoleranz.
Förderung einer fairen und offenen Kommunikation (Promote Fair and Open Communication)	▪ Genaue, zeitgerechte und transparente Informationen über IT-Risiken werden offen ausgetauscht und dienen als Grundlage für alle risikorelevanten Entscheidungen.
Etabliere »Tone at the Top« und Verantwortlichkeit (Establish Tone at the Top and Accountability)	▪ Schlüsselpersonen sind in das IT-Risikomanagement eingebunden und berücksichtigen die Unternehmenskultur und das Verhalten der Mitarbeiter. ▪ Sie treffen fundierte Entscheidungen mit entsprechenden Verantwortlichkeiten. Die Entscheidungen basieren auf den besten verfügbaren Informationen und adressieren ausdrücklich auch die Unsicherheit.
Teil der täglichen Aktivitäten (Function as Part of Daily Activities)	▪ Risikomanagementpraktiken sind entsprechend priorisiert und in die Entscheidungsprozesse des Unternehmens eingebettet.
Konsistenter Ansatz (Consistent Approach)	▪ Risikomanagementpraktiken werden kontinuierlich angewendet und verbessert, erweitert und angepasst.

Tab. 21–12 *Übersicht der Risikoprinzipien [ISACA 2013f]*

Die Risikoprinzipien können in der Praxis als Referenz bei der Einführung von Risikorichtlinien dienen. Risikorichtlinien liefern mehr detaillierte Hinweise, wie Risikoprinzipien in der Unternehmenspraxis umgesetzt werden und wie sie die Entscheidungsfindung beeinflussen. Als zentrale Richtlinie sieht der Umsetzungsleitfaden »COBIT 5 for Risk« eine IT-Risikorichtlinie (Core IT Risk Policy), die auf strategischer, taktischer und operativer Ebene definiert, wie die Unternehmensrisiken im Hinblick auf die Unternehmensziele überwacht und gesteuert werden sollen. Je nach Unternehmensgröße können zu den nachfolgenden Themenbereichen weitere Richtlinien existieren oder mit in der zentralen Richtlinie enthalten sein:

- Richtlinie zur Informationssicherheit (Information Security Policy)
- Richtlinie zum Krisenmanagement (Crisis Management Policy)
- Richtlinie zum IT-Providermanagement (Third-Party IT Service Delivery Management Policy)
- BCM-Richtlinie (Business Continuity Policy)
- Programm- und Projektmanagementrichtlinie (Programme/Project Management Policy)
- Personalrichtlinie (Human Resources Policies)
- Richtlinie zum Betrugsrisiko (Fraud Risk Policy)
- Compliance-Richtlinie (Compliance Policy)
- Richtlinie zum ethischen Verhalten (Ethics Policy)
- Qualitätsmanagementrichtlinie (Quality Management Policy)
- Richtlinie zum Service-Management (Service Management Policy)
- Richtlinie zum Änderungsmanagement (Change Management Policy)
- Richtlinie zur Delegation von Verantwortung (Delegation of Authority Policy)
- Whistleblowing-Richtlinie (Whistleblower Policy)
- IKS-Richtlinie (Internal Control Policy)
- IP-Richtlinie (Intellectual Property (IP) Policy)
- Datenschutzrichtlinie (Data Privacy Policy)

21.5.2 Prozesse für die Risiko-Funktion

Im Umsetzungsleitfaden »COBIT 5 for Risk« werden aus dem COBIT-5-Prozessreferenzmodell die Prozesse extrahiert, die für eine effektive Risiko-Funktion relevant sind. Neben den bereits erwähnten (siehe Abschnitt 21.2.1 f.) Prozessen EDM03 (Sicherstellen der Risikooptimierung) und APO12 (Managen von Risiko) sind dies die in Tabelle 21–13 dargestellten COBIT-Prozesse:

COBIT-Prozess	Relevanz und Output für die Risiko-Funktion
EDM01 Sicherstellen der Einrichtung und Pflege des Governance-Rahmenwerks	■ Risikomanagement erfordert den Aufbau eines angemessenen Governance-Rahmens, um Strukturen, Grundsätze, Verfahren und Praktiken in Kraft zu setzen. ■ Output: Grundsätze für die Risiko-Governance
EDM02 Sicherstellen der Bereitstellung von Mehrwert	■ Dieser Prozess konzentriert sich auf das Management des Mehrwertes, das die Risiko-Funktion generiert. ■ Output: Maßnahmen, um den Wertbeitrag durch Risikomanagement zu verbessern
EDM05 Sicherstellen der Transparenz gegenüber Anspruchsgruppen	■ Die unternehmensweite Risiko-Funktion verlangt eine transparente Messung der Leistung und Konformität mit von den Anspruchsgruppen genehmigten Zielen und Kennzahlen. ■ Output: Auswertung der Anforderungen an die Risikoberichterstattung
APO02 Managen der Strategie	■ Die IT-Risikomanagement-Strategie muss klar definiert und am unternehmensweiten Risikomanagementansatz ausgerichtet werden. ■ Output: Risikomanagementstrategie
APO06 Managen von Budget und Kosten	■ Die Risiko-Funktion muss budgetiert werden. ■ Output: Finanz-und Budgetbedarf
APO07 Managen des Personals	■ Risikomanagement erfordert die richtige Menge an Menschen, Fähigkeiten und Erfahrungen. ■ Output: HR-Kompetenzrahmenwerk
APO08 Managen von Beziehungen	■ Pflegen der Beziehungen zwischen der Risiko-Funktion und den Geschäftsbereichen. ■ Output: Risikomanagement-Kommunikationsplan
APO11 Managen der Qualität	■ Ergebnisse des Risikomanagementprozesses sollten gemäß dem unternehmensweiten Qualitätsmanagementsystem behandelt werden. ■ Output: Qualitätsbewertung der Ergebnisse des Risikomanagementprozesses
BAI08 Managen von Wissen	■ Der Risiko-Funktion muss das erforderliche Wissen, um die Mitarbeiter in ihrer Arbeit zu unterstützen, bereitgestellt werden. ■ Output: • Klassifizierung von Informationen der Risiko-Funktion • Zugriffskontrolle auf Informationen • Regeln für die Entsorgung von Informationen
MEA01 Überwachen, Evaluieren und Beurteilen von Leistung und Konformität	■ Risikomanagement ist ein wesentlicher Aspekt bei der Überwachung, Bewertung und Beurteilung von Geschäftsbereichen und IT. ■ Output: Metriken und Ziele zur Risikoüberwachung
MEA02 Überwachen, Evaluieren und Beurteilen des internen Kontrollsystems	■ Das interne Kontrollsystem ist entscheidend bei der Überwachung und Begrenzung von Risiken. ■ Output: Ergebnisse der Überwachung und Bewertung des internen Kontrollsystems
MEA03 Überwachen, Evaluieren und Beurteilen der Compliance mit externen Anforderungen	■ Die Einhaltung von Gesetzen, Vorschriften und vertraglichen Anforderungen stellt ein Risiko dar und muss vor dem Hintergrund der Unternehmensstrategie überwacht, bewertet und beurteilt werden. ■ Output: Berichte über Nicht-Compliance-Vorfälle und deren Ursachen

Tab. 21-13 *Übersicht der für die Risiko-Funktion relevanten COBIT-Prozesse [ISACA 2013f]*

Im Anhang B.2 des Umsetzungsleitfadens »COBIT 5 for Risk« werden für jeden dieser für die Risiko-Funktion interpretierten Prozesse die spezifischen Outputs weiter beschrieben.

21.5.3 Organisationsstrukturen für die Risiko-Funktion

Der Umsetzungsleitfaden »COBIT 5 for Risk« erläutert die wesentlichen Organisationsstrukturen, die für eine effektive Bereitstellung einer Risiko-Funktion notwendig sind.

Struktur	Kurzdefinition
Risikoausschuss des Unternehmens (Enterprise Risk Management Committee)	▪ Das Aufsichtsorgan, das die Revisions-, Risiko- und Kontrollfunktionen des Unternehmens evaluieren, lenken und überwachen soll.
Risikorat des Unternehmens (Enterprise Risk Group)	▪ Der Risikorat betrachtet Risiken detaillierter und berät den Risikoausschuss. ▪ Der Risikorat besteht aus Vertretern der Geschäftsbereiche und der IT, die als Vermittler des Risikomanagementprogramms dienen und das Risiko-Register sowie das Risikoprofil für das Unternehmen pflegen.
Risiko-Funktion (Risk Function)	▪ Oberste Führungskraft im Unternehmen, die für sämtliche Aspekte des Risikomanagements im gesamten Unternehmen verantwortlich ist und die strategische Richtung des ERM umsetzt ▪ Zur Überwachung IT-bezogener Risiken kann die Funktion eines leitenden IT-Risikomanagers eingerichtet werden.
Revisionsabteilung (Audit Department)	▪ Die Funktion im Unternehmen, die verantwortlich ist, interne Prüfungsberichte über Risiken, die in Verbindung mit Kontrollschwächen stehen, zur Verfügung zu stellen.
Compliance-Abteilung (Compliance Department)	▪ Die Funktion im Unternehmen, die für die Umsetzung der gesetzlichen und regulatorischen Anforderungen sowie der vertraglichen Verpflichtungen verantwortlich ist.

Tab. 21–14 *Übersicht der wichtigsten Organisationsstrukturen für die Risiko-Funktion [ISACA 2013f]*

Der Umsetzungsleitfaden »COBIT 5 for Risk« ordnet diese Organisationsstrukturen in das Modell der drei Verteidigungslinien (Three Lines of Defense) ein. Dabei stellen die Führungskräfte des Unternehmens und der Risikoausschuss die erste Verteidigungslinie dar. Risikoausschuss und Führungskräfte sind jeweils für ihre Bereiche Risikoeigentümer und Risikomanager und damit verantwortlich für die Definition und Umsetzung von korrektiven Maßnahmen zur Abstellung von Prozess- und Kontrollschwächen.

Die zweite Verteidigungslinie ist für die laufende Überwachung der bestehenden Kontrollen verantwortlich, damit Implementierung und Durchführung der Kontrollmaßnahmen funktionsfähig und wirksam sind. Die Risiko-Funktion und die Compliance-Abteilung als Überwachungsfunktionen der ersten Verteidigungslinie stellen die zweite Verteidigungslinie dar.

Die Revisionsabteilung überprüft wiederum die Aufgabenerfüllung der Geschäftsbereiche (1. Verteidigungslinie) sowie der Überwachungsfunktionen (2. Verteidigungslinie) und bildet damit die dritte Verteidigungslinie.

Im Anhang B.3 des Umsetzungsleitfadens »COBIT 5 for Risk« werden für jede dieser Organisationsstrukturen bewährte Praktiken ausgeführt, wie diese zusammengesetzt sein sollten, welches Mandat, welche Arbeitsprinzipien, Kontrollspannen und Entscheidungsbefugnisse die Organisationsstrukturen haben können sowie in welche Prozesspraktiken die Organisationsstrukturen auf welche Art involviert sind und welche Inputs und Outputs sich ergeben.

21.5.4 Kultur, Ethik und Verhalten für die Risiko-Funktion

Im Umsetzungsleitfaden »COBIT 5 for Risk« werden die wesentlichen relevanten Verhaltensweisen und kulturellen Aspekte aufgeführt, die für eine effektive Bereitstellung einer Risiko-Funktion notwendig sind. Die wünschenswerten Verhaltensweisen werden den drei Ebenen »Unternehmensweit«, »Risikospezialisten« und »Management« zugeordnet. Tabelle 21–15 zeigt die relevanten Verhaltensweisen auf.

Ebene	Erwünschtes Verhalten
Unternehmensweit (Enterprisewide)	■ Durchgehende Risiko- und Compliance-bewusste Kultur, einschließlich der proaktiven Erkennung und Eskalation von Risiken ■ Definierte Richtlinien, die kommuniziert worden sind und das Verhalten prägen ■ Positive Einstellung gegenüber dem Aufbringen von Problemen oder negativen Ergebnissen ■ Anerkennung des Wertes von Risiko ■ Transparente und partizipative Kultur als ein wichtiger Schwerpunkt ■ Gegenseitiger Respekt ■ Geschäftsbereiche akzeptieren Risikoeigentümerschaft. ■ Risiko-Akzeptanz wird als gültige Option verstanden.
Risikospezialisten (Risk Professionals)	■ Verständnis, was Risiko für jede Anspruchsgruppe bedeutet und wie die Auswirkungen auf ihre Ziele sind ■ Schaffung eines Bewusstseins und Verständnis der Risikopolitik ■ Zusammenarbeit und Zwei-Wege-Kommunikation im Rahmen der Risikobewertung ■ Der Risikoappetit ist klar und wird den relevanten Anspruchsgruppen zeitnah kommuniziert. ■ Richtlinien spiegeln Risikoappetit und Risikotoleranz wider. ■ Unternehmenskultur unterstützt effektive Risikomanagementpraktiken. ■ Wichtige Risikoindikatoren (KRIs) werden als Frühwarnsystem eingesetzt. ■ Auf Risikoindikatoren oder Ereignisse, die außerhalb des Risikoappetits und der Risikotoleranz liegen, wird reagiert.

→

Ebene	Erwünschtes Verhalten
Management	■ Die Geschäftsleitung bestimmt die Richtung und demonstriert sichtbare und echte Unterstützung für die Risikomanagementpraktiken. ■ Management stimmt mit allen relevanten Anspruchsgruppen die Maßnahmen und die Nachbereitung von Maßnahmenplänen ab. ■ Echtes Engagement und Ressourcen für die Ausführung von Maßnahmen werden bereitgestellt. ■ Management richtet Richtlinien und Maßnahmen am Risikoappetit aus. ■ Management überwacht proaktiv Risiken und Maßnahmenpläne. ■ Risikotrends werden dem Management berichtet. ■ Effektives Risikomanagement wird belohnt.

Tab. 21–15 *Übersicht der wichtigsten risikorelevanten Elemente des Verhaltens und der Kultur [ISACA 2013f]*

Im Anhang B.4 des Umsetzungsleitfaden »COBIT 5 for Risk« werden für jede dieser Ebenen weitere bewährte Verfahren beschrieben, wie diese Verhaltensweisen durch das Management über

- Kommunikation, Regeln und deren Durchsetzung (Use of Communication, Enforcement and Rules),
- Anreize und Belohnungen (Incentives and Rewards) sowie
- Bewusstsein (Raising Awareness)

beeinflusst werden können.

21.5.5 Informationselemente für die Risiko-Funktion

Im Umsetzungsleitfaden »COBIT 5 for Risk« werden die wesentlichen relevanten Informationselemente aufgeführt, die für eine effektive Bereitstellung einer Risiko-Funktion notwendig sind.

Informationselement	Kurzbeschreibung
Risikoprofil (Risk Profile)	■ Ein Risikoprofil ist die Beschreibung aller identifizierten Risiken, denen das Unternehmen ausgesetzt ist. Ein Risikoprofil besteht aus: • Risikoregister • Risikoszenario • Risikoanalyse • Risikomaßnahmenplan • Verlustereignisse (historische und aktuelle) • Risikofaktor • unabhängige Bewertungsergebnisse
Risiko-Kommunikationsplan (Risk Communication Plan)	■ Ein Risiko-Kommunikationsplan wird verwendet, um Frequenz, Arten und Empfänger von Informationen über Risiken zu definieren. ■ Der Hauptzweck des Plans ist es, die Überlastung durch nicht-relevante Informationen (Vermeidung von »Risikorauschen«) zu reduzieren.

→

Informationselement	Kurzbeschreibung
Risikobericht (Risk Report)	■ Ein Risikobericht enthält Informationen über das aktuelle Risikoprofil einschließlich Risikoübersicht, Risiko-Dashboard, den tatsächlichen Stand der Risikoreaktionen sowie neu auftretender Risiken und Trends. ■ Ferner identifiziert der Risikobericht die Top-Ten-Risikopositionen, die Management-Fokus erfordern. ■ Der Risikobericht wird auf die Anforderungen des Empfängers zugeschnitten.
Programm zur Förderung des Risikobewusstseins (Risk Awareness Programme)	■ Ein Programm zur Förderung des Risikobewusstseins ist ein klar und formal definierter Plan, strukturiertes Vorgehen und eine Reihe von Aktivitäten und Verfahren mit dem Ziel der Verwirklichung und Aufrechterhaltung einer risikobewussten Kultur.
Risikoübersicht (Risk Map)	■ Eine allgemein anerkannte, sehr einfache und intuitive Technik, um Risiko darzustellen, ist die Risikoübersicht. Das Risiko wird in ein zweidimensionales Diagramm mit den beiden Dimensionen Frequenz und Wirkung eingetragen. ■ Die Darstellung der Risikoübersicht ist eingängig und bietet eine sofortige und vollständige Sicht auf die Risiken und die scheinbaren Handlungsfelder. Darüber hinaus ermöglicht eine Risikoübersicht, Farbzonen zu definieren, die Bänder gleichartigen Risikoappetits grafisch anzeigen.
Risikouniversum (Risk Universe)	■ Das Risikouniversum umfasst alle Unternehmensrisiken (darunter auch die unbekannten Risiken), die einen positiven oder negativen Einfluss auf die Fähigkeit eines Unternehmens haben können, seine langfristige Mission (oder Vision) zu erreichen.
Risikoappetit (Risk Appetite)	■ Der Risikoappetit (bzw. die Risikobereitschaft) ist das breit angelegte Maß an Risiko, das ein Unternehmen in Ausübung seiner Mission (oder Vision) bereit ist zu akzeptieren.
Risikotoleranz (Risk Tolerance)	■ Die Risikotoleranz ist das akzeptable Maß der Abweichung, das das Management in der Verfolgung seiner Ziele bereit ist, für ein besonderes Risiko zu akzeptieren.
Wichtiger Risikoindikator (Key Risk Indicator, KRI)	■ Ein wichtiger Risikoindikator ist eine Metrik über ein Unternehmensrisiko, das eine hohe Wahrscheinlichkeit hat, die definierte Risikobereitschaft zu überschreiten. ■ Ein wichtiger Risikoindikator zeichnet sich dadurch aus, dass er höchst relevant ist und eine hohe Wahrscheinlichkeit besitzt, wichtige Risiken vorherzusagen oder zu identifizieren.
Aufkommende Risikothemen und -faktoren (Emerging Risk Issues and Factors)	■ Informationen über bevorstehende oder wahrscheinliche Kombinationen von Kontrollen, Werten und Bedrohungsbedingungen, die einen bedeutenden Anteil des künftigen IT-Risikos darstellen
Risikosystematik (Risk Taxonomy)	■ Risikosystematik bedeutet, ein klares Verständnis von Terminologien und Skalen bereitzustellen, die von den Anspruchsgruppen für die Risikodiskussion und -kommunikation genutzt werden. ■ Die Risikosystematik sollte kommuniziert und unternehmensweit genutzt werden.

→

Informationselement	Kurzbeschreibung
Analyse der Auswirkungen auf die Geschäftstätigkeit (Business Impact Analysis (BIA) Report)	■ Bericht über die Analyse der Auswirkungen auf die Geschäftstätigkeit, um ein gemeinsames Verständnis für die Geschäftsprozesse, die spezifisch für jeden Geschäftsbereich sind, zu entwickeln ■ Analysen der Auswirkungen auf die Geschäftstätigkeit qualifizieren die Auswirkungen im Falle eines Risikoauftretens und sind entscheidend für das Überleben eines Unternehmens.
Risikoereignis (Risk Event)	■ Ein Risikoereignis passiert an einem bestimmten Ort und/oder zu einer bestimmten Zeit und kann die geschäftlichen Funktionen beeinflussen. ■ Risikoereignisse lassen sich in Bedrohungsereignisse, Verlustereignisse und das Auftreten von Schwachstellen unterscheiden.
Risiko- und Kontrollaktivitätsmatrix (Risk and Control Activity Matrix)	■ Die Risiko- und Kontrollaktivitätsmatrix ist ein Dokument, das identifizierte Risiken, ihre Einwertung und Kontrollmaßnahmen sowie ihre Ausgestaltung und operative Umsetzungseffektivität enthält.
Risikobeurteilung (Risk Assessment)	■ Risikobewertung ist der Prozess der Identifizierung sowie Qualifizierung oder Quantifizierung von Risiken und ihren möglichen Auswirkungen.

Tab. 21–16 *Übersicht der wichtigsten Informationselemente für die Risiko-Funktion [ISACA 2013f]*

Im Anhang B.5 des Umsetzungsleitfadens »COBIT 5 for Risk« werden für jedes dieser Informationselemente weitere bewährte Verfahren aufgeführt, wie der Lebenszyklus und die Anspruchsgruppen, die Qualitätsziele, die guten Praktiken sowie wie die Beziehung zu den anderen Enablern gestaltet sein können. Am Beispiel der Risikobeurteilung (Risk Assessment) soll dies exemplarisch illustriert werden:

- Lebenszyklus und Anspruchsgruppen des Informationselements »Risikobeurteilung«

Dem Lebenszyklus einer Risikobeurteilung werden die internen und externen Anspruchsgruppen zugeordnet. Der Risikoausschuss des Unternehmens (ERM Committee) und die Risiko-Funktion stellen beispielsweise in der Planungsphase (Information Planning) die interne Anspruchsgruppe dar. Die externe Anspruchsgruppe bilden in dieser Phase die externen Revisoren und die Aufsichtsbehörde. Die Aufgabe in dieser Phase ist die Identifikation der relevanten Risikoszenariokategorien und Risikoszenarien für das Unternehmen. In den mittleren Lebenszyklusphasen Informationsbeschaffung (Information Build/Acquire) und Verwendung (Information Use/Operate) kommen zahlreiche weitere interne Anspruchsgruppen hinzu. In der Phase der Informationsverwendung wird sogar das gesamte Unternehmen genannt, da alle die Risikobeurteilung nutzen sollen, um entsprechende Maßnahmen zu ergreifen.

■ Qualitätsziele für das Informationselement »Risikobeurteilung«

Die Qualitätsziele von COBIT 5 werden auf das Informationselement »Risikobeurteilung« angewandt und die Relevanz sowie das erwartete Ergebnis angegeben. Am Beispiel der intrinsischen Qualitätsdimension soll dies verdeutlicht werden:

COBIT-5-Qualitätsziele	Relevanz	Erwartetes Ergebnis
Genauigkeit (Accuracy)	Hoch	Die Ursprungsinformationen für die Risikobewertung müssen korrekt sein (bestätigt durch Audit) und verarbeitet, analysiert und im Risikomanagement nach festen Regeln dargestellt werden.
Objektivität (Objectivity)	Hoch	Die Risikobewertungsinformationen beruhen auf nachprüfbaren Fakten und Nachweisen und nutzen die im gesamten Unternehmen etablierte gemeinsame Risikosicht.
Glaubwürdigkeit (Believability)	Mittel	Die Risikobewertung sollte keine widersprüchlichen Informationen enthalten.
Reputation	Hoch	Die Ursprungsinformationen für die Risikobewertung stammen aus kompetenten und anerkannten Quellen.

Tab. 21–17 *COBIT-5-Qualitätsziele der intrinsischen Qualitätsdimension für das Informationselement »Risikobeurteilung« [ISACA 2013f]*

Die intrinsische Qualitätsdimension ist eine der drei qualitativen Dimensionen des Enablers Information im COBIT-5-Rahmenwerk (siehe Abschnitt 12.2). Die Qualitätsziele der kontext- und sicherheitsbezogenen Qualitätsdimension sind ebenfalls im Anhang B.5 des Umsetzungsleitfadens »COBIT 5 for Risk« dargestellt.

■ Gute Praktiken für das Informationselement »Risikobeurteilung«

Die guten Praktiken für die Risikobeurteilung werden anhand der Informationsattribute (siehe Abschnitt 12.4) dargestellt. Tabelle 21–18 verdeutlicht dies.

Informationsschicht	Informationsattribut	Beschreibung
Physikalische Welt	Informationsträger/ Medium	■ Informationsträger für die Risikobewertung kann ein elektronisches oder gedrucktes Dokument sein.
Empirisch	Informationszugriffskanal	■ Die Risikobewertung ist zugänglich über das ERM-Portal.
Syntaktisch	Code/Sprache	■ Die Risikobewertung enthält folgende Unterpunkte: • Risiko im Zusammenhang mit Quelldaten • Risikoprofil-Beziehungen • Risikoanalyse • Risikoanalyse über Dienstleister

→

Informationsschicht	Informationsattribut	Beschreibung
Semantisch	Informationstyp	■ Risikobewertung und Art der Vorlage für das Risikoszenario
Semantisch	Informationsaktualität	■ Die Risikobewertung enthält historische und aktuelle Daten.
Semantisch	Informationsebene	■ Die Risikobewertung sammelt Daten über das gesamte Unternehmen und dessen Prozesse und analysiert die Daten und stellt relevante Daten vollständig in der Risikobewertung dar.
Pragmatisch	Aufbewahrungszeitraum	■ Die Risikobewertung ist so lange aufzubewahren, wie die Daten/Informationen, über die sie berichtet, aufbewahrt werden müssen (und unter Berücksichtigung der lokalen gesetzlichen Aufbewahrungsfristen).
Pragmatisch	Informationsstatus	■ Alle Instanzen, die in den letzten 12 Monaten hergestellt wurden, sind operativ. Ältere Instanzen sind historische Daten.
Pragmatisch	Neuheit	■ Die Risikobewertung verbindet mehrere andere Quellen von Daten, aus denen sich eine neue Instanz ergibt. Daher sind es neue Daten.
Pragmatisch	Kontingenz	■ Die Risikobewertung stützt sich auf die folgenden Informationen, die verständlich für den Anwender aufbereitet sind: • risikobezogene Ereignisse betreffend das gesamte Unternehmen • Risikoappetit des Unternehmens • Risikoanalyse • Beurteilung der Aktivitäten im Risikomanagement • Auswertungen von potenziellen Bedrohungen • Risikoprofil • Risikosystematik, die vom Unternehmen verwendet wird
Sozial	Kontext	■ Risikobeurteilung ist im Kontext des unternehmensweiten Risikomanagements sinnvoll und verwendbar.

Tab. 21–18 *COBIT-5-Informationsattribute und gute Praktiken für das Informationselement »Risikobeurteilung« [ISACA 2013f]*

■ Beziehungen des Informationselements »Risikobeurteilung« zu anderen Enablern

Die Beziehungen der Risikobeurteilung zu anderen Enablern von COBIT 5 sind in Tabelle 21–19 dargestellt.

Enabler	Kurzbeschreibung der Beziehung
Prinzipien, Richtlinien und Rahmenwerke	■ Zugehörige Prinzipien: • Verbindung zu den Zielen des Unternehmens • Förderung einer fairen und offenen Kommunikation • Etablierung des »Tone at the Top« und von Verantwortlichkeit
Prozesse	■ Die Risikobeurteilung ist ein Arbeitsergebnis (Output) des Prozesses bzw. der Praktiken: • APO02.05 Definieren des Strategieplans und der Roadmap • APO12.02 Analysieren des Risikos • APO12.04 Artikulieren des Risikos • BAI01.10 Managen des Programm- und Projektrisikos ■ Die Risikobeurteilung für Programme ist ein Eingangsergebnis (Input) des Prozesses bzw. der Praktiken: • EDM03.03 Überwachen des Risikomanagements • APO01.03 Aufrechterhalten der Enabler für das Managementsystem • APO02.02 Beurteilen der aktuellen Umgebung, der Befähigungen und der Leistung. • APO05.01 Einrichten des angestrebten Investitionsmix • APO10.04 Managen des Lieferantenrisikos • APO12.01 Erfassen von Daten • BAI01.10 Managen des Programm- und Projektrisikos • MEA02.01 Überwachen interner Kontrollen
Organisationsstrukturen	■ Folgende Rollen sind in Teilen zuständig und verantwortlich für die Herstellung der Informationen: • Verantwortlich: Risiko-Funktion • Verantwortlich: CIO, Geschäftsprozesseigentümer, Projektmanagement-Office, CISO, Leiter Architektur, Leiter Entwicklung, Leiter IT-Betrieb, Leiter IT-Administration, Service Manager, Information Security Manager, Business Continuity Manager, Datenschutzbeauftragter
Kultur, Ethik und Verhalten	■ Die Anspruchsgruppen müssen über die Bedeutung und die Verwendung einer Risikobewertung belehrt werden.
Services, Infrastruktur und Anwendungen	■ Die Risikobewertung kann durch eine Risikomanagement-Software erstellt werden und kann durch Projekt- und Portfoliomanagement, Service Management, Compliance und Audit verwendet werden.
Mitarbeiter, Fähigkeiten und Kompetenzen	■ Die Erzeugung und Nutzung einer Risikobewertung erfordert ein grundlegendes Verständnis von Risikomanagement-Prinzipien und -Fähigkeiten.

Tab. 21–19 *Übersicht der Beziehungen zu den anderen Enablern für das Informationselement »Risikobeurteilung« [ISACA 2013f]*

Anhand dieser Übersicht wird der ganzheitliche Ansatz von COBIT 5 deutlich: Die isolierte Betrachtung eines Informationselementes, wie der »Risikobeurteilung«, ist nicht ausreichend für eine erfolgreiche Implementierung der Risiko-Funktion.

21.5.6 Services, Infrastruktur und Anwendungen für die Risiko-Funktion

Im Umsetzungsleitfaden »COBIT 5 for Risk« werden die wesentlichen relevanten Services, Infrastruktur und Anwendungen aufgeführt, die für eine effektive Bereitstellung einer Risiko-Funktion notwendig sind. Tabelle 21–20 stellt die relevanten Services für die Risiko-Funktion dar.

Service	Beschreibung
Programm- und Projektrisikoberatung (Programme/Project Risk Advisory Services)	Unterstützende Funktion, damit neue/veränderte Geschäftsstrategien, Prozesse und Technologien ein optimiertes Risikoniveau bewahren
Incident Management (Incident Management Services)	Unterstützende Funktion, damit das Unternehmen kostenoptimal Verluste bewältigen kann, die aus Risikoereignissen resultieren
Architekturberatung (Architecture Advisory Services)	Unterstützende Funktion, damit Unternehmens-, Daten- und IT-Architektur die Ziele der Risikosteuerung des Unternehmens unterstützen
Risikoexpertise (Risk Intelligence Services)	Unterstützende Funktion, die Informationen über taktische und strategische Bedrohungen, Schwachstellen und Assets für unternehmensweite Risikoentscheidungen bereitstellt.
Risikomanagement (Risk Management Services)	Unterstützende Funktion, die Expertise für die Entwicklung und laufende Betreuung von Risikomanagementprogrammen innerhalb des Unternehmens bereitstellt
Krisenmanagement (Crisis Management Services)	Menschen, Strukturen, Prozesse und Technologien, die bei der Reaktion auf jede Art von Krise unterstützen, darunter solche, die die Aktivierung des Business Continuity Plans (BCP) erfordern

Tab. 21–20 *Übersicht der wichtigsten risikorelevanten Services [ISACA 2013e]*

Im Anhang B.6 des Umsetzungsleitfadens »COBIT 5 for Risk« werden für jedes dieser Elemente weitere bewährte Verfahren beschrieben und Ziele, Nutzen und gute Praktiken sowie die betroffenen Anspruchsgruppen aufgeführt. Beispielsweise werden für den Service »Krisenmanagement« als gute Praktiken sowohl der Zukauf dieser Dienstleistung als auch die Nutzung genannt, wobei der Service »Krisenmanagement« alle Aspekte von den physischen Ressourcen wie Ausstattung der Krisenräume, über die technischen Ressourcen (z. B. Telekommunikation) bis zu den personellen Ressourcen abdecken sollte.

21.5.7 Fähigkeiten und Kompetenzen für die Risiko-Funktion

Im Umsetzungsleitfaden »COBIT 5 for Risk« werden die wesentlichen relevanten Fähigkeiten und Kompetenzen für die Risiko-Funktion aufgeführt. Diese umfassen u.a.:

- Führungsfähigkeiten (Leadership Skills)
- analytische Fähigkeiten (Analytical Capability)
- kritisches Denken (Critical Thinking)
- interpersonelle Fähigkeiten (Interpersonal Capabilities)
- Kommunikation (Communication)
- Beeinflussung (Influencing)
- laterales Denken (Lateral Thinking)
- technisches Verständnis (Technical Understanding)
- Wissen um die Organisation und das Geschäft (Organisational and Business Awareness)
- Risikoexpertise (Risk Expertise)
- Training und Coaching (Training and Coaching)

Im Anhang B.7 des Umsetzungsleitfadens »COBIT 5 for Risk« werden die notwendige Erfahrung, Ausbildung und Qualifikation sowie das relevante Wissen sowie die technischen und sozialen Fähigkeiten der Rollen

- Risikomanager und
- Risikoanalyst

näher beschrieben. Risikomanager sind beispielsweise für die erfolgreiche Implementierung und Überwachung der Risikostrategie und des Risikorahmenwerkes verantwortlich. Als Anforderung an die Erfahrung, Ausbildung und Qualifikation eines Risikomanagers werden folgende Merkmale pro Kategorie angeführt:

Fähigkeit	Beschreibung der Anforderungen
Erfahrung	▪ Ausreichende Erfahrung im Management und der Governance des Unternehmensrisikos und/oder -betriebs ▪ Erfahrung in der Kommunikation von Risiken an die Geschäftsleitung und/oder das Aufsichtsorgan
Ausbildung	▪ Abschluss in Umfeld von Management-Informations-Systemen mit Erfahrung in IT-, Finanz-, Wirtschafts- oder Ingenieurwissenschaften
Qualifikation	▪ CISA, CISM, CRISC, CISSP, CPA

Tab. 21–21 *Übersicht der wichtigsten Anforderungen an Erfahrung, Ausbildung und Qualifikation eines Risikomanagers [ISACA 2013f]*

Als Anforderung an das Wissen und die technischen und sozialen Fähigkeiten eines Risikomanagers werden folgende Merkmale pro Kategorie angeführt:

Fähigkeit	Beschreibung der Anforderungen
Wissen	■ Vertieftes Wissen über das Unternehmen und die IT-Systeme, die die Geschäftsfunktionen unterstützen sowie über die Umfeldfaktoren, die sie beeinflussen ■ Solide Kenntnisse von Risikomethoden, häufig verwendete Risikostandards und Best Practices
Technische Fähigkeiten	■ Kenntnis von der technischen Seite der IT-Systeme zur Unterstützung der Geschäftsfunktionen
Soziale Fähigkeiten	■ Führung ■ Kommunikation ■ Beeinflussung ■ Geduld ■ Eskalation

Tab. 21–22 *Übersicht der wichtigsten Anforderungen an das Wissen und die technischen und sozialen Fähigkeiten eines Risikomanagers [ISACA 2013f]*

Die aufgeführten Anforderungen sind exemplarisch und sollten als Anregung und Ausgangsbasis für die Anforderungen an die Qualifikation für diese Stelle interpretiert werden.

21.6 Weitere Prozesse für das Risikomanagement

Der Umsetzungsleitfaden »COBIT 5 for Risk« wendet das ganzheitliche Konzept der Enabler auch auf die eigentlichen Risikomanagementprozesse an (Risk Management Perspective). Die Kernprozesse EDM03 (Sicherstellen der Risikooptimierung) und APO12 (Managen von Risiken) werden im Umsetzungsleitfaden »COBIT 5 for Risk« nochmals detaillierter dargestellt und insbesondere um weitere Aktivitäten für die Praktiken ergänzt. Dabei wird vor allem auf ein wesentliches Element des Prozesses APO12 näher eingegangen, das bereits im vorhergehenden Abschnitt (siehe Abschnitt 21.4) ausführlich dargestellt wurde: Bildung und Behandlung von Risikoszenarien. Die anderen beiden dargestellten Kernprozesse sind die Risikoaggregation und die Risikobehandlung.

21.6.1 Risikoaggregation

Risiken dürfen nicht nur auf der Ebene des einzelnen Unternehmens oder des einzelnen Bereichs betrachtet werden, sondern müssen aus einer aggregierten, End-to-End-Sicht bewertet werden. Das klassische Beispiel ist der Ausfall des Rechenzentrums, dessen Auswirkungen auf einen einzelnen Unternehmensbereich noch akzeptabel erscheinen können. Auf Ebene des gesamten Unternehmens stellt der Ausfall des Rechenzentrums möglicherweise aber ein wesentliches Risiko dar.

21.6.2 Risikobehandlung

Maßnahmen zur Risikobehandlung (risk response) sollen das Risiko mit dem Risikoappetit des Unternehmens in Übereinstimmung bringen, d. h., die Risikomaßnahmen müssen so definiert werden, dass das zukünftige Restrisiko (Nettorisiko nach Risikobehandlung) im Rahmen der Risikotoleranzgrenzen (risk tolerance limits) liegt. Im Umsetzungsleitfaden »COBIT 5 for Risk« werden vier Risikobehandlungsmaßnahmen unterschieden:

- **Risikovermeidung (Risk Avoidance)**
  Maßnahmen zur Risikovermeidung setzen auf strategischer Ebene an und zielen auf die Beseitigung der Risiken. Dies kann beispielsweise dadurch erfolgen, dass geplante IT-Projekte nicht durchgeführt werden oder ein Rechenzentrum aus einer gefährdeten Region in eine Region ohne diese Gefährdungen (z. B. Erdbeben) verlagert wird. Risikovermeidung kann dabei auch die Vermeidung von Chancen bedeuten, da durch IT-Projekte in der Regel geschäftliche Zielsetzungen umgesetzt werden sollen. Maßnahmen zur Risikovermeidung werden getroffen, wenn alle anderen Maßnahmen nicht ausreichend sind, und müssen sorgfältig abgewogen werden.
- **Risikoverminderung (Risk Mitigation)**
  Maßnahmen zur Risikoverminderung haben zum Ziel, die Eintrittswahrscheinlichkeit und/oder die Risikoauswirkungen der erkannten Risiken durch vorbeugende Maßnahmen zu reduzieren. Dies kann zum einen durch die Verbesserung der Risikomanagementpraktiken als auch durch die Implementierung von Kontrollmaßnahmen erfolgen. Die Kontrollmaßnahmen können sich dabei beispielsweise an COBIT 5 mit seinem ganzheitlichen Ansatz der Enabler orientieren.
- **Risikoverlagerung (Risk Sharing/Transfer)**
  Ziel der Maßnahmen zur Risikoverlagerung ist es, die Risiken auf Dritte zu übertragen. Als Dritte kommen dabei insbesondere Versicherungen und externe Auftragnehmer (Outsourcing) in Betracht. Das Unternehmen bleibt aber immer Risikoeigentümer, auch wenn die Risikoeintrittswahrscheinlichkeit durch die Fähigkeiten eines Dienstleisters oder die finanziellen Auswirkungen durch eine Versicherung reduziert werden können.
- **Risikoakzeptanz (Risk Acceptance)**
  Ziel der Maßnahmen zur Risikoakzeptanz ist es, Risiken bewusst in Kauf zu nehmen und keine risikovermeidenden, -vermindernden oder -verlagernden Maßnahmen zu ergreifen. Die Risikoakzeptanz für IT-Risiken sollte nur durch das »Business Management« (und die Geschäftsprozesseigner) in Zusammenarbeit und unterstützt durch die IT erfolgen. Die Riskoakzeptanz ist zu dokumentieren und dem Vorstand/Aufsichtsrat zur Kenntnis zu bringen.

22 Informationssicherheit managen

Information ist heutzutage eine der wichtigsten Ressourcen in Unternehmen und muss angesichts der vielfältigen Bedrohungen einem besonderen Schutz unterliegen. Die ISACA hat sich in den letzten Jahren verstärkt um das Thema Informationssicherheit gekümmert und mit Veröffentlichungen wie »Information Security Harmonisation – Classification of Global Guidance« [ISACA 2005], »Information Security Governance: Guidance for Information Security Managers« [ITGI 2008], »The Business Model for Information Security« [ISACA 2010a] oder »Creating a Culture of Security« [ISACA 2011d] das Thema breit erschlossen.

Das COBIT-5-Prozessreferenzmodell enthält zwei Prozesse, die sich ausschließlich der Informationssicherheit widmen, und zusätzlich wurde bereits als viertes Produkt der COBIT-Familie im Sommer 2012 der Umsetzungsleitfaden »COBIT 5 for Information Security« [ISACA 2012d] für die Informationssicherheit veröffentlicht.

22.1 Grundlagen der Informationssicherheit

Weltweit beschäftigen sich zahlreiche Standards und Publikationen mit dem Thema Informationssicherheit. Im Umsetzungsleitfaden »COBIT 5 for Information Security« wird Informationssicherheit direkt im ersten Kapitel definiert.

Definition Informationssicherheit [ISACA 2013d]:

»Informationssicherheit sorgt dafür, dass innerhalb des Unternehmens Informationen vor der Weitergabe an unbefugte Benutzer (Vertraulichkeit), vor unsachgemäßer Veränderung (Integrität) und vor fehlendem Zugang, wenn erforderlich (Verfügbarkeit), geschützt sind.«

Vertraulichkeit bedeutet die Aufrechterhaltung autorisierter Zugangsbeschränkungen und umfasst die Maßnahmen zum Schutz personenbezogener und unternehmenseigener Informationen. Integrität bedeutet Schutz vor unsachgemäßer Informationsveränderung oder -zerstörung und umfasst auch die Nichtabstreitbarkeit und Authentizität von Informationen. Verfügbarkeit bedeutet einen zeitgerechten und zuverlässigen Zugang zur Information und dessen Nutzung.

COBIT 5 for Information Security referenziert bei der Informationssicherheit auf drei externe Standards:

- ISO/IEC-27000-Normenfamilie
- ISF 2011 Standard of Good Practice for Information Security
- NIST Special Publication 800-53A Revision 1

Diese werden in den nachfolgenden Kapiteln vorgestellt und zu COBIT 5 in Beziehung gesetzt.

22.1.1 ISO/IEC-27000-Normenfamilie

Die Normenfamilie ISO/IEC 27000 besteht aus mehreren Publikationen, die beginnend mit 27001 durchnummeriert werden. Die bekanntesten sind:

- ISO/IEC 27001:2005 Information Security Management Systems

Die ISO/IEC 27001:2005 ist das zentrale, normative Dokument der ISO/IEC-27000-Standardfamilie. Es umfasst nur 34 Seiten und beschreibt die Anforderungen an ein Information Security Management System (ISMS). Eine Zertifizierung des Managements der Informationssicherheit ist auf dieser Basis möglich. Die ISO/IEC 27001:2005 war zum Zeitpunkt der Erstellung von COBIT 5 gültig, allerdings wurde im September 2013 die überarbeitete Version ISO/IEC 27001:2013 veröffentlicht.

- ISO/IEC 27002:2005 Code of Practice for Information Security Management

Die ISO/IEC 27002:2005 ist ein Katalog von Kontrollzielen (Control Objectives) und Sicherheitsmaßnahmen (Controls) für die Informationssicherheit. Der Leitfaden ist in 11 Abschnitte (A.5 bis A.15) mit 39 Maßnahmenzielen unterteilt:

- Richtlinien zur Informationssicherheit (A.5 Security Policy)
- Organisatorische Sicherheit (A.6 Organization of Information Security)
- Einstufung der Informationswerte (A.7 Asset Management)
- Personelle Sicherheit (A.8 Human Resources Security)
- Physische und umgebungsbezogene Sicherheit (A.9 Physical and Environmental Security)
- Management der Kommunikation und des Betriebs (A.10 Communications and Operations Management)
- Zugriffskontrolle (A.11 Access Control)
- Systementwicklung und -wartung (A.12 Information Systems Acquisition, Development and Maintenance)

- Umgang mit Sicherheitsvorfällen (A.13 Information Security Incident Management)
- Management des kontinuierlichen Geschäftsbetriebs (A.14 Business Continuity Management)
- Einhaltung von Verpflichtungen (A.15 Compliance)

Die 39 Kontrollziele (Control Objectives) in den oben angeführten elf Überwachungsbereichen enthalten insgesamt 133 Sicherheitsmaßnahmen (Controls) sowie Anleitungen zur Umsetzung der Anforderung (Implementation Guidance). Auch dieser Standard wurde im September als ISO/IEC 27002:2013 Code of Practice for Information Security in überarbeiteter Form veröffentlicht, wobei die Struktur des Standards nicht grundlegend geändert wurde.

COBIT 5 referenziert im Prozessreferenzmodell aus den zentralen COBIT-Prozessen für die Informationssicherheit, APO13 (Managen der Sicherheit) und DSS05 (Managen von Sicherheitsservices), sowohl auf die ISO/IEC 27001:2005 (APO13, DSS05) als auch auf die ISO/IEC 27002:2011 (DSS05). Im Anhang H des Umsetzungsleitfadens »COBIT 5 for Information Security« ist ein Mapping von den COBIT-5-Prozessen zu den entsprechenden Abschnitten in den beiden angeführten Normen ISO/IEC 27001 und ISO/IEC 27002 enthalten. Die zentralen COBIT-Prozesse für die Informationssicherheit sind dabei pauschal allen Bereichen der beiden Normen zugeordnet.

Für den in diesem Buch exemplarisch dargestellten COBIT-Prozess BAI06 (Managen von Änderungen) wird im Mapping auf die folgenden Maßnahmen der ISO/IEC 27002 verwiesen:

- 10.1.2 Änderungsverwaltung (Change Management)
- 11.5.4 Verwendung von Systemwerkzeugen (Use of System Utilities)
- 12.5.1 Änderungskontrollverfahren (Change Control Procedures)
- 12.5.3 Einschränkung von Änderungen an Softwarepaketen (Restrictions on Changes to Software Packages)
- 12.6.1 Kontrolle technischer Schwachstellen (Control of Technical Vulnerabilities)
- ISO/IEC 27005:2011 Information Security Risk Management

Die ISO/IEC 27005:2011 behandelt das Thema Informationssicherheitsrisikomanagement und beschreibt den Risikomanagementprozess für die Informationssicherheit. Die ISO/IEC 27005 stimmt inhaltlich weitgehend mit der ISO/IEC 31000:2009 (siehe Abschnitt 21.1.2) überein. Der Prozess des Managements von Informationssicherheitsrisiken umfasst analog die Schritte:

- Festlegung des Risikokontextes (Context Establishment)
- Risikobeurteilung (Risk Assessment)

- Risikobehandlung (Risk Treatment)
- Annehmen der Informationssicherheitsrisiken (Information Security Risk Acceptance)
- Kommunikation und Beratung zu Informationssicherheitsrisiken (Information Security Risk Communication and Consultation) sowie
- Überwachung und Überprüfung der Informationssicherheitsrisiken (Information Security Risk Monitoring and Review).

Im Umsetzungsleitfaden »COBIT 5 for Risk« ist ein Mapping zwischen den Prozessschritten der ISO/IEC 27005 und »COBIT 5 for Risk« enthalten. »COBIT 5 for Risk« deckt demnach alle Prozesse der Norm ab, beschränkt sich aber nicht nur auf Informationssicherheitsrisiken, sondern behandelt die IT-bezogenen Risiken umfassend entsprechend der drei Risikokategorien IT-Nutzen-/Wertbeitragsrisiko, IT-Programm- und Projektrisiko sowie IT-Betriebs- und IT-Serviceerbringungsrisiko (siehe Abschnitt 21.4). Letztere Risikokategorie umfasst auch die Informationssicherheitsrisiken.

22.1.2 ISF 2011 Standard of Good Practice for Information Security

Der »Standard of Good Practice for Information Security« (ISF-Standard) wurde im Jahre 1996 erstmalig vom Information Security Forum veröffentlicht und wird regelmäßig aktualisiert. Das Information Security Forum ist eine Vereinigung von über 300 Unternehmen und Behörden mit dem Ziel, praktische Leitlinien und Lösungen für das Management der Informationssicherheit zu entwickeln. Der Standard of Good Practice (SoGP) 2011 betrachtet vier Hauptkategorien der Informationssicherheit:

- Governance der Informationssicherheit (Information Security Governance – SG),
- Anforderungen an die Informationssicherheit (Information Security Requirements – SR),
- Kontrollrahmenwerk (Control Framework – CF) sowie
- Überwachung und Verbesserung der Informationssicherheit (Information Security Monitoring and Improvement – SI).

In insgesamt 118 einzelnen Themen zeigt der ISF-Standard auf, wie Unternehmen den Leitfaden in der Praxis umsetzen können. Hierbei sollen auch Verweise auf andere ISF-Projekte und Best Practices von ISF-Mitgliedern helfen.

Der Anhang H des Umsetzungsleitfadens »COBIT 5 for Information Security« enthält ein Mapping der sicherheitsrelevanten Prozesse von COBIT 5 mit dem ISF-Standard. Die zentralen COBIT-Prozesse für die Informationssicherheit, APO13 (Managen der Sicherheit) und DSS05 (Managen von Sicherheitsservices), sind dabei allen Bereichen des ISF-Standards zugeordnet. Dem in diesem Buch exemplarisch dargestellten COBIT-Prozess BAI06 (Managen von Änderungen) sind die Abschnitte CF7.6 (Change Management) sowie CF10 (Threat and Vulnerability Management) aus dem ISF-Standard zugeordnet.

22.1.3 NIST Special Publication 800-53

NIST Special Publication 800-53 »Recommended Security Controls for Federal Information Systems and Organizations« (Empfohlene Sicherheitskontrollen für föderale Informationssysteme in den USA) beinhaltet einen Katalog von Sicherheitskontrollen, der für alle Informationssysteme der amerikanischen Bundesbehörden maßgeblich ist. Dieser Katalog wird vom National Institute of Standards and Technology (NIST) herausgegeben. NIST ist eine Behörde des amerikanischen Department of Commerce und entwickelt Standards, Richtlinien und andere Publikationen, um Bundesbehörden bei der Umsetzung des Federal Information Security Management Act (FISMA) zu unterstützen.

Die NIST Special Publication 800-53 ist Teil der Special-Publication-800-Serie, die über die Forschung und Richtlinien des Information Technology Laboratory (ITL) berichtet. NIST Special Publication 800-53 unterstützt insbesondere die Auswahl von Sicherheitskontrollen für Informationssysteme gemäß den Sicherheitsanforderungen des Federal Information Processing Standard (FIPS) 200. Die Veröffentlichung beinhaltet die Auswahl von grundlegenden Sicherheitskontrollen (Baseline Security Controls) auf Grundlage einer sog. »FIPS 199 Worst-Case-Analyse«, die Anpassung der grundlegenden Sicherheitskontrollen sowie deren Ergänzung um spezifische Sicherheitskontrollen auf der Grundlage einer organisatorischen Risikobewertung. Im Anhang F (Security Control Catalog) sind diese Sicherheitsregeln strukturiert nach Bereichen (Family) aufgeführt.

Im COBIT-5-Prozessreferenzmodell wird aus den zentralen COBIT-Prozessen für die Informationssicherheit, APO13 (Managen der Sicherheit) und DSS05 (Managen von Sicherheitsservices), auf die NIST Special Publication 800-53 Rev 1 referenziert. Im Umsetzungsleitfaden »COBIT 5 for Information Security« wird im Anhang H ein Mapping zwischen COBIT 5 und dem Leitfaden NIST 800-53A (Guide for Assessing the Information Security Controls in Federal Information Systems and Organisations) durchgeführt. Das Mapping findet auf Ebene der in der NIST-Veröffentlichung gebildeten Bereiche (Family) statt. Die zentralen COBIT-Prozesse für die Informationssicherheit, APO13 (Managen der Sicherheit) und DSS05 (Managen von Sicherheitsservices), sind dabei allen Bereichen des NIST SP 800-53A zugeordnet. Der in diesem Buch exemplarisch dargestellte COBIT-Prozess BAI06 (Managen von Änderungen) ist keinem Bereich aus dem NIST-Standard zugeordnet.

22.2 Informationssicherheit im COBIT-5-Prozessreferenzmodell

Im COBIT-5-Prozessreferenzmodell gibt es zwei zentrale Prozesse, die sich explizit mit der Informationssicherheit beschäftigen.

22.2.1 COBIT-Prozess APO13

Allgemein anerkannt ist, dass ein Informationssicherheits-Managementsystem (Information Security Management System, ISMS) benötigt wird. Ein ISMS ist ein System aus Leitlinien, Verfahren, Regelungen und zugehörigen Ressourcen, die dazu dienen, die Ziele einer Organisation im Bereich der Informationssicherheit zu erreichen. Im Managementprozess APO13 (Managen der Sicherheit) wird die Einrichtung, der Betrieb und die Überwachung eines Informationssicherheits-Managementsystems (ISMS) gefordert. Dadurch soll das Eintreten von Informationssicherheitsstörungen sowie deren Auswirkungen auf die jeweilige Risikobereitschaft des Unternehmens begrenzt werden.

Der COBIT-Prozess APO13 umfasst die in der Tabelle 22–1 beschriebenen drei Prozesspraktiken.

COBIT-5-Prozesspraktik	Kernforderungen
APO13.01 Einrichten und Pflegen eines Informationssicherheits-Managementsystems (ISMS)	■ Einrichtung und Pflege eines ISMS ■ Das ISMS soll einen standardisierten, formalen und kontinuierlichen Ansatz für das Sicherheitsmanagement von Informationen bereitstellen und sichere Technologie- und Geschäftsprozesse ermöglichen.
APO13.02 Definieren und Managen eines Plans zur Behandlung von Informationssicherheitsrisiken	■ Pflege eines Informationssicherheitsplans ■ Der Informationssicherheitsplan beschreibt, wie das Informationssicherheitsrisiko zu managen ist. Der Informationssicherheitsplan soll an der Unternehmensstrategie ausgerichtet sein, und Empfehlungen für die Implementierung von Sicherheitsverbesserungen müssen auf genehmigten Business Cases basieren.
APO13.03 Überwachen und Überprüfen des ISMS	■ Notwendigkeit der kontinuierlichen Verbesserung der Informationssicherheit ■ Dazu müssen Daten zum ISMS gesammelt und analysiert werden, nicht konforme Abweichungen korrigiert und eine Kultur des Sicherheitsbewusstseins und der kontinuierlichen Verbesserung etabliert werden.

Tab. 22–1 *Prozesspraktiken für den COBIT-Prozess APO13 (Managen der Sicherheit) [ITGI 2012b]*

Der Prozess entspricht in hohem Maße den Anforderungen an ein ISMS aus Kapitel 4 der Norm ISO/IEC 27001:2005 (siehe Abschnitt 22.1.1).

22.2.2 COBIT-Prozess DSS05

Der Managementprozess DSS05 (Managen von Sicherheitsservices) enthält die wesentlichen Praktiken, um den Schutz der Unternehmensinformationen zu gewährleisten. Ziel des Prozesses DSS05 ist, die Geschäftsauswirkungen durch Informationssicherheitsbedrohungen und -vorfälle zu minimieren.

Der COBIT-Prozess DSS05 umfasst die in der Tabelle 22–2 beschriebenen sieben Prozesspraktiken.

COBIT-5-Prozesspraktik	Kernforderungen
DSS05.01 Einrichten eines Schutzes vor Malware	■ Unternehmensweite Implementation und Pflege vorbeugender, aufdeckender und korrektiver Maßnahmen ■ Dazu zählen insbesondere aktuelle Sicherheitspatches und Viruskontrollen, um Informationssysteme und Informationstechnologien vor Malware zu schützen.
DSS05.02 Managen der Netzwerk- und Konnektivitätssicherheit	■ Anwendung von entsprechenden Sicherheitsmaßnahmen und Managementverfahren zur Absicherung des Netzwerkes und Schutz der Information während der Übertragung
DSS05.03 Managen der Endpunktsicherheit	■ Absicherung der Endpunkte (wie Laptops, Desktops, Server sowie sonstige mobile Geräte oder Netzwerkgeräte) entsprechend den Sicherheitsanforderungen, die für die verarbeiteten, gespeicherten oder übertragenen Informationen definiert sind
DSS05.04 Managen von Benutzeridentität und logischem Zugriff	■ Sicherstellen, dass alle Benutzer entsprechend ihrer geschäftlichen Anforderungen Zugriffsrechte auf Informationen besitzen
DSS05.05 Managen des physischen Zugriffs auf IT-Betriebsmittel	■ Definition und Einrichtung von Verfahren zum Gewähren, Begrenzen und Widerrufen von Zutrittsrechten zu Grundstücken, Gebäuden und Bereichen in Abhängigkeit von den jeweiligen Geschäftserfordernissen (einschließlich in Notfällen) ■ Der Zutritt zu Grundstücken, Gebäuden und Bereichen sollte begründet, genehmigt, protokolliert und überwacht werden.
DSS05.06 Managen von sensiblen Dokumenten und Ausgabegeräten	■ Einrichtung geeigneter physischer Sicherheitsvorkehrungen, Verbuchungspraktiken und Bestandsmanagement-Verfahren für sensible IT-Betriebsmittel
DSS05.07 Überwachen der Infrastruktur zur Ermittlung sicherheitsrelevanter Ereignisse	■ Einsatz von Einbruchserkennung-Tools, Überwachung der Infrastruktur auf unberechtigte Zugriffe und Integration sämtlicher Ereignisse in die allgemeine Ereignisüberwachung und das Störungsmanagement

Tab. 22–2 *Prozesspraktiken für den COBIT-Prozess DSS05 (Managen von Sicherheitsservices) [ITGI 2012b]*

Der COBIT-Prozess DSS05 verweist für weitere Details auf die Maßnahmen der ISO/IEC 27002:2011, des NIST SP800-53 Rev 1 sowie auf das Kapitel Zugangsmanagement in ITIL V3 2011.

22.3 Umsetzungsleitfaden »COBIT 5 for Information Security«

Obwohl in COBIT 5 mit den Prozessen APO 13 (Managen der Sicherheit) und DSS5 (Managen von Sicherheitsservices) bereits konkrete Anforderungen an das Management der Informationssicherheit enthalten sind, gibt es aufgrund der übergreifenden Bedeutung dieses Themas einen eigenständigen Umsetzungsleitfaden für die Informationssicherheit. Der Umsetzungsleitfaden »COBIT 5 for Information Security« basiert auf dem COBIT-5-Rahmenwerk und -Prozessreferenzmodell, fokussiert aber auf die informationssicherheitsrelevanten Informationen und ergänzt diese durch weitere detaillierte und spezifische Anleitungen. Der Umsetzungsleitfaden besteht aus drei Abschnitten:

- Abschnitt I diskutiert das Thema Informationssicherheit und beschreibt kurz, wie das Rahmenwerk COBIT 5 auf die informationssicherheitsspezifischen Bedürfnisse zugeschnitten werden kann.
- Abschnitt II diskutiert die Verwendung der COBIT-5-Enabler für die Umsetzung der Informationssicherheit (siehe Abschnitt 22.4).
- Abschnitt III diskutiert, wie »COBIT 5 for Information Security« auf das spezifische Unternehmensumfeld angepasst werden kann, und erläutert die sicherheitsspezifischen Ausprägungen für den Implementierungslebenszyklus des Umsetzungsleitfadens »COBIT 5 Implementation« (siehe Abschnitt 20.1).

22.4 Enabler für die Informationssicherheit

Der Umsetzungsleitfaden »COBIT 5 for Information Security« wendet das ganzheitliche Konzept der Enabler auch für die Informationssicherheit an. Dazu werden die Enabler in folgender Weise interpretiert:

- Prinzipien, Richtlinien und Rahmenwerke für die Informationssicherheit
- Prozesse mit für die Informationssicherheit spezifischen Details und Aktivitäten
- Spezifische Organisationsstrukturen für die Informationssicherheit
- Faktoren der Kultur, Ethik und Verhalten als Basis für die Governance und das Management der Informationssicherheit
- Spezifische Informationstypen für die Governance und das Management der Informationssicherheit im Unternehmen
- Dienstleistungen, Infrastruktur und Anwendungen, die zur Sicherstellung der Informationssicherheit in einem Unternehmen notwendig sind
- Spezifische Mitarbeiter, Fähigkeiten und Kompetenzen für die Informationssicherheit

Der Umsetzungsleitfaden »COBIT 5 for Information Security« beschreibt für jeden Enabler bewährte Praktiken, die nachfolgend kurz dargestellt werden.

22.4.1 Prinzipien, Richtlinien und Rahmenwerke für die Informationssicherheit

Prinzipien, Richtlinien und Rahmenwerke sind die Instrumente, um das gewünschte Verhalten der Mitarbeiter gegenüber der Informationssicherheit in formale, aber praktisch anwendbare Handlungsanleitungen umzusetzen. Der Umsetzungsleitfaden »COBIT 5 for Information Security« schlägt einen Rahmen für das Richtlinienwerk der Informationssicherheit vor, das aus fünf Ebenen besteht [ISACA 2012d]:

- Prinzipien der Informationssicherheit (Information Security Principles)
- Informationssicherheitsrichtlinie (Information Security Policy)
- Spezifische Informationssicherheitsrichtlinien (Specific Information Security Policies)
- Informationssicherheitsverfahren (Information Security Procedures)
- Anforderungen an die Informationssicherheit und deren Dokumentation (Information Security Requirements and Documentation)

Für das Gesamtrahmenwerk müssen gewisse Dinge festgelegt werden, wie die Genehmiger der Richtlinien, die Folgen der Nichteinhaltung der Richtlinien, die Behandlung von Ausnahmen sowie die Überprüfung und der Nachweis der Einhaltung der Richtlinien. Die Verantwortlichkeit für die Entwicklung und Pflege des Gesamtrahmenwerks und der Richtlinien liegt beim Vorsitzenden des Lenkungsausschusses für die Informationssicherheit (Information Security Steering Committee).

Am Beispiel der Prinzipien der Informationssicherheit soll die Idee der guten Praktiken veranschaulicht werden. Prinzipien der Informationssicherheit dienen zur Kommunikation der Regeln für die Informationssicherheit im Unternehmen. Diese sollten die Governance-Ziele und Unternehmenswerte unterstützen. Der Umsetzungsleitfaden »COBIT 5 for Information Security« verweist als gute Praktik auf die im Jahr 2010 von den drei führenden globalen Informations-Sicherheits-Organisationen ISACA, ISF und International Information Systems Security Certification Consortium $(ISC)^2$ entwickelten, zwölf unabhängigen, nichtproprietären Prinzipien für die Informationssicherheit. Tabelle 22–3 gibt einen Überblick dieser in drei Aufgabenbereiche strukturierten Prinzipien.

Aufgabenbereich	Übersicht der Prinzipien der Informationssicherheit
Unterstützung des Geschäfts (Support the Business)	■ Konzentration auf das Geschäft ■ Lieferung von Qualität und Wert für die Anspruchsgruppen ■ Einhaltung der relevanten gesetzlichen und regulatorischen Anforderungen ■ Rechtzeitige und genaue Informationen über die Leistung der Informationssicherheit ■ Bewertung aktueller und zukünftiger Informationsbedrohungen ■ Förderung der kontinuierlichen Verbesserung der Informationssicherheit
Verteidigung des Geschäfts (Defend the Business)	■ Umsetzung eines risikobasierten Ansatzes ■ Schutz von Verschlusssachen ■ Konzentration auf geschäftskritische Anwendungen ■ Sichere Entwicklung von Systemen
Förderung eines verantwortlichen Verhaltens gegenüber der Informationssicherheit (Promote Responsible Information Security Behaviour)	■ Professionelles und ethisches Verhalten ■ Förderung einer positiven Kultur der Informationssicherheit

Tab. 22–3 *Übersicht der Prinzipien der Informationssicherheit [ISACA 2012d]*

Diese Prinzipien sind allgemein anwendbar und gültig für alle Unternehmen. Bei der Entwicklung unternehmensspezifischer Prinzipien können diese als Ausgangsbasis der eigenen Entwicklung dienen. Der Umsetzungsleitfaden »COBIT 5 for Information Security« enthält im Anhang A weitergehende Erläuterungen und Ziele dieser Prinzipien.

Im Anhang A des Umsetzungsleitfadens »COBIT 5 for Information Security« werden weiterhin zwölf spezifische Informationssicherheitsrichtlinien mit beispielhaften Inhalten näher beschrieben. Auch diese können als gute Praktiken die Basis für unternehmensspezifische Richtlinien darstellen.

Insbesondere für die Sicherheitsrichtlinien gilt, dass diese mit den Grundsätzen und allgemeinen Zielen des Unternehmens, dessen Strategie und Risikobereitschaft abgestimmt sein müssen. Weiterhin müssen diese Richtlinien – wie in der Prozesspraktik APO01.03 (Aufrechterhalten der Enabler für das Managementsystem) vorgegeben – über ihren gesamten Lebenszyklus gesteuert werden.

22.4.2 Prozesse für die Informationssicherheit

Im Umsetzungsleitfaden »COBIT 5 for Information Security« werden aus dem COBIT-5-Prozessreferenzmodell alle Prozesse speziell für die Informationssicherheit erweitert. Dies umfasst sowohl spezifische Prozessziele und Metriken als auch spezifische Aktivitäten für die Informationssicherheit. Für den Prozess BAI06 (Managen von Änderungen) sind beispielsweise ergänzend zu den allgemeinen Prozesszielen aus dem Enabler-Handbuch »COBIT 5 Enabling Processes« (siehe Tab. 22–4) folgende sicherheitsspezifische Prozessziele und Metriken aufgeführt:

Prozessziel	Informationssicherheitsspezifische Metriken
Anforderungen an die Informationssicherheit werden während der Folgeabschätzungen von Änderungen an Prozessen, Anwendungen und Infrastruktur berücksichtigt.	▪ Anzahl der informationssicherheitsrelevanten Änderungen und Anzahl der Änderungen mit Auswirkung auf die Informationssicherheit ▪ Anzahl der Anforderungen an die Informationssicherheit, die nach der Änderung nicht eingehalten wurden
Notfalländerungen berücksichtigen die notwendigen Anforderungen an die Informationssicherheit.	▪ Anzahl der Informationssicherheitsvorfälle im Zusammenhang mit Veränderungen der Umwelt ▪ Anzahl der Informationssicherheitsvorfälle im Zusammenhang mit Änderungen an der Hardware und der Software

Tab. 22–4 *Informationssicherheitsspezifische Prozessziele und Metriken für den COBIT-Prozess BAI06 (Managen von Änderungen) [ISACA 2012d]*

Im Anhang B des Umsetzungsleitfadens »COBIT 5 for Information Security« werden für jede Prozesspraktik die informationssicherheitsspezifischen Aktivitäten aufgeführt. Im Falle des COBIT-Prozesses BAI06 (Managen von Änderungen) sind dies ergänzend zu den allgemeinen Aktivitäten aus »COBIT 5 Enabling Processes« (siehe Tab. 22–5) die folgenden zusätzlichen Aktivitäten:

Prozesspraktik	Informationssicherheitsspezifische Aktivitäten
BAI06.01 Evaluieren, Priorisieren und Genehmigen von Änderungsanträgen	1. Sicherstellen, dass die Beurteilung der möglichen Auswirkungen von Änderungen auf die Informationssicherheit durchgeführt wird 2. Sicherstellen, dass die Informationssicherheitsrichtlinie an die Unternehmensziele angepasst ist 3. Sicherstellen, dass Änderungen der Informationssicherheitsrichtlinie entsprechen 4. Praktiken entwickeln, die Auswirkungen neuer Trends und Technologien auf die Informationssicherheit berücksichtigen
BAI06.02 Managen von Notfalländerungen	1. Entwicklung von Maßnahmen, die Notfalländerungen und Wartung ohne Kompromittierung der Informationssicherheit ermöglichen 2. Pflege eines Registers der Informationsrisiken für bei einer Notfalländerung entstehende neue Risiken, um geeignete Folgemaßnahmen sicherzustellen
BAI06.03 Verfolgen und Berichten des Änderungsstatus	1. Berücksichtigung potenzieller Leistungs- und Kapazitätsprobleme, die sich aus vorgeschlagenen Änderungen der Informationssicherheit ergeben
BAI06.04 Abschließen und Dokumentieren der Änderungen	Informationssicherheitsspezifische Anleitung ist für diese Prozesspraktik nicht relevant. Die generischen COBIT-5-Aktivitäten können als weitere Anleitung verwendet werden.

Tab. 22–5 *Informationssicherheitsspezifische Aktivitäten für den COBIT-Prozess BAI06 (Managen von Änderungen) [ISACA 2012d]*

Zusätzlich werden im Anhang B des Umsetzungsleitfadens »COBIT 5 for Information Security« für jede Prozesspraktik ergänzend zu den allgemeinen Inputs und Outputs aus dem Enabler-Handbuch »COBIT 5 Enabling Processes« (siehe Tab. 22–6) die informationssicherheitsspezifischen Inputs und Outputs beschrieben. Auch dies wird wieder am Beispiel des COBIT-Prozesses BAI06 (Managen von Änderungen) dargestellt:

Prozesspraktik	Informationssicherheitsspezifische Inputs/Outputs
BAI06.01 Evaluieren, Priorisieren und Genehmigen von Änderungsanträgen	■ Input von APO01.03 (Aufrechterhalten der Enabler für das Managementsystem): • Informationssicherheitsrichtlinien und zugehörige Richtlinien ■ Output nach intern: Folgenabschätzungen
BAI06.02 Managen von Notfalländerungen	■ Output nach intern: informationssicherheitsspezifischer Review von Notfalländerungen nach Implementation
BAI06.03 Verfolgen und Berichten des Änderungsstatus	■ Output nach intern: aktualisierter Statusreports der Änderungsanträge
BAI06.04 Abschließen und Dokumentieren der Änderungen	■ Informationssicherheitsspezifischer Input/Output ist für diese Prozesspraktik nicht relevant.

Tab. 22–6 *Informationssicherheitsspezifische Inputs und Outputs für den COBIT-Prozess BAI06 (Managen von Änderungen) [ISACA 2012d]*

Da alle Enabler miteinander verbunden sind und dynamisch interagieren, sind die mit den Prozessen verbundenen Enabler im Anhang B des Umsetzungsleitfadens »COBIT 5 for Information Security« ebenfalls aufgeführt. Im Falle des COBIT-Prozesses BAI06 (Managen von Änderungen) sind dies der Enabler Prinzipien, Richtlinien und Rahmenwerke sowie der Enabler Services, Infrastruktur und Anwendungen.

22.4.3 Organisationsstrukturen für die Informationssicherheit

In COBIT 5 for Information Security werden beispielhaft die wesentlichen Organisationsstrukturen aufgeführt, die für eine effektive Bereitstellung der Informationssicherheit notwendig sind.

Organisationsstruktur	Mandat/Kurzbeschreibung
Chief Information Security Officer (CISO)	Gesamtverantwortung für das unternehmensweite Programm zur Informationssicherheit
Steuerungskreis Informationssicherheit Information Security Steering Committee (ISSC)	Gewährleistung durch Überwachung und Überprüfung, dass gute Praktiken im Bereich der Informationssicherheit effektiv und konsequent im gesamten Unternehmen angewendet werden

→

Organisationsstruktur	Mandat/Kurzbeschreibung
Information Security Manager (ISM)	Gesamtverantwortung für das Management der Informationssicherheitsaktivitäten.
Unternehmensweiter Risikomanagementausschuss Enterprise Risk Management (ERM) Committee	Verantwortlich für die Entscheidungsfindung des Unternehmens, alle Risiken zu beurteilen, zu kontrollieren, zu optimieren, zu finanzieren und zu überwachen, um den kurz- und langfristigen Wert des Unternehmens für seine Anspruchsgruppen zu erhöhen
Informationsverwalter/Geschäftsbereichverantwortliche (Information Custodians/Business Owners)	Informationsverwalter sind in COBIT 5 für die Aufbewahrung und Pflege von Informationen zuständig. Sie stellen die Verbindung zwischen dem Geschäftsbereich und der Informationssicherheitsfunktion her.

Tab. 22–7 *Übersicht der wichtigsten Organisationsstrukturen für die Informationssicherheit [ISACA 2012d]*

Der CISO war bereits im COBIT-5-Rahmenwerk definiert als oberste Führungskraft im Unternehmen, die für die Sicherheit der in jedweder Form vorliegenden Unternehmensinformationen verantwortlich ist. Ebenso war der ISM dort bereits definiert als Mitarbeiter, der für Management, Design, Überwachung und/oder Beurteilung der Informationssicherheit eines Unternehmens zuständig ist.

Im Anhang C des Umsetzungsleitfadens »COBIT 5 for Information Security« ist jede dieser Organisationsstrukturen näher beschrieben. Dies umfasst u.a. die Zusammensetzung, das Mandat, die Geschäftsordnung, die Kontrollspanne und die Entscheidungsrechte sowie ein RACI-Diagramm bezogen auf die Prozesspraktiken. Zusätzlich werden die typischen Inputs und Outputs in Tabellenform dargestellt.

22.4.4 Kultur, Ethik und Verhalten für die Informationssicherheit

Im Umsetzungsleitfaden »COBIT 5 for Information Security« wird die Bedeutung der Informationssicherheitskultur und insbesondere die Bedeutung von Leuchttürmen (Champions) und Führung (Leadership) für das Thema Informationssicherheit hervorgehoben. Auch werden Metriken zur Messung der Verbesserung der Informationssicherheitskultur diskutiert. Diese Metriken basieren immer auf einer Betrachtung über einen Zeitraum, z. B. die Verbesserung der Passwortstärke oder die Nutzung von Sicherungsschlössern für mobile Rechner.

Darüber hinaus werden im Umsetzungsleitfaden »COBIT 5 for Information Security« eine Reihe von wünschenswerten Verhaltensweisen identifiziert, die sich positiv auf die Informationssicherheitskultur und deren tatsächliche Umsetzung im Alltag auswirken. Dazu gehören:

- Informationssicherheit wird im täglichen Betrieb praktiziert.
- Menschen respektieren die Bedeutung der Informationssicherheitsrichtlinien und -prinzipien.
- Menschen erhalten ausreichende und detaillierte Anleitungen zur Informationssicherheit und werden zur Teilnahme ermutigt.

- Jeder ist für den Schutz von Informationen innerhalb des Unternehmens verantwortlich.
- Anspruchsgruppen sind sich bewusst, wie Bedrohungen für das Unternehmen zu erkennen und wie darauf zu reagieren ist.
- Management unterstützt die Informationssicherheit proaktiv und sieht neue Innovationen voraus. Das Unternehmen ist empfänglich für den Umgang mit neuen Herausforderungen der Informationssicherheit.
- Die Geschäftsleitung ermutigt die kontinuierliche funktionsübergreifende Zusammenarbeit für effiziente und effektive Programme der Informationssicherheit.
- Die Geschäftsführung erkennt den geschäftlichen Nutzen der Informationssicherheit an.

Im Anhang C des Umsetzungsleitfadens »COBIT 5 for Information Security« wird weiter ausgeführt, welche organisatorische Ethik und welche individuelle Ethik jeder wünschenswerten Verhaltensweise zugeordnet werden kann sowie wie diese Verhaltensweisen durch das Management über

- Kommunikation, Regeln und deren Durchsetzung (Use of Communication, Enforcement and Rules),
- Anreize und Belohnungen (Incentives and Rewards) sowie
- Bewusstsein (Raising Awareness)

beeinflusst werden können.

22.4.5 Informationstypen für die Informationssicherheit

Information ist nicht nur Gegenstand der Informationssicherheit, sondern auch ein wichtiger Enabler für die Informationssicherheit, damit das Management diese als Basis für Entscheidungen nutzen kann.

Tabelle 22–8 gibt einen Überblick über die im Umsetzungsleitfaden »COBIT 5 for Information Security« aufgeführten Beispiele von Informationstypen für die Informationssicherheit.

Informationstyp	Kurzbeschreibung
Informationssicherheitsstrategie (Information Security Strategy)	▪ Die Informationssicherheitsstrategie bestimmt die Ausrichtung des Unternehmens für die Informationssicherheit.
Informationssicherheitsbudget (Information Security Budget)	▪ Das Informationssicherheitsbudget dient der Bereitstellung der Mittel für die Informationssicherheitsprogramme und zur Unterstützung des Geschäfts mit der notwendigen Informationssicherheit.

→

Informationstyp	Kurzbeschreibung
Informationssicherheitsplan (Information Security Plan)	■ Der Informationssicherheitsplan basiert auf der Informationssicherheitsstrategie. Er umfasst alle Risikomaßnahmen (vermeiden, vermindern, verlagern, akzeptieren). ■ Der Informationssicherheitsplan beinhaltet die notwendigen Investitionen, um die Informationssicherheitsstrategie und -architektur umzusetzen.
Richtlinien (Policies)	■ Richtlinien sind ein wichtiger Informationstyp für die Governance und das Management der Informationssicherheit.
Informationssicherheitsanforderungen (Information Security Requirements)	■ Anforderungen an die Informationssicherheit sind Bestandteil der allgemeinen Anforderungen für jede Art von Enabler, z. B. Anforderungen an die Informationssicherheitskonfiguration oder an Service Level Agreements (SLA)/Operating Level Agreements (OLA).
Sensibilisierungsmaterial (Awareness Material)	■ Sensibilisierungsmaterial kann helfen, die Denkweise und das Verhalten der Menschen zu ändern, um die Informationssicherheit insgesamt zu verbessern. Aufklärung und Sensibilisierung fördern das richtige Verhalten und die Einhaltung von Richtlinien und minimieren informationssicherheitsrelevante Nichteinhaltung von Vorgaben oder unbewusst riskantes Verhalten.
Berichte über Informationssicherheitsprüfungen (Information Security Review Reports)	■ Berichte über Informationssicherheitsprüfungen können viele Berichtsarten umfassen: • Prüfungsfeststellungen zur Informationssicherheit • Bericht über den Reifegrad der Informationssicherheit • informationssicherheitsrelevantes Risikomanagement einschließlich Bedrohungsanalysen und Beurteilungen von Schwachstellen
Servicekatalog der Informationssicherheit (Information Security Service Catalogue)	■ Der Servicekatalog der Informationssicherheit ist ein Output der Prozesspraktik APO09.02 (Katalogisieren IT-gestützter Services).
Informationsrisikoprofil (Information Risk Profile)	■ Informationsrisikoprofile umfassen: • Register der Informationsrisiken • Berichte über Verstöße und Verluste (konsolidierte Vorfallsberichte)
Informationssicherheits-Cockpit (Information Security Dashboard)	■ Informationssicherheits-Cockpits enthalten alle Ereignisse und weitere Informationen entsprechend den Informationssicherheitsanforderungen und sollten beinhalten: • Informationssicherheitsvorfälle • Informationssicherheitsprobleme • Informationssicherheitsmetriken

Tab. 22–8 *Übersicht der wichtigsten Informationstypen für die Informationssicherheit [ISACA 2012d]*

Im Anhang E des Umsetzungsleitfadens »COBIT 5 for Information Security« werden für jeden der in Tabelle 22–8 aufgeführten Informationstypen für die Informationssicherheit weitergehend die Zielen und Metriken, der Lebenszyklus und die guten Praktiken beschrieben.

22.4.6 Services, Infrastruktur und Anwendungen für die Informationssicherheit

Im Umsetzungsleitfaden »COBIT 5 for Information Security« werden einige Beispiele für mögliche sicherheitsrelevante Services aufgeführt, die in der Regel nur in Verbindung mit einem oder mehreren COBIT-5-Prozessen und deren Praktiken und Aktivitäten, Informationen (Eingänge und Ausgänge) und Organisationsstrukturen (RACI-Diagramme, bestimmte Sicherheitsfunktionen oder Rollen) bereitgestellt werden können. Ein Servicekatalog für die Informationssicherheit könnte folgende informationssicherheitsrelevante Dienstleistungen umfassen:

- Bereitstellung einer Sicherheitsarchitektur
- Bereitstellung von Sicherheitssensibilisierungen
- Bereitstellung von sicherer Entwicklung (Entwicklung im Einklang mit Sicherheitsstandards)
- Bereitstellung von Sicherheitsbeurteilungen
- Bereitstellung von ausreichend gesicherten und konfigurierten Systemen, in Übereinstimmung mit den Sicherheitsanforderungen und der Sicherheitsarchitektur
- Bereitstellung von Benutzerzugängen und -zugriffsrechten in Übereinstimmung mit den geschäftlichen Anforderungen
- Bereitstellung von ausreichendem Schutz vor Malware, Angriffen von außen und Einbruchsversuchen
- Bereitstellung eines angemessenen Vorfallsmanagements
- Bereitstellung von Sicherheitstests
- Bereitstellung von Überwachungs- und Alarmierungsservices für sicherheitsrelevante Ereignisse

Für die dargestellten sicherheitsrelevanten Aktivitäten enthält der Anhang F des Umsetzungsleitfadens »COBIT 5 for Information Security« eine weitergehende Beschreibung der Serviceausprägung mit Attributen und Zielen.

22.4.7 Fähigkeiten und Kompetenzen für die Informationssicherheit

Die Funktion Informationssicherheit innerhalb eines Unternehmens benötigt Mitarbeiter mit entsprechenden Kenntnissen und Erfahrungen. Im Umsetzungsleitfaden »COBIT 5 for Information Security« werden einige typische sicherheitsrelevante Fähigkeiten und Kompetenzen aufgeführt. Diese umfassen u.a.:

- Governance der Informationssicherheit
- Formulierung einer Strategie für die Informationssicherheit
- Informationsrisikomanagement
- Entwicklung einer Informationssicherheitsarchitektur
- Betrieb der Informationssicherheit
- Beurteilung, Prüfung und Compliance von Informationen

Im Anhang G des Umsetzungsleitfadens »COBIT 5 for Information Security« wird jede dieser Fähigkeiten und Kenntnisse weiter beschrieben, und die notwendige Erfahrung, Ausbildung und Qualifikation sowie das relevante Wissen und die erforderlichen technischen und sozialen Fähigkeiten werden ausgeführt. Als Anforderung an das Wissen und die technischen und sozialen Fähigkeiten für die Fähigkeit »Formulierung einer Strategie für die Informationssicherheit« werden beispielsweise die nachfolgenden Merkmale pro Kategorie dargestellt:

Fähigkeit	Beschreibung
Wissen	- Verständnis der Unternehmenskultur und Werte - Definition einer Strategie für die Informationssicherheit, die an der Unternehmensstrategie ausgerichtet ist - Entwicklung von Richtlinien zur Informationssicherheit und entsprechenden Metriken - Kenntnisse über Trends, Dienstleistungen und Disziplinen der Informationssicherheit - Kenntnisse über gesetzliche und regulatorische Anforderungen, die Informationssicherheit betreffend - Kenntnisse über international anerkannte Standards, Rahmenwerke und gute Praktiken bezogen auf die Entwicklung einer Strategie für die Informationssicherheit
Technische Fähigkeiten	- Identity Access Management - Management von Bedrohungen und Schwachstellen - Informationssicherheitsarchitektur - Datenschutz
Soziale Fähigkeiten	- Nachgewiesene Führungsfähigkeiten mit exzellenten Kommunikationsfähigkeiten auf allen Ebenen des Unternehmens - Geschäftsorientierung - Strategisches Denken - Verständnis für das große Ganze

Tab. 22–9 *Übersicht der wichtigsten sicherheitsrelevanten Fähigkeiten für die Fähigkeit »Formulierung einer Strategie für die Informationssicherheit« [ISACA 2012d]*

Als notwendige Erfahrung, Ausbildung und Qualifikation wird für die Fähigkeit »Formulierung einer Strategie für die Informationssicherheit« eine mehrjährige Erfahrung im Informationssicherheitsmanagement sowie die Qualifikation einer CISM-Zertifizierung gefordert.

23 IT-Compliance erreichen

IT-Compliance bezeichnet die Einhaltung der relevanten Gesetze und Rechtsverordnungen, der vertraglichen Verpflichtungen sowie der externen und internen Richtlinien die IT einer Organisation betreffend. Dazu muss die Organisation entsprechende Prozesse einrichten sowie in der Lage sein, die Einhaltung der relevanten Bestimmungen zu überwachen und gegenüber internen und externen Interessengruppen nachzuweisen.

Im COBIT-5-Rahmenwerk stellt Compliance ein wichtiges Unternehmensziel dar, das durch mehrere COBIT-Prozesse unterstützt wird. Als zentraler Prozess sorgt der COBIT-Prozess MEA03 (Überwachen, Evaluieren und Beurteilen der Compliance mit externen Anforderungen) dafür, dass die Anforderungen identifiziert und eingehalten werden sowie dass die IT-Compliance in die gesamte Unternehmens-Compliance integriert ist.

Das COBIT-5-Prozessreferenzmodell eignet sich aber auch als Struktur für ein umfassendes IT-Compliance-Rahmenwerk.

23.1 Grundlagen der IT-Compliance

Mit der Bedeutung der IT nehmen auch die Anforderungen an die IT zu. Inzwischen existiert eine Vielzahl von gesetzlichen und anderen regulativen Vorgaben, die direkt oder indirekt Anforderungen an die IT einer Organisation stellen. Daneben steigen die Ansprüche von interner und externer Seite, die durch die zunehmende Verbreitung von Referenzmodellen und Standards neue Maßstäbe an die IT anlegen. Dies geschieht vor allem, um Regelverstöße mit zivil- und strafrechtlichen Folgen sowie dem damit einhergehenden Reputationsverlust zu verhindern. IT-Compliance unterstützt aber auch ein wertorientiertes Management: Eine gute IT-Compliance trägt zu einer langfristigen Wertschöpfung bei, indem durch die Anwendung von Referenzmodellen Defizite in Prozessen beseitigt, Prozesse standardisiert und Kontrollen verbessert werden. Auch bringt IT-Compliance am Ende mehr Sicherheit, Zuverlässigkeit und Stabilität in die IT-Prozesse und entlastet damit die IT-Funktion, nicht zuletzt z. B. auch in Form von weniger Aufwand für die Vor- und Nachbereitung von internen und externen Prüfungen.

Welche Anforderungen konkret für die IT relevant sind, muss unternehmensindividuell erhoben werden. Allerdings lassen sich einige allgemeingültige Anforderungen ausmachen, die nachfolgend dargestellt werden.

23.1.1 Einhaltung von Gesetzen und Rechtsverordnungen

Die Einhaltung von Gesetzen und Rechtsverordnungen ist der umfangreichste Teil der IT-Compliance. Typische Anforderungen sind hier aus dem Handelsgesetzbuch oder der Abgabenordnung abgeleitete IT-Anforderungen sowie die IT direkt betreffende Gesetze und Rechtsverordnungen. Die wesentlichen IT-Compliance-Anforderungen an deutsche Unternehmen sind nachfolgend kurz erläutert:

- Grundsätze ordnungsmäßiger DV-gestützter Buchführungssysteme (GoBS)
  Rechnungslegungsrelevante Systeme unterliegen gemäß §§ 238, 239, 257 und 261 HGB den Grundsätzen ordnungsmäßiger Buchführung (GoB). Mit dem Schreiben des Bundesministeriums der Finanzen vom 7. November 1995 »Grundsätze ordnungsmäßiger DV-gestützter Buchführungssysteme (GoBS)« wurden diese allgemeinen Anforderungen für den Bereich der DV-gestützten Buchführung präzisiert. Die GoBS fordern u.a. ein internes Kontrollsystem bestehend aus maschinellen und manuellen Kontrollen, Maßnahmen zur Datensicherheit und die Nachvollziehbarkeit des einzelnen Geschäftsvorfalles sowie des gesamten Verarbeitungsverfahrens [BMF 1995]. Weitere Konkretisierung haben die Anforderungen an eine ordnungsmäßige Buchführung durch die IDW Stellungnahme zur Rechnungslegung: Grundsätze ordnungsmäßiger Buchführung bei Einsatz von Informationstechnologie (IDW RS FAIT 1) [IDW 2002a] sowie durch den IDW Prüfungsstandard: Abschlussprüfung bei Einsatz von Informationstechnologie (IDW PS 330) [IDW 2002a] erfahren.
- Grundsätze zum Datenzugriff und zur Prüfbarkeit digitaler Unterlagen (GDPdU)
  In Deutschland wurde mit Wirkung zum 1. Januar 2002 durch das Steuersenkungsgesetz (StSenkG) die Abgabenordnung (AO) geändert und damit wurden die Ordnungsvorschriften für die Buchführung, für die Aufzeichnungen und für die Aufbewahrung von Unterlagen (§§ 146 und 147 AO) neu geregelt. § 146 Abs. 5 AO verlangt für die Dauer der Aufbewahrungsfrist, dass originär digitale Daten unverzüglich lesbar und elektronisch auswertbar vorgehalten werden. Originär digital erstellte steuerlich relevante Daten dürfen entsprechend nur noch digital archiviert werden [BMF 2001].
- Sarbanes-Oxley Act (SOA)/EuroSOX
  Der Sarbanes-Oxley Act (SOA) ist ein amerikanisches Bundesgesetz, das im Jahr 2002 als Reaktion auf Bilanzskandale erlassen worden ist. Ziel von SOA war die Verlässlichkeit der Berichterstattung von Unternehmen, die den öffentlichen Kapitalmarkt der USA in Anspruch nehmen, zu verbessern. Dazu gehörte insbesondere eine stärkere Beachtung und Beurteilung der Wirksamkeit des internen

Kontrollsystems, auch im IT-Bereich. Eine ähnliche Zielrichtung verfolgt die 8. EU-Richtlinie, die 2005 von der EU-Kommission verabschiedet wurde und im Jahr 2009 im Rahmen des Bilanzrechtsmodernisierungsgesetzes (BilMoG) in Deutschland in Kraft getreten ist.

- Bundesdatenschutzgesetz (BDSG)
  Das Bundesdatenschutzgesetz regelt in Deutschland den Umgang mit personenbezogenen Daten, die in IT-Systemen verarbeitet werden. Ziel des BDSG ist es, den Einzelnen davor zu schützen, dass er durch den Umgang mit seinen personenbezogenen Daten in seinem Persönlichkeitsrecht beeinträchtigt wird. Der Umgang mit Daten umfasst die Erhebung, Verarbeitung und Nutzung personenbezogener Daten.

Daneben existieren noch weitere Gesetze, die jeweils für ihren Anwendungsbereich speziellere Regelungen zum IT-Betrieb und Datenschutz enthalten, wie beispielweise das Telemediengesetz oder das Signaturgesetz. Im regulierten Finanzbereich werden darüber hinaus insbesondere durch die den § 25a Kreditwesengesetz (KWG) konkretisierenden Mindestanforderungen an das Risikomanagement (MaRisk) weitere Anforderungen an die IT gestellt. Für den IT-Bereich beinhalten die MaRisk insbesondere Vorgaben zum Umfang und Qualität der technisch-organisatorischen Ausstattung sowie zum Notfallkonzept.

23.1.2 Einhaltung sonstiger Anforderungen

Jede Organisationseinheit muss über die gesetzlichen und regulativen Vorgaben hinaus noch individuelle Regelungen beachten. Insbesondere in Verträgen mit Behörden oder großen Unternehmenskunden finden sich heutzutage vermehrt Anforderungen an die IT. Diese treten in Form von Prüfungsrechten und Nachweisverpflichtungen auf und betreffen typischerweise

- die Einhaltung von internationalen Standards, wie ISO/IEC 9001, ISO/IEC 27001 oder ISO/IEC 20000,
- die Einhaltung nationaler Regelwerke, wie die Regelungen des Grundschutzkatalogs des Bundesamtes für Sicherheit in der Informationstechnik, oder
- die Einhaltung branchenspezifischer Regelwerke, wie den Payment Card Industry (PCI) Data Security Standard (DSS) für die Abwicklung von Kreditkartentransaktionen.

Daneben legen sich viele Organisationen Selbstverpflichtungen auf, um die Qualität des IT-Betriebes zu gewährleisten, und unterwerfen sich freiwillig gewissen Referenzmodellen wie COBIT oder ITIL. Diese Referenzmodelle werden dann über interne Richtlinien und Verfahrensanweisungen innerhalb der Organisation umgesetzt.

23.2 IT-Compliance im COBIT-5-Prozessreferenzmodell

Das COBIT-5-Prozessreferenzmodell adressiert das Thema IT-Compliance in unterschiedlichen Prozessen. Der Kernprozess zu diesem Thema ist der COBIT-Prozess MEA03 (Überwachen, Evaluieren und Beurteilen der Compliance mit externen Anforderungen). COBIT 5 betrachtet aber Compliance-Risiken bereits in der COBIT-5-Zielkaskade ausgehend vom Unternehmensziel EG4 (Einhaltung externer Gesetze und Bestimmungen). Dieses Unternehmensziel hat auf der Ebene der IT-bezogenen Ziele mit ITG02 (IT-Compliance und Unterstützung der Compliance des Unternehmens mit externen Gesetzen und Bestimmungen) ein direktes Pendant. Die Erreichung des IT-bezogenen Ziels ITG02 wird wiederum primär durch folgende COBIT-Prozesse unterstützt:

- APO01 Managen des IT-Management-Rahmenwerks
- APO12 Managen von Risiko
- APO13 Managen der Sicherheit
- BAI10 Managen der Konfiguration
- DSS05 Managen von Sicherheitsservices
- MEA02 Überwachen, Evaluieren und Beurteilen des internen Kontrollsystems
- MEA03 Überwachen, Evaluieren und Beurteilen der Compliance mit externen Anforderungen

Im nächsten Kapitel wird der COBIT-Prozess MEA03 als Kernprozess für die Compliance näher dargestellt.

23.2.1 COBIT-Prozess MEA03

Die Prozesspraktiken des Managementprozesses MEA03 (Überwachen, Evaluieren und Beurteilen der Compliance mit externen Anforderungen) sollen Unternehmen unterstützen, alle anwendbaren externen Anforderungen zu erfüllen. Dazu müssen alle externen Compliance-Anforderungen identifiziert und diese Compliance-Anforderungen dann adäquat berücksichtigt werden. Der COBIT-Prozess MEA03 umfasst die in der Tabelle 23–1 beschriebenen vier Prozesspraktiken.

COBIT-Prozesspraktik	Kernforderungen
MEA03.01 Identifizieren externer Compliance-Anforderungen	■ Kontinuierliche Identifikation und Überwachung von Änderungen der lokalen und internationalen Gesetze, Bestimmungen und sonstigen externen Anforderungen, die aus IT-Sicht eingehalten werden müssen
MEA03.02 Optimieren der Reaktion auf externe Anforderungen	■ Überprüfung und Anpassung von Richtlinien, Prinzipien, Standards, Verfahren und Methoden, um sicherzustellen, dass den gesetzlichen, behördlichen und vertraglichen Anforderungen Rechnung getragen wird und diese kommuniziert werden ■ Einschätzung, welche Industriestandards, Regeln und Leitlinien für bewährte Verfahren übernommen oder angepasst werden könnten
MEA03.03 Bestätigen der externen Compliance	■ Überprüfung der Compliance von Richtlinien, Prinzipien, Standards, Verfahren und Methodologien mit gesetzlichen, behördlichen und vertraglichen Anforderungen
MEA03.04 Erhalten von Compliance-Bestätigungen	■ Sicherstellen der Compliance mit bzw. Einhaltung von Richtlinien, Prinzipien, Standards, Verfahren und Methoden ■ Dokumentation der Compliance in einem Bericht ■ Sicherstellen korrektiver Maßnahmen zum zeitnahen Schließen von Compliance-Lücken

Tab. 23–1 *Prozesspraktiken für den COBIT-Prozess MEA03 (Überwachen, Evaluieren und Beurteilen der Compliance mit externen Anforderungen) [ISACA 2012b]*

Die Zuständigkeit für die Identifizierung und Überwachung von Änderungen der gesetzlichen, behördlichen und sonstigen externen Compliance-Anforderungen an die Nutzung der IT und die Verarbeitung von Informationen liegen neben den Funktionen Compliance und Audit sowie dem CIO und dem Datenschutzbeauftragten insbesondere bei den Geschäftsprozessverantwortlichen.

Die zweite Prozesspraktik (MEA03.02) wirkt sich im Ergebnis in Form aktualisierter Richtlinien, Prinzipien, Standards, Verfahren und Methoden auf das Anweisungswesen aus, das die interne Vorgabe im Unternehmen darstellt und dessen Einhaltung überwacht werden muss.

In der dritten Prozesspraktik (MEA03.03) wird gefordert, dass die Richtlinien der Organisation, Standards, Verfahren und Methoden aller Unternehmensfunktionen regelmäßig auf ihre Compliance mit relevanten gesetzlichen und behördlichen Anforderungen hinsichtlich der Verarbeitung von Informationen überprüft werden.

Zur Sicherstellung der Compliance im Sinne der vierten Prozesspraktik (MEA03.04) sind regelmäßig Compliance-Bestätigungen seitens der Geschäftsprozess- und IT-Prozessverantwortlichen sowie Bereichsleiter einzuholen. Weiterhin sollen regelmäßige interne und externe Überprüfungen durchgeführt werden, um den Grad der Compliance zu beurteilen.

23.3 COBIT als Basis eines IT-Compliance-Rahmenwerks

Angesichts der Vielzahl von Anforderungen an die IT bedarf es eines strukturierten Ansatzes, um gegenwärtige, aber auch um zukünftige Anforderungen zu erfüllen und die Erfüllung den einzelnen Anspruchsgruppen nachzuweisen. Das COBIT-5-Prozessreferenzmodell bietet einen Ansatz, durch den IT-Prozesse klar strukturiert und die Anforderungen an diese IT-Prozesse zu den gängigen Anforderungen in Beziehung gesetzt werden können. Dadurch wird eine klare Zuordnung der internen Prozesse zu den externen Anforderungen möglich, und über Ziele, Kennzahlen und Reifegradbestimmungen liefert COBIT 5 auch die notwendigen Instrumente für eine effektive Steuerung und Überwachung der IT-Prozesse.

Der Einsatz von COBIT zum Aufbau eines IT-Compliance-Rahmenwerks soll anhand eines Praxisbeispiels deutlich werden. Aufgabe des durchgeführten Projekts war die Implementierung eines transparenten Anweisungswesens, das nicht nur die gegenwärtigen IT-Compliance-Anforderungen erfüllt, sondern auch für zukünftige Anforderungen geeignet ist. Dies war erforderlich, da das bestehende Anweisungswesen nicht mehr den internen und externen Anforderungen als Grundlage für nachvollziehbare und verlässliche IT-Prozesse sowie für ein wirksames internes Kontrollsystem in der IT entsprach. Die Neuordnung des historisch gewachsenen internen Kontroll- und Steuerungssystems in der IT wurde von der Wirtschaftsprüfungsgesellschaft KPMG beratend unterstützt.

Das vorhandene Anweisungswesen für die IT, das wesentliche Teile der Aufbau- und Ablauforganisation im Bankbereich Informationstechnologie festlegt, sollte im Sinne einer zukunftsfähigen Struktur überarbeitet werden, die eine verlässliche Dokumentation und Anwendungen der IT gewährleistet. Neben der Abbildung der gesetzlichen und aufsichtsrechtlichen Anforderungen waren eine klare und einfache Struktur sowie eine hohe Ergonomie und Nutzbarkeit des neuen Anweisungswesens gefordert. Weiterhin sollte das neue Anweisungswesen die Basis für eine effiziente und nachweisbare IT-Compliance sein. Das Projekt wurde in folgenden Teilschritten durchgeführt:

- Analyse der vorhandenen IT-Compliance-Anforderungen
- Aufbau eines IT-Compliance-Rahmenwerks
- Abweichungsanalyse und Aufstellung eines Aktivitätenplans
- Aufbau eines Compliance Reportings

1. **Analyse der vorhandenen IT-Compliance-Anforderungen**
   Im ersten Schritt wurde das vorhandene Anweisungswesen – wie im Organisationshandbuch dargestellt – einem Review unterzogen, um dessen Umfang und Struktur zu erfassen.
2. **Aufbau eines IT-Compliance-Rahmenwerks**
   Im nächsten Schritt wurde der vorhandene Dokumentationsrahmen auf Basis des oben genannten Reviews in Abstimmung mit dem Unternehmen erweitert. Der

vorgeschlagene erweiterte Dokumentationsrahmen stellte in vier Bereichen (Säulen) eine klare Struktur für die über 250 verbindlich angewiesenen Verfahren und Anweisungen dar und ermöglichte die Zuordnung der Verfahren auf Mitarbeiter und auf Themenkreise (vgl. Abb. 23–1). Gleichzeitig wurden die wesentlichen gesetzlichen und aufsichtsrechtlichen Anforderungen in den Dokumentationsrahmen integriert, um auch einen Nachweis der Einhaltung dieser Anforderungen zu ermöglichen.

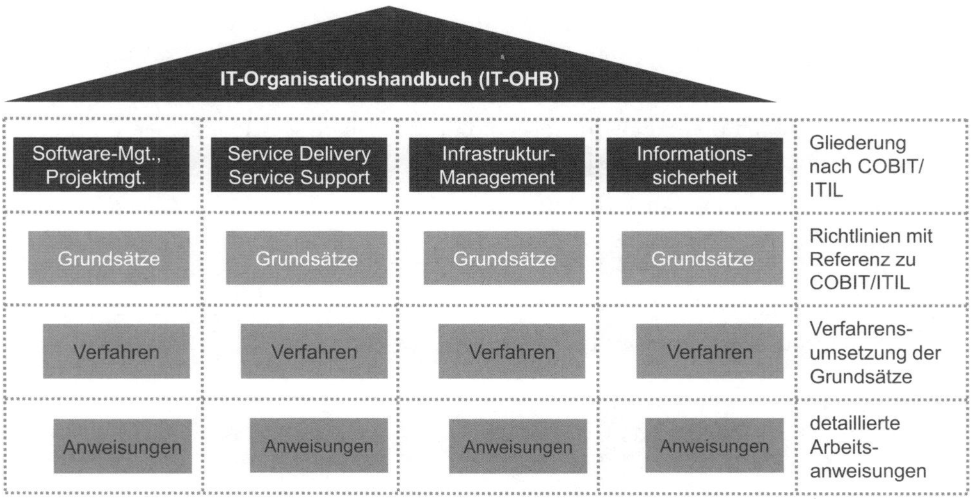

Abb. 23–1 *Struktur des IT-Compliance-Rahmenwerks für das Anweisungswesen (Praxisbeispiel)*

Wesentliche Erfolgsfaktoren dabei waren, dass konsequent Richtlinien in Form von Grundsätzen (policies) als übergeordnetes Strukturelement angewandt worden sind und die Verfahren mit den Grundsätzen verknüpft wurden. Als Rahmenwerk zur Policy-Erstellung wurde COBIT 4.1 verwendet, teilweise ergänzt um Elemente aus ITIL V3.

Zusätzlich wurden Schlüsselkontrollen in jeder Verfahrensbeschreibung hinterlegt. Dies war Voraussetzung, um später diese Kontrollen mit den Grundsätzen in den Richtlinien und letztlich mit den dahinterliegenden Compliance-Anforderungen zu verknüpfen und damit eine Überwachung und Steuerung der Einhaltung von Compliance-Anforderungen über die Erreichung der Schlüsselkontrollen zu erhalten.

3. **Abweichungsanalyse und Aufstellung eines Aktivitätenplans**
Nach Verabschiedung des Dokumentationsrahmens wurden die Unterschiede zwischen dem vorhandenen Anweisungswesen und dem zukünftigem Dokumentationsrahmen analysiert und die notwendigen Aktivitäten und der Aufwand zur Anpassung an den neuen Dokumentationsrahmen eingeschätzt. Auf dieser Basis wurde ein Aktivitätenplan erstellt und festgehalten, durch welche Maßnahmen,

mit welchen Verantwortlichkeiten und bis wann die festgestellten Abweichungen abgestellt werden.

In der nun folgenden Projektphase wurden die Anweisungsdokumente angepasst, ergänzt, konsolidiert und fehlende Dokumente erstellt. Alle Dokumente wurden nach Qualitätssicherung ins Intranet entsprechend der Aufbaustruktur des Anweisungswesens eingestellt und standen den Mitarbeitern dann in einer neuen, einheitlichen Form zur Verfügung. Zusätzlich wurden die Mitarbeiter auf alle sie betreffenden Anweisungsdokumente per Mail hingewiesen und eine Bestätigung der Kenntnisnahme wurde eingefordert. Eine regelmäßige Aktualisierung der Anweisungsdokumente sowie der Bestätigung der Kenntnisnahme wurde organisatorisch verankert. In Zukunft sollte diese Aktualisierung von einem Dokumentenmanagementsystem übernommen werden, dessen Einführung zum Projektzeitpunkt in Diskussion war.

4. **Aufbau eines Compliance Reportings**
   Ein effektives Compliance-Rahmenwerk muss eine kontinuierliche Überwachung, Messungen und Berichterstattung beinhalten. Entsprechend wurden in themenbezogenen Workshops Maßnahmen zur Überwachung und Steuerung erarbeitet und dem Management vorgeschlagen (vgl. Abb. 23–2).

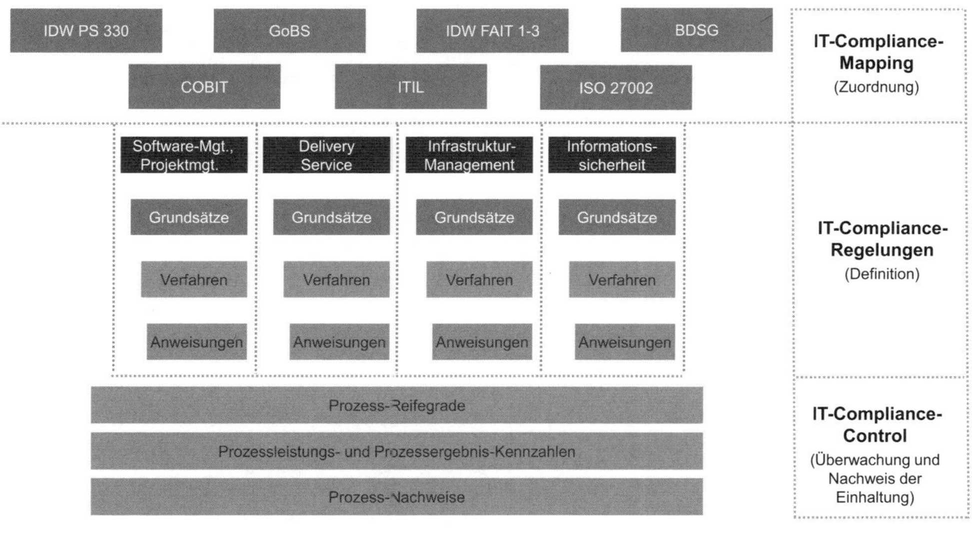

Abb. 23–2 *Integration der IT-Compliance-Regelungen und deren Überwachung in das IT-Compliance-Rahmenwerk (Praxisbeispiel)*

Die Maßnahmen zur Überwachung und Steuerung umfassten auch eine Einschätzung des Prozessreifegrades (vgl. Abb. 23–2). Dazu wurde ein Abfragetool auf Basis von Excel zur Selbsteinschätzung des Reifegrades der Prozessbereiche bereitgestellt. Inhaltlich orientierten sich die Fragen am Attribut-Reifegradmodell von COBIT (siehe Abschnitt 13.2.2).

Weiterhin wurden für wichtige Verfahrensschritte der ersten drei Bereiche Kennzahlen definiert, die in ein Management-Reporting überführt wurden. Ziel war dabei, das Reporting möglichst effizient zu gestalten. So wurden beispielsweise vorhandene Berichte zum Projektmanagement zu einer Meta-Kennzahl aggregiert und keine neuen Kennzahlen für diesen Teilbereich erhoben. Auch wurde das vorhandene System für das Incident Management genutzt, um viele Kennzahlen automatisiert zu generieren. Insgesamt wurden ohne den Bereich Informationssicherheit, der bereits über ein eigenständiges Reporting verfügte, 28 Kernkennzahlen etabliert und in ein monatliches Excel-basiertes Reporting mit einem übersichtlichen Dashboard überführt. Die Prüfung der Prozessnachweise erfolgte vereinbarungsgemäß durch die Revision.

Mit diesem Projekt ist es dem Unternehmen binnen eines Jahres gelungen, ein historisch gewachsenes Anweisungswesen im IT-Bereich in ein strukturiertes IT-Compliance-Rahmenwerk zu überführen, das dem Management eine laufende Überwachung und einen effizienten Nachweis der IT-Compliance ermöglicht.

24 IT-Outsourcing steuern

Standardisierte Geschäftsprozesse und IT-Prozesse und deren Kontrollen werden heutzutage oftmals nicht mehr in den Unternehmen selbst durchgeführt, sondern im Rahmen eines sog. »Outsourcings« von externen Dienstleistern (sog. »Service Provider«) erbracht. Aktuelle Studien zeigen, dass Manager in einer schwierigen konjunkturellen Lage verstärkt auf Managementmethoden wie Outsourcing, Benchmarking oder Balanced Scorecard setzen [Kuhn 2009][ISACA 2011e]. Im Zuge des Outsourcings werden dabei häufig auch Tätigkeiten an Service Provider ausgelagert, die wesentliche Risiken für das Unternehmen bergen können. Outsourcing erfordert daher Governance-Prozesse, um alle relevanten Informationen rund um das Outsourcing zu erhalten, zu managen, zu prüfen und an die betreffenden Stellen weiterzuleiten sowie um die Beziehung zwischen dem auslagernden Unternehmen und dem Dienstleistungsunternehmen zu steuern [ITGI 2005e].

Das COBIT-5-Prozessreferenzmodell enthält mit dem COBIT-Prozess APO10 (Managen von Lieferanten) einen Prozess zum Management der von Lieferanten bereitgestellten IT-gestützten Services.

Weiterhin kann das COBIT-5-Prozessreferenzmodell unterstützen, die von den auslagernden Unternehmen vermehrt angeforderten Compliance-Nachweise sinnvoll zu strukturieren, so dass die Nachweise den auslagernden Unternehmen einerseits die notwendige Assurance geben und andererseits vom Outsourcing-Dienstleister für eigene Zwecke im Sinne einer dauerhaften Prozessverbesserung genutzt werden können.

24.1 COBIT-Prozess APO10

Der COBIT-Prozess APO10 (Managen von Lieferanten) umfasst die Auswahl von Lieferanten, das Management von Beziehungen und Verträgen sowie die Überprüfung und Überwachung der Lieferantenleistung hinsichtlich Effektivität und Compliance. Hauptziel des Prozesses ist, dass die Lieferanten die vereinbarte Leistung ordnungsgemäß erbringen. Der COBIT-Prozess APO10 umfasst die in Tabelle 24–1 beschriebenen fünf Prozesspraktiken.

COBIT-Prozesspraktik	Kernforderungen
APO10.01 Identifizieren und Evaluieren der Lieferantenbeziehungen und -verträge	▪ Identifikation der Lieferanten und zugehörige Verträge ▪ Kategorisierung der Lieferanten und Verträge nach Typ, Bedeutung und Kritizität ▪ Festlegung von Kriterien für die Bewertung von Lieferanten und Verträgen ▪ Bewertung des Gesamtportfolios bestehender und alternativer Lieferanten und Verträge
APO10.02 Auswählen von Lieferanten	▪ Auswahl von Lieferanten nach einem gerechten und formalen Verfahren, um, basierend auf zuvor festgelegten Anforderungen, eine optimale Eignung sicherzustellen
APO10.03 Managen von Lieferantenbeziehungen und -verträgen	▪ Formalisierung und Management der Beziehung für jeden einzelnen Lieferanten ▪ Regelmäßige Pflege und Überwachung der Verträge und Servicebereitstellung ▪ Anpassung neuer oder geänderter Verträge unter Beachtung der Unternehmensstandards sowie der rechtlichen und gesetzlichen Anforderungen ▪ Beilegung von vertraglichen Auseinandersetzungen
APO10.04 Managen des Lieferantenrisikos	▪ Identifikation und Management des Risikos in Verbindung mit der Fähigkeit von Lieferanten, kontinuierlich sichere, effiziente und effektive Services bereitzustellen
APO10.05 Überwachen der Lieferantenleistung und -Compliance	▪ Regelmäßige Überprüfung der Gesamtleistung der Lieferanten, der Compliance mit Vertragsanforderungen und das Preis-/Leistungsverhältnis ▪ Verfolgung eventuell identifizierter Probleme

Tab. 24–1 *Prozesspraktiken für den COBIT-Prozess APO10 (Managen von Lieferanten) [ISACA 2012b]*

Die Prozesspraktik (APO10.04) zum Management des Lieferantenrisikos wurde bereits im Zusammenhang mit dem Risikomanagement besprochen (siehe Abschnitt 21.2.3.2). Für das nachfolgend behandelte Thema der Outsourcing-Assurance ist vor allem die fünfte Prozesspraktik (APO10.05) relevant, die in Abhängigkeit von der Bedeutung der ausgelagerten Dienstleistungen u. a. eine unabhängige Überprüfung der internen Praktiken und Kontrollen des Lieferanten fordert.

24.2 Outsourcing-Assurance

Angesichts der stetig steigenden Bedeutung der Datenverarbeitung und der zunehmenden Übertragung dieser Leistungen auf Dritte sind Outsourcing-Dienstleister gefordert, ihren Kunden gegenüber zu belegen, dass sie die zur Verfügung gestellten Informationen sicher und ordnungsgemäß sowie gemäß den zugrunde liegenden Vereinbarungen verarbeiten.

Insbesondere die Sicherstellung einer angemessenen Ausgestaltung des internen Kontrollsystems gehörte schon immer zu den Kernaufgaben des Managements. In Deutschland fordert der Prüfungsstandard PS 331 (Abschlussprüfung bei teilweiser Auslagerung der Rechnungslegung auf Dienstleistungsunternehmen) des Instituts der Wirtschaftsprüfer bei ausgelagerter Informationstechnologie für das Rechnungswesen »grundsätzlich eine Prüfung und Beurteilung des rechnungslegungsbezogenen IT-Kontrollsystems des Dienstleistungsunternehmens«.

Weitergehende Anforderungen wurden durch den Sarbanes-Oxley Act (SOA) im Jahr 2002 aufgestellt (siehe Abschnitt 23.1.1), der für alle Unternehmen gilt, die an den US-amerikanischen Börsen notiert sind bzw. zu einem dort notierten Konzern gehören. Der Abschnitt 404 des Sarbanes-Oxley Acts verpflichtet das Management, die Effektivität des internen Kontrollsystems über die Finanzberichterstattung (sog. »Internal Control Over Financial Reporting – ICOFR) zu beurteilen und darüber zu berichten. Als Maßstab zur Beurteilung der Effektivität des internen Kontrollsystems über die Finanzberichterstattung ist ein angemessenes und akzeptiertes Kontrollrahmenwerk (Control Framework) zugrunde zu legen. Das am meisten in diesem Zusammenhang verwendete Kontrollkonzept ist das »Internal Control – Integrated Framework«, das vom Committee of Sponsoring Organizations of the Treadway Commission (COSO) herausgegeben wurde (siehe Abschnitt 14.2).

Mitte 2009 wurden in Deutschland durch das Bilanzrechtsmodernisierungsgesetz (BilMoG) mehrere EU-Richtlinien zu Corporate Governance (Abänderungsrichtlinie) und zur Abschlussprüfung (Abschlussprüferrichtlinie) umgesetzt. Davon sind sowohl die geschäftsführenden Organe als auch der Aufsichtsrat und sein Prüfungsausschuss als Kontrollgremium sowie der Abschlussprüfer betroffen. Insbesondere stellt in diesem Zusammenhang der § 107 Abs. 3 Satz 2 AktG klar, dass die Beurteilung der Wirksamkeit des unternehmensübergreifenden internen Kontrollsystems, des Risikomanagementsystems und des internen Revisionssystems ausdrücklich zu den Überwachungsaufgaben des Aufsichtsrats gehört. Durch diese Regelungen soll der Vorstand veranlasst werden, geeignete Risikomanagement-, Kontroll- und Revisionssysteme zu installieren bzw. bestehende Defizite zu minimieren. Dies bezieht sich natürlich auch auf die selber betriebenen oder ausgelagerten Informationsverarbeitungsprozesse.

Im Falle der Auslagerung von unternehmenskritischen Funktionen muss das Management der auslagernden Organisation entweder selbst beim Outsourcing-Dienstleister das angemessene Design und die Wirksamkeit des internen Kontrollsystems beurteilen oder aber einen verlässlichen Nachweis über das interne Kontrollsystem beim Dienstleistungsunternehmen erhalten.

24.2.1 Assurance Reports

Als verlässlicher Nachweis hat sich weltweit eine Prüfung mit Berichterstattung nach dem Prüfungsstandard International Standard on Assurance Engagements (ISAE) 3402 (Assurance Reports on Controls at a Service Organization) der International Federation of Accountants (IFAC), dem internationalen Dachverband der Wirtschaftsprüfer, etabliert. In einem nach diesen Prüfungsstandard erstellten Bericht (Assurance Report) wird das dienstleistungsbezogene interne Kontrollsystem nachvollziehbar beschrieben und durch das Management und einen unabhängigen Wirtschaftsprüfer bestätigt.

In Deutschland existiert mit dem IDW PS 951 ein nationaler Prüfungsstandard zur Prüfung des internen Kontrollsystems beim Dienstleistungsunternehmen für auf das Dienstleistungsunternehmen ausgelagerte Funktionen [IDW 2013a], der auf den internationalen Anforderungen basiert, aber auch nationale Besonderheiten berücksichtigt.

Berichte nach den Prüfungsstandards ISAE 3402 oder IDW PS 951 werden inzwischen auch in Deutschland von vielen Outsourcing-Dienstleistern erstellt. Die Kunden des Outsourcing-Dienstleisters erhalten mit dem ISAE-3402- oder PS-951-Bericht (Assurance Report) einen transparenten, detaillierten Nachweis über den Aufbau und die Wirksamkeit des dienstleistungsbezogenen internen Kontrollsystems beim Outsourcing-Dienstleister.

24.2.2 Umfang und Inhalte eines Berichts nach ISAE 3402 oder PS 951

Die Entscheidung über Umfang und Inhalt eines ISAE-3402- oder PS-951-Berichts liegt im Wesentlichen beim Outsourcing-Dienstleister, der die Prüfung bei einer Wirtschaftsprüfungsgesellschaft in Auftrag geben muss. Outsourcing-Kunden haben keinen gesetzlichen Anspruch auf einen solchen Prüfungsbericht. Auch Umfang und Inhalt der Berichterstattung müssen mit dem Outsourcing-Dienstleister individuell vereinbart werden. Stellt der Outsourcing-Dienstleister keinen angemessenen Nachweis zur Verfügung, muss das auslagernde Unternehmen oder dessen Wirtschaftsprüfer den Aufbau und die Wirksamkeit der relevanten Kontrollen beim Dienstleister im Rahmen eines vereinbarten Einsichts- und Prüfungsrechtes ggf. selbst überprüfen.

Für einen Outsourcing-Dienstleister mit mehreren Kunden stellt ein ISAE-3402- bzw. ein PS-951-Bericht, der als Mehrmandantenbericht ausgestaltet werden kann, aber eine effiziente Möglichkeit dar, mit nur einem Prüfungsbericht mögliche Mehrfachprüfungen durch unterschiedliche Kunden oder deren Wirtschaftsprüfer zu vermeiden. Die Kosten der Prüfung und Berichterstattung lassen sich unter Umständen sogar auf die Kunden verteilen, da diese ihrerseits auf aufwendige Prüfungen beim Dienstleister verzichten können.

Hat sich der Dienstleister für die Durchführung einer Prüfung nach ISAE 3420 bzw. IDW PS 951 entschieden, muss zuerst der Prüfungsumfang definiert werden. Dies umfasst die Festlegung der dienstleistungsbezogenen Prozesse, die Auswahl des

Berichtstyps und des Prüfungszeitraumes, Art und Umfang der zu beschreibenden Kontrollziele und Kontrollen, die Einbeziehung von Sub-Dienstleistern sowie Ablauf und Zeitpunkt der Prüfung [Gaulke 2006c].

Als Ergebnis einer Prüfung nach ISAE 3402 bzw. PS 951 können zwei Berichtstypen unterschieden werden: Berichte vom Typ 1 enthalten nur eine Aussage darüber, ob die Kontrollen des Dienstleisters geeignet sind, die vorgegebenen Kontrollziele zu erreichen, und ob diese tatsächlich beim Dienstleister zum definierten Prüfungszeitpunkt implementiert waren. Berichte vom Typ 2 enthalten zusätzlich eine Prüfungsaussage darüber, ob die Kontrollen im definierten Prüfungszeitraum (in der Regel zwischen sechs bis zwölf Monaten) so durchgeführt worden und damit wirksam sind, dass mit einer hinreichenden Sicherheit von einer Erreichung der Kontrollziele ausgegangen werden kann.

Zusätzlich wird der Umfang der Prüfung von der Relevanz der Prozesse und Kontrollziele für die Kunden bestimmt. Das Ziel einer Prüfung nach ISAE 3402 oder IDW PS 951 ist, einen auf die Kunden zugeschnittenen Nachweis über die angemessene Ausgestaltung und Wirksamkeit des dienstleistungsbezogenen, internen Kontrollsystems zu erbringen. Ein ISAE-3402- oder PS-951-Bericht beinhaltet somit keine Aussage über das gesamte interne Kontrollsystem des Dienstleisters, sondern lediglich über die Prozesse und Kontrollziele, die für die Kunden bzw. einzelne Kundengruppen relevant sind, also über das sog. »dienstleistungsbezogene interne Kontrollsystem«. Das interne Kontrollsystem im Rechnungswesen des Outsourcing-Dienstleisters ist beispielsweise in der Regel für die Kunden nicht oder nur sehr eingeschränkt relevant.

Falls der Outsourcing-Dienstleister seinerseits Tätigkeiten ausgelagert hat, die zu wesentlichen Risiken beim Kunden führen, so sind auch diese Risiken, die bei diesen sog. »Sub-Dienstleistern« entstehen, bei der Prüfung zu beachten.

Weitere Inhalte betreffen Änderungen, die innerhalb des zu prüfenden Zeitraumes an den Kontrollen vorgenommen wurden. Alle relevanten Änderungen am internen Kontrollsystem müssen im ISAE-3402- oder PS-951-Bericht beschrieben werden. Außerdem müssen Kontrollen, deren Durchführung bei einem Kunden des Dienstleisters vorausgesetzt wird, angegeben werden. Dies erleichtert das Verständnis des Zusammenspiels der Kontrollen beim Dienstleister und bei den Kunden des Dienstleisters und damit die Gesamtbeurteilung, ob über alle Prozessschritte hinweg die erforderlichen Kontrollen implementiert sind.

24.3 Anwendung von COBIT bei der Erstellung eines Berichtes nach ISAE 3402 oder PS 951

COBIT kann Outsourcing-Dienstleister bei der Erstellung eines Berichtes nach ISAE 3402 oder IDW PS 951 sowohl bei der Strukturierung und Beschreibung der Kontrollziele und Kontrollen als auch bei der Prüfungsvorbereitung unterstützen. Gleichzeitig erhöht eine Referenz auf COBIT die Transparenz eines Assurance-Berichtes und damit dessen Akzeptanz bei den Kunden und deren Wirtschaftsprüfern. Der Outsourcing-Dienstleister demonstriert durch Kontrollziele und Kontrollen, die in Anlehnung an ein internationales Rahmenwerk strukturiert wurden, dass er über ein an bewährten Praktiken orientiertes, internes Kontrollsystem verfügt.

24.3.1 Strukturierung und Beschreibung der Kontrollziele und Kontrollbeschreibungen mit COBIT 5

Bei einem ISAE-3402- oder PS-951-Bericht müssen die Kontrollziele und die Kontrollen, um diese Kontrollziele zu erreichen, vom Outsourcing-Dienstleister beschrieben werden. Die Beschreibung ist Grundlage der Prüfung durch eine Wirtschaftsprüfungsgesellschaft.

Im IT-Bereich haben sich in der Praxis folgende IT-Prozesse als Mindestgegenstand dieser Art von Berichten etabliert, für die dann die entsprechenden Kontrollziele und Kontrollen definiert werden müssen:

- Physische Zugangs- und Umgebungssicherheit
- Logische Sicherheit
- Änderungsmanagement
- Test und Release Management
- Incident und Problem Management
- Datensicherung und Archivierung
- IT-Betrieb

SOA schreibt die Verwendung eines anerkannten Referenzmodells für das interne Kontrollsystem vor. Die meisten Unternehmen verwenden als Kontrollrahmenwerk das COSO-Rahmenwerk (siehe Abschnitt 14.2). Da das COSO-Rahmenwerk aber nicht detailliert die IT-Prozesse behandelt, bietet es sich an, zur Festlegung der IT-Kontrollziele COBIT zu verwenden. Dazu können den relevanten IT-Prozessen die korrespondierenden COBIT-Prozesse zugeordnet werden (vgl. Tab. 24–2).

Prüfungsrelevante IT-Prozesse	Korrespondierende COBIT-Prozesse
Physische Zugangs- und Umgebungssicherheit	▪ DSS01 Managen des Betriebs
Logische Sicherheit	▪ APO13 Managen der Sicherheit ▪ DSS05 Managen von Sicherheitsservices
Änderungsmanagement	▪ BAI06 Managen von Änderungen
Test und Release Management	▪ BAI07 Managen der Abnahme und Produktivsetzung von Änderungen
Incident und Problem Management	▪ DSS02 Managen von Serviceanfragen und Störungen ▪ DSS03 Managen von Problemen
Datensicherung und Archivierung	▪ DSS01 Managen des Betriebs ▪ DSS06 Managen von Geschäftsprozesskontrollen
IT-Betrieb	▪ DSS01 Managen des Betriebs ▪ DSS05 Managen von Sicherheitsservices ▪ BAI09 Managen von Betriebsmitteln

Tab. 24–2 *Zuordnung der prüfungsrelevanten IT-Prozesse zu den korrespondierenden COBIT-Prozessen*

Von der in Tabelle 24–2 dargestellten Zuordnung ausgehend kann COBIT nun die Formulierung und Strukturierung der Kontrollziele und der entsprechenden Kontrollen unterstützen. Als Beispiel soll der COBIT-Prozess BAI06 (Managen von Änderungen) dienen: Als Erstes wird das Kontrollziel für den gesamten Prozess definiert. Unter Kontrollziel wird hier eine Art Leistungsversprechen verstanden, also was der Outsourcing-Dienstleister seinen Kunden zu diesem IT-Prozess zugesagt hat. Als Grundlage dient die Prozessbeschreibung des COBIT-Prozesses BAI06 (Managen von Änderungen):

Prozessbeschreibung des COBIT-Prozesses BAI06 [ITGI 2012b]:

Managen sämtlicher Änderungen in einer kontrollierten Art und Weise, einschließlich Standardänderungen und dringender Wartungsmaßnahmen in Bezug auf Geschäftsprozesse, Anwendungen und Infrastruktur. Damit verbunden sind außerdem Änderungsstandards und verfahren, die Beurteilung von Auswirkungen, Priorisierung und Genehmigung, dringende Änderungen, Rückverfolgung, Berichterstattung, Abschluss und Dokumentation.

Aus dieser Prozessbeschreibung lässt sich beispielsweise das folgende Kontrollziel für einen ISAE-3402- oder PS-951-Bericht ableiten:

Abgeleitetes Kontrollziel für das Änderungsmanagement:

Kontrollen gewährleisten mit hinreichender Sicherheit, dass alle Änderungen an bestehenden Prozessen, Anwendungen und Infrastrukturkomponenten ausreichend beschrieben, bewertet, genehmigt, überwacht sowie abgeschlossen und dokumentiert werden.

Diese Ableitung berücksichtigt natürlich nicht die spezielle Prozessgestaltung beim Outsourcing-Dienstleister, so dass nun eine weitere Spezifizierung erfolgen kann. Das Kontrollziel könnte in der Praxis nach Anpassung durch das Unternehmen lauten:

Angepasstes Kontrollziel für das Änderungsmanagement (Unternehmen A):

Kontrollen gewährleisten mit hinreichender Sicherheit, dass Änderungen an bestehenden Programmen funktional ausreichend beschrieben, beauftragt, getestet, abgenommen, korrekt implementiert und dokumentiert sind.

Für ein anderes Unternehmen mag dieser Prozess weniger bedeutsam sein, und das Kontrollziel könnte daher lauten:

Angepasstes Kontrollziel für das Änderungsmanagement (Unternehmen B):

Kontrollen gewährleisten mit hinreichender Sicherheit, dass Systemänderungen mit Einfluss auf die Rechnungslegung dokumentiert, genehmigt und angemessen getestet werden.

COBIT stellt also für die Formulierung des Kontrollzieles eine gute Basis bereit, die dann je nach Unternehmenssituation erweitert (Beispiel Unternehmen A) oder reduziert (Beispiel Unternehmen B) werden kann.

Auch bei der weiteren Strukturierung und Formulierung der Kontrollen zur Erfüllung des Kontrollzieles liefern die Prozesspraktiken und die Aktivitäten im COBIT-5-Prozessreferenzmodell wertvolle Anregungen. In der Tabelle 24–3 sind aus den COBIT-Prozesspraktiken und den Aktivitäten des Prozesses BAI06 (Managen von Änderungen) für einen ISAE-3402- oder PS-951-Bericht beispielhaft Kontrollbeschreibungen abgeleitet worden.

COBIT-Prozesspraktik	Kontrollkategorie	Abgeleitete Kontrollbeschreibung
BAI06.01 Evaluieren, Priorisieren und Genehmigen von Änderungsanträgen	Bewertung und Genehmigung	▪ Neue Änderungsanforderungen können ausschließlich über das Incident Management System gestellt werden. ▪ Im Incident Management System werden alle beauftragten Änderungen entsprechend der hinterlegten Kategorien und der zugewiesenen Rollen und Verantwortlichkeiten kategorisiert, priorisiert, bewertet und genehmigt.
BAI06.02 Managen von Notfalländerungen	Behandlung von Notfällen	▪ Für Notfalländerungen wurde ein eigener Prozess etabliert. ▪ Jede Notfalländerung muss nach Produktivsetzung entsprechend des regulären Änderungsprozesses bewertet und genehmigt werden. ▪ Das Management überwacht die Durchführung der nachträglichen Bewertung und Genehmigung aller Notfalländerungen.
BAI06.03 Verfolgen und Berichten des Änderungsstatus	Nachverfolgung und Reporting	▪ Der Status aller Änderungsanforderungen wird im Incident Management System dokumentiert und kann dort von berechtigten Mitarbeitern eingesehen werden. ▪ Das Incident-Management-Team erstellt wöchentlich einen Statusreport über alle offenen, zurückgewiesenen, genehmigten und geschlossenen Änderungsanforderungen für das Management.
BAI06.04 Abschließen und Dokumentieren der Änderungen	Implementation und Dokumentation	▪ Eine Änderung kann im Incident Management System nur geschlossen werden, wenn die erfolgreiche Produktivsetzung und die Aktualisierung der Verfahrensdokumentation bestätigt worden sind. ▪ Nach Abschluss der Änderungsanfrage verbleibt diese für mindestens zwei Jahre im Incident Management System und wird anschließend für weitere acht Jahre archiviert.

Tab. 24–3 *Ableitung von Kontrollbeschreibungen für den COBIT-Prozess BAI06 (Managen von Änderungen)*

In diesem Beispiel (vgl. Tab. 24–3) sind in die abgeleiteten Kontrollbeschreibungen alle Aspekte aus dem abgeleiteten Kontrollziel sowie die wesentlichen Inhalte aus den COBIT-Prozesspraktiken und teilweise auch Anregungen aus den Prozessaktivitäten des COBIT-Prozesses BAI06 (Managen von Änderungen) eingeflossen.

25 IT-Assurance-Initiativen durchführen

IT-Assurance zielt vor allem darauf ab, dem Management oder dem Aufsichtsorgan von interner oder externer Seite eine Bestätigung zu geben, dass IT-Systeme und IT-Prozesse zuverlässig und entsprechend den internen und externen Vorgaben funktionieren. Typischerweise wird Assurance von der internen Revision oder von einer externen Wirtschaftsprüfungsgesellschaft im Rahmen von IT-bezogenen Prüfungen gegeben. Als Basis der Prüfungsaktivitäten dienen gewöhnlich Standards der Wirtschaftsprüferorganisationen: In Deutschland ist dies das IDW (Institut der Wirtschaftsprüfer), in den Vereinigten Staaten die AICPA (American Institute of Certified Public Accountants) und auf internationaler Ebene das IFAC (International Federation of Accountants). Aber auch die Berufsverbände der Revisoren, wie das IIA (Institute of Internal Auditors) oder die ISACA (Information Systems Audit and Control Association) geben Empfehlungen für die Prüfungsdurchführung heraus.

Die ISACA hat speziell zu diesem Thema im Juni 2013 den Umsetzungsleitfaden »COBIT 5 for Assurance« veröffentlicht. »COBIT 5 for Assurance« unterstützt sowohl bei der Einrichtung der Assurance-Funktion als auch bei den eigentlichen Prüfungsinitiativen, von der Planung über die Durchführung bis zur Nachverfolgung der Feststellungen. Der Umsetzungsleitfaden »COBIT 5 for Assurance« beschreibt dabei, wie das Rahmenwerk COBIT 5 für die Prüfung angewandt werden kann und insbesondere, wie die Enabler von COBIT 5 in der Prüfung verwendet werden können. Weiterhin konkretisiert der Umsetzungsleitfaden den dargestellten Ansatz anhand von drei konkreten Prüfungsprogrammen.

25.1 Grundlagen der Assurance

Eine Assurance-Initiative besteht aus fünf Komponenten. Die Assurance-Komponenten umfassen eine

- Beziehung zwischen drei Parteien (Three-Party Relationship)

sowie einen Prüfungsprozess bestehend aus

- Prüfungsgegenstand (Subject Matter),
- Prüfungskriterien (Suitable Criteria),
- Prüfungsdurchführung (Execution) und
- Schlussfolgerung (Conclusion).

Im Assurance-Prozess werden die vier zuletzt dargestellten Komponenten verbunden, indem der Prüfungsgegenstand genau abgegrenzt wird (Determine Scope), angemessene Prüfungskriterien definiert werden (Set Suitable Criteria) und der Prüfungsauftrag durchgeführt (Execute) sowie eine Schlussfolgerung (Conclusion) gegeben wird.

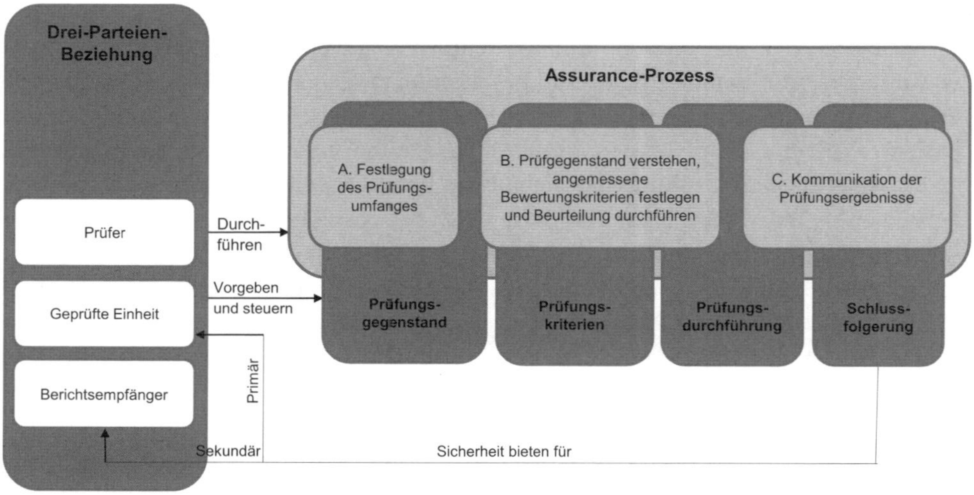

Abb. 25–1 *Komponenten der Assurance in Anlehnung an [ISACA 2013e]*

Die drei involvierten Parteien in einer Assurance-Initiative sind:

- der Prüfer (Assurance Professional),
- die geprüfte Einheit (Accountable Party) sowie
- der Berichtsempfänger (User).

Der Prüfungsgegenstand wird in der Regel vom vorgesehenen Berichtsempfänger festgelegt und kann beispielsweise die Wirksamkeit eines IT-Prozesses oder die Einhaltung von externen Vorgaben sein.

Prüfungskriterien stellen die Basis einer konsistenten Bewertung des Prüfungsgegenstandes dar und sollten ihrerseits objektiv, messbar, verständlich, vollständig und relevant in Bezug auf den Prüfungsgegenstand sein. Prüfungskriterien ergeben sich oftmals aus Prüfungsstandards (wie den Prüfungsstandards des IDW) oder Rahmenwerken (wie COBIT 5).

Die Schlussfolgerung oder das Prüfungsergebnis sollte nicht nur die validierten Fakten darstellen, sondern auch die Ursachen ermitteln, dem Berichtsempfänger die

Hintergründe transparent machen und ggf. in einem separaten Bericht umsetzbare Empfehlungen aufzeigen.

Definition Assurance [ISACA 2013d]:

»Assurance bedeutet, dass auf Basis einer Beziehung (Accountability Relationship) zwischen zwei oder mehr Parteien ein geeigneter IT-Prüfer (IT Audit and Assurance Professional) beauftragt wird, eine schriftliche Stellungnahme über einen Prüfungsgegenstand (Subject Matter) gegenüber der verantwortlichen Partei (Accountable Party) abzugeben.«

Hintergrund für diese breite Definition ist, das häufig auch das operative Management intern oder auch gegenüber Drittparteien nachweisen muss, dass das interne Kontrollsystem bezogen auf bestimmte Betrachtungsgegenstände wirksam ist. Typische Beispiele sind Unterbestätigungen der Geschäftsbereiche für den CEO/CFO für die Aggregation zu einer gesamthaften Bestätigung des internen Kontrollsystems nach gesetzlichen Anforderungen wie dem Sarbanes-Oxley Act, Berichte über das dienstleistungsbezogene, interne Kontrollsystem nach Prüfungsstandards wie ISAE 3402 oder IDW PS 951 sowie Zertifizierungen nach ISO-Normen wie ISO/IEC 27001 oder ISO/IEC 20000.

25.2 Governance und Management der Assurance-Funktion

Im Umsetzungsleitfaden »COBIT 5 for Assurance« wird das ganzheitliche Konzept der Enabler auch auf die Funktion der Assurance selbst angewandt. Dazu werden die Enabler in folgender Weise interpretiert:

- Prinzipien, Richtlinien und Rahmenwerke für die Assurance-Funktion
- Prozesse mit für die Assurance-Funktion spezifischen Details und Aktivitäten
- spezifische Organisationsstrukturen für die Assurance-Funktion
- Faktoren der Kultur, Ethik und Verhalten als Basis des Erfolgs der Governance und des Managements der Assurance-Funktion
- spezifische Informationstypen für die Governance und das Management der Assurance-Funktion
- Services, Infrastruktur und Anwendungen, die zur Erbringung der Assurance notwendig sind
- spezifische Fähigkeiten und Kompetenzen für die Mitarbeiter der Assurance-Funktion

In den nachfolgenden Kapiteln erfolgt eine Darstellung der Anwendung der Enabler auf die Assurance-Funktion.

25.2.1 Prinzipien, Richtlinien und Rahmenwerke für die Assurance

Der Umsetzungsleitfaden »COBIT 5 for Assurance« berücksichtigt die gängigen Standards der Wirtschaftsprüferorganisationen und Rahmenwerke der Berufsverbände. Für den Enabler Prinzipien, Richtlinien und Rahmenwerke verweist der Umsetzungsleitfaden »COBIT 5 for Assurance« auf das von der ISACA entwickelte Rahmenwerk »Information Technology Assurance Framework« (ITAF). Das ITAF-Rahmenwerk umfasst Leitlinien auf mehreren Ebenen [ISACA 2013e]:

- IS-Audit- und Assurance-Standards, die in drei Kategorien eingeteilt sind:
  - Allgemeine Standards (1000er-Serie): Diese beschäftigen sich vor allem mit der Ethik, Unabhängigkeit, Objektivität und Sorgfaltspflicht der IT-Prüfer sowie mit deren Wissen, Kompetenz und Fähigkeit.
  - Durchführungsstandards (1200er-Serie): Diese beschäftigen sich vor allem mit der Durchführung eines Assurance-Engagements und behandeln beispielsweise die Planung, die Überwachung, die Wesentlichkeit, die Verwendung der Ergebnisse Dritter oder die Sorgfaltspflichten.
  - Berichtsstandards (1400er-Serie): Diese beschäftigen sich mit den Berichtstypen, den Kommunikationsmitteln und den kommunizierten Informationen.
- IS-Audit- und Assurance-Richtlinien unterstützen die Standards und sind ebenfalls in drei Kategorien eingeteilt:
  - Allgemeine Richtlinien (2000er-Serie)
  - Durchführungsrichtlinien (2200er-Serie)
  - Berichtsrichtlinien (2400er-Serie)
- Tools und Techniken, die dem IT-Prüfer weitere Anleitungen bereitstellen, wie beispielsweise Whitepaper, Prüfprogramme und natürlich die COBIT-5-Produktfamilie

Daneben enthält ITAF auch einen Berufsethik-Kodex (Code of Professional Ethics), der sieben Grundsätze umfasst, wie beispielsweise die Verschwiegenheit über während der Prüfung erhaltene Informationen.

25.2.2 Prozesse für die Assurance-Funktion

Im Umsetzungsleitfaden »COBIT 5 for Assurance« werden aus dem COBIT-5-Prozessreferenzmodell die Prozesse extrahiert, die für eine effektive Assurance-Funktion relevant sind.

COBIT-Prozess	Relevanz für die Assurance-Funktion
EDM01 Sicherstellen der Einrichtung und Pflege des Governance-Rahmenwerks	Die Assurance-Funktion benötigt eine Governance-Struktur.
EDM02 Sicherstellen der Bereitstellung von Mehrwert	Das Unternehmen muss sicherstellen, dass die Assurance-Funktion einen Wertbeitrag liefert.
EDM03 Sicherstellen der Risikooptimierung	Das Unternehmen muss sicherstellen, dass die mit der Assurance zusammenhängenden Risiken gemanagt werden.
EDM05 Sicherstellen der Transparenz gegenüber Anspruchsgruppen	Die Assurance-Funktion ist ein wichtiger Lieferant der Transparenz gegenüber den Anspruchsgruppen.
APO02 Managen der Strategie	Die Assurance-Funktion muss eine Strategie zur Bereitstellung von Assurance entwickeln.
APO06 Managen von Budget und Kosten	Die Assurance-Funktion muss ihre Aktivitäten und benötigten Systeme budgetieren.
APO07 Managen des Personals	Die Assurance-Funktion benötigt die richtige Anzahl an Mitarbeitern und Fähigkeiten.
APO08 Managen von Beziehungen	Die Beziehungen zwischen der Assurance-Funktion und den Geschäftsbereichen sind kritisch.
APO11 Managen der Qualität	Qualitätsverbesserung ist ein wichtiges Element einer effektiven Bereitstellung von Assurance.
APO12 Managen von Risiko	Assurance-Risiken (audit risk) müssen gemanagt werden.
BAI08 Managen von Wissen	Der Assurance-Funktion muss das benötigte Wissen bereitgestellt werden, um die Assurance-Mitarbeiter in ihrer Arbeit zu unterstützen.

Tab. 25–1 *Übersicht der relevanten COBIT-Prozesse für die Assurance-Funktion [ISACA 2013e]*

Im Anhang B.2 des Umsetzungsleitfadens »COBIT 5 for Assurance« werden für jeden dieser Prozesse spezifische Ziele und Metriken für die Assurance-Funktion aufgeführt. Zusätzlich werden die für die Assurance relevanten Prozesspraktiken durch spezifische Inputs und Outputs sowie Prozessaktivitäten beschrieben.

25.2.3 Organisationsstrukturen für die Assurance-Funktion

Im Umsetzungsleitfaden »COBIT 5 for Assurance« werden beispielhaft die wesentlichen Organisationsstrukturen aufgeführt, die für eine effektive Bereitstellung einer Assurance-Funktion notwendig sind.

Organisationsstruktur	Beschreibung
Aufsichtsrat/Prüfungs-ausschuss (Board/Audit Committee)	■ Das Aufsichtsorgan, das die Revisions-, Risiko- und Kontrollfunktionen des Unternehmens evaluieren, lenken und überwachen soll
Revisionsabteilung (Audit Department)	■ Die Funktion im Unternehmen, die verantwortlich ist, interne Prüfungen durchzuführen
Compliance-Abteilung (Compliance Department)	■ Regulatorisch: die Funktion im Unternehmen, die für die Umsetzung der gesetzlichen und regulatorischen Anforderungen sowie der vertraglichen Verpflichtungen verantwortlich ist ■ Intern: die Gruppe, die verantwortlich ist, die Einhaltung der unternehmenseigenen Richtlinien und Standards zu überprüfen
Externe Revision (External Audit)	■ Die Funktion, die verantwortlich für die Bereitstellung externer Prüfungen sowie prüfungsnaher Dienstleistungen ist

Tab. 25–2 *Übersicht der wesentlichen Organisationsstrukturen für die Assurance-Funktion [ISACA 2013e]*

Im Anhang B.3 des Umsetzungsleitfadens »COBIT 5 for Assurance« wird jede dieser Organisationsstrukturen näher beschrieben. Die Beschreibung umfasst u.a. die Zusammensetzung, das Mandat, die Geschäftsordnung, die Kontrollspanne und die Entscheidungsrechte sowie ein RACI-Diagramm bezogen auf die Prozesspraktiken, an der die Organisationsstruktur beteiligt ist. Zusätzlich werden die typischen Inputs und Outputs in Tabellenform dargestellt.

25.2.4 Kultur, Ethik und Verhalten für die Assurance-Funktion

Im Umsetzungsleitfaden »COBIT 5 for Assurance« werden die wesentlichen relevanten Verhaltensweisen und kulturellen Aspekte für die Ebenen Unternehmen, Prüfer und Management aufgeführt, die für eine effektive Bereitstellung einer Assurance-Funktion notwendig sind. Tabelle 25–3 stellt das erwünschte Verhalten für die Assurance-Funktion dar.

Ebene	Erwünschtes Verhalten für die Assurance-Funktion
Unternehmen (Enterprisewide)	▪ Risiko- und Compliance-Kultur, einschließlich der proaktiven Erkennung und Eskalation von Risiken ▪ Förderung der kontinuierlichen Verbesserung ▪ Transparente und partizipative Kultur ▪ Entwicklung und Unterstützung einer klar definierten Struktur für ethische Verantwortung und einer Kultur, die spezifische Verantwortung fördert ▪ Proaktive Beteiligung von Prüfern (Assurance Partner), um die Anerkennung der Notwendigkeit und Bedeutung des Wertes der Assurance zu unterstützen
Prüfer (Assurance Professionals)	▪ Kontinuierliche berufliche Weiterbildung ▪ Konzentration auf die risikorelevanten Bereiche ▪ Bewusstsein für kulturelle (geografische, ethnische, soziale etc.) Unterschiede ▪ Aktive Kommunikation mit und positive Haltung gegenüber den geprüften Stellen ▪ Kontinuierliches Engagement, um eine entsprechende Ausrichtung zu gewährleisten ▪ Aufrechterhaltung einer für beide Seiten produktiven und bedeutsamen Beziehung zu wichtigen Anspruchsgruppen ▪ Berichterstattung über wesentliche Risiken in klarer, prägnanter und effektiver Form ▪ Rechtzeitige Information aller relevanten Anspruchsgruppen
Management	▪ Wertschätzung von Prüfungsaktivitäten und Bereitstellung von finanziellen Mitteln ▪ Kommunikation der Geschäftspläne und -ziele sowie Einbindung der Prüfer bei strategischen Entscheidungen ▪ Aufbau einer positiven Beziehung zu den Prüfern (Assurance Partner) ▪ Annehmen von Prüfungsfeststellungen und Durchführung von Ursachenanalysen ▪ Einbeziehung der relevanten Anspruchsgruppen, um zeitnah Fragen zu klären und Lösungen zu implementieren ▪ Förderung des Bewusstseins für die Bedeutung eines wirksamen Kontrollumfeldes ▪ Offene Diskussion über das richtige Maß an Risikobereitschaft ▪ Definition und Zurschaustellung ethischer Führung (tone at the top) ▪ Identifizierung systemischer Problemstellungen und Offenlegung gegenüber der Assurance-Funktion ▪ Verständnis über die Risikoauswirkungen von Entscheidungen

Tab. 25–3 *Übersicht der wichtigsten erwünschten Verhaltensweisen für die Assurance-Funktion [ISACA 2013e]*

Im Anhang B.4 des Umsetzungsleitfadens »COBIT 5 for Assurance« wird jede dieser Ebenen weiter ausgeführt, wie diese Verhaltensweisen durch das Management über

- Kommunikation, Regeln und deren Durchsetzung (Use of Communication, Enforcement and Rules),
- Anreize und Belohnungen (Incentives and Rewards) sowie
- Bewusstsein (Raising Awareness)

beeinflusst werden können.

25.2.5 Informationstypen für die Assurance-Funktion

Im Umsetzungsleitfaden »COBIT 5 for Assurance« werden die wesentlichen relevanten Informationselemente aufgeführt, die für eine effektive Bereitstellung einer Assurance-Funktion notwendig sind.

Informationselement	Beschreibung
Gute Praktiken, Standards und Regulierungen (Assurance Good Practices, Standards and Regulations)	Gute Praktiken, Standards und Regulierungen für die Prüfung, um die Durchführung der Prüfungsaktivitäten zu unterstützen
Übersicht der Feststellungen (Assurance Findings Register)	Eine Übersicht der Feststellungen, die während Prüfungsaktivitäten getroffen worden sind und deren Bearbeitung dort dokumentiert wird
Richtlinien und Verfahren für die Assurance-Funktion (Assurance Function Policies and Procedures)	Richtlinien und Verfahren als Anleitungen für die Mitarbeiter und das Management der Assurance-Funktion
Qualitätsstandards für die Assurance-Funktion (Assurance Function Quality Standards)	Sammlung von Qualitätsstandards für Prüfungsinitiativen, beginnend bei der Prüfungsplanung bis zur Berichtsschreibung
Verzeichnis der Prüfungsberichte (Assurance Report Repository)	Das Verzeichnis der Prüfungsberichte enthält Kopien aller Prüfungsberichte.
Prüfungsvorlagen (Assurance Templates)	Prüfungsvorlagen unterstützen bei der Durchführung von wichtigen Prüfungsaktivitäten und umfassen beispielsweise Prüfprogramme, Feststellungsregister oder Berichtsvorlagen.
Leitsätze der internen Revision (Audit Charter)	Die Leitsätze der internen Revision beschreiben das funktionale und organisatorische Rahmenwerk, in dem sich die Revision unternehmensintern bewegt.
Assurance-Bericht für den Prüfungsausschuss (Audit Committee Assurance Report)	Der Assurance-Bericht für den Prüfungsausschuss enthält eine Zusammenfassung der Ergebnisse der Prüfungsaktivitäten.
Prüfungsplan (Audit Plan)	Der Prüfungsplan enthält alle spezifischen Prüfungsaktivitäten für eine definierte Periode.
Prüfungsstrategie (Audit Strategy)	Die Prüfungsstrategie definiert die Prüfungsziele sowie Prüfungsumfang und -schwerpunkte.
Compliance-Plan (Compliance Plan)	Der Compliance-Plan enthält alle spezifischen Compliance-Aktivitäten.
Compliance-Strategie (Compliance Strategy)	Die Compliance-Strategie definiert die Compliance-Ziele sowie Umfang und Schwerpunkte des Compliance-Ansatzes.
Finanz- und Budgetvorgaben (Financial and Budgetary Requirements)	Finanz- und Budgetvorgaben für die Assurance-Funktion (beispielsweise für Personal, Reisen oder Software)

→

Informationselement	Beschreibung
Personal-Kompetenzrahmenwerk (HR Competencies Framework)	Ein Rahmenwerk, das die erwünschten Kernkompetenzen und Zertifizierungen für die Mitarbeiter der Assurance-Funktion beschreibt
IT-Prüfungsuniversum (IT Assurance Universe)	Das IT-Prüfungsuniversum definiert die IT-bezogenen Verantwortlichkeitsbereiche der Assurance-Funktion auf Unternehmensebene.
Gesetzliche und regulatorische Faktoren (Legal and Regulatory Factors)	Gesetzliche und regulatorische Faktoren, die Prüfungsinitiativen beeinflussen
Risikostrategie (Risk Strategy)	Die Risikostrategie definiert die Risikoziele sowie Umfang und Schwerpunkte des Risikoansatzes.
Risikoregister (Risk Register)	Das Risikoregister umfasst die Ergebnisse der Risikoplanung und definiert Risikoprofile auf Unternehmensebene, einschließlich Auswirkungen, Wahrscheinlichkeiten und Bewertung der Kontrolleffektivität.

Tab. 25–4 *Übersicht der wichtigsten Informationselemente für die Assurance-Funktion [ISACA 2013e]*

Im Anhang B.5 des Umsetzungsleitfadens »COBIT 5 for Assurance« wird für jedes dieser Elemente weiter ausgeführt, wie der Lebenszyklus, die Qualitätsziele, die guten Praktiken und die Beziehung zu den anderen Enablern gestaltet sein können.

Am Beispiel der Prüfungsplanes (Audit Plan) soll dies verdeutlicht werden: Der Prüfungsplan sollte die Ziele der Prüfungsinitiative klar dokumentieren und die benötigten Grundinformation wie Risikobeurteilungen, Geschäftsstrategien und -prioritäten darstellen. Der Prüfungsplan sollte zusammen mit dem Management und den Führungskräften entwickelt und von Prüfungsausschuss genehmigt werden. Für die oben erwähnten Aspekte (Lebenszyklus, Qualitätsziele, gute Praktiken und Enabler-Beziehungen) enthält der Umsetzungsleitfaden »COBIT 5 for Assurance« folgende weitergehende Ausführungen:

- **Lebenszyklus**
  Dem Lebenszyklus eines Prüfungsplanes werden die internen und externen Anspruchsgruppen zugeordnet. Der Revisionsleiter (Chief Audit Executive) stellt beispielsweise in der Planungsphase (Planning) und in der Konzeptionsphase (Design) als Eigentümer die interne Anspruchsgruppe dar. Ebenso bildet der Revisionsleiter die Anspruchsgruppe für die Phasen Überwachung (Monitor) und den Abschluss (Dispose). In den mittleren Lebenszyklusphasen Informationsbeschaffung (Build/Acquire) und Verwendung (Use/Operate) kommen weitere interne (Revisionsabteilung, Geschäftsprozesseigner, Führungskräfte) und externe Anspruchsgruppen (Wirtschaftsprüfer) hinzu, die den Prüfungsplan verstehen müssen.
- **Qualitätsziele**
  Die Qualitätsziele von COBIT 5 werden auf den Prüfungsplan angewandt, und für die Qualitätsziele mit hoher Relevanz wird zusätzlich das erwartete Ergebnis

angegeben. Am Beispiel der intrinsischen Qualitätsdimension soll dies für den Prüfungsplan verdeutlicht werden:

COBIT-Qualitätsziele	Relevanz	Erwartetes Ergebnis
Genauigkeit (Accuracy)	Hoch	Informationen sind richtig und zuverlässig.
Objektivität (Objectivity)	Hoch	Assurance-Ziele sind angemessen definiert und messbar.
Glaubwürdigkeit (Believability)	Hoch	Informationen werden als vertrauenswürdig in Bezug auf seine Quelle oder Inhalte angesehen.
Reputation (Reputation)	Hoch	Informationen sind sachlich richtig.

Tab. 25–5 *COBIT-Qualitätsziele der intrinsischen Qualitätsdimension für den Prüfungsplan [ISACA 2013e]*

- **Gute Praktiken**
  Die guten Praktiken werden anhand der COBIT-5-Informationsattribute dargestellt. Tabelle 25–6 stellt dies beispielhaft für den Prüfungsplan dar.

Informationsschicht	Informationsattribut	Wert
Physikalische Welt	Informationsträger/Medium	■ Elektronischer oder gedruckter Informationsträger
Empirisch	Informationszugriffskanal	■ Zugänglich für alle Anspruchsgruppen (z. B. im Intranet)
Syntaktisch	Code/Sprache	■ Klar und gut geschrieben
Semantisch	Informationstyp	■ Vielfältig
Semantisch	Informationsaktualität	■ Zukunft
Semantisch	Informationsebene	■ Detailliert
Pragmatisch	Aufbewahrungszeitraum	■ Aufzubewahren. solange das Unternehmen operativ ist
Pragmatisch	Informationsstatus	■ Gültig bis zur nächsten Aktualisierung
Pragmatisch	Neuheit	■ Regelmäßig zu aktualisieren (z. B. jährlich)
Pragmatisch	Kontingenz	■ Abhängigkeit von Prüfungsausschuss, Prüfungsstrategie, Risikoplänen, Compliance-Plänen ■ Vorgaben von internen Anspruchsgruppen (z. B. Prüfungsausschuss, Führungskräfte, Geschätsprozessverantwortlichen)
Sozial	Kontext	■ Bedeutsam und anwendbar im Kontext der Bereitstellung von Revisionsleistungen

Tab. 25–6 *COBIT-5-Informationsattribute für den Prüfungsplan [ISACA 2013e]*

- **Beziehungen zu anderen Enablern**
  Der Zusammenhang des Prüfungsplanes mit den anderen Enablern wird in Tabelle 25–7 dargestellt.

Enabler	Beschreibung des Zusammenhangs
Prinzipien, Richtlinien und Rahmenwerke	■ Der Prüfungsplan ist selber ein Rahmen, der alle spezifischen Prüfungsaktivitäten beinhaltet.
Prozesse	■ Der Prüfungsplan (speziell für Programme) ist ein Arbeitsergebnis (output) des Prozesses/der Praktik: • BAI01 Managen von Programmes and Projects – BAI01.05 Starten und Ausführen des Programms ■ Der Prüfungsplan (speziell für Programme) ist ein Eingangsergebnis (input) des Prozesses/der Praktik: • MEA02 Überwachen, Bewerten und Beurteilen des internen Kontrollsystems – MEA02.06 Planen von Prüfinitiativen
Organisationsstrukturen	■ Unter der Zuständigkeit des Prüfungsausschusses sind der Revisionsleiter und seine Manager verantwortlich, den Prüfungsplan zu entwickeln.
Kultur, Ethik und Verhalten	■ Der Prüfungsplan demonstriert die Einstellung des Managements über die Bedeutung eines effektiven internen Kontrollumfeldes und ermöglicht ein Verständnis der Risikoauswirkungen von Entscheidungen des Managements. ■ Der Prüfungsplan ermöglicht dem Prüfer eine Konzentration auf die risikobehafteten Bereiche.
Services, Infrastruktur und Anwendungen	■ Der Prüfungsplan wird in einem Dokumentenmanagementsystem gespeichert und dient als Eingangswert (input) für das Planungs-Tool.
Mitarbeiter, Fähigkeiten und Kompetenzen	■ Strategie und Planung, Wissen über das Unternehmen, Risikomanagement und Risikomanagement-Rahmenwerke, schriftliche Kommunikation und Prüfungspraktiken

Tab. 25–7 *Übersicht der Beziehungen zu den anderen Enablern für den Prüfungsplan [ISACA 2013e]*

An diesem Beispiel wird deutlich, wie detailliert sich der Umsetzungsleitfaden »COBIT 5 for Assurance« mit den Informationstypen auseinandersetzt und wie das Konzept der Qualitätsziele und Informationsattribute angewandt werden kann.

25.2.6 Services, Infrastruktur und Anwendungen für die Assurance

Im Umsetzungsleitfaden »COBIT 5 for Assurance« werden die wesentlichen relevanten Services, Infrastruktur und Anwendungen aufgeführt, die für eine effektive Bereitstellung einer Assurance-Funktion notwendig sind.

Service	Beschreibung
Berichterstattung und Kommunikation (Reporting and Communication)	■ Berichtschreibungs- und Workflow-System ■ Ziel: Erleichterung des Schreibens, Redigierens, Genehmigens sowie der Ablage von Nachweisen
Qualitätssicherungs-Services (Quality Assurance Services)	■ Scoring-Beurteilung der Prüfungsarbeit ■ Ziel: Aufrechterhaltung des Qualitätsniveaus in Übereinstimmung mit den Zielen
Zeitverfolgung und Berichterstattung (Time Tracking and Reporting)	■ Aufnahme der Ressourcennutzung je Projekt- und Prüfungstätigkeit ■ Ziel: Engagements effektiv managen und Möglichkeit, historische Informationen für die Planung zu verwenden
Einbindung geschäftlicher Ressourcen (Business Resource Engagement)	■ Fähigkeit, die Notwendigkeit der Einbindung von geschäftlichen Ressourcen zu beurteilen sowie diese zu identifizieren und zur Verfügung zu stellen ■ Ziel: Bereitstellung der notwendigen Ressourcen, um die Prüfungsaktivitäten abschließen zu können
Zugang zu Informationen (Access Services for Information)	■ Fähigkeit, Zugang zu Informationen zu verlangen und zu erhalten ■ Ziel: Bereitstellung der notwendigen Information, um die Prüfungsaktivitäten abschließen zu können
Nachhaltung von Gesetzen und Regulierungen (Law and Regulation Tracking Services)	■ Fähigkeit, relevante Compliance-Anforderungen an das Unternehmen zu identifizieren und zu bewerten ■ Ziel: Berücksichtigung aktueller gesetzlicher und regulatorischer Anforderungen
Leistungsbeurteilungsprozess (Performance Evaluation Process)	■ Fähigkeit, die Leistung von Prüfern gegen etablierte Befähigungsanforderungen zu bewerten ■ Ziel: Beurteilung der Prüfungsleistung auf Ebene des Engagements und des einzelnen Prüfers

Tab. 25–8 *Übersicht der wichtigsten Services für die Assurance-Funktion [ISACA 2013e]*

Im Anhang B.6 des Umsetzungsleitfadens »COBIT 5 for Assurance« wird jeder dieser Services weiter beschrieben und gute Praktiken sowie die betroffenen Anspruchsgruppen werden aufgeführt. Beispielsweise werden für den Service »Berichterstattung und Kommunikation« als gute Praktiken Standardanwendungen und entsprechende Architekturprinzipien sowie Service-Level-Überlegungen hinsichtlich der Aufbewahrung von Dokumenten angeführt.

25.2.7 Fähigkeiten und Kompetenzen für die Assurance-Funktion

Im Umsetzungsleitfaden »COBIT 5 for Assurance« werden die wesentlichen relevanten Fähigkeiten und Kompetenzen für die Assurance-Funktion aufgeführt. Diese umfassen u. a.

- Strategie und Planung
- Engagement und Ressourcenmanagement

- Beurteilung und Prüfung der Effektivität (Assessing and Testing)
- Wissen über das Unternehmen und seine Geschäftstätigkeit
- Risikomanagement und Risikomanagement-Rahmenwerk
- Kommunikation, interpersonelle Fähigkeiten und Beziehungsmanagement
- Verständnis der Standards, Richtlinien und Verfahren sowie der regulatorischen Anforderungen und Prüfungspraktiken
- Datenmanagement, Datenqualität
- Datenanalyse und Stichprobenverfahren
- Programm- und Projektmanagement
- Befragung und Investigation
- Lebenszyklus der Systementwicklung
- grundlegende IT-Konzepte
- spezifische technische Kenntnisse

Im Anhang B.7 des Umsetzungsleitfadens »COBIT 5 for Assurance« wird jede dieser Fähigkeiten und Kenntnisse weiter beschrieben. Dazu werden die notwendige Erfahrung, Ausbildung und Qualifikation sowie das relevante Wissen und auch die technischen und sozialen Fähigkeiten ausgeführt.

Die Fähigkeit zur »Beurteilung und Prüfung der Effektivität« (Assessing and Testing) ist beispielsweise eine zentrale Fähigkeit für einen Mitarbeiter der Assurance-Funktion. Sie umfasst, in der Lage zu sein, Informationen zu beurteilen und angemessene Prüfungshandlungen zu entwickeln und auszuführen. Für diese Fähigkeit wird beispielsweise eine entsprechende Erfahrung als Prüfer und Qualifikationsnachweise in Form von CISA, CISM oder CGEIT gefordert. Als Anforderung an das Wissen und die technischen und sozialen Fähigkeiten werden für die Fähigkeit »Beurteilung und Prüfung der Effektivität« mehrere Merkmale pro Kategorie angeführt.

Fähigkeit	Beschreibung
Wissen	■ Analyse (Analytics) ■ Leistungsmessung ■ Internationale Standards ■ Grundlegendes IT-Verständnis: Sicherheits- und Kontrollrisiken der Anwendungen, Architektur, Netzwerke, Entwicklungs-Lebenszyklus usw. ■ Neue Bedrohungen
Technische Fähigkeiten	■ Zeitmanagement-Fähigkeiten ■ Datenanalyse ■ Data Mining
Soziale Fähigkeiten	■ Effektiver Kommunikator: schriftlich und mündlich ■ Prozessorientiert ■ Beziehungen aufbauend ■ Kulturell bewusst ■ Problemlöser ■ Effektiver Zeitmanager ■ Detailorientiert

Tab. 25–9 *Übersicht der wichtigsten Fähigkeiten für die »Beurteilung und Prüfung der Effektivität« [ISACA 2013e]*

25.3 Assurance über einen Prüfungsgegenstand geben

Im Umsetzungsleitfaden »COBIT 5 for Assurance« wird das ganzheitliche Konzept der Enabler auch auf die eigentliche Erbringung der Assurance-Leistung angewandt. Dabei wird ein dreiphasiges Prüfungsvorgehen (siehe Abb. 25–1) mit der Prüfung der sieben Enabler kombiniert. Das Ziel ist zu beurteilen, ob die Lebenszyklen der Enabler des Prüfungsgegenstandes ausreichend gesteuert werden und ob gute Praktiken angewandt werden, um die für die Enabler formulierten Ziele und damit letztlich die Ziele der Anspruchsgruppen zu erfüllen. Die drei Phasen der Durchführung eines Assurance-Engagements (Generic COBIT 5-based Assurance Engagement Approach) sind:

a) Festlegung des Prüfungsumfanges (Determine Scope of the Assurance Initiative)
b) Verständnis der Enabler, Festlegung der Beurteilungskriterien und Durchführung der Beurteilung (Understand Enablers, Set Suitable Assessment Criteria and Perform the Assessment)
c) Kommunikation der Prüfungsergebnisse (Communicate the Results of the Assessment)

Diese allgemeine Vorgehensweise entspricht der Vorgehensweise, die auch in anderen Prüfungsstandards verwendet wird. Das Besondere ist die Umsetzung der Vorgehensweise mithilfe der COBIT-Enabler und der COBIT-Zielkaskade.

25.3.1 Festlegung des Prüfungsumfanges

Die erste Prüfungsphase der Durchführung eines Assurance-Engagements besteht aus drei Teilphasen:

- Bestimmung der Anspruchsgruppen der Assurance-Initiative und ihre Beteiligung
- Bestimmung der Assurance-Ziele basierend auf der Beurteilung des internen und externen Umfeldes/Kontextes und den relevanten Risiken und Chancen (im Sinne einer Verfehlung der Unternehmensziele)
- Bestimmung der Enabler im Prüfungsumfang und der Instanz(en) dieser Enabler

Als Erstes werden die Empfänger des Prüfungsberichtes identifiziert sowie diejenigen, die für den Prüfungsgegenstand zuständig und verantwortlich sind. Danach werden die Prüfungsziele bestimmt, die sich aus den Unternehmenszielen und IT-bezogenen Zielen oder auch aus den Informationszielen oder anderen Zielen ergeben können. Die Prüfungsziele sollten aber auch die drei übergeordneten Ziele der Anspruchsgruppen berücksichtigen:

- Bereitstellung von Nutzen, um die strategischen Ziele zu unterstützen
- Optimierung des Risikos, dass die strategischen Ziele nicht erreicht werden
- Optimierung der erforderlichen Ressourcen, um die strategischen Ziele zu erreichen

Dazu ist ein Verständnis der Unternehmensstrategie und -prioritäten sowie des internen und externen Umfeldes notwendig, um daraus dann die konkreten Ziele der Assurance-Initiative abzuleiten.

Im letzten Schritt der ersten Prüfungsphase werden die Enabler als Gegenstand der Prüfung definiert. Dies wird in der Tabelle 25–10 am Beispiel des Change-Management-Prozesses illustriert.

Enabler	Relevante Prüfungsgegenstände für das Change Management
Prinzipien, Richtlinien und Rahmenwerke	▪ Änderungspläne und Zeitpläne (Output zu BAI06.01 Evaluieren, Priorisieren und Genehmigen von Änderungsanträgen) ▪ Richtlinien über die Anforderungen für die unabhängige Verifizierung von Pflichtergebnissen (Output zu BAI01.09 Managen der Programm- und Projektqualität)
Prozesse	▪ Kernprozesse: • BAI06 (Managen von Änderungen) sowie • BAI07 (Managen der Abnahme und Produktivsetzung von Änderungen) ▪ Als weitere COBIT-Prozesse kommen in Betracht: • EDM02 (Sicherstellen der Bereitstellung von Mehrwert) • EDM04 (Sicherstellen der Ressourcenoptimierung) • BAI01 (Managen von Programmen und Projekten) • DSS02 (Managen von Serviceanfragen und Störungen) • DSS03 (Managen von Problemen)

→

Enabler	Relevante Prüfungsgegenstände für das Change Management
Organisationsstrukturen	▪ Bereichsleiter ▪ Geschäftsprozessverantwortliche ▪ Lenkungsausschuss (für Programme und Projekte) ▪ IT-Management ▪ Als weitere Organisationsstrukturen kommen in Betracht: • CRO, PMO, DSB, Compliance, Audit
Kultur, Ethik und Verhalten	▪ Einhaltung der definierten Entscheidungsmodelle für die IT ▪ Qualitätsverbesserung ▪ Transparenz der Entscheidungsfindung
Information	▪ Genehmigte Serviceanfragen oder Ursachenanalysen und Empfehlungen (Input zu BAI06.01 Evaluieren, Priorisieren und Genehmigen von Änderungsanträgen) ▪ Auswirkungsbeurteilungen oder genehmigte Änderungsanträge (Output zu BAI06.01) ▪ Testverfahren, Testpläne oder die Kommunikation von Testergebnissen, Testergebnisprotokolle und Prüfpfade (Input zu BAI07.03 Planen von Abnahmetests) ▪ Genehmigter Abnahmetestplan (Output zu BAI07.03).
Services, Infrastruktur und Anwendungen	▪ Incident-Management-Tool ▪ Change-Management-Tool ▪ Konfigurationsmanagement-Tool
Mitarbeiter, Fähigkeiten und Kompetenzen	▪ Verständnis von guten Change-Management-Praktiken ▪ Projektmanagement ▪ Analyse geschäftlicher Anforderungen ▪ Anforderungsdefinition und -management

Tab. 25–10 *Übersicht der relevanten Prüfungsgegenstände für die Prüfung des Change Managements [ISACA 2013e]*

Die hier festgelegten Prüfungsgegenstände sind dann die Basis für die weitere Prüfungsdurchführung.

25.3.2 Verständnis der Enabler, Festlegung der Beurteilungskriterien und Durchführung der Beurteilung

Die zweite Phase der Durchführung eines Assurance-Engagements beginnt mit der Abstimmung von Metriken und Kriterien für die Unternehmensziele und IT-bezogenen Ziele sowie der Festlegung der Erwartungswerte für die Erreichung der Unternehmensziele und IT-bezogenen Ziele.

Für den Change-Management-Prozess ergeben sich aus der Anwendung der COBIT-5-Zielkaskade als wichtige IT-bezogene Ziele (siehe Abschnitt 11.1.3.3):

- ITG04 (Gemanagtes, IT-bezogenes Geschäftsrisiko)
- ITG07 (Bereitstellung von IT-Services, die den Geschäftsanforderungen entsprechen)
- ITG10 (Sicherheit von Information, Verarbeitungsinfrastruktur und Anwendungen)

Tabelle 25–11 listet die Metriken für das IT-bezogene Ziel ITG04 auf und illustriert die Festlegung der Erwartungswerte für die Zielerreichung sowie die Schritte zur Beurteilung.

Metriken für ITG04	Erwartete Ergebnisse (beispielhaft)	Beurteilungsschritte (beispielhaft)
▪ Anteil der kritischen Geschäftsprozesse, IT-Services und IT-gestützten Geschäftsprogramme, die von der Risikobeurteilung abgedeckt werden ▪ Anzahl der gravierenden IT-bezogenen Störungen, die nicht im Rahmen der Risikobeurteilung identifiziert wurden ▪ Anteil der Risikobeurteilungen des Unternehmens, die IT-bezogene Risiken umfassen ▪ Aktualisierungshäufigkeit des Risikoprofils	▪ 85 Prozent der kritischen Geschäftsprozesse, IT-Services und IT-gestützten Geschäftsprogramme sind durch Risikobeurteilung abgedeckt. ▪ Maximal 10 Prozent der gravierenden Störungen im Verhältnis zu allen Störungen wurden nicht im Rahmen der Risikobeurteilung identifiziert. ▪ 90 Prozent der Risikobeurteilungen des Unternehmens umfassen IT-bezogene Risiken. ▪ Das Risikoprofil wird monatlich aktualisiert.	▪ **Kriterium:** • Das Risikoprofil wird monatlich aktualisiert. ▪ **Prüfungsschritte:** • Einsicht in Dokumentation über das Risikoprofil • Überprüfen der Versionskontrolle und der Aktualisierungszeitpunkte

Tab. 25–11 *Metriken, erwartete Ergebnisse und Beurteilungsschritte für das IT-bezogene Ziel ITG04 (Gemanagtes, IT-bezogenes Geschäftsrisiko) [ISACA 2013e]*

Das IT-bezogene Ziel ITG04 unterstützt primär u. a. das Unternehmensziel EG03 (Gemanagtes Unternehmensrisiko), für das entsprechend auch eine Detaillierung der Metriken und Beurteilungskriterien stattfinden muss. Tabelle 25–12 listet die Metriken für das Unternehmensziel EG03 auf und illustriert die Festlegung der Erwartungswerte für die Zielerreichung sowie die Schritte zur Beurteilung.

Metriken für EG03	Erwartete Ergebnisse (beispielhaft)	Beurteilungsschritte (beispielhaft)
▪ Anteil der kritischen Geschäftsziele und Services, die durch Risikobeurteilungen abgedeckt sind ▪ Anzahl der schwerwiegenden Störfälle, die nicht in Risikobeurteilungen identifiziert wurden, im Verhältnis zur Gesamtzahl der Störfälle	▪ Mindestens 85 Prozent der kritischen Geschäftsziele sind abgedeckt. ▪ Maximal 10 Prozent der gravierenden Störungen im Verhältnis zu allen Störungen wurden nicht im Rahmen der Risikobeurteilung identifiziert.	▪ **Kriterium A:** ▪ **Prüfungsschritte:** • Erhalt eines Überblicks der Geschäftsziele und -prioritäten • Einsicht in Risikokatalog • Bestimmung des Anteils der kritischen Geschäftsziele, die durch Risikobeurteilungen abgedeckt sind ▪ **Kriterium B: …**

Tab. 25–12 *Metriken, erwartete Ergebnisse und Beurteilungsschritte für das Unternehmensziel EG03 (Gemanagtes Unternehmensrisiko) [ISACA 2013e]*

Im nächsten Schritt der zweiten Phase der Durchführung eines Assurance-Engagements werden die einzelnen Enabler intensiver betrachtet und bewertet. Dabei steht am Anfang immer das Verständnis der Bedeutung eines Enablers sowie die Identifikation der Anspruchsgruppen der Enabler, um dann für die Enabler die Ziele, relevanten Metriken und erwarteten Ergebnisse festzulegen. Weitere Untersuchungsgegenstände sind dann der Lebenszyklus eines Enablers und inwieweit dieser ausreichend gemanagt wird sowie der ausreichende Einsatz von guten Praktiken. Dies wird am Beispiel einer Prüfung des Change-Management-Prozesses in den nachfolgenden Kapiteln illustriert.

25.3.2.1 Beurteilung des Enablers Prinzipien, Richtlinien und Rahmenwerke

Ein ausreichendes Verständnis des Enablers Prinzipien, Richtlinien und Rahmenwerke kann über das unternehmensweite interne Kontrollsystem und das Anweisungswesen sowie über die Anspruchsgruppen, die Richtlinien vorgeben, veröffentlichen und einhalten, erlangt werden. Danach folgt die Beurteilung, ob die Ziele eines Enablers erreicht werden, d. h. in diesem Fall, ob beispielsweise die Richtlinie zu den »Anforderungen für die unabhängige Verifizierung von Pflichtergebnissen« (Output der Prozesspraktik BAI01.09 Managen der Programm- und Projektqualität) effektiv ist. Diese Beurteilung kann für diese Richtlinie anhand der nachfolgend dargestellten Ziele und Beurteilungskriterien erfolgen.

Ziele	Beurteilungskriterien	Beurteilungsschritte
Umfang (Comprehensiveness)	▪ Die Richtlinien sind umfassend und decken alle erforderlichen Bereiche ab.	▪ Überprüfen, dass die Richtlinien umfassend sind und alle erforderlichen Bereiche abdecken
Aktualität (Currency)	▪ Die Richtlinien sind aktuell. Dies erfordert mindestens: • Jährlicher Review aller Richtlinien auf Aktualität • Angabe eines Ablaufdatums oder letzten Änderungsdatums der Richtlinie	▪ Überprüfen, dass die Richtlinien aktuell sind
Flexibilität (Flexibility)	▪ Die Richtlinien sind flexibel und offen, so dass sie einfach an die spezifische Unternehmenssituation angepasst/aktualisiert werden können.	▪ Überprüfen, dass die Richtlinien flexibel und offen sind
Verfügbarkeit (Availability)	▪ Richtlinien sind für alle Anspruchsgruppen verfügbar und zugänglich. ▪ Richtlinien haben eine logische Struktur und sind einfach zu handhaben.	▪ Überprüfen, dass Richtlinien für alle Anspruchsgruppen verfügbar und zugänglich sind ▪ Überprüfen, dass Richtlinien eine logische und hierarchische Struktur haben und einfach zu handhaben sind

Tab. 25–13 *Ziele, Beurteilungskriterien und Beurteilungsschritte für den Enabler Prinzipien, Richtlinien und Rahmenwerke [ISACA 2013e]*

Ein weiterer Beurteilungsschritt ist immer, ob der Lebenszyklus ausreichend gemanagt wird. In diesem Falle kann der COBIT-Prozess APO01 (Managen des IT-Management-Rahmenwerks), der das Lebenszyklusmanagement von Richtlinien vorsieht, herangezogen werden und dann zusätzlicher Prüfungsgegenstand sein.

Zur Prüfung der Anwendung von guten Praktiken für einen Enabler können die bewährten Verfahren für den Enabler Prinzipien, Richtlinien und Rahmenwerke angewandt werden (siehe Abschnitt 5.4):

- Richtlinien sind Teil eines übergreifenden Rahmenwerks für die Governance und das Management.
- Richtlinien beschreiben mindestens den Umfang und Gültigkeit, die Folgen der Nichteinhaltung der Richtlinie, die Behandlung von Ausnahmen und die Art und Weise, in der die Einhaltung der Richtlinien überprüft und gemessen wird.
- Richtlinien sind mit dem Risikoappetit des Unternehmens abgestimmt.
- Richtlinien sind in regelmäßigen Abständen zu überprüfen und/oder zu aktualisieren.

Konkret auf das Beispiel des Change-Management-Prozesses bezogen werden in der Tabelle 25–14 beispielhaft für die Richtlinie zu den »Anforderungen für die unabhängige Verifizierung von Pflichtergebnissen« einige gute Praktiken sowie die dazugehörigen Beurteilungskriterien und Beurteilungsschritte dargestellt.

Gute Praktiken	Beurteilungskriterien	Beurteilungsschritte
Geltungsbereich und Gültigkeit (Scope and Validity)	■ Der Geltungsbereich wird beschrieben und das Gültigkeitsdatum angegeben.	■ Überprüfen, dass der Geltungsbereich der Richtlinie beschrieben und das Gültigkeitsdatum angegeben ist
Ausnahmen und Eskalation (Exception and Escalation)	■ Ausnahme- und Eskalationsverfahren sind erläutert und allgemein bekannt. ■ Ausnahme- und Eskalationsverfahren sind nicht zum De-facto-Standardverfahren geworden.	■ Überprüfen, dass Ausnahme- und Eskalationsverfahren beschrieben, erläutert und allgemein bekannt sind. ■ Überprüfen durch Beobachtung einer repräsentativen Stichprobe, dass Ausnahme- und Eskalationsverfahren nicht zum De-facto-Standardverfahren geworden sind
Compliance (Compliance)	■ Die Mechanismen zur Compliance-Überprüfung und die Konsequenzen bei Nichteinhaltung sind klar beschrieben und werden durchgesetzt.	■ Überprüfen, dass Mechanismen zur Compliance-Überprüfung und die Konsequenzen bei Nichteinhaltung klar beschrieben sind und durchgesetzt werden

Tab. 25–14 *Gute Praktiken, Beurteilungskriterien und Beurteilungsschritte für Richtlinie zu den »Anforderungen für die unabhängige Verifizierung von Pflichtergebnissen« [ISACA 2013e]*

Analoge Prüfungsschritte sind für die anderen Elemente des Enablers Prinzipien, Richtlinien und Rahmenwerke, wie Änderungsplan und Zeitplan (Output der Prozesspraktik BAI06.01 Evaluieren, Priorisieren und Genehmigen von Änderungsanträgen), durchzuführen.

25.3.2.2 Beurteilung des Enablers Prozesse

Zur Beurteilung des Enablers Prozesse werden im Umsetzungsleitfaden »COBIT 5 for Assurance« die Prozessziele und zugehörigen Metriken aus dem COBIT-5-Prozessreferenzmodell für die relevanten Prozesse konkretisiert und entsprechende Prüfungshandlungen beschrieben. Ebenso werden sowohl die Prozesspraktiken als auch das RACI-Diagramm für den Zweck der Prüfung herangezogen. Auch die Beurteilung der Existenz und Nutzung der als Inputs und Outputs im COBIT-5-Prozessreferenzmodell aufgeführten Arbeitsergebnisse wird als Prüfungshandlung vorgeschlagen. Wenn möglich kann auch der notwendige Befähigungsgrad des Prozesses abgestimmt und der tatsächliche Befähigungsgrad während der Prüfung eingeschätzt werden. Basis aller Prüfungsschritte für diesen Enabler sind das COBIT-5-Prozessreferenzmodell (siehe Kapitel 11) und das COBIT-5-Prozessbefähigungsmodell (siehe Abschnitt 13.2.1), die bereits ausführlich in diesem Buch behandelt worden sind.

25.3.2.3 Beurteilung des Enablers Organisationsstrukturen

Für das Verständnis des Enablers Organisationsstrukturen sind die allgemeine Aufbauorganisation, das Management- und Prozessrahmenwerk, die Historie der Organisationsstrukturen und der Beitrag der Organisationsstrukturen zur Zielerreichung hilfreich. Wichtige Anspruchsgruppen sind vor allem die Mitglieder der relevanten Organisationsstrukturen, aber auch die von deren Entscheidungen Betroffenen.

Die Beurteilung der Effektivität von Organisationsstrukturen kann anhand der getroffenen Entscheidungen, deren Dokumentation und Kommunikation sowie deren zeitnaher Umsetzung erfolgen. Weiterhin kann auch beurteilt werden, inwieweit die Entscheidungen der Organisationsstrukturen die Erreichung der IT-bezogenen Ziele (z. B. ITG04) oder Unternehmensziele (z. B. EG03) positiv beeinflusst hat. Sollte ein relevantes Ziel nicht erreicht worden sein, kann beurteilt werden, inwieweit die Organisationstruktur dies zu verantworten hat. Der Lenkungsausschuss (für Programme und Projekte) ist beispielsweise gesamtverantwortlich für das Bereitstellen eines frühzeitigen Produktiv-Supports (BAI07.07). Dies kann dem RACI-Diagramm aus dem COBIT-5-Prozessreferenzmodell entnommen werden. Da das RACI-Diagramm bereits Gegenstand der Beurteilung beim Enabler Prozesse ist, muss in der Prüfungsplanung entschieden werden, wo die Beurteilung dieser Verantwortlichkeit erfolgen soll.

Zur Beurteilung der Anwendung von guten Praktiken werden im Umsetzungsleitfaden »COBIT 5 for Assurance« die Beurteilungskriterien und Beurteilungsschritte für die aus COBIT-5-Rahmenwerk bekannten guten Praktiken (siehe Abschnitt 6.4) am Beispiel des Lenkungsausschusses (für Programme und Projekte) beschrieben.

Gute Praktiken für Organisationsstrukturen	Beurteilungskriterien	Beurteilungsschritte
Arbeitsprinzipien (Operating Principles)	■ Arbeitsprinzipien sind dokumentiert. ■ Regelmäßige Besprechungen werden – wie in den Arbeitsprinzipien dokumentiert – durchgeführt. ■ Besprechungsprotokolle sind verfügbar und aussagekräftig.	■ Überprüfen, dass Arbeitsprinzipien angemessen dokumentiert sind ■ Überprüfen, dass regelmäßige Besprechungen durchgeführt werden ■ Überprüfen, dass Besprechungsprotokolle verfügbar und aussagekräftig sind
Zusammensetzung (Composition)	■ Die Zusammensetzung der Organisationsstruktur ist ausgewogen und vollständig, d. h., alle erforderlichen Anspruchsgruppen sind ausreichend vertreten.	■ Überprüfen, dass die Zusammensetzung der Organisationsstruktur ausgewogen und vollständig ist
Umfang der Befugnisse (Span of Control)	■ Der Umfang der Befugnisse der Organisationsstruktur ist definiert. ■ Der Umfang der Befugnisse ist angemessen, d. h., die Organisationsstruktur hat das Recht, alle notwendigen Entscheidungen zu treffen. ■ Der Umfang der Befugnisse ist im Einklang mit der allgemeinen Governance des Unternehmens.	■ Überprüfen, dass der Umfang der Befugnisse der Organisationsstruktur definiert ist ■ Beurteilen, ob der Umfang der Befugnisse angemessen ist ■ Überprüfen und beurteilen, ob der Umfang der Befugnisse im Einklang mit der allgemeinen Governance des Unternehmens ist
Kompetenzstufe/ Entscheidungsbefugnisse (Level of Authority/Decision Rights)	■ Entscheidungsbefugnisse der Organisationsstruktur sind definiert und dokumentiert. ■ Entscheidungsbefugnisse der Organisationsstruktur werden eingehalten und respektiert.	■ Überprüfen, dass Entscheidungsrechte der Organisationsstruktur definiert und dokumentiert sind ■ Überprüfen, dass Entscheidungsrechte der Organisationsstruktur eingehalten werden und respektiert werden

→

Gute Praktiken für Organisationsstrukturen	Beurteilungskriterien	Beurteilungsschritte
Delegation von Autorität (Delegation of Authority)	■ Delegation von Autorität ist in einer sinnvollen Art und Weise umgesetzt.	■ Überprüfen, dass Delegation von Autorität in einer sinnvollen Art und Weise umgesetzt ist
Eskalationsverfahren (Escalation Procedures)	■ Eskalationsverfahren sind definiert und werden angewendet.	■ Überprüfen der Existenz und Anwendung von Eskalationsverfahren

Tab. 25–15 *Gute Praktiken, Beurteilungskriterien und Beurteilungsschritte für den Lenkungsausschuss (für Programme und Projekte) [ISACA 2013e]*

Zur Beurteilung des Managements des Lebenszyklus werden im Umsetzungsleitfaden »COBIT 5 for Assurance« für den Lenkungsausschuss im Prüfungsplan für das Change Management die Elemente Mandat und Überwachung angeführt. Die gebildeten Beurteilungskriterien und Beurteilungsschritte sind in der Tabelle 25–16 dargestellt.

Element des Lebenszyklus	Beurteilungskriterien	Beurteilungsschritte
Mandat (Mandate)	■ Die Organisationsstruktur ist offiziell eingesetzt. ■ Die Organisationsstruktur hat ein klares, dokumentiertes und allgemein verstandenes Mandat.	■ Überprüfen durch Interviews und Beobachtungen, dass die Organisationsstruktur offiziell begründet wurde. ■ Überprüfen durch Interviews und Beobachtungen, dass die Organisationsstruktur ein klares, dokumentiertes und allgemein verstandenes Mandat hat.
Überwachung (Monitoring)	■ Die Leistung der Organisationsstruktur und ihrer Mitglieder sollte regelmäßig überwacht und durch kompetente und unabhängige Gutachter bewertet werden. ■ Die regelmäßigen Überprüfungen sollten zu den erforderlichen kontinuierlichen Verbesserungen der Zusammensetzung, des Mandats oder anderer Parameter der Organisationsstruktur führen.	■ Überprüfen, dass die Leistung der Organisationsstruktur und ihrer Mitglieder regelmäßig überwacht wird und von kompetenten und unabhängigen Gutachtern bewertet wird ■ Überprüfen, dass die regelmäßigen Überprüfungen zu Verbesserungen der Zusammensetzung, des Mandats oder anderer Parameter der Organisationsstruktur geführt haben

Tab. 25–16 *Elemente des Lebenszyklus, Beurteilungskriterien und Beurteilungsschritte für den Lenkungsausschuss (für Programme und Projekte) [ISACA 2013e]*

Analoge Prüfungsschritte sind für die anderen Elemente des Enablers Organisationsstrukturen, wie die Bereichsleiter oder die Geschäftsprozessverantwortlichen, durchzuführen.

25.3.2.4 Beurteilung des Enablers Kultur, Ethik und Verhalten

Zur Beurteilung des Enablers Kultur, Ethik und Verhalten wird – nach dem Verständnis des Umfeldes und der Anspruchsgruppen – die Effektivität anhand des demonstrierten erwünschten Verhaltens bzw. der Abwesenheit von unerwünschten Verhaltensweisen beurteilt. In den beiden nachfolgenden Tabellen werden am Beispiel der Verhaltensweise »Einhaltung der definierten Entscheidungsmodelle« (Compliance With the Defined Decision Models) die Schritte zur Beurteilung der Effektivität sowie die Kriterien und Schritte zur Beurteilung der guten Praktiken aufgeführt.

Erwünschtes Verhalten	Beurteilungsschritte
Entscheidungen über Investitionen und Prioritäten werden durch die geeignete Organisationsstruktur (z. B. Lenkungsausschuss) gemäß Entscheidungsmodell getroffen.	■ Überprüfen, dass ein Entscheidungsmodell existiert und dass dieses angemessen für die Organisation und ihr Risikoprofil sowie auch für die externen Anforderungen ist ■ Überprüfen, dass Entscheidungen vom Lenkungsausschuss in Übereinstimmung mit dem definierten Entscheidungsmodell getroffen werden
Beschlüsse dieses Ausschusses werden nicht umgangen, d. h., alternative Entscheidungswege werden nicht toleriert.	■ Überprüfen, dass alle Entscheidungen, die umgesetzt wurden, in Übereinstimmung mit dem Entscheidungsmodell getroffen worden sind, d. h., dass keine Umgehungen stattfanden ■ Überprüfen, dass die Entscheidungen des Lenkungsausschusses ausgeführt werden

Tab. 25–17 *Erwünschtes Verhalten und Beurteilungsschritte für die Verhaltensweise »Einhaltung der definierten Entscheidungsmodelle« [ISACA 2013e]*

Die Beurteilung der Anwendung guter Praktiken für die Verhaltensweise »Einhaltung der definierten Entscheidungsmodelle« erfolgt anhand der aus dem COBIT-5-Rahmenwerk bekannten guten Praktiken für den Enabler Kultur, Ethik und Verhalten (siehe Abschnitt 7.4).

Gute Praktiken	Beurteilungskriterien	Beurteilungsschritte
Kommunikation, Durchsetzung und Regeln (Communication, Enforcement and Rules)	■ Das Entscheidungsmodell für die Genehmigung von Änderungen ist definiert, bekannt und in den entsprechenden Richtlinien dokumentiert.	■ Überprüfen, dass das Entscheidungsmodell für die Genehmigung von Änderungen definiert, bekannt und in den entsprechenden Richtlinien dokumentiert ist ■ Überprüfen durch Befragung, dass diese Richtlinien bekannt und zugänglich für alle Anspruchsgruppen sind
Incentives und Belohnungen (Incentives and Rewards)	■ Die Einhaltung von Richtlinien ist Teil des Bewertungsprozesses für das Management. ■ Entscheidungen außerhalb des normalen Entscheidungsprozesses werden nicht ausgeführt oder rückgängig gemacht.	■ Überprüfen, dass die Einhaltung von Richtlinien Teil des Bewertungsprozesses für das Management ist ■ Überprüfen, dass Entscheidungen außerhalb des normalen Entscheidungsprozesses nicht ausgeführt oder rückgängig gemacht werden
Bewusstsein (Awareness)	■ Die Führungskräfte umgehen nicht den Entscheidungsprozess, den sie selbst eingeführt haben.	■ Überprüfen, dass die Führungskräfte nicht den Entscheidungsprozess umgehen, den sie selbst eingeführt haben

Tab. 25–18 *Gute Praktiken, Beurteilungskriterien und Beurteilungsschritte für die Verhaltensweise »Einhaltung der definierten Entscheidungsmodelle« [ISACA 2013e]*

Der Lebenszyklus wird bei der Beurteilung der guten Praktiken mit abgedeckt. Daher sind keine separaten Prüfungsschritte notwendig.

Analoge Prüfungsschritte sind für die anderen Elemente des Enablers Kultur, Ethik und Verhalten, wie Qualitätsverbesserung oder Transparenz der Entscheidungsfindung, durchzuführen.

25.3.2.5 Beurteilung des Enablers Information

Die Prüfung des Enablers Information sollte mit dem Verständnis der Informationselemente im Prüfungskontext und deren Anspruchsgruppen beginnen. Die Effektivität der Informationselemente kann dann anhand der aus dem COBIT-5-Rahmenwerk bekannten Informationsqualitätskriterien (siehe Abschnitt 12.2) beurteilt werden. Für eine Prüfung müssen die relevanten Informationselemente und die wichtigsten Qualitätsanforderungen ausgewählt und die Beurteilungsschritte dafür beschrieben werden. Tabelle 25–19 stellt dies anhand des Informationselementes »Genehmigte Änderungsanträge« (Output der Prozesspraktik BAI06.01 Evaluieren, Priorisieren und Genehmigen von Änderungsanträgen) beispielhaft dar.

Qualitätsdimension	Beurteilungskriterien	Beurteilungsschritte
Genauigkeit (Accuracy)	Der genehmigte Änderungsantrag sollte eine genaue Beschreibung der erforderlichen Änderung enthalten.	Überprüfen auf Basis einer Stichprobe der genehmigten Änderungsanträge, ob diese eine genaue Beschreibung der erforderlichen Änderungen enthalten
Glaubwürdigkeit (Believability)	Der genehmigte Änderungsantrag sollte realistische und erreichbare Budgets und Vorteile enthalten.	Überprüfen auf Basis einer Stichprobe, dass die genehmigten Änderungsanträge realistische und erreichbare Budgets und Vorteile enthalten, unter Berücksichtigung historischer Daten, der aktuellen IT-Umgebung, technologischer Entwicklungen, organisatorischer Fähigkeiten und anderer relevanter Faktoren
Vollständigkeit (Completeness)	Der genehmigte Änderungsantrag sollte vollständig sein und alle erforderlichen Elemente abdecken.	Überprüfen auf Basis einer Stichprobe, dass die genehmigten Änderungsanträge alle erforderlichen Elemente enthalten
Verständlichkeit (Understandability)	Der genehmigte Änderungsantrag sollte für alle Anspruchsgruppen klar sein.	Überprüfen auf Basis einer Stichprobe, dass die genehmigten Änderungsanträge für alle Anspruchsgruppen klar sind

Tab. 25–19 *Informationsqualitätskriterien, Beurteilungskriterien und Beurteilungsschritte für das Informationselement »Genehmigte Änderungsanträge« [ISACA 2013e]*

Der Lebenszyklus wird in dem Beispiel »Genehmigte Änderungsanträge« nicht weiter betrachtet, da dieser als Output des Prozesses BAI06 bzw. der Prozesspraktik BAI06.01 bereits durch den Prozess abgedeckt wird.

Für die Informationsschichten und Informationsattribute wird für das Beispiel »Genehmigte Änderungsanträge« nur die syntaktische Schicht als relevant angesehen. Dabei ist auf Basis einer Stichprobe sicherzustellen, dass die genehmigten Änderungsanträge mindestens die Abschnitte Ziele, Anforderungen, Budget, Risikoanalyse, Abhängigkeiten und Vorteile enthalten.

Die am Beispiel »Genehmigte Änderungsanträge« dargestellten Schritte sind für die anderen Informationselemente, wie Ursachenanalysen, Auswirkungsbeurteilungen, Testpläne oder Testergebnisse, analog zu durchlaufen.

25.3.2.6 Beurteilung des Enablers Services, Infrastruktur und Anwendungen

Die Effektivität des Enablers Services, Infrastruktur und Anwendungen wird – nach dem Verständnis des Umfeldes und der Anspruchsgruppen – anhand der Existenz, der Qualität und der Verfügbarkeit des Services, der Dienstleistungsvereinbarungen und des Beitrags zu den IT-bezogenen Zielen bzw. Unternehmenszielen beurteilt. Tabelle 25–20 stellt anhand des Beispiels »Incident-Management-Tools« die Beurteilungskriterien für die wesentlichen Ziele dar.

Ziele	Beurteilungskriterien	Beurteilungsschritte
Dienstleistungsdefinition (Service Definition)	■ Das Incident-Management-Tool ist klar definiert. ■ Das Tool ist für alle potenziellen Anspruchsgruppen verfügbar.	■ Überprüfen, dass das Incident-Management-Tool klar definiert ist. ■ Beurteilen der Qualität des Tools und der angebotenen Dienstleistung ■ Überprüfen, dass das Tool für alle potenziellen Anspruchsgruppen verfügbar ist ■ Überprüfen, in welchem Umfang die Dienstleistungsvereinbarungen erreicht werden
Dienstleistungsvereinbarung (Service Level)	■ Dienstleistungsvereinbarungen existieren bezüglich: • Qualität des Tools • Kosten • Zeitgerechtigkeit	■ Überprüfen, dass in den Dienstleistungsvereinbarungen folgende Aspekte behandelt werden: • Qualität des Tools • Kosten • Zeitgerechtigkeit
Beitrag zu Enablern, IT-bezogenen Zielen und Unternehmenszielen (Contribution to Enabler, IT-related and Enterprise Goals)	■ Das Tool trägt zur Erreichung der Ziele bei.	■ Beurteilen, in welchem Umfang das Tool zur Erreichung der IT-bezogenen Ziele und Unternehmensziele beiträgt

Tab. 25–20 *Ziele, Beurteilungskriterien und Beurteilungsschritte für das »Incident Management Tool« [ISACA 2013e]*

Als gute Praktiken sollten vor allem die Entscheidung zur Frage Kauf/Eigenentwicklung getroffen sowie eine klare Definition der Nutzung von Services vorhanden sein. Für das Beispiel »Incident-Management-Tools« illustriert Tabelle 25–21 die Beurteilungskriterien und -schritte für diese beiden guten Praktiken.

Gute Praktiken	Beurteilungskriterien	Beurteilungsschritte
Beschaffung (Kauf/ Eigenentwicklung) (Sourcing (Buy/Build))	▪ Eine formale Entscheidung, basierend auf einem Business Case, muss in Bezug auf die Beschaffung von Dienstleistungen getroffen werden.	▪ Überprüfen, dass eine formale Entscheidung, basierend auf einem Business Case in Bezug auf die Beschaffung von Dienstleistungen getroffen worden ist ▪ Überprüfen, dass der Business Case valide und qualitativ angemessen ist ▪ Überprüfen, dass die Beschaffungsentscheidung ordnungsgemäß umgesetzt wurde
Nutzung (Use)	▪ Die Nutzung der Dienstleistung muss klar sein: • Wann und von wem wird die Dienstleistung genutzt? • Welchen Compliance-Anforderungen müssen die Ergebnisse der Dienstleistung genügen?	▪ Überprüfen, dass die Nutzung der Dienstleistung klar ist, d. h. es bekannt ist, wann und von wem der Service verwendet werden muss ▪ Überprüfen, dass die tatsächliche Nutzung in Einklang mit den Anforderungen ist ▪ Überprüfen, dass die Ergebnisse der Dienstleistung adäquat verwendet werden ▪ Überprüfen, dass Dienstleistungsvereinbarungen überwacht und erreicht werden

Tab. 25–21 *Gute Praktiken, Beurteilungskriterien und Beurteilungsschritte für das »Incident Management Tool« [ISACA 2013e]*

Analoge Prüfungsschritte sind für die anderen Elemente des Enablers Services, Infrastruktur und Anwendungen, wie das Change-Management-Tool oder das Konfigurationsmanagement-Tool, durchzuführen.

25.3.2.7 Beurteilung des Enablers Mitarbeiter, Fähigkeiten und Kompetenzen

Zur Beurteilung des Enablers Mitarbeiter, Fähigkeiten und Kompetenzen muss erst mal ein Verständnis dafür entwickelt werden, wo und wann und zu welchem Zweck bestimmte Fähigkeiten und Kompetenzen benötigt werden. Die Beurteilung der Effektivität des Enablers erfolgt anhand der Ziele bezogen auf Erfahrung, Ausbildung und Qualifikation, Wissen, technische und verhaltensbezogene Fähigkeiten sowie der Anzahl der Mitarbeiter mit entsprechenden Fähigkeiten. Tabelle 25–22 stellt dies anhand der Fähigkeit zur »Analyse geschäftlicher Anforderungen« (Business Analysis) für den Enabler Mitarbeiter, Fähigkeiten und Kompetenzen dar. Die Fähigkeit zur »Analyse geschäftlicher Anforderungen« benötigen alle, die in Entscheidungen über Änderungen involviert sind. Dies betrifft im Beispiel des COBIT-Prozesses BAI06 (Managen von Änderungen) die hauptverantwortlichen Anspruchsgruppen Bereichsleiter, Chief Information Officer und Lenkungsausschuss. Diese Anspruchsgruppen bzw. die Mitglieder der Organisationsstruktur Lenkungsausschuss benötigen diese Fähigkeit, um Änderungen und Serviceanfragen effektiv zu genehmigen.

Ziele	Beurteilungskriterien	Beurteilungsschritte
Erfahrung (Experience)	Mindestmaß von durchschnittlich zwei Jahren einschlägiger Berufserfahrung	Überprüfen, dass ein Mindestmaß von durchschnittlich zwei Jahren einschlägiger Berufserfahrung vorhanden ist
Ausbildung (Education)	Nicht anwendbar	Nicht anwendbar
Qualifikation (Qualification)	Nicht anwendbar	Nicht anwendbar
Wissen (Knowledge)	Wissen über: • IT-Kosten/Wert • Dienstleistungen für das Unternehmen • IT-Architektur • Unternehmensexpertise, d. h. vertraut zu sein mit dem Unternehmensumfeld, seinen Zielen und seiner Strategie • Risikomanagement und Risikomanagement-Rahmenwerk	Überprüfen durch Interviews und Bewertung von Karrierewegen und Lebensläufen (CVs), dass entsprechende Kenntnisse vorhanden sind
Technische Fähigkeiten (Technical Skills)	Grundlegende IT-Konzepte	Überprüfen durch Interviews und Bewertung von Karrierewegen und Lebensläufen (CVs), dass entsprechende Kenntnisse über grundlegende IT-Konzepte vorhanden sind
Verhaltensbezogene Fähigkeiten (Behavioural Skills)	Kommunikation: verbal, Präsentation und schriftlich	Überprüfen durch Interviews und Bewertung von Karrierewegen und Lebensläufen (CVs), dass angemessene Kommunikationsfähigkeiten vorhanden sind
Anzahl der Mitarbeiter mit entsprechenden Fähigkeiten	Angemessene Mischung der Anzahl der Mitarbeiter mit entsprechenden Fähigkeiten	Überprüfen durch Interviews und Bewertung von Karrierewegen und Lebensläufen (CVs), dass die Anzahl und Verteilung der Mitarbeiter mit entsprechenden Fähigkeiten über den gesamten Change-Management-Prozess angemessen sind

Tab. 25–22 *Ziele, Beurteilungskriterien und Beurteilungsschritte für die Fähigkeit zur »Analyse geschäftlicher Anforderungen« [ISACA 2013e]*

Für den Enabler Mitarbeiter, Fähigkeiten und Kompetenzen werden die Lebenszyklusphasen und die verbundenen Kriterien bereits über den COBIT-Prozess APO07 (Managen von Personal) und insbesondere die Prozesspraktik APO07.03 (Aufrechterhalten der Fähigkeiten und Kompetenzen der Mitarbeiter) beschrieben. Die Prozessfähigkeit und die Umsetzung der Prozesspraktik sind daher bei der Beurteilung des Lebenszyklus zu berücksichtigen. Tabelle 25–23 stellt darüber hinaus die Beurteilungskriterien in den einzelnen Lebenszyklusphasen für die Fähigkeit zur »Analyse geschäftlicher Anforderungen« dar.

Lebenszyklusphase	Beurteilungskriterien	Beurteilungsschritte
Planung (Plan)	■ Prozessaktivität APO07.03.1 ist für diese Fähigkeit implementiert: • Definieren Sie die erforderlichen und die derzeit verfügbaren Kompetenzen interner und externer Ressourcen für die Erreichung von Unternehmens-, IT- und Prozesszielen.	■ Beurteilen, ob die Prozessaktivität APO07.03.1 für diese Fähigkeit implementiert ist
Design (Design)	■ Prozessaktivität APO07.03.2 ist für diese Fähigkeit implementiert: • Stellen Sie eine formelle Karriereplanung und fachliche Weiterentwicklungsmaßnahmen bereit, um die Entwicklung von Kompetenzen zu fördern und Möglichkeiten für das persönliche Vorankommen von Mitarbeitern zu schaffen. Sorgen Sie für eine möglichst geringe Abhängigkeit von wichtigen Positionsinhabern. ■ Prozessaktivität APO07.03.3 ist für diese Fähigkeit implementiert: • Bieten Sie Zugang zu Wissens-Repositorys, um die Weiterentwicklung von Fähigkeiten und Kompetenzen zu unterstützen.	■ Beurteilen, ob die Prozessaktivitäten APO07.03.2 und APO07.03.3 für diese Fähigkeit implementiert sind
Entwickeln (Build)	■ Prozessaktivität APO07.03.4 ist für diese Fähigkeit implementiert: • Identifizieren Sie Lücken zwischen den erforderlichen und den verfügbaren Fähigkeiten, und entwickeln Sie Aktionspläne, um diese Lücken auf individueller und kollektiver Ebene zu schließen, z. B. durch Schulung (technische und verhaltensbezogene Fähigkeiten), Rekrutierung, Verlegung und neue Beschaffungsstrategien.	■ Beurteilen, ob die Prozessaktivität APO07.03.4 für diese Fähigkeit implementiert ist

→

Lebenszyklusphase	Beurteilungskriterien	Beurteilungsschritte
Betreiben (Operate)	■ Prozessaktivität APO07.03.5 ist für diese Fähigkeit implementiert: • Entwickeln Sie Schulungsprogramme basierend auf organisatorischen Anforderungen und Prozessanforderungen, einschließlich der Anforderungen für Unternehmenswissen, interne Kontrolle, ethisches Verhalten und Sicherheit, und stellen Sie diese bereit.	■ Beurteilen, ob die Prozessaktivität APO07.03.5 für diese Fähigkeit implementiert ist
Beurteilen (Evaluate)	■ Prozessaktivität APO07.03.6 ist für diese Fähigkeit implementiert: • Führen Sie regelmäßige Reviews durch, um die Weiterentwicklung der Fähigkeiten und Kompetenzen der internen und externen Ressourcen zu beurteilen. • Überprüfen Sie die Nachfolgeplanung.	■ Beurteilen, ob die Prozessaktivität APO07.03.6 für diese Fähigkeit implementiert ist
Aktualisieren/Entsorgen (Update/Dispose)	■ Prozessaktivität APO07.03.7 ist für diese Fähigkeit implementiert: • Überprüfen Sie regelmäßig die Schulungsmaterialien und -programme, um deren Eignung für veränderte Unternehmensanforderungen sicherzustellen, und überprüfen Sie deren Auswirkungen auf die erforderlichen Kenntnisse, Fähigkeiten und Möglichkeiten.	■ Beurteilen, ob die Prozessaktivität APO07.03.7 für diese Fähigkeit implementiert ist

Tab. 25–23 *Lebenszyklusphasen, Beurteilungskriterien und Beurteilungsschritte für die Fähigkeit zur »Analyse geschäftlicher Anforderungen« [ISACA 2013e]*

Gute Praktiken für diesen Enabler sind vor allem definierte Fähigkeits- und Kompetenzprofile sowie Qualifikationsniveaus (siehe Abschnitt 9.4). Für das Beispiel der Fähigkeit zur »Analyse geschäftlicher Anforderungen« illustriert Tabelle 25–24 die Beurteilungsschritte für diese beiden guten Praktiken.

Gute Praktiken	Beurteilungsschritte
Profile der Fähigkeiten und Kompetenzen sind definiert. (Skill Set and Competencies are defined.)	■ Feststellen, ob eine Bestandsaufnahme von Fähigkeiten und Kompetenzen je organisatorischer Einheit, Funktion und Mitarbeiter gepflegt wird ■ Bewerten der Relevanz und des Beitrags der Fähigkeiten und Kompetenzen zur Erreichung der Ziele der Aufbauorganisation und damit der IT-bezogenen Ziele und Unternehmensziele ■ Bewerten der Lücke zwischen dem notwendigen Portfolio von Fähigkeiten und Kompetenzen sowie der aktuellen Bestandsaufnahme der Fähigkeiten und Fertigkeiten
Qualifikationsniveaus sind definiert. (Skill Levels are defined.)	■ Beurteilen der Flexibilität und Leistungsfähigkeit der Personalqualifikation, um die identifizierten Lücken zwischen notwendigen und aktuellen Fähigkeiten zu schließen ■ Beurteilen des Verfahrens zur 360-Grad-Leistungsbeurteilung

Tab. 25–24 *Gute Praktiken und Beurteilungskriterien für die Fähigkeit zur »Analyse geschäftlicher Anforderungen« [ISACA 2013e]*

Analoge Prüfungsschritte sind für die anderen Elemente des Enablers Mitarbeiter, Fähigkeiten und Kompetenzen, wie Verständnis guter Praktiken des Change-Management-Prozesses, Projektmanagement oder Anforderungsdefinition und -management, durchzuführen.

25.3.3 Kommunikation der Prüfungsergebnisse

Diese Phase besteht aus der Dokumentation aller Ausnahmen und Lücken sowie der Kommunikation der durchgeführten Prüfungshandlungen und der Feststellungen. Dazu müssen die Schwachstellen und ihre Auswirkungen auf die Erreichung der Prozessziele und Unternehmensziele verstanden und dokumentiert werden sowie die durchgeführten Prüfungshandlungen und vorläufigen Ergebnisse den Anspruchsgruppen kommuniziert werden. Schließlich muss ein Bericht entsprechend des Prüfungsauftrags und Prüfungsumfangs sowie nach den vereinbarten Berichtsstandards ausgeliefert werden, der die Ergebnisse der Initiative unterstützt und eine klare Fokussierung auf wichtige Fragestellungen und Maßnahmen ermöglicht.

Teil III

COBIT in der Praxis

26 COBIT-Einführung – ein Assimilationsprozess

Von Klaus Buck
IT Architect, Global IT Governance
Zentralbereich IT, Munich Re

Munich Re steht für ausgeprägte Lösungsexpertise, konsequentes Risikomanagement, finanzielle Stabilität und große Kundennähe. Das Geschäftsmodell basiert auf der Kombination von Erst- und Rückversicherung unter einem Dach. Munich Re ist in allen Versicherungssparten aktiv und mit rund 45.000 Mitarbeitern auf allen Kontinenten vertreten. Mit Beitragseinnahmen von rund 28 Mrd. Euro allein aus der Rückversicherung im Geschäftsjahr 2012 ist sie einer der weltweit führenden Rückversicherer. Besonders wenn Lösungen für komplexe Risiken gefragt sind, ist Munich Re ein gesuchter Risikoträger. Die Erstversicherungsaktivitäten bündelt Munich Re vor allem in der ERGO Versicherungsgruppe, einer der großen Versicherungsgruppen in Deutschland und Europa. ERGO ist weltweit in mehr als 30 Ländern vertreten und bietet ein umfassendes Spektrum an Versicherungen, Vorsorge und Serviceleistungen. Im internationalen Gesundheitsgeschäft bündelt Munich Re ihre Leistungen in der Erst- und Rückversicherung sowie den damit verbundenen Services unter dem Dach der Marke Munich Health. Die weltweiten Kapitalanlagen von Munich Re werden von der Vermögensverwaltung MEAG betreut, die ihre Kompetenz auch privaten und institutionellen Anlegern außerhalb der Gruppe anbietet.

Die IT der Rückversicherungsgruppe als Zentraleinheit ist mit drei regionalen »IT Hubs« in München (EMEA), Princeton (Americas) und Sydney (APAC) global aufgestellt. Sechs entsprechend regional zugeordnete »IT Service Center« haben konzernweit das Mandat, lokale, regionale oder globale IT-Services anzubieten. Die Organisation in München fungiert zugleich als »IT Corporate Center«. Dieses unterstützt den »Group Information Executive« in seiner Verantwortung für das globale IT-Budget, die IT-Risiken und die Steuerung der globalen IT. Die globale IT-Organisation wird konsequent von den drei Säulen »Anwendungsentwicklung, »Infrastruktur« und »IT-Governance« durchzogen.

Seit fünf Jahren verankert die globale IT der Rückversicherungsgruppe sukzessive COBIT im Unternehmen. Bei genauem Hinsehen gleicht die Einführung gar nicht so sehr dem stringenten, siebenphasigen »Implementation Life Cycle« der ISACA (siehe

Abschnitt 20.1). Vielmehr ist ein eher langsamer, auf den ersten Blick zufällig erscheinender, aber trotzdem zielgerichtet geführter, »infiltrierender« Assimilationsprozess zu beobachten. Dies zeigt sich an den folgenden Beispielen:

26.1 Change-Agent-Ausbildung

Zwei mit der »IT-Compliance« betraute Mitarbeiter wurden an der Frankfurter Hochschule Frankfurt School of Finance and Management durch das ISACA Germany Chapter zum »IT-Compliance-Manager« zertifiziert (siehe Abschnitt 30.2.3). Mit dem notwendigen Know-how über die Compliance-Anforderungen und COBIT wurden sie zu unterstützenden »Change Agents« des Assimilationsprozesses.

26.2 Aufbau internes Kontrollsystem

Mit Beginn des Assimilationsprozesses trat die im Konzern mit dem integrierten Risikomanagement mandatierte Einheit an die Leitung der globalen IT heran. Ziel war es, im Rahmen eines Organisationsprojektes ein konzernweites »internes Kontrollsystem« aufzubauen. Konkret sollten IT-Risiken gesammelt und überwacht werden. Basierend auf COBIT 4.1 legte die »IT-Compliance« mit den IT-Mitarbeitern der internationalen Einheiten IT-Kontrollen als Maßnahmen zur Risikominderung fest. Damit stellt die in der »IT-Governance« angesiedelte »IT-Compliance« sicher, dass jährlich Kontrollen in »Anwendungsentwicklung« und »Infrastruktur« durchlaufen werden. Die Ergebnisdokumentation findet in der dazu geschaffenen globalen Anwendung »Internal Control System« statt. Zwischenzeitlich sind die ursprünglich auf COBIT 4.1 basierenden Kontrollen auf COBIT 5 abgebildet.

26.3 IT-Governance und Globalisierung

Zur gleichen Zeit war die »Anwendungsentwicklung« in München mitten im Rollout globaler Anwendungen. »Infrastruktur« bemühte sich massiv um Regionalisierung bzw. Globalisierung vormals lokaler Rechenzentrums- und Desktop-Services. Jedoch waren die IT-Einheiten der Auslandsgesellschaften ausschließlich lokal berichtspflichtig und lokale CIOs nur an den Anforderungen der jeweils lokal anzutreffenden Geschäftseinheiten ausgerichtet. Die notwendige Globalisierung konnte nicht nur durch Rollouts und Infrastruktur-Konsolidierung erfolgen. Vielmehr wurde im Rahmen eines Organisationsprojekts mit dem Aufbau einer globalen IT-Organisation begonnen. In diesem Rahmen wurde die »IT-Governance« neu ausgerichtet: Die bis dahin vorwiegend mit der IT-Strategie für München betraute Einheit erhielt verstärkt das Mandat einer globalen Governance-Instanz. Die Umorganisation der Governance-Abteilung richtete sich an COBIT 4.1 aus und sollte die Adressierung aller IT-Governance-Aufgaben sicherstellen.

IT Governance Areas	Governance Focus Areas (COBIT 4.1) Strategic Alignment	Value Delivery	Risk Alignment	Resource Management	Performance Measurement
IT Governance Structural Foundation	X				
IT Governance Execution	X	x		x	
Business/IT Alignment (IT Part)	X	x		x	
Architecture Management (IT Part)	x	x			
Innovation & Trends	X	x			
Compliance			X		
Financials	x			X	
Delegiert: People (Workforce)				X	
Sourcing				X	
Delegiert: Management Reporting	x	x	x	x	X
Delegiert: Quality Management		x	x	X	x
Methodologies & Standards				X	

Abb. 26–1 *Zuordnung der IT Governance Areas zu den COBIT 4.1 Governance Focus Areas (Munich Re IT, 2009)*

Die »IT-Governance« schuf ein an COBIT angelehntes »Global IT Governance Framework« und ordnete ihre bisherigen Handlungsfelder den fünf »IT Governance Focus Areas« aus COBIT 4.1 zu. Drei Handlungsfelder wurden als organisatorisch nicht der »IT-Governance« zugehörig identifiziert (People, Management Reporting, Quality Management). Fortan spricht die »IT-Governance« im Wesentlichen von nachfolgenden »IT Governance Areas«:

- IT Governance
- Structural Foundation
- IT Governance Execution
- Business/IT Alignment (IT Part)
- Architecture Management (IT Part)
- Innovation & Trends
- Compliance
- Financials
- Sourcing
- Methodologies & Standards

Die Verantwortlichen jener »IT Governance Areas« in München begannen, in der sich globalisierenden IT die korrespondierenden Themenverantwortlichen zu suchen und in Gremien arbeiten zu lassen. Zwischenzeitlich ist die Governance-Organisation analog der globalen IT-Organisation aufgestellt.

26.4 IT-Compliance mittels IT-Reviews

»IT-Compliance« ist ein wesentlicher Bestandteil von »IT-Governance«. Eine ihrer Hauptaufgaben besteht darin, die internationalen Sourcing-Partner der »Anwendungsentwicklung« aufzusuchen und im Rahmen von Reviews vor Ort auf Vertragseinhaltung, insbesondere hinsichtlich technischer und organisatorischer Maßnahmen zur Gewährleistung von Compliance, zu überprüfen. Der dafür entwickelte Fragenkatalog orientierte sich anfänglich an COBIT 4.1, ist jedoch zwischenzeitlich auf COBIT 5 angepasst.

26.5 Business-IT-Alignment

Bis 2011 wurden IT-Anforderungen in der IT-Organisation gesammelt, in Projektanträge übersetzt und durch »Global Business Architects (GBA)« dem Vorstand zur Entscheidung vorgelegt. 2011 wurde dieses Vorgehen – der Grundidee der »COBIT Goals Cascade« folgend (siehe Abschnitt 16.1) – durch Einführung des »Business-IT-Alignment (BITA)«-Prozesses umgedreht: Geschäftliche Anforderungen sind nun für mehrere Jahre im Voraus zu benennen. Die gesammelten Anforderungen werden vom »GBA« Clustern zugewiesen. Vom Vorstand werden »Global Process Owner (GPO)« als Cluster-Verantwortliche benannt und Clusterbudgets auf mehrere Jahre vergeben. An den Geschäftsanforderungen ausgerichtet können die GPOs nun in Kooperation mit dem GBA und der globalen IT über Zeit und Umsetzungsreihenfolge von größeren Vorhaben entscheiden.

26.6 IT Security

In 2011 wurde im Konzern ein »Security & Continuity Risk-Management«-Framework erstellt und freigegeben. Neben den ISO 2700x-Standards (siehe Abschnitt 22.1.1) und den COBIT4.1/COBIT-5-Prozessen DS5 (Ensure Systems Security) bzw. DSS05 (Managen von Sicherheitsservices) definiert dieses Framework die Konzernvorgaben für die durch COBIT zu implementierenden Risiko- und Informationssicherheitskriterien (siehe Abschnitt 22.2.2). Seit 2013 werden innerhalb der IT die genannten Kriterien erfolgreich angewandt.

26.7 Jüngste Aktivitäten

2012 wurde in der globalen IT die Entscheidung getroffen, COBIT als übergreifendes Framework zu implementieren. Damit einhergehend wurde auf Basis des COBIT-5-Prozessreferenzmodells (siehe Kapitel 11) und dem COBIT-5-Prinzip »Unterscheidung zwischen Governance und Management« (siehe Abschnitt 3.5) folgend die »IT-Governance« auch organisatorisch als dritte Säule neben den Säulen »Anwendungsentwicklung« und »Infrastruktur« verankert.

Diese drei IT-Säulen verständigten sich auf ein Projekt »Global IT Process Landscape« zur Inventarisierung und Neuordnung der vorhandenen Prozessdokumentation einschließlich der wichtigsten Begleitdokumente und Templates.

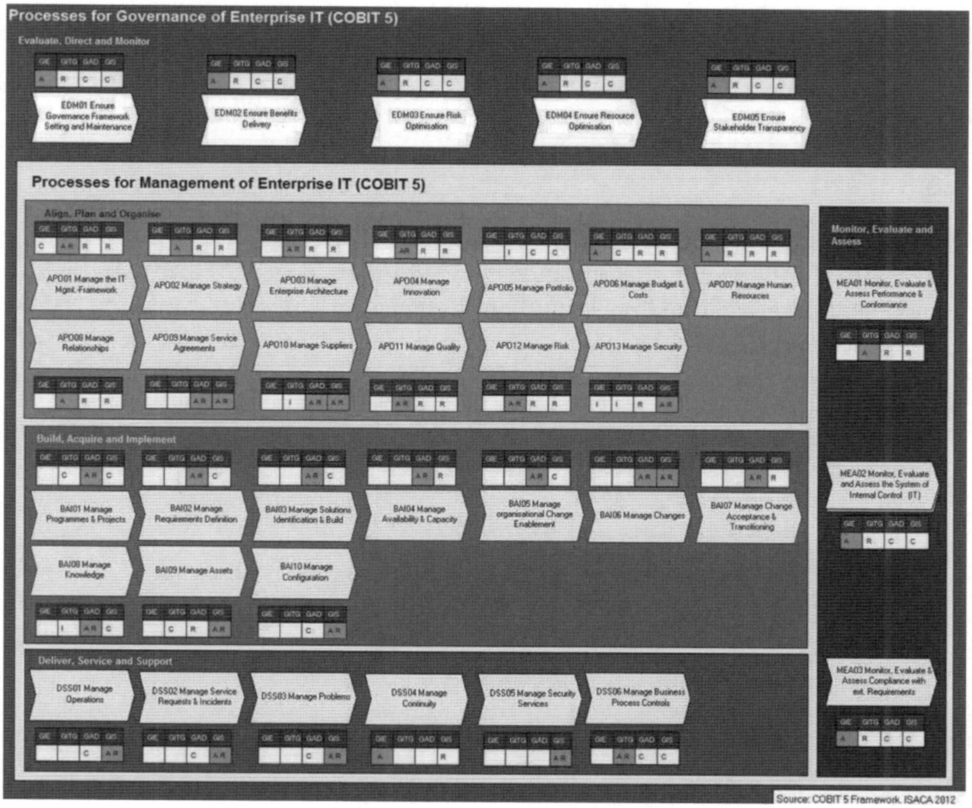

Abb. 26–2 *Documentations-Framework: Global IT Process Landscape mit RACI-Verantwortung (Munich Re IT, 2013)*

Unterstützend wurde je COBIT-5-Prozess für jede der drei Säulen die jeweilige RACI-Verantwortung festgelegt. Das Projekt nahm arbeitsvorbereitend ein Mapping der im Haus für die Infrastruktur gesetzten ITILV2-Prozesse zu COBIT-5-Prozessen vor. Das COBIT-5-Prozessreferenzmodell ist nun für die Ablage jener Dokumente der führende Ordnungsrahmen. Aktuell ordnet das Management jedem COBIT-5-Prozess namentlich einen globalen Process Owner zu.

Weiterhin wurde die Notwendigkeit gesehen, den Wertbeitrag der IT den Stakeholdern in und außerhalb der IT transparent zu machen. Dafür wurden alle Mitarbeiter der »IT-Governance« mit je einem Delegierten der »Anwendungsentwicklung« und der »Infrastruktur« auf COBIT 5 geschult. Daraus erwuchs die eng an den COBIT Prozessen EDM05 (Sicherstellen der Transparenz gegenüber Anspruchsgruppen) und MEA01 (Überwachen, Bewerten und Beurteilen von Leistung und Konformität) orientierte Initiative »Stakeholder Transparency«, deren derzeitiger Schwerpunkt auf EDM 05.01 (Evaluierung der Berichtsanforderungen der Anspruchsgruppen) liegt.

Basierend auf dem Verständnis der Governance-Domäne »EDM« erfuhr das Treffen des »Global IT Board (GITB)« zum Herbst 2012 eine an den Prozesspraktiken »Evaluate«, »Direct« und »Monitor« ausgerichtete, strategische Neuorientierung.

26.8 Fazit

Anhand der angeführten Beispiele lässt sich gut erkennen, wie COBIT 5 allmählich in die gesamte IT-Organisation diffundiert. So wird es den einzelnen Mitarbeitern ermög-licht, sich nach und nach mit dem Rahmenwerk vertraut zu machen, dieses umzusetzen und zu leben. Die Organisation befindet sich weiterhin in einem von »IT-Governance« geführten Assimilationsprozess: Wo immer möglich und sinnvoll, werden Prozesse über Projekte und Initiativen stärker an COBIT angelehnt.

27 IT Management – Principles & Policies

Von Alan Shepherd
Vice President Group Information Security Office – Policy Office, Deutsche Bank AG[1]

Principles & Policies sind grundsätzliche Prinzipien und Regeln, die das Handeln der Mitarbeiter der Deutschen Bank Gruppe festlegen. Am Ende des Jahres 2011 wurde es als erforderlich erachtet, die Policies für die Anwendungsentwicklung und Produktionskontrolle der Deutschen Bank zu aktualisieren. Diese waren über 10 Jahre im Einsatz, und obwohl sie noch grundsätzlich gültig sind, gab es verschiedene Gründe für eine Überarbeitung:

- Die Organisation hat sich gewandelt, so dass einige Rollen, die in den Policies aufgegriffen wurden, nicht mehr vorhanden waren. Insbesondere ist die Änderung der Rolle des »IT Product Managers« hervorzuheben, der für die gesamte Entwicklung und Pflege einer Anwendung zuständig war, hin zu einer industrialisierten, serviceorientierten Organisation, in der diese Aufgaben während des Lebenszyklus von dedizierten Dienstleistungsgruppen, die auch ausgelagert sein können, durchgeführt werden.
- Die zunehmende Fokussierung der Regulatoren auf die oben genannten Dokumente erforderte es, die Policies verständlicher zu gestalten.
- Eine zunehmende Orientierung an ITIL (siehe Abschnitt 14.4) für IT-Service-Prozesse bedingte deren Berücksichtigung in den oben genannten Dokumenten.

27.1 Struktur der Policy-Landschaft

Das Policy-Portfolio der Deutschen Bank lässt sich in einer Hierarchie mit vier Ebenen abbilden. Die Ebenen 1–3 werden grundsätzlich durch das höhere Management freigegeben und auf einem zentralen Portal veröffentlicht und verwaltet.

---

1. Mit Unterstützung der Kollegen Tim Krämer (Verbesserung des Deutschen) und Christine Peters (finaler Review)

Die Ebene vier ist für untergeordnete dokumentierte Prozesse vorgesehen, die z.B. für spezifische Regionen oder Geschäftsbereiche gelten. Letztere werden durch das jeweilige mittlere Management freigegeben und können optional auf dem Portal publiziert werden.

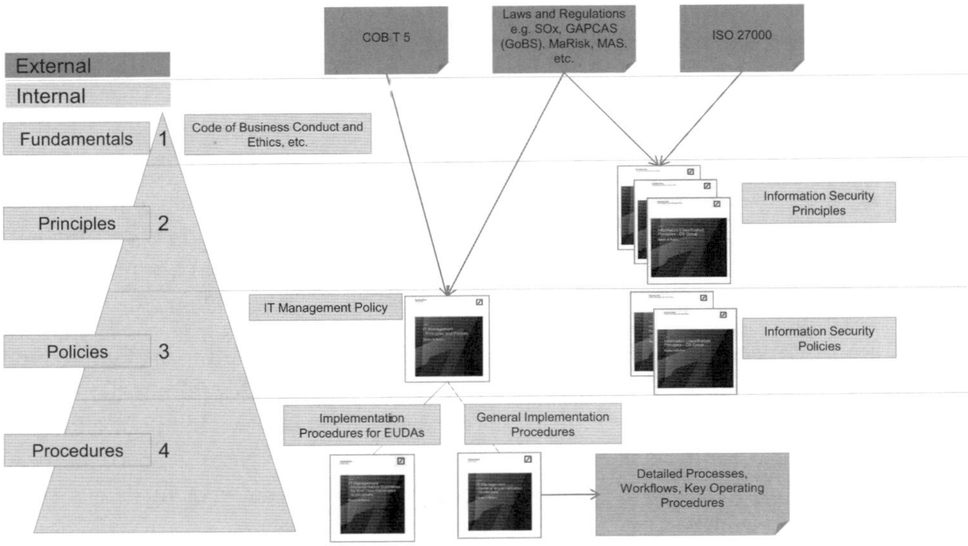

Abb. 27–1 *Struktur der Policy-Landschaft in der Deutschen Bank*

27.2 Warum COBIT?

Um die Akzeptanz der neuen Policies einerseits nach außen für die Regulatoren sowie andererseits nach innen für die Mitarbeiter der Bank und insbesondere der internen Revision zu gewährleisten, sollten diese sich an gängigen Industriestandards orientieren. Als eine der am meisten verwendeten Referenzen für externe Regulatoren und Auditoren kann COBIT betrachtet werden. Am Anfang des Deutsche-Bank-Projektes zur Neuaufsetzung der Policies für die Anwendungsentwicklung und Produktionskontrolle erschien der »Exposure Draft« von COBIT 5. Dementsprechend wurde diese neue, umfangreiche Version von COBIT näher bewertet, mit der Absicht, Policies für die Bank zu schreiben, deren Ableitung aus COBIT 5 durch eine Verfolgbarkeitsmatrix nachweisbar wird.

COBIT 5 hatte darüber hinaus den Vorteil, dass es viele Quellen berücksichtigt und integriert (wie z.B. ValIT, RiskIT, ISO 27000, ITIL, CMMI, TOGAF)

Die detaillierte Betrachtung der neueren COBIT-Version ergab, dass insbesondere die im Enabler-Handbuch »COBIT 5: Enabling Processes« aufgeführten Prozesse inhaltlich stark der Erwartungshaltung der Bank entsprachen. Ferner bewertete man die in COBIT 5 verwendeten Begriffe und sprachlichen Ausprägungen als sehr gut zu integrieren und passend für die weitere Nutzung in der Bank. Bei der Durchsicht der

Aktivitäten wurde immer wieder gefragt: »Warum würde man das nicht tun?« Es gab sehr wenige Stellen, wo man etwas weglassen oder ändern wollte, also wurde entschieden, die COBIT-5-Texte möglichst genau zu übernehmen.

Dies hatte nicht nur den Vorteil einer Arbeitsersparnis, sondern auch ohne Weiteres die geforderte Zugänglichkeit und Vollständigkeit für externe Regulatoren und Auditoren.

Eine entsprechende Genehmigung für diese Nutzung von COBIT wurde mit der ISACA ausgehandelt.

27.3 Ableitung der Principles & Policies

Folgender Abschnitt zeigt, wie die Teile des COBIT-Rahmenwerks übernommen wurden:

- Übernahme der Prozesstitel
- Übernahme der Prozessbeschreibungen als Principle

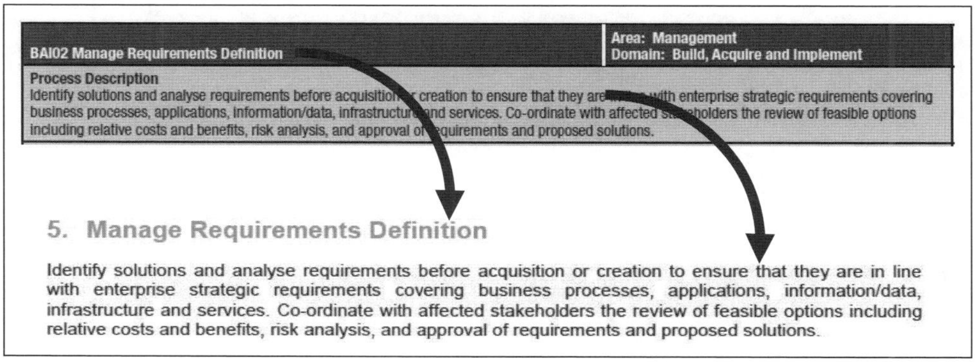

Abb. 27–2 *Übernahme der COBIT-5-Elemente in der Deutschen Bank*

- Übernahme der Titel der Praktiken (Practices)
- Übernahme der Beschreibungen der Prozesspraktiken (diese sind als Objectives verwendet worden)
- Übernahmen der Aktivitäten (Activities)

Von einer Übernahme der Accountable-Rollen aus dem COBIT-RACI-Diagramm wurde abgesehen, da diese auf einer sehr hohen Ebene aggregiert und nicht ohne Weiteres auf die Rollen in der Deutschen Bank übertragbar sind. Die Vorgänger-Policies nutzten eine höhere Granularität hinsichtlich der Verantwortungsverteilung. Es wurde bewusst eine Detaillierung gewählt, welche die Rolle auf eine einzelne Person beziehen lässt, ohne jedoch die Rollenzuordnung (RACI) im untergeordneten Prozessmodell vorwegzunehmen.

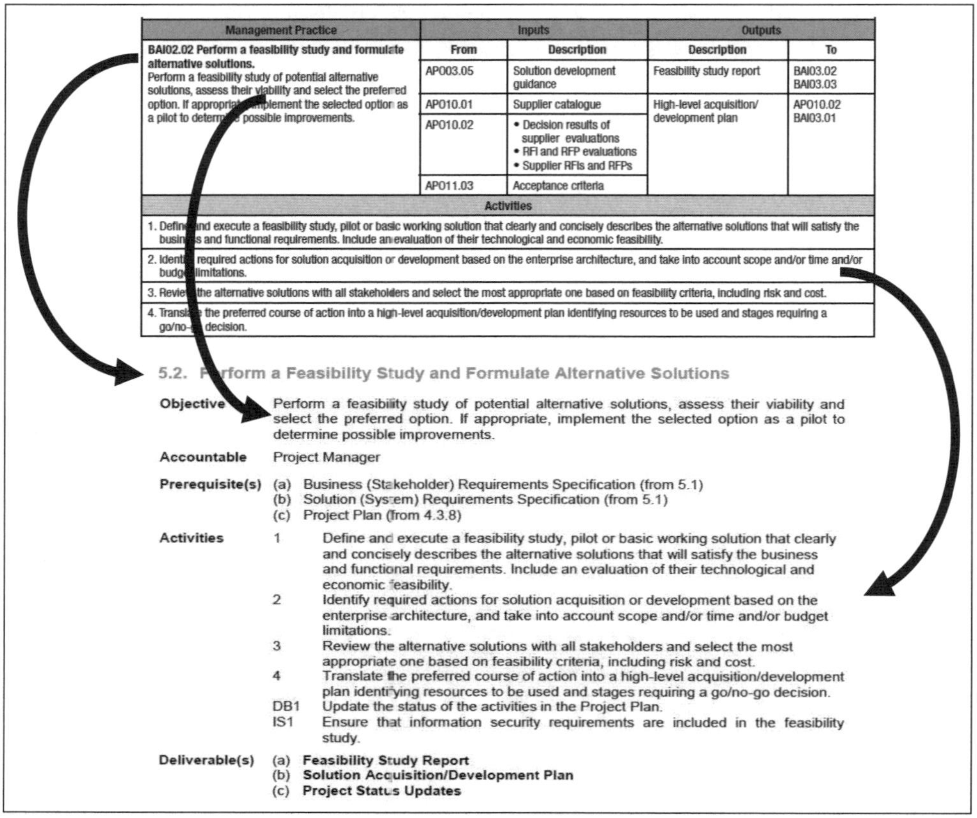

Abb. 27–3 *Übernahme der COBIT-5-Elemente in der Deutschen Bank*

Die Prerequisites (Vorbedingungen) bezeichnen Ergebnisse aus anderen Praktiken, die als Startpunkt dienen sollen.

Die Activities sind weitestgehend unverändert aus dem COBIT-5-Rahmenwerk übernommen worden. Aktivitäten, die eine ergänzende Nummerierung mit DBx erhielten, sind zusätzliche Aktivitäten, die nicht aus COBIT 5 abgeleitet sind, jedoch aufgrund ihrer Wichtigkeit für die Bank aufgenommen wurden. Eine ergänzte ISx-Nummerierung kennzeichnet Aktivitäten aus »COBIT 5 for Information Security«.

Die Deliverables (Ergebnisse) und Prerequisites (Voraussetzungen) sind teilweise aus den COBIT-5-Elementen Outputs und Inputs übernommen, in den meisten Fällen jedoch ergänzt worden, um die gängigen, in der Bank genutzten Bezeichnungen zu integrieren.

27.4 Implementierungsrichtlinien

Nach der Entscheidung, die Principles & Policies aus COBIT 5 zu übernehmen, war eine Zielsetzung der Bank, die Texte möglichst nicht abzuändern. Zur Umsetzung der

Principles & Policies sind ergänzende Implementation Procedures (Implementierungsrichtlinien) geschrieben worden, um die erforderliche Ausdifferenzierung und Interpretation auf die bankspezifischen Gegebenheiten zu ermöglichen. Diese wurden für jede Practice strukturell nach folgendem Muster erstellt:

Interpretation	Bei Unklarheiten gibt dieser Abschnitt eine Hilfestellung, wie der Wortlaut von COBIT 5 für die Bank zu interpretieren ist, und ergänzt auch zusätzliche Anforderungen bzw. Hinweise auf externe Standards etc.
Benefits & Risk ⚠	Die Vorteile der Implementierung der Policies sowie potenzielle Risiken, die entstehen könnten, wenn diese nicht eingehalten würden. Dieser Abschnitt ist zur Stärkung der Motivation für die Implementierung bzw. der Compliance mit den entsprechenden Policies zu sehen.
Key Control	Die Ergebnisse, die durch Compliance Assessments geprüft werden
Non-Key Control	Dieser Abschnitt enthält Ergebnisse, die durch die Compliance-Assessments nicht geprüft werden und beinhalten die Begründung für deren Ausschluss. Non-Key sind beispielsweise Ergebnisse, welche nicht direkt verifizierbar sind, wie Softwarekomponenten an sich oder Ergebnisse, die zwangsläufig da sind, wenn ein anderes Key-Ergebnis vorhanden ist.
Tools & Templates	In diesem Abschnitt werden Hinweise auf Werkzeuge, Hilfsmittel und Vorlagen, die verwendet werden können oder müssen, um die Ergebnisse mit der geforderten Qualität zu erzeugen, aufgeführt.
Tailoring	Die Festlegungen, unter welchen Umständen die Anforderungen abgeschwächt werden können, z.B. für unkritische Anwendungen, kleinere Projekte oder den Ausschluss bestimmter Plattformen, sind in diesem Abschnitt enthalten.
Dependencies & Synergies	Hinweise auf Wechselwirkungen zwischen Prozessen oder Praktiken, deren Abhängigkeiten beachtet werden müssen oder Hinweise zur Vermeidung doppelter Aufwände

Die Implementation Procedures sind auf Ebene 4 der Hierarchie (siehe Abschnitt 27.1) angesiedelt und benötigen daher keine Freigabe durch das obere Management bei jeder Änderung. Dies birgt den Vorteil, dass deren Anpassung an Organisationsveränderungen oder neue Technologien wesentlich schneller erfolgen kann.

27.5 Review und Sozialisierung

Zur Erhöhung der Akzeptanz wurden die Dokumente frühzeitig einem großen Kreis von Interessenten (Stakeholders) und Fachexperten (Subject Matter Experts, SME) zum Review gegeben. Diese wurden in einem Stakeholder Engagement Plan nachgehalten.

Zudem wurde am Anfang des Projekts ein soziales bankinternes Netzwerk in Betrieb genommen, das ähnliche Funktionen wie Facebook, Twitter usw. beinhaltet. Dieses wurde als Instrument genutzt, um den Bekanntheitsgrad der Dokumente zu erhöhen und insbesondere ein breites Feedback aus der Organisation einzuholen. Der nachstehende Graph zeigt die Nutzung der sozialen Plattform myDB über den Zeitverlauf.

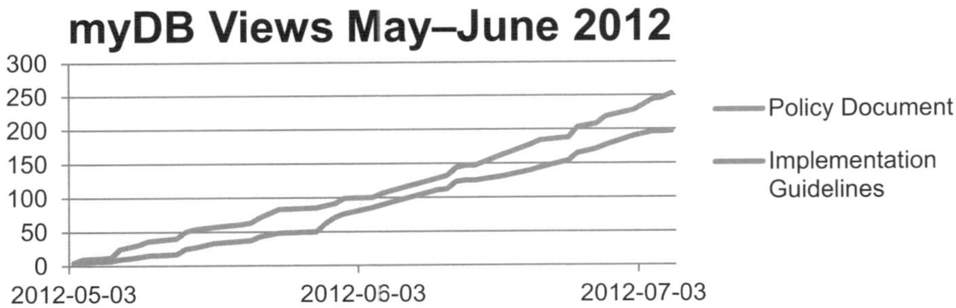

Abb. 27–4 *Nutzung der sozialen Plattform myDB*

Hier besonders wichtig waren Beiträge zu den Implementierungsrichtlinien, um die verschiedenen Benutzerkreise zu berücksichtigen.

27.6 Herausforderungen

27.6.1 Änderungsmanagement

Die Deutsche Bank hat in den vergangenen Jahren für produktionsnahe Prozesse die Ausrichtung am ITIL-Prozessmodell umgesetzt. Im Laufe des Projektes wurde offensichtlich, dass der ITIL-Prozess für das Änderungsmanagement insbesondere auf die Produktion bzw. auf das Rechenzentrum bezogen wird. Der COBIT-Prozess zum Change Management (BAI06) ist dagegen auf alle Änderungen anzuwenden.

Dies wurde wie folgt besonders behandelt: Die BAI06 Managen von Änderungen wurde zweimal aufgenommen, einerseits als »Generic Change Management« und darüber hinaus als »Production Change Management«. Letzteres mit der Ergänzung eines Änderungsausschusses – das Change Advisory Board, Aktivitäten zur Verifizierung von Produktionsänderungen nach Implementierung sowie durch die Einschränkung von »BAI06.04 Abschließen und Dokumentieren der Änderungen« auf die Aufbewahrungspflicht – siehe auch Abschnitt 27.8.7.

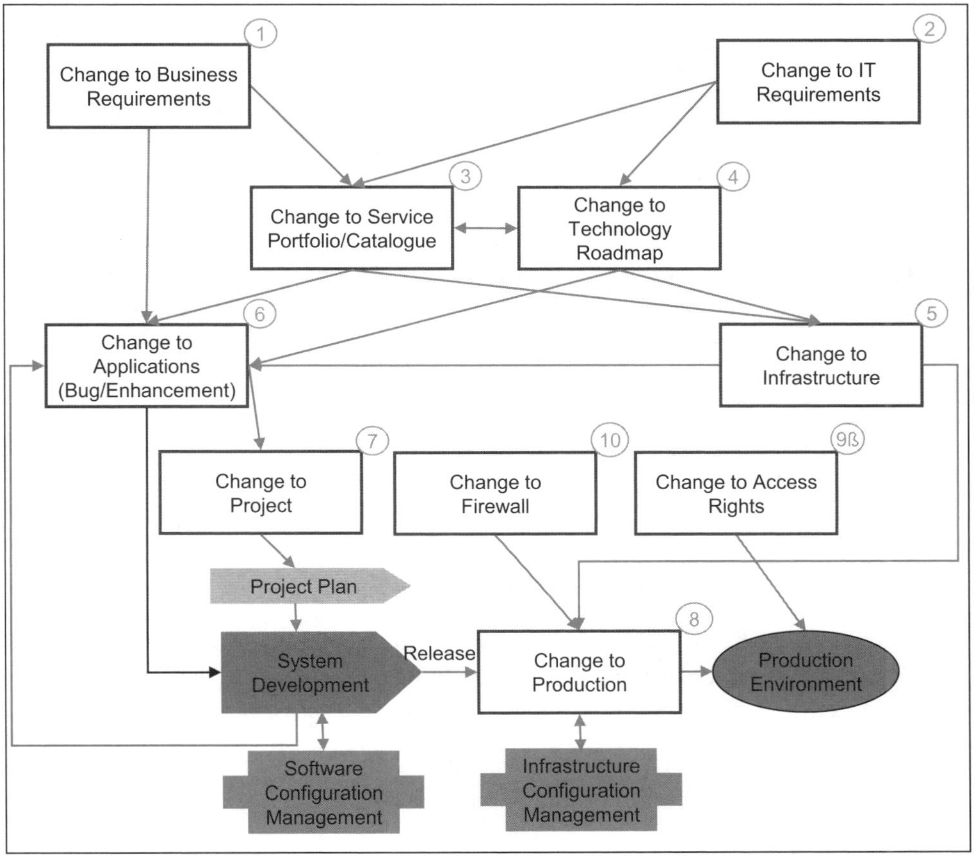

Abb. 27–5 *Übernahme der COBIT-5-Elemente in der Deutschen Bank*

27.6.2 Konfigurationsmanagement

Eine weitere, jedoch ähnliche Problematik zeigte sich im Konfigurationsmanagement für Software und im Konfigurationsmanagement für Infrastruktur. Grundsätzlich behandelt das Software-Konfigurationsmanagement nachstehende Aspekte:

- die Versionierung von Dateien
- die Beziehung zwischen Änderungen und Quelldateien
- die Beziehung zwischen Änderungen und Releases (welche Änderungen sind im Release)
- das kontrollierte Build des Release aus den richtigen Quellversionen
- Zugriffsschutz und Sicherheit der Software
- die Nachweisdokumentation

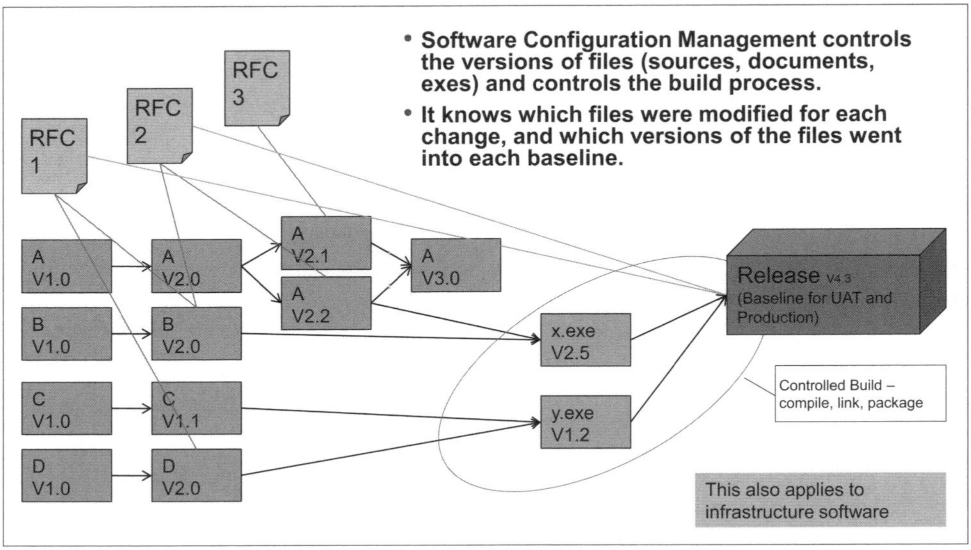

Abb. 27–6 *Versionskontrolle durch Software-Konfigurationsmanagement*

Das Infrastruktur-Konfigurationsmanagement hingegen hält Informationen über die Infrastruktur, deren Lokationen, ihre Beziehungen zueinander, die geplanten bzw. bereits durchgeführten Änderungen sowie Störungen usw. vor.

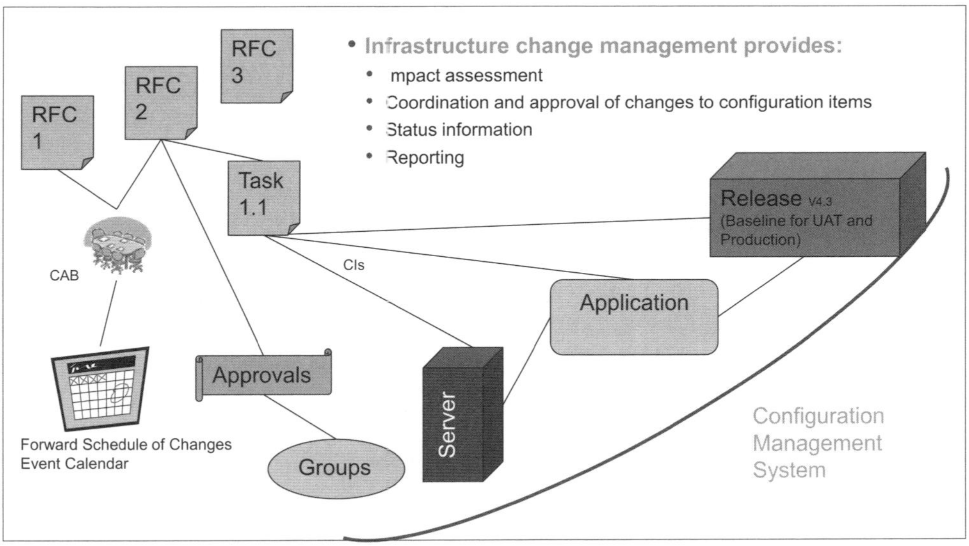

Abb. 27–7 *Infrastruktur-Konfigurationsmanagement*

Da COBIT 5 diese grundsätzlichen Forderungen – wie die meisten Standards – beinhaltet, wurde die unterschiedliche Auslegung in den Implementierungsrichtlinien dargestellt.

27.6.3 Control Objectives

Das Verschwinden des Begriffs »Control Objective« (Kontrollziel, Steuerungsvorgabe) aus COBIT 5 gegenüber den Vorgängerversionen war als Abstimmungsthema für die Compliance-Assessments und für die IT-Sicherheits-Policies im Fokus.

Hier wurde das Objective (siehe Abschnitt 27.3) aus den Policies zum Äquivalent vom Control Objective.

27.7 COBIT 5 for Information Security

Die Veröffentlichung des Umsetzungsleitfadens »COBIT 5 for Information Security« bedingte eine zusätzliche Bewertung, um zu entscheiden, ob hieraus erweiternde oder ergänzende COBIT-Elemente in den IT Management Principles & Policies zu integrieren wären. Der Umsetzungsleitfaden »COBIT 5 for Information Security« enthielt für die Deutsche Bank wichtige Aspekte, deren Berücksichtigung bereits in Abschnitt 27.3 erwähnt wurde. Die Implementierungsrichtlinien wurden entsprechend erweitert, auch um die Wechselwirkungen mit den Information Security Policies klar herauszustellen.

27.8 Änderungen gegenüber COBIT 5

Die Änderungen gegenüber COBIT 5 werden in den folgenden Abschnitten kurz umrissen. Alle Änderungen wurden festgehalten, damit Verbesserungsvorschläge an ISACA weitergeleitet werden können, um zukünftige Änderungen besser einordnen zu können und um die deutsche Übersetzung anhand der deutschen Version von COBIT zu vereinfachen.

27.8.1 Management von Prozessen

Um zu gewährleisten, dass alle IT Prozesse richtig gemanagt werden, wurde der Prozess »Manage Processes« eingeführt, welcher die folgenden Praktiken »Define and Document Process« (Prozess dokumentieren), »Implement Process« (Prozess implementieren) und »Monitor and Control Process« (Prozess überwachen und steuern) abdeckt.

27.8.2 Internal Audit

Einige Abschnitte in COBIT 5 beziehen »Internal Audit« als Organisation in operationelle Abläufe des COBIT-Rahmenwerks ein. Aus unserer Sicht müssten diese entfernt werden, weil Audit als unabhängige Organisationseinheit agieren muss und deshalb nicht in operative Prozesse eingebunden werden darf.

27.8.3 COBIT-Prozess BAI02

Beim COBIT-Prozess zum Anforderungsmanagement BAI02 (Managen der Definition von Anforderungen) fehlen nichtfunktionale Anforderungen und Vorgaben zu Verfolgbarkeit von Anforderungen zu Design, Komponenten und Testfällen.

27.8.4 COBIT-Prozesspraktik BAI03.04

Bei der COBIT-Prozesspraktik BAI03.04 (Beschaffen von Lösungskomponenten) wurden zusätzlich Lizenzen, Wartungsverträge und Treuhandverträge (Escrow – die treuhändische Hinterlegung des Quellcodes eines Herstellerprodukts, für den Fall, dass sie in Konkurs gehen, o. Ä.) aufgenommen.

27.8.5 COBIT-Prozesspraktik BAI03.05 Entwickeln von Lösungen

Bei der COBIT-Prozesspraktik BAI03.05 (Entwickeln von Lösungen) wurde das kontrollierte Build (controlled build) zusätzlich integriert, wie z.B., durch die GoBS gefordert, mit Paketierung, Zusammenstellung der Dokumentation und Übergabe an die Produktion (Rechenzentrum).

27.8.6 COBIT-Prozesspraktik BAI03.07

Bei der COBIT-Prozesspraktik BAI03.07 (Vorbereiten der Tests für die Lösung) wurden Forderungen nach einem Test der Installationsprozeduren, Sicherheit der Testumgebung, Abschottung gegenüber der Produktionsumgebung und Verwendung von kontrollierten Testumgebungen aufgenommen.

27.8.7 COBIT-Prozess BAI06

Beim COBIT-Prozess BAI06 (Managen von Änderungen) wurde unterschieden zwischen (siehe auch Abschnitt 27.6.1):

- generischen Änderungsmanagement-Prozessen, z. B. für die Verwaltung von Fehlermeldungen und Verbesserungsanforderung (bugs, enhancements) in der Entwicklung, Änderung von Projektplänen, Änderung von Anforderungen usw.
- zentralen Produktionsänderungsprozessen für alle Änderungen in den Rechenzentren

Das COBIT 5 Rahmenwerk deckt beide Prozesse ab, jedoch wurden für Produktionsänderungen das Change Advisory Board (CAB) hinzugefügt sowie die Verifizierung von Produktionsänderungen nach der Implementierung aufgenommen und der COBIT-Prozess BAI06.04 (Abschließen und Dokumentieren der Änderungen) auf den Aspekt der Aufbewahrungspflicht beschränkt.

27.8.8 COBIT-Prozess BAI07

Beim COBIT-Prozess BAI07 (Managen der Abnahme und Produktivsetzung von Änderungen) wurden nachstehende detaillierte Praktiken für das Deployment eingefügt:

- Plan Deployment
- Verify Configuration (Pre-Deployment)
- Execute Deployment
- Verify Deployment

27.8.9 COBIT-Prozess BAI10

Der COBIT-Prozess BAI10 (Managen der Konfiguration) berücksichtigt nicht die Forderung eines Configuration Management Plans.

27.8.10 COBIT-Prozess DSS02

Beim COBIT-Prozess DSS02 (Managen von Serviceanfragen und Störungen) wurden die Themenbereiche Service Requests und Incidents separat in unser Modell integriert, da diese in der Deutschen Bank jeweils von unterschiedlichen Organisationseinheiten verantwortet werden.

27.9 Weiteres Vorgehen

Die Hauptintention zur Entwicklung der IT Management Principles & Policies war es, die bestehenden Policies für die Anwendungsentwicklung (Application Software Governance, ASG) und Produktionskontrolle (Production Change Control, PCC) zu ersetzen. Zur Umsetzung sind die hierzu jeweiligen erforderlichen Kapitel des COBIT-5-Rahmenwerks verwendet worden.

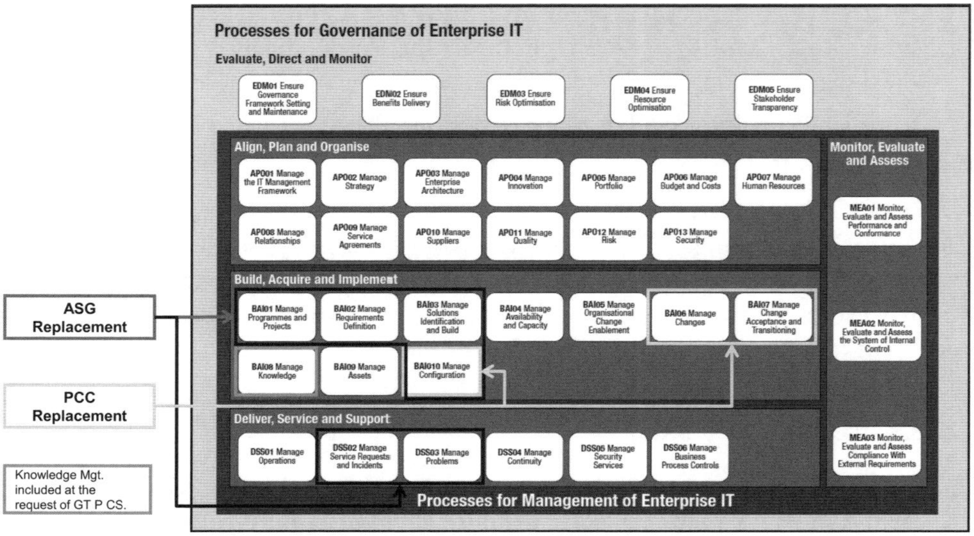

Abb. 27–8 *ASG- und PCC-Prozessverortung im COBIT-Prozessreferenzmodell*

In einem weiteren Schritt sollen die bislang ausstehenden COBIT-5-Prozesse in der gleichen Weise integriert und etwaige vorhandene Policies ersetzt werden. Die Umsetzung wird praktikablerweise in zwei weiteren Anpassungsprojekten erfolgen, wobei zunächst eine Fokussierung auf die restlichen operationellen Prozesse und nachfolgend auf die Governance und die strategischen Prozesse angedacht ist. Als Ergebnis ist ein umfassendes Policy-Portfolio zu erwarten, welches die Governance und das Management der IT optimal unterstützt und für externe Regulatoren und Auditoren der Deutschen Bank eingängig ist und deren Erwartungshaltung erfüllt.

Ergänzend ist die Deutsche Bank dabei, ein GRC-Tool (Governance, Risk, Compliance) zu implementieren, welches es ermöglicht, auf der einen Seite die Policies mit externen Quellen wie COBIT, ISO 27000, ITIL und regulatorischen Richtlinien wie den MaRisk der BaFin usw. zu verknüpfen und auf der anderen Seite die Compliance-Prüfungen mit einem direkten Bezug auf die Policies der Bank durchzuführen. Die Möglichkeit, die Abdeckung der regulatorischen Anforderungen, aber auch die Abdeckung des COBIT-Rahmenwerks darzustellen sowie die Risiken für die Bank diesbezüglich aufzuzeigen und zu adressieren, wird als weiteres Element zur guten Governance und des Managements der IT beitragen.

27.10 Fazit

COBIT 5 ist ein hervorragender Ausgangspunkt für die Gestaltung von IT Management Principles & Policies, da das Rahmenwerk viele Standards berücksichtigt und dementsprechend eine umfassende Abdeckung bietet.

Die ergänzenden Implementierungsrichtlinien der Deutschen Bank geben der Organisation die nötige Flexibilität, um sich adäquat auf die schnellen Veränderungen der IT-Welt einzustellen und das Anpassungsmomentum aufrechtzuerhalten.

28 COBIT als Rahmenwerk für die Revision

Von Rainer Siefke
Leiter IT-Revision
Deutsche WertpapierService Bank AG

Die dwpbank betreut als Transaktionsbank für Wertpapierabwicklung Kunden aus allen drei Sektoren der deutschen Kreditwirtschaft. Sie ist dabei klassischer B2B-Dienstleister für ca. 373 Banken (+ rund 1.102 angeschlossene Institute aus der Genossenschaftlichen FinanzGruppe Volksbanken Raiffeisenbanken und weiterer Privatbanken, die über die Zentralinstitute der FinanzGruppe Volksbanken Raiffeisenbanken angeschlossen sind). Das Kernsystem WP2 hat ca. 250.000 User, das Verwahrvolumen liegt bei knapp 1,8 Billionen Euro (Basis Geschäftsbericht 2012).

Im Bankenbereich regeln die Mindestanforderungen an das Risikomanagement (MaRisk) u.a. die Anforderungen gegenüber den Kreditinstituten an eine funktionsfähige Interne Revision und an die Auslagerungen von Dienstleistungen. Demnach sind alle Aktivitäten und Prozesse eines Instituts, auch wenn diese ausgelagert sind, in angemessenen Abständen, grundsätzlich innerhalb von drei Jahren, zu prüfen.

Für die dwpbank sind diese Anforderungen sowohl aus der Perspektive des Insourcings der Wertpapierabwicklung von anderen Kreditinstituten als auch aus der Perspektive des Outsourcings relevant, da sie ebenfalls Dienstleistungen, wie z. B. den Rechenzentrumsbetrieb, ausgelagert hat.

Gemäß MaRisk hat das Institut die mit wesentlichen Auslagerungen verbundenen Risiken angemessen zu steuern und die Ausführung der ausgelagerten Aktivitäten und Prozesse ordnungsgemäß zu überwachen. Dies umfasst auch die regelmäßige Beurteilung der Leistung des Auslagerungsunternehmens anhand vorzuhaltender Kriterien (Service Level Agreements). Für die Steuerung und Überwachung hat das Institut klare Verantwortlichkeiten festzulegen.

Im Fall wesentlicher Auslagerungen auf ein anderes Unternehmen kann die Interne Revision des auslagernden Instituts auf eigene Prüfungshandlungen verzichten, sofern die durchgeführte Revisionstätigkeit des beauftragten Dienstleisters den Anforderungen der MaRisk selbst genügt. Die Interne Revision des auslagernden Instituts hat sich hier von der Einhaltung dieser Voraussetzungen regelmäßig zu überzeugen. Relevante Prüfungsergebnisse sind somit in Folge von der Internen Revision des Dienstleisters an die Interne Revision des auslagernden Instituts weiterzuleiten.

In diesem Kontext wird auch die Interne Revisionsfunktion für die Kunden der dwpbank über vertragliche Regelungen auf die Interne Revision der dwpbank delegiert. Gleichzeitig haben die Kunden der dwpbank die Aufgabe, die Revisionstätigkeit der dwpbank regelmäßig zu beurteilen und die Funktionsfähigkeit gemäß MaRisk formal festzustellen. Nur unter diesen Voraussetzungen – der Gewährleistung eines ordnungsgemäßen Revisionsbetriebes – kann die Interne Revision des Kunden auf eigene Prüfungshandlungen bei der dwpbank verzichten.

Die besondere Herausforderung der Internen Revision der dwpbank besteht also darin, für alle direkt und indirekt angeschlossenen Institute eine ordnungsgemäße Revisionsfunktion zu gewährleisten. Nach dem Grundsatz der Verhältnismäßigkeit wäre es nämlich nur schwerlich möglich, dass Kunden eigene Prüfungshandlungen durchführen. Der Aufwand für die dwpbank wäre unverhältnismäßig hoch, ein wirtschaftlicher Geschäftsbetrieb mit großer Wahrscheinlichkeit nicht mehr möglich.

Das nachfolgende Praxisbeispiel hat nicht den Anspruch, das COBIT-Framework wissenschaftlich in allen Facetten korrekt abzubilden. Es soll ein Beispiel sein, wie das COBIT-Framework in die Revisionsarbeit eingebunden werden kann.

Das hier beschriebene Verfahren war u.a. Gegenstand einer 2012 bei der dwpbank durchgeführten bankaufsichtlichen Prüfung. Schwerpunkt der Prüfung waren IT-relevante Themenstellungen. In diesem Zusammenhang wurde auch die Revisionsarbeit gewürdigt.

28.1 Das COBIT-Framework als Grundlage für das Audit Universe in der IT-Revision

Der Einsatz des COBIT-Frameworks in der IT-Revision der dwpbank basiert auf folgenden Prämissen:

- Erreichung einer hohen Akzeptanz der Prüfungsergebnisse
- Schaffung einer einheitlichen Kommunikationsbasis zwischen externen Prüfern, Interner Revision und dem geprüften Bereich
- Der geprüfte Bereich (IT) muss das COBIT-Framework nicht angewiesen haben.
- Verwendung eines einheitlichen Messinstruments zur Beurteilung des Prüfungsergebnisses

Über die standardisierte Prozessbetrachtung z. B. mit COBIT erreicht die IT-Revision ein Höchstmaß an Gewissheit, dass alle relevanten und risikobehafteten Kernprozesse der IT umfänglich geprüft werden. Die Weiterentwicklung des Kontrollframeworks liegt in externer Hand, so dass der interne Aufwand für die Entwicklung und Pflege eines eigenen Prüfungsmodells minimiert werden kann.

Die Kommunikation und die Abstimmung von Prüfungsinhalten bei IT-Dienstleistern werden vereinheitlicht (z. B. über Prüfungen nach IDW PS 951 Typ 2 oder ISAE 3402 Typ 2), indem zu prüfende Schlüsselkontrollen ebenfalls auf Basis des COBIT-Frameworks vereinbart werden.

Aktuell setzt die IT-Revision der dwpbank COBIT 4.1 ein. In den folgenden Ausführungen werden die COBIT-5-Neuerungen zu den relevanten Themengebieten ebenfalls genannt, so dass es prinzipiell für dieses Praxisbeispiel unerheblich ist, welche COBIT-Version eingesetzt wird. In Abschnitt 28.8 wird zudem ein Einblick in die derzeit geplante Migration auf COBIT 5 gegeben.

28.2 Definition von Prüfungsobjekten

Das COBIT-5-Prozessreferenzmodell basiert auf 5 Domänen, 37 zugeordneten Prozessen und 210 Prozesspraktiken mit jeweils zugeordneten Prozessaktivitäten. COBIT 4.1 hat 4 Domänen und 210 Control Objectives, die in Summe die wesentliche Grundlage für das Audit Universe in der IT-Revision der dwpbank bilden.

Die kleinste zu prüfende Einheit ist aus Sicht der dwpbank ein Control Objective (Prozesspraktik in COBIT 5). In der dwpbank-Terminologie sprechen wir von einem Prüfungspunkt (siehe Tab. 28–3). Das Prüfungsergebnis, also die Erfüllung der Prüfungsanforderungen an diesen Prüfungspunkt, wird über einen selbst entwickelten, leicht zu verstehenden Qualitätsgrad ermittelt.

Viele der von der dwpbank im Vorfeld untersuchten (toolunterstützten) Lösungsansätze beinhalten eine einmalige Bewertungsmöglichkeit eines Control Objectives bzw. einer Prozesspraktik. Soll also der übergeordnete COBIT-Reifegrad eines Unternehmens gemessen werden, so setzt sich das Ergebnis häufig aus der einmaligen Bewertung jedes einzelnen Control Objectives bzw. einzelner Prozesspraktiken auf Unternehmensebene zusammen.

Für die IT-Revision der dwpank ist diese Vorgehensweise problematisch, da dieses Prozessmodell eine idealisierte Sicht auf die Prozessgestaltung einer Unternehmung voraussetzt. Das heißt, dass z. B. das Change Management für jedes Prüfungsobjekt einheitlich sein müsste.

In der dwpbank sind mehr als hundert verschiedene IT-Systeme im Einsatz. Die einzelnen Systeme basieren auf unterschiedlichen IT-Architekturen, sind teilweise selbst entwickelt, teilweise eingekauft, teilweise sind Softwareentwicklungen von Teilfunktionalitäten ausgelagert. Wegen unterschiedlicher Risiken unterliegen diese Systeme auch unterschiedlichen Schutzbedarfsanforderungen.

Um alle Anforderungen abzudecken, reicht eine ausschließliche Sicht auf das COBIT-Framework ggf. nicht aus, da system- bzw. anwendungsspezifische Aussagen nicht detailliert genug getroffen werden können. Darüber hinaus existieren Prüfungsaspekte z. B. im Bereich der IT-Sicherheit, die so spezifisch sind, dass eine ausschließliche Prozessbetrachtung hierfür nicht ausreicht. In der Prüfungspraxis ordnen wir solche spezifischen Punkte trotzdem einem COBIT Control Objective zu, setzen als

Grundlage für die Bewertung dann aber spezielle Checklisten ein. Im Folgenden wird auf diese Besonderheit nicht weiter eingegangen.

Eine typische Softwarearchitektur besteht vereinfacht dargestellt aus folgenden zu prüfenden Komponenten:

- Präsentationsschicht
- Logikschicht
- Datenhaltungsschicht
- Betriebssystemebene
- Infrastrukturschicht

In jeder dieser Ebenen ist beispielsweise der IT-Prozess Managen von Änderungen (BAI06) relevant. Während im Umfeld eines Rechenzentrumsbetriebs insbesondere Änderungen an der Hardware oder Gebäudeinfrastruktur einem geordneten Change-Prozess unterliegen müssen, greifen auf der Logikschicht normalerweise ganz andere Prozesse im Zusammenhang mit Softwareänderungen. Selbst wenn die Prozesse weitgehend harmonisiert sind (z. B. über eine einheitliche Change-Datenbank mit standardisierten Freigabeprozessen), so sind doch die entsprechenden IT-Systeme oder bei Auslagerungen die Infrastrukturen der verantwortlichen Dienstleister unterschiedlich.

Die dwpbank setzt daher einen zweidimensionalen Prüfungsansatz ein, der es ermöglicht, eine Prozesssicht und eine System- bzw. Anwendungssicht herzustellen.

In einem ersten Schritt werden die Prüfungsobjekte definiert. Diese orientieren sich an dem oben dargestellten Architekturmodell:

Prüfungsobjekt	Zuordnung zu Architekturebene	Verantwortlichkeit
WPDirect (Client Server System)	Präsentationsschicht	dwpbank-IT
WP2 (Order)	Logikschicht	dwpbank-IT
IMS /DB2	Datenhaltungsschicht	Provider A
ORACLE	Datenhaltungsschicht	Provider B
z/OS	Betriebssystem	Provider A
UNIX	Betriebssystem	Provider B
RZ-Sicherheit	Infrastruktur	Provider A
RZ-Sicherheit	Infrastruktur	Provider B
IT-Lagezentrum	IT-Prozess	dwpbank-IT
Anwendungsentwicklung	IT-Prozess	dwpbank-IT

Tab. 28–1 *Beispielhafte Darstellung von Prüfungsobjekte in der dwpbank sowie Definition der Verantwortlichkeit und Zuordnung zu einer Architekturebene*

28.3 Prüfungsleitfaden

Unter *www.isaca.org* (Mitgliederbereich) finden sich diverse Prüfungspläne zu spezifischen Prüfungsthemen mit Bezug auf einzelne COBIT Control Objectives bzw. Prozesspraktiken. Diese Prüfungspläne orientieren sich an fachbezogenen Prüfungsinhalten wie z. B. »Bring your own device« oder »SAP R/3«.

Diese Prüfungspläne ermöglichen keine Aussage über den Erfüllungsgrad von COBIT Control Objectives bzw. Prozesspraktiken, da eigentlich fachbezogene Fragestellungen im Vordergrund stehen und COBIT nur referenziert wird. Eine übergreifende Aussage über einen COBIT-Reifegrad in einer Unternehmung ist damit nicht möglich. Ferner basieren die Prüfungspläne auf unterschiedlichen COBIT-Versionen. Bislang liegen dementsprechend wenige Prüfungspläne mit COBIT-5-Querverweisen vor.

Wenn man darüber hinaus auf die vorherrschende Praxis schaut, lässt sich feststellen, dass Prüfungspläne oftmals nur »eindimensional« in Form von nicht untereinander verknüpften Word- oder Excel-Dokumenten vorliegen. Eine prüfungsübergreifende Auswertung der einzelnen Prüfungspunkte ist damit faktisch nicht möglich. Aus Sicht der IT-Revision der dwpbank sollten Prüfungsleitfäden mehrdimensional ausgewertet werden können, so dass eine COBIT-Sicht entsteht, die einen Rückschluss auf die Qualität der Kontrollzielerreichung über mehrere Prüfungsthemen hinweg sicherstellt, gleichzeitig aber so konkret auf bestimmte Prüfungsthemen fokussiert, dass auch dazu Prüfungsaussagen getroffen werden können.

Um einen solchen Prüfungsleitfaden zusammenzustellen, werden den definierten Prüfungsobjekten (bzw. Prüfungsobjektgruppen) die aus Sicht der IT-Revision relevanten und im Rahmen einer Prüfung zu überprüfenden COBIT Control Objectives bzw. Prozesspraktiken zugeordnet. Bei ausgelagerten Prozessen werden ebenfalls relevante Control Objectives bzw. Prozesspraktiken identifiziert, die dann als Grundlage von zu überprüfenden Schlüsselkontrollen z. B. im Rahmen von ISAE-3402- bzw. IDW-PS-951-Typ-2-Prüfungen bei den Providern dienen.

Jedes zugeordnete COBIT Control Objective bildet dabei die kleinste zu prüfende Einheit, einen Prüfungspunkt. Diesem Prüfungspunkt können neben der eigentlichen Kontrollzielbeschreibung weitere Eigenschaften zugeordnet werden. Diese Eigenschaften können wahlweise zentral vorbelegt werden, falls für den zu prüfenden Prozess ein standardisierter Prozess vorgegeben ist, der in allen relevanten Prüfungen zu berücksichtigen ist. Diese Prozessbeschreibung wird bei einer konkreten Prüfung vorgeblendet und muss ggf. im Kontext der Prüfung abgeändert werden.

Prüfungsleitfaden	zugeordnete COBIT Control Objectives (Basis COBIT 4.1)
Anwendungsprüfung	■ AC.1 Source Data Preparation and Authorization ■ AC.2 Source Data Collection and Entry ■ AC.3 Accuracy, Completeness and Authenticity Checks ■ AC.4 Processing Integrity and Validity ■ AC.5 Output Review, Reconciliation and Error Handling ■ AI1.2 Risk Analysis Report ■ AI2.2 Detailed Design ■ AI2.8 Software Quality Assurance ■ AI3.4 Feasibility Test Environment ■ AI4.4 Knowledge Transfer to Operations and Support Staff ■ AI6.1 Change Standards and Procedures ■ AI6.3 Emergency Changes ■ AI6.5 Change Closure and Documentation ■ AI7.7 Final Acceptance Test ■ AI7.8 Promotion to Production ■ AI7.9 Post-implementation Review ■ DS2.3 Supplier Risk Management ■ DS4.8 IT Services Recovery and Resumption ■ DS5.3 Identity Management ■ DS5.4 User Account Management ■ DS5.5 Security Testing, Surveillance and Monitoring ■ DS5.11 Exchange of Sensitive Data ■ DS8.2 Registration of Customer Queries ■ DS8.3 Incident Escalation ■ DS9.2 Identification and Maintenance of Configuration Items ■ DS10.2 Problem Tracking and Resolution ■ DS10.3 Problem Closure ■ DS11.2 Storage and Retention Arrangements ■ DS11.4 Disposal ■ DS11.5 Backup and Restoration ■ PO2.2 Enterprise Data Dictionary and Data Syntax Rules ■ PO2.3 Data Classification Scheme ■ PO8.2 IT Standards and Quality Practices ■ PO8.3 Development and Acquisition Standards

Tab. 28–2 *Beispielhafte Darstellung eines Prüfungsleitfadens für Anwendungsprüfungen (Basis COBIT 4.1)*

Diese Eigenschaften sind bei der dwpbank wie folgt definiert:

Eigenschaften Prüfungspunkt	Beschreibung
Name	Bezeichnung des Prüfungspunktes (COBIT Control Objectives)
Kontrollziel-Mandant	Verbale Beschreibung des Prüfungspunktes (COBIT Control Objectives)
Prozessbeschreibung	Beschreibung des in der Bank implementierten Prozesses
Unternehmensweiter Sollprozess	Referenzierung auf die konkrete Anweisung
Design Effektivität	In diesem Feld erfolgt eine Einschätzung des Prüfers, ob das Anweisungswesen inklusive Kontrollen geeignet ist, den Prozess ordnungsgemäß abzubilden.
Art der Kontrolle	manuell/automatisch bzw. präventiv/detektiv
Test der Kontrolle	Festlegung von Fragestellungen, die zur Überprüfung der Wirksamkeit der Kontrolle herangezogen werden sollen. Im Rahmen der Migration nach COBIT 5 ist geplant, die der entsprechenden Management Practice zugeordneten Managementaktivitäten verstärkt für die Prüfung heranzuziehen. Ebenfalls sind hier entsprechend ausgewählte Aspekte aus dem COBIT Assurance Guide berücksichtigt.
Referenzierung zu einem Standard	COBIT (bei Fachrevisionsprüfungen ggf. anderer Standard bzw. Grundlage, z. B. MaRisk)

Tab. 28–3 *Eigenschaften eines Prüfungspunktes*

Weitere COBIT-spezifische Eigenschaften wie z. B. das RACI-Diagramm, die Inputs und Outputs des geprüften Prozesses sowie weitergehende Referenzierungen auf die COBIT-Informationskriterien (siehe Abschnitt 16.2) können für die Bewertung eines Prüfungspunktes herangezogen werden, diese sind aber nicht näher durch die dwpbank spezifiziert und fehlen daher in Tabelle 28–3.

28.4 Vollständigkeit Audit Universe

Das in der IT-Revision der dwpbank eingesetzte Revisionstool bietet Auswertemöglichkeiten an, über die festgestellt werden kann, wie oft ein Prüfungspunkt über alle Prüfungsleitfäden berücksichtigt wird. Grundsätzlich sollte dabei jedes COBIT Control Objective mindestens einem Prüfungsleitfaden zugeordnet werden. Ist ein Prüfungspunkt mehreren Prüfungsleitfäden zugeordnet, so kann im Sinne einer Optimierung geprüft werden, ob eine mehrfache Prüfung gewollt und sinnvoll ist oder ob es für das IKS ausreichend ist, wenn dieser Prüfungspunkt nur noch im Rahmen eines Prüfungsleitfadens berücksichtigt wird.

COBIT Control Objective	Berücksichtigung in Prüfungsleitfäden
DS10.2 Problem Tracking and Resolution	■ RZ-Betrieb ISAE Bericht Provider ■ IT-Prozesse/Organisation Service Level Management ■ IT-Prozesse/Organisation Anforderungs-/ Fehlermanagement ■ IT-Prozesse/Organisation IT-Lagezentrum ■ Fremdsysteme ■ Anwendungsprüfung (keine Fremdsysteme)
DS10.4 Integration of Configuration, Incident and Problem Management	■ IT-Prozesse/Organisation IT-Lagezentrum

Tab. 28–4 *Beispiele zur Berücksichtigung von COBIT Control Objectives in Prüfungsleitfäden*

28.5 Schnittstellen zu Fachrevisionsprüfungen

In der Internen Revision der dwpbank wird für Fach- und IT-Prüfungen ein identischer Berichtsaufbau verwendet. Es wurde vereinbart, dass dementsprechend grundsätzlich gleichartige Prüfungspunkte im Umfeld von

- Aufbauorganisation
- Ablauforganisation
- Risikomanagement
- wirtschaftliches Handeln

zu prüfen sind.

In diesem Zusammenhang wurde anhand des Prüfungsplans der Fachrevision geprüft, ob es COBIT Control Objectives gibt, die den relevanten Prüfungspunkten der Fachrevision zugeordnet werden können.

Das Ergebnis dieser Analyse war, dass es eine hohe Übereinstimmungsquote zwischen COBIT und den allgemeinen Prüfungspunkten der Fachrevision gibt. Sowohl die Fach- als auch die IT-Revision setzen deshalb im Ergebnis für die oben genannten Themenbereiche einen gemeinsamen Basisprüfungsleitfaden ein.

So ist beispielsweise das COBIT Control Objective PO4.11 (Segregation of Duties) dem Prüfungspunkt »Aufbauorganisation.Funktionstrennung« zugeordnet und unter »Test der Kontrolle« und »Kontrollziel-Mandant« sind die jeweils gemeinsam durchzuführenden Prüfungsschritte dokumentiert. Über diesen Schritt prüft die Fachrevision in Teilen Prüfungspunkte, die sich analog auch aus dem COBIT-Framework ableiten lassen.

28.6 Durchführung einer Prüfung

Eine Prüfung kann sich aus mehreren Prüfungsobjekten zusammensetzen, und entsprechend werden ggf. mehrere Prüfungspläne, die sich aus den relevanten Prüfungsleitfäden ableiten, der Prüfung zugeordnet.

Der Prüfung selbst werden dann typische Eigenschaften wie Prüfungsziel, -gegenstand, -schwerpunkt, -methode, -zeitraum, die beteiligten Prüfer und der Prüfungsleiter zugewiesen, auf die hier nicht näher eingegangen wird.

Wesentlich für die Prüfungsdurchführung ist die Bewertung der einzelnen Prüfungspunkte des Prüfungsplans. Folgende »Eigenschaften eines Prüfungspunktes« sind zusätzlich zur Tabelle 28–5 zu dokumentieren:

Eigenschaften Prüfungspunkt (Bewertung)	Beschreibung
Kontrolle vorhanden	ja/nein
Prüfungshandlung	Verbale Beschreibung der konkreten Prüfungshandlung
Wirksamkeit der Kontrolle	Bewertung der Wirksamkeit der implementierten Kontrolle
Zugewiesene Dokumente	Referenzierung auf externe Dokumente, die für die Prüfungshandlungen herangezogen wurden
Prüfung abgeschlossen?	ja/nein
Berichtskapitel	Referenzierung auf Berichtskapitel
Feststellung vorhanden?	ja/nein
Feststellungstext	Beschreibung der Beanstandung
Klassifizierung der Feststellung	1: geringfügige Feststellung 2: Mangel 3: wesentlicher Mangel 4: schwerwiegende Beanstandung 5: besonders schwerwiegende Beanstandung
Maßnahme	Beschreibung der vereinbarten Maßnahme zur Erledigung des festgestellten Sachverhaltes
Verantwortlicher Fachbereich	Für die Erledigung der Beanstandung verantwortlicher Fachbereich
Vereinbarter Erledigungstermin	Erledigungstermin
Bewertung des Prüfungspunktes	Qualitätsgrad 0: nicht existent 1: mangelhaft 2: ausreichend 3: befriedigend 4: gut 5: sehr gut

Tab. 28–5 *Eigenschaften eines Prüfungspunktes*

Eine grundlegende Abweichung zum COBIT-Prozessbefähigungsmodell ist die Bewertung der Prüfungspunkte. Wie in Abschnitt 28.1 bereits beschrieben, ist eine zentrale Anforderung an das von der IT-Revision für die Prüfung herangezogene Framework, dass der geprüfte Fachbereich dieses nicht selbst implementiert haben muss. Es hat daher aus Sicht der Internen Revision wenig Sinn, ausschließlich den Reifegrad eines COBIT-Prozesses bzw. eines geprüften Sachverhaltes festzustellen, da auch die Wirksamkeit der Kontrolle geprüft werden muss.

Darüber hinaus gehen viele Bewertungsmodelle eher auf die Bewertung des Prozessdesigns ein, was für die Arbeit der Internen Revision aber nicht ausreicht. Die Feststellung der Wirksamkeit einer Kontrolle ist aus Sicht der Internen Revision von zentraler Bedeutung. Auch in externen Prüfungsberichten nach ISAE 3402 bzw. IDW PS 951 Typ 2 bezieht sich die Prüfungsaussage stets auf das ausreichende Design bzw. die Implementierung der Kontrolle und auf deren Wirksamkeit in Bezug auf das definierte Kontrollziel. Ein Reifegrad ist in diesem Kontext unerheblich bzw. nicht Gegenstand der Prüfungshandlungen.

Sofern die geprüften Prozesse zu Beanstandungen führen, sind Feststellungen zu treffen, die entsprechend den Regelungen der MaRisk zu klassifizieren sind. Diese Klassifizierung orientiert sich am Risiko des festgestellten Sachverhaltes und nicht am (nicht) erreichten Reifegrad des Prozesses. Ein weiterer wichtiger Aspekt ist, dass die Bewertung von Prüfungspunkten innerhalb der gesamten Internen Revision der dwpbank gleichartig durchgeführt werden soll.

Die dwpbank hat daher ein einfach anzuwendendes Bewertungsschema definiert, das übergreifend für IT- und Fachrevisionsprüfungen eingesetzt wird und für den geprüften Fachbereich leicht verständlich ist. Innerhalb der Internen Revision der dwpbank wird diese Bewertung als »Qualitätsgrad« des geprüften Prozesses bezeichnet.

Im Rahmen der Prüfung sind alle vereinbarten Prüfungspunkte abzuarbeiten, die Prüfungshandlungen sind entsprechend zu dokumentieren und eine Bewertung ist durchzuführen.

Das Ergebnis der Prüfung kann im Rahmen eines Kreisdiagramms dargestellt werden. Dabei werden statistische Werte wie Anzahl der geprüften Prüfungspunkte, das Durchschnittsergebnis der bewerteten Prüfungspunkte etc. angelistet. Die Prüfungsdokumentation setzt sich dabei grundsätzlich aus den zuvor beschriebenen Dokumentationen zusammen. Prinzipiell sind keine gesonderten Ablagen wie Prüfungshandakten oder Dokumentationen auf dem Fileserver mehr notwendig.

28.7 Querauswertung von Prüfungsergebnissen

Für jeden geprüften Sachverhalt (Prüfungspunkt) kann eine separate Auswertung durchgeführt werden. Oftmals werden an die Interne Revision Fragestellungen herangetragen wie

- »Wie bewertet die Interne Revision die Einhaltung der Funktionstrennung?«
- »Wie bewertet die Interne Revision die Abhängigkeit von Schlüsselpersonal?« oder
- »Welche Bereiche sind in diesem Zusammenhang besonders risikobehaftet?«

Im Allgemeinen liegen diese Informationen in der Internen Revision eines Unternehmens vor, da dies wesentliche Prüfungspunkte sind, die in nahezu jeder Prüfung bewertet werden (losgelöst von IT- und Fachrevisionsprüfungen). Oftmals besteht aber das Problem darin, diese Informationen in einer systematischen Gesamtsicht verfügbar zu machen. Häufig werden zur Beantwortung solcher Fragestellungen die Prüfungsberichte insbesondere in Bezug auf die Beantwortung dieser konkreten Fragestellung analysiert. Dies ist sehr aufwendig, wenn man bedenkt, dass beispielsweise in der Internen Revision der dwpbank pro Jahr ca. achtzig Revisionsberichte erstellt werden und einzelne Prozesse dabei risikoorientiert einem mehrjährigen Prüfungsturnus unterliegen. Unterstellt man einen grundsätzlich dreijährigen Prüfungsturnus, so müssen zweihundertvierzig Prüfungsberichte analysiert werden, um eine fundierte Antwort geben zu können, sofern kein expliziter Prüfungsbericht zu diesen Fragestellungen vorliegt.

Zu beiden Fragestellungen gibt es entsprechende COBIT Control Objectives, die man für eine Auswertung heranziehen kann. In den vorgenannten Beispielen sind das

- PO4.11 Segregation of Duties
- PO4.13 Key IT Personnel

Beide Control Objectives werden obligatorisch in jeder Prüfung der Internen Revision als Bestandteil des Basisprüfungsplans geprüft.

Mittels des in der dwpbank eingesetzten Tools kann über Filtereinstellungen zunächst der auszuwertende Zeitraum (wann hat die Revisionsprüfung stattgefunden) festgelegt und anschließend die Auswertung für die einzelnen Control Objectives gestartet werden.

Im vorgenannten Beispiel werden folgende Ergebnisse generiert:

Prüfungspunkt	Anzahl der Bewertungen in Prüfungen	Bewertung
PO4.11	n	Durchschnittswert aus der Bewertung des relevanten Prüfungspunktes in Bezug auf alle im definierten Zeitraum durchgeführten Prüfungen

Tab. 28–6 *Querauswertung eines Prüfungspunktes*

Im Rahmen einer weiteren Auswertungsebene können für das relevante Control Objective die Einzelbewertungen dargestellt und überprüft werden. In dieser Ansicht wird eine Tabelle mit n Zeilen generiert (für jede Bewertung innerhalb einer Prüfung ergibt sich eine Tabellenzeile), aus denen dann die Einzelergebnisse analysiert werden können. Über Hyperlinks kann dann wiederum direkt in die relevante Prüfung verzweigt werden.

Prüfung	Bewertung
Prüfung a	Bewertung des relevanten Prüfungspunktes **in Prüfung a**
Prüfung b	Bewertung des relevanten Prüfungspunktes **in Prüfung b**
...	...
Prüfung n	Bewertung des relevanten Prüfungspunktes **in Prüfung n**

Tab. 28–7 *Detailauswertung für einen Prüfungspunkt*

Diese Auswertung hat den Vorteil, dass die der Analyse zugrunde liegende Grundgesamtheit stets alle relevanten Prüfungen des definierten Zeitraumes beinhaltet. Ferner können Abweichungen vom Durchschnittswert ermittelt werden, sodass dedizierte Aussagen zu solchen Prüfungen getroffen werden können, in denen der Prüfungspunkt z. B. schlecht bewertet wurde.

Übergreifend können damit wertende Aussagen über jeden Prüfungspunkt, der im Rahmen von Revisionsprüfungen geprüft wurde, getroffen werden. In Folge ist es möglich, wertende Aussagen über das gesamte Audit Universe zu treffen, ohne dass dafür zusätzliche Prüfungshandlungen notwendig sind.

Bei der Festlegung von Prüfungsschwerpunkten bei übergreifenden Prozessprüfungen können die Analysemöglichkeiten dabei helfen, Prüfungsschwerpunkte festzulegen, indem beispielsweise Prozesse mit schlechten Bewertungen identifiziert und dort dann risikoorientiert Prüfungsschwerpunkte festlegt werden.

Der Prüfer muss sich dabei darüber im Klaren sein, dass die Grundgesamtheit für die Analysen viel höher ist als bei einer rein statistischen Stichprobenziehung, die Aussagen aber eine andere Aussagekraft entfalten, da die Stichprobenziehung entsprechend nicht zufallsbasiert erfolgt.

28.8 Migration auf COBIT 5

Durch die Veröffentlichung von COBIT 5 im April 2012 wurde ersichtlich, dass der neue Standard nicht nur eine Überarbeitung des bisherigen Standards COBIT 4.1 darstellt, sondern dass zeitgleich die Standards Val IT 2.0 sowie Risk IT in COBIT integriert wurden. Im Gegensatz zu früheren Weiterentwicklungen von COBIT entwickelte sich durch die Einführung von COBIT 5 der Gesamtfokus des Standards fort von der Einbettung von IT-Prozessen in Unternehmensabläufen hin zu einer holistischen Sicht von Geschäftszielen und den hieran beteiligten Interessengruppen.

Für den bisher geschilderten Praxiseinsatz im Rahmen von Revisionsprüfungen ergibt sich in erster Linie eine deutliche Veränderung dahingehend, dass nicht mehr die unter COBIT 4.1 definierten Control Objectives, sondern die in COBIT 5 erarbeiteten Prozesspraktiken die Grundlage von Prüfungspunkten innerhalb von Prüfungsleitfäden bilden (vgl. Abschnitt 28.3). Die insgesamt 210 Prozesspraktiken decken unter anderem die gleichen Themenfelder ab wie die ehemaligen Control Objectives, dies erfolgt jedoch in der Regel mehr unter allgemeinen fachlichen und weniger unter reinen IT-Aspekten. Als Konsequenz existieren für einige Control Objectives keine entsprechenden Prozesspraktiken (z. B. DS8.1 – Service Desk, PO 4.8 – Zuständigkeit für Risiko, Sicherheit und Compliance). Andere Control Objectives werden in abstrakter Form in einer einzelnen Prozesspraktik zusammengefasst (z. B. PO10.1 – Programmmanagement-Rahmenwerk, PO10.2 – Projektmanagement-Rahmenwerk und PO10.3 – Projektmanagement-Ansatz in BAI01.01 (Pflegen eines einheitlichen Ansatzes für das Programm- und Projektmanagement), Application Control Objectives AC1 bis AC6 in DSS06.02 (Kontrollieren der Informationsverarbeitung)).

Eine generische Zuordnung zwischen COBIT 5 und früheren Rahmenwerken wird im Anhang zum COBIT-Standard bereitgestellt. Eine Migration auf Basis dieser Zuordnungstabellen gestaltet sich insofern schwierig, als dass durch die Verschiebung des Fokus zwischen COBIT 4.1 und COBIT 5 zwischen den Control Objectives und den Prozesspraktiken mehrfache Zuordnungen (n:m-Beziehungen) bestehen.

Als Vorbereitung der Migration wurde daher in einem ersten Schritt von der dwpbank eine Überleitungstabelle mit eindeutigen Zuordnungen (1:n-Beziehungen) zwischen Control Objectives und Prozesspraktiken erstellt, sodass jedem Control Objective eine Prozesspraktik zugeordnet wird. Auf diese Weise erfolgt die Überleitung der Prüfungsleitfäden (vgl. Abschnitt 28.3) aus einer Zuweisung der Prozesspraktiken sowie einer anschließenden Normalisierung, da mehrfaches Auftreten einzelner Prozesspraktiken möglich ist (z. B. BAI01.01).

In einem zweiten Schritt werden diejenigen Prozesspraktiken, die nicht in der Standard-Überleitungstabelle aufgeführt sind (z. B. sämtliche Prozesspraktiken des Prozesses APO08 (Managen von Beziehungen [zwischen Geschäft und IT])), identifiziert und in geeigneter Form entweder den bisher definierten Prüfungsleitfäden zugeordnet oder es werden neue Prüfungsleitfäden entwickelt.

Insgesamt wird durch dieses Verfahren sichergestellt, dass die Grundstruktur der Prüfungsleitfäden eine möglichst geringe Veränderung gegenüber dem bisherigen Standard erfährt und dass auch durch den Wechsel auf COBIT 5 das Ziel einer vollständigen Abdeckung des Audit Universe (vgl. Abschnitt 28.4) gewahrt bleibt.

28.9 Fazit

Die zuvor beschriebene Integration des COBIT-Frameworks in die IT-Revisionsaufgaben ist eine sehr gut funktionierende und akzeptierte Vorgehensweise sowohl bei externen Prüfern als auch bei den geprüften Bereichen. Darüber hinaus bietet das

COBIT-Framework eine geeignete Basis zur unternehmensübergreifenden Festlegung von Prüfungsinhalten.

Je stärker die Integration des COBIT-Frameworks in die Prüfungslandkarte ist, desto höher ist der Migrationsaufwand zur Implementierung des aktuellen Standards auf das Audit Universe. So sind z. B. im Rahmen der Migration des Audit Universe auf COBIT 5 Lösungen dafür zu entwickeln, wie die vorgenannten Querauswertungen nach der Migration auf COBIT 5 die bereits bewerteten COBIT 4.1-Prüfungspunkte berücksichtigen können.

Die unter *www.isaca.org* (Mitgliederbereich) zur Verfügung gestellten »Audit Programs« nutzen COBIT als Referenz, stellen aber keine eindeutige Referenzierung her, sodass eine anschließende Rückkopplung im Sinne eines Qualitätsgrades einzelner COBIT Control Objectives aus einer solchen Prüfung schwer möglich ist.

COBIT selbst ist nicht dafür konzipiert, Sachprüfungen bestimmter Einzelthemen bzw. IT-Spezialthemen (z. B. SAP R/3) vollumfänglich darzustellen. Gleichwohl kann COBIT als Rahmenwerk dafür benutzt werden, auch innerhalb von speziellen Prüfungen eine Orientierungshilfe zum übergeordneten Control-Framework zu geben.

29 Einführung von COBIT 5

Von Andreas H. Schmidt
ICT Compliance Officer/behördl. DSB
Flughafen Köln Bonn GmbH

29.1 Ausgangslage

Im Herbst 2012 wurde am Flughafen Köln/Bonn im Geschäftsbereich Information & Communication Technologies (ITL, Informationstechnologie Leitung) die Stabsstelle eines ICT Compliance Officers (ICT-CO) geschaffen. Zu den definierten Aufgaben dieser Stabsstelle gehören u.a. die Entwicklung von Lösungskonzeptionen zur Kontrolle und Dokumentation der Einhaltung von gesetzlichen Anforderungen, nationaler wie auch internationaler Standards sowie der internen Betriebsvereinbarungen und Regelwerke, die den Flughafen Köln/Bonn im Zusammenhang mit dem IT-Betrieb bzw. der Bereitstellung von ICT-Services betreffen.

Aufgrund der verhältnismäßig großen Schnittmenge gemeinsamer Themen und der daraus resultierenden engen Zusammenarbeit mit der ICT Security Organisation und dem ICT Risk Management wurde 2012 beschlossen, ein gemeinsames Governance, Risk und Compliance Tool (GRC-Tool) zu beschaffen. Schon zu Beginn des Projektes wurde festgelegt, das ICT Compliance Management auf Basis der ISO/IEC 38500:2008 (siehe Abschnitt 19.1.2) sowie mithilfe von COBIT aufzubauen. Als primäres Projektziel für 2014 wurde festgelegt, das ICT Compliance Management System (ICT-CMS) im Geschäftsbereich ITL auf Basis von COBIT 5 vollständig zu implementieren.

Nach der »Pilotphase« im Geschäftsbereich ITL (Informationstechnologie Leitung) ist vorgesehen, allen Geschäftsbereichen des Flughafens die Möglichkeit zu eröffnen, die Methodik des COBIT-5-Rahmenwerks für die eigenen Governance-Aktivitäten zu übernehmen und das GRC-Tool für das unternehmensweite Corporate Governance Management zu nutzen.

29.2 Vorbereitung

Gemeinsam mit der Bereichsleitung ITL und dem ICT-CO wurde im Herbst 2012 mit dem Aufbau des ICT-CMS begonnen. Die Planung sah vor, zuerst den ICT-CO im Rahmen von Zertifikatskursen auf seine Aufgaben vorzubereiten. Darüber hinaus wurde der ICT-CO in die Projekte »Einführung Vertrags- und Lizenzmanagement« eingebunden. Um sich vertiefte Kenntnisse über COBIT 5 anzueignen, besuchte der ICT-CO den seit 2013 neu angebotenen ISACA-Zertifikatskurs »IT-Governance & IT-Compliance Practitioner« (siehe Abschnitt 30.2.1).

Beim Aufbau des ICT-CMS orientiert man sich primär an dem von ISACA veröffentlichten Umsetzungsleitfaden »COBIT 5 Implementation«. Daneben wurde zur Einführung eines IT-Compliance-Managements die in der Literatur vorgeschlagene Methodik bzw. das beschriebene Vorgehen [Bothe 2006] [Rath & Spohnholz 2009] [Falk 2012] berücksichtigt.

29.3 Gründe für die Einführung von COBIT 5

Seit Jahren verschwimmen die traditionellen technologischen Grenzen zwischen den einzelnen Geschäftsbereichen der Flughafen Köln/Bonn GmbH immer mehr. Bislang waren Aufgabenbereiche wie beispielsweise das Gebäudemanagement, die Flughafensicherheit, die Parkraumverwaltung, das Flugbetriebs- und Betriebsflächen-Management oder die rein technischen Werkstätten technologisch weitestgehend autarke Organisationseinheiten. Der Umfang der rechtlichen Belange, die es hierbei zu berücksichtigen galt, war im Vergleich zur heutigen Situation gering. Das Sicherstellen der Einhaltung der rechtlichen Belange oblag primär den jeweils verantwortlichen Mitarbeitern der Organisationseinheiten.

29.3.1 Technologische Anforderungen

Die technologischen Anforderungen haben sich im Laufe der letzten Jahre zusehends geändert. Durch die technologische Weiterentwicklung von Anlagen und Betriebsbereichen sowie deren Vernetzung auf IP-Basis sind viele der oben genannten Bereiche zunehmend darauf angewiesen, wichtige Informationen und Daten zeitnah und valide bereitzustellen bzw. voneinander abzurufen. Dies betrifft beispielsweise Verbrauchsdaten, Flugabfertigungsdaten, Daten aus Überwachungssystemen oder Informationen aus verschiedenen Kassensystemen. Inzwischen hängt eine Vielzahl der Prozesse, die dazu dienen, die Ordnungsmäßigkeit und Sicherheit des Flughafen- und des Flugbetriebes sicherzustellen, von diesem automatisierten Informationstransfer ab.

Mit diesen Weiterentwicklungen änderten sich in den Jahren auch die Aufgabenstellungen an den Geschäftsbereich ITL. Das »Network of Things« [Fochler, Schmidt, Paffrath 2013] hält auch an den Airports weltweit Einzug. Dieses Netzwerk bezeichnet ein erweitertes Internet, welches neben den klassischen PCs, Servern und diversen mobilen Endgeräten auch beliebige physische Gegenstände mithilfe von Sensoren und Aktuatoren (z. B. Zutrittssysteme, Überwachungssysteme) oder Minicomputern (z. B. in der Gebäudeleittechnik) in seine Infrastruktur einbindet [Fleisch & Theisse 2012]. Zunehmend wird der Geschäftsbereich ITL mit der Implementierung und Administration von diesen »technischen« Systemen beauftragt, die den Zugriff auf IT-Netze und den Transfer mit Datenbanken und kaufmännischen Systemen innerhalb der zentralen ICT-Infrastruktur benötigten. Hierdurch werden die ICT-Strukturen mit der Zeit immer komplexer und unübersichtlicher. Dies erschwert es auf der einen Seite der Bereichsleitung, die Übersicht und die Kontrolle im Sinne einer IT-Governance zu behalten.

Auf der anderen Seite entstehen hierdurch neue Risiken für den Flughafenbetrieb. Die ICT-Netzstrukturen werden durch ihre Komplexität verwundbarer. Der permanente Datenaustausch im Flugbetriebsbereich, in den Terminals oder in den verschieden technischen Bereichen im Hintergrund, insbesondere über die WLAN-basierten Mobilgeräte (wie z. B. Laptops, Tablets, Smartphones), birgt die neue Gefahr, dass potenzielle Angreifer bisher unbekannte Schwachstellen im Gesamtsystem ausnutzen und hierdurch den Flughafenbetrieb in höherem Maße als bisher behindern oder ganz zum Erliegen bringen. Plötzlich ist es ein realistisches Szenario, dass durch die Ausnutzung solcher Schwachstellen die Existenz des Unternehmens insgesamt bedroht ist und im schlimmsten Fall sogar Menschenleben gefährdet werden.

29.3.2 Beachtung regulatorischer Anforderungen

Aber es sind nicht nur die technologische Belange, die beim Betrieb einer ICT-Infrastruktur beachtet werden müssen. Sei es aufgrund ihrer »althergebrachten« Aufgabe, der Unterstützung der betrieblichen Verwaltungsprozesse oder aber bedingt durch die oben angesprochenen »neuen« Herausforderungen, immer schon mussten sich die ICT-Verantwortlichen auch mit den hierbei zu beachtenden gesetzlichen Grundlagen befassen. Seitdem auch andere Organisationseinheiten des Flughafens Köln/Bonn GmbH neben den bisher meist verwaltungstechnischen Geschäftsbereichen verstärkt ICT-Services und/oder deren Netze nutzen, müssen nunmehr von ITL zunehmend auch deren normative Anforderungen und Richtlinien berücksichtigt werden. Dies gilt beispielsweise bei der Einbindung eines elektronischen Flughafen-Safety-Management-Systems (gem. ICAO Annex 14 bzw. §45b LuftVZO) oder betreffen den Betrieb der technischen Einrichtungen und Sicherungsanlagen für die Gewährleistung der Flughafensicherheit (§8 LuftSiG).

Hinzu treten die kontinuierlich steigenden Anforderungen an die ICT-Verantwortlichen, die Sicherheit des IT-Betriebs im Allgemeinen und die Sicherheit der hierbei verarbeiteten Daten und Informationen im Speziellen zu gewährleisten (Stichwort: IT Security Management). Hierbei sind insbesondere internationale wie auch nationale Standards von den IT-Verantwortlichen, aber auch von jedem einzelnen Mitarbeiter zu beachten (z.B. ISO 2700x bzw. BSI-Grundschutzkataloge).

Neben diesen externen Anforderungen sind auch die betriebsinternen Regularien und Richtlinien zu berücksichtigen. Hierzu zählen insbesondere die jeweils gültigen Betriebsvereinbarungen zwischen dem Arbeitgeber und der Arbeitnehmervertretung, an denen sich letztlich auch die Unternehmensrichtlinien orientieren müssen. In diesem Kontext ist auch die Sicherstellung der Regelkonformität im Bereich des IT-Vertrags- und Lizenzmanagements zu berücksichtigen. Selbst in kleineren mittelständischen Unternehmen existiert bisweilen eine Vielzahl von Kauf-, Wartungs- oder Lizenzverträgen, welche deren Hard- und Softwarenutzung betreffen. Gerade im Bereich der Lizenzen kann eine Unterdeckung im Zweifel zu erheblichen Strafzahlungen an die Hersteller führen.

Aus den oben aufgezeigten Sachverhalten ergeben sich die wesentlichsten Anforderungen, die an das ICT-CMS gestellt werden. Sie vermitteln einen Eindruck hinsichtlich der Schwierigkeit, die Komplexität und Verschiedenheit der Themen in einem Compliance-Management-System angemessen abzubilden. Hieraus ergibt sich die Herausforderung, das ICT-CMS so aufzubauen, dass die oben genannten Bereiche weitestgehend abgedeckt und effizient bearbeitet werden können. Andererseits besteht das Risiko, dass durch den Facettenreichtum der jeweiligen Themengebiete unter Umständen unternehmenskritischen Sachverhalten weniger Aufmerksamkeit geschenkt wird, als dies eigentlich notwendig wäre.

29.4 Umsetzung von COBIT 5

Nach den oben beschriebenen Vorbereitungen wurde begonnen, die wesentlichen gesetzlichen Normen und Standards zu identifizieren, welche die Grundlage für den ordnungsgemäßen ICT-Betrieb bzw. die Bereitstellung von ICT-Services am Flughafen bilden. Auf Grundlage dieser Arbeiten wurde ein Compliance-Programm erarbeitet und den Verantwortlichen von ITL vorgestellt bzw. mit ihnen gemeinsam diskutiert. Im Ergebnis wurden die weiteren Ziele des ICT-CMS abgestimmt sowie die weitere Vorgehensweise im Geschäftsbereich ITL geplant.

Zukünftig erörtert der ICT-CO durch Gespräche mit den verschiedenen Organisationsbereichen am Flughafen (Anspruchsgruppen im Sinne von COBIT 5) deren regulatorische Anforderungen bei der Nutzung von themenspezifischen IT-Anwendungen. In diesem Zusammenhang erfolgt nunmehr auch der kontinuierliche Informationsaustausch mit der juristischen Abteilung der Flughafengesellschaft sowie mit der Arbeitnehmervertretung. Ein weiteres wichtiges Element in der Arbeit des ICT-CO stellt der regelmäßige Informationsaustausch mit anderen Verkehrsflughäfen sowie die Mitarbeit in Verbänden und überregionalen Arbeitsgruppen dar. Die in diesen Gesprächen gewonnenen Informationen werden in gemeinsamen Meetings mit dem Bereich ITL besprochen. Damit soll gewährleistet werden, dass die Ziele des Geschäftsbereichs ITL, welcher als Cost-Center Services für seine »Kunden« erbringt, sich noch besser an deren Anforderungen orientieren.

Ein weiterer wichtiger Baustein beim Aufbau des ICT-CMS in Bezug auf COBIT 5 war die Schaffung von Informationsstrukturen für das Führungspersonal und die Mitarbeiter von ITL. Hierzu werden in erster Linie diverse Informationsquellen aus der Fachliteratur sowie Onlineangebote im Internet genutzt. Der ICT-CO »versorgt« zukünftig die Verantwortlichen von ITL mit aktuellen Informationen und steht als interner Consultant zur Verfügung. Dies betrifft insbesondere Themen des rechtskonformen IT-Betriebs, des Vertrags- und Lizenzmanagements oder datenschutzrechtliche Fragen. Sind von ITL rechtliche Themen aus anderen Organisationseinheiten zu berücksichtigen, liegt es in der Verantwortung des ICT-CO, sich in die Sachverhalte einzuarbeiten und hierüber im Geschäftsbereich ITL zu berichten.

Neben den oben angesprochenen Informationsstrukturen für die Führungsebene werden auf Arbeitsebene Awareness-Schulungen für die ITL-Mitarbeiter durchgeführt. Hierbei erhalten diese in Form einer Grundeinweisung einen Überblick über Hintergrund und Zweck von IT-Compliance. Sie werden insbesondere auf die rechtlichen Belange und Risiken hingewiesen, auf die sie an ihrem Arbeitsplatz bzw. bei der Ausübung ihrer Tätigkeit speziell achten sollten, beispielsweise in der Rolle als Administrator. Zusätzlich haben die Mitarbeiter die Möglichkeit, mit dem ICT-CO im Einzelgespräch Fragen betreffend rechtlicher Zusammenhänge, mit denen sie an ihrem Arbeitsplatz konfrontiert werden, zu besprechen.

Nachdem die wesentlichen Informations- und Kommunikationsstrukturen implementiert sind, sieht die weitere Planung vor, die Compliance-relevanten Verfahren der an ITIL (siehe Abschnitt 14.4) orientierten Prozesslandschaft zu identifizieren und zu dokumentieren. Hierfür werden, neben den Gesprächen auf der Führungsebene, unter anderem die bei ITL operativ tätigen Mitarbeiter an ihren Arbeitsplätzen hinsichtlich deren Aufgaben, den Arbeitsprozessen und den aus ihrer Sicht hiermit verbundenen Risiken befragt. Die hieraus gewonnenen Erkenntnisse werden mit den Ergebnissen der IT-Sicherheitsbeauftragten aus deren Risikoanalyse und Schutzbedarfsfeststellung abgeglichen, um hieraus Risikocluster ableiten zu können. Das Ziel des Abgleiches ist, weitere ICT-Compliance-Maßnahmen primär auf die Cluster zu fokussieren, welche die größten Risikopotenziale aufweisen, um deren Überwachung zu priorisieren.

Bereits zu Beginn des Projektes bestand die Überlegung, für den Aufbau und die Nutzung des ICT-CMS ein IT-gestütztes Tool zu verwenden, welches die Durchführung und Verwaltung der Compliance-Aktivitäten und -Maßnahmen effizient unterstützt. So sollte u.a. sichergestellt sein, dass beispielsweise die technischen Informationen, die im Rahmen der Analyse und des Monitorings der Compliance-relevanten Systeme erhoben wurden, ordnungsgemäß und strukturiert verwaltet werden. Darüber hinaus soll die regelmäßige Aktualisierung der Systeminformationen als Anforderung den betroffenen Mitarbeitern direkt zugeordnet oder automatisiert eingepflegt werden können.

Bei der Suche nach einem geeigneten GRC-Tool stellte sich die grundsätzliche Frage, welche Kriterien und Funktionalitäten bei der Auswahl berücksichtigen werden sollten. Eine wertvolle Hilfe bei der Auswahl bot die Studie zu Business-Continuity-Management-Tools (BCM-Tools) [Proß 2010]. Sie enthält eine umfangreiche Übersicht mit 60 Tools, kategorisiert in sogenannte GRC-Suiten, BCM-Lifecycle-Tools, BCM-Tools und sonstige Tools, die entsprechend den definierten Anforderungen und Nutzen bewertet werden.

Das als Ergebnis einer strukturierten Evaluation nunmehr am Flughafen Köln/Bonn seit 2013 installierte GRC-Tool beinhaltet neben der oben aufgeführten Funktionalität der Verwaltung von Systeminformationen unter anderem folgende, für das ICT-CMS relevanten Funktionalitäten:

- Corporate Control Frameworks wie z. B. COBIT, BSI IT-Grundschutz, ISO 2700x, ISO 20000, ITIL, BS 25999 bzw. ISO 22301 und BSI 100-4 sind bereits integriert.
- Unternehmenseigene Controls und Frameworks können einfach modelliert und zusätzlich integriert werden.
- Mappings zwischen den Standards sind ebenfalls bereits vorhanden und reduzieren somit den Aufwand bei der Erfüllung bzw. dem Nachweis der Erfüllung mehrerer Standards (sog. Multi Regulatory Compliance).
- Der gesamte Governance-Prozess von der Planung über die Maßnahmendurchführung und die Auditierung bis zur Berichtserstellung und der Terminplanung von Follow-ups kann mit einem Tool abgebildet werden.

29.5 Fazit

Bei Aufbau und Durchführung eines ICT-CMS ist es wichtig, eine gemeinsame Richtschnur zu haben, an der sich alle Beteiligten orientieren können. Diese Richtschnur bietet nach Ansicht des Autors COBIT 5. Das Konzept von COBIT 5, wie es derzeit am Flughafen Köln/Bonn implementiert wird, erlaubt es, aus dem bislang eingeschränkten Spektrum existierender Best-Practice-Modelle herauszublicken und die Punkte »IT-Governance« sowie »Wertebeitrag der IT für das Unternehmen« ganzheitlich zu bearbeiten. Insbesondere die im Vergleich zur früheren COBIT-Versionen verstärkte Berücksichtigung der an der Wertschöpfung beteiligten Anspruchsgruppen (Stakeholder im Sinne von COBIT 5) zeichnet diesen Ansatz aus. Der nunmehr neue Aufbau des Rahmenwerks, das durch seinen integrativen Charakter viel Spielraum und Flexibilität in der Nutzung bietet, ermöglicht es dem Anwender, klare und effiziente Governance-Strukturen zu schaffen.

Teil IV

COBIT-Kenntnisse nachweisen

30 Zertifizierungen und Zertifikate

Der Trend zu Transparenz und nachweislicher Erfüllung von Anforderungen macht auch vor Schulungsmaßnahmen nicht halt. Unternehmen, die Mitarbeiter zu Schulungen schicken, wollen am Ende einen Nachweis erhalten, der bestätigt, dass die Ausbildungsmaßnahme erfolgreich war. Aber auch für die Schulungsteilnehmer selbst sind transparente Schulungsinhalte und ein anerkannter Qualifikationsnachweis hilfreich, um beruflich weiter voranzukommen.

In diesem Kapitel werden verschiedene Möglichkeiten vorgestellt, COBIT-Kenntnisse nachzuweisen.

30.1 Internationale Zertifizierungen und Zertifikate

Auf internationaler Ebene bietet sich als Nachweis von COBIT- und IT-Governance-Kenntnissen die Zertifizierung zum CGEIT (Certified in the Governance of Enterprise IT) oder die Belegung von Schulungen aus dem COBIT-Schulungsprogramm der ISACA an.

30.1.1 CGEIT: Certified in the Governance of Enterprise IT

CGEIT (Certified in the Governance of Enterprise IT) ist eine relativ junge Zertifizierung der ISACA, dem internationalen Berufsverband der IT-Revisoren, IT-Sicherheitsmanager und IT-Governance-Experten. Die CGEIT-Zertifizierung wurde im Jahr 2008 ins Leben gerufen, die dazugehörige vierstündige Prüfung erstmals im Dezember 2008 weltweit durchgeführt.

Die CGEIT-Prüfung besteht aus 150 gebundenen Fragen (Multiple-Choice-Fragen) aus den folgenden fünf Bereichen (»Job Practice Domains«):

- Domain 1: Framework for the Governance of Enterprise IT (25%)
- Domain 2: Strategic Management (20%)
- Domain 3: Benefits Realization (16%)
- Domain 4: Risk Optimization (24%)
- Domain 5: Resource Optimization (15%)

Die Prozentzahlen in Klammern geben die Bedeutung der einzelnen Bereiche in der Prüfung an. Als Vorbereitung für die Prüfung stellt der internationale Berufsverband ISACA Literaturhinweise bereit. Die wichtigsten Vorbereitungsmaterialien (»primary references«) sind die in der Tabelle 30–1 aufgeführten Dokumente, zusätzlich wird von ISACA ein spezifisches Vorbereitungsbuch (CGEIT Review Manual) angeboten.

Vorbereitungsmaterialien	Kerninhalte
Board Briefing on IT Governance, 2nd Edition [ITGI 2003]	■ Bedeutung von IT-Governance im Verhältnis zur Corporate Governance ■ Verantwortung der Aufsichtsgremien und des Managements
IT Governance Domains Practices and Competencies [ITGI 2005a-e]	■ Gestaltungsmöglichkeiten der Zusammenarbeit zwischen Business und IT (u.a. durch »IT strategy committee«, »IT steering committee« und »IT investment committee«) ■ Optimale Wertgenerierung durch IT-bezogene Investitionen ■ Wertbeitrag der IT messen und nachweisen ■ Informationsrisiken managen ■ Outsourcing-Governance bei IT-Auslagerung
COBIT 5	■ Rahmenwerk für die Governance und das Management der Unternehmens-IT
Implementing and Continually Improving IT Governance [ISACA 2009c]	■ Methodische Unterstützung bei der Implementierung und Verbesserung der IT-Governance
Enterprise Value: Governance of IT Investments: The Val IT Framework 2.0 [ITGI 2006e]	■ Rahmenwerk für die Governance von IT-bezogenen Investitionen
Frameworks for IT Management [Van Bon 2006]	■ Strukturierte Darstellung der wichtigsten Rahmenwerke (Stand: 2006) für die IT, neben COBIT und dessen Basisreferenzen auch • TQM – Total Quality Management • ISO 9000 – Qualitätsmanagementsysteme • TickIT – Software Quality Management • ISO/IEC 20000 – ITSM-Standard • Six Sigma – Qualitätsmanagement-Methodik • eSCM-SP v2: eSourcing Capability Model for Service Providers, Version 2 • IT Balanced Scorecard – Instrument eines integrierten IT-Managementsystems • AS 8015-2005 – Australian Standard for Corporate Governance of IT • M_o_R – Management of Risk • Generic Framework for Information Management • BiSL – Business Information Services Library • ISPL – the Information Services Procurement Library • eTOM – Enhanced Telecom Operations Map • ASL – Application Services Library • MSP – Managing Successful Programmes • PRINCE2 – PRojects IN Controlled Environments • ICB – IPMA Competence Baseline

Tab. 30–1 *Vorbereitungsmaterialien für die CGEIT-Prüfung und deren Kerninhalte*

Aufgrund des weiten Themenspektrums sollte die Vorbereitung auf die Zertifizierungsprüfung zum CGEIT breit angelegt werden. Das ISACA Germany Chapter hat die beiden in Zusammenarbeit mit der Frankfurt School angebotenen Zertifikatskurse IT-Governance-Manager (ITGM) und IT-Compliance-Manager (ITCM) thematisch mit den Kerninhalten der CGEIT-Prüfung abgeglichen. Beide Zertifikatskurse zusammen decken die Kerninhalte der Vorbereitungsmaterialien weitestgehend ab und sind daher als Vorbereitungskurs für die CGEIT-Prüfung geeignet. Auch dieses Buch enthält in den Kapiteln 3, 4, 14, 16 bis 21 viele der für die CGEIT-Prüfung erforderlichen Wissensbereiche.

Die CGEIT-Prüfung wurde zum Zeitpunkt der Erstellung dieses Buches nur auf Englisch angeboten. Weitere Informationen über die Zertifizierung finden sich auf der Internetseite des internationalen Berufsverbandes ISACA *(http://www.isaca.org)*.

30.1.2 COBIT Foundation

ISACA hat seit Ende des Jahres 2012 in Zusammenarbeit mit APMG-International (APMG) ein COBIT-Trainingsprogramm entwickelt (vgl. Tab. 30–2), das online oder von bei der APMG akkreditierten Schulungsunternehmen angeboten wird.

Name der Schulung	Lerninhalte	Dauer	Prüfung
COBIT 5 Foundation	COBIT 5 Business Framework und COBIT 5 Enabling Processes	40 Minuten	Multiple-Choice-Prüfung über 50 Fragen
COBIT 5 Implementation	Implementation Lifecycle im COBIT5 Implementation Guide	2,5 Stunden	Open-Book-Prüfung über 4 Fragen
COBIT 5 Assessor	COBIT5 Assessor Guide und das Process Assessment Model	2,5 Stunden	Open-Book-Prüfung über 8 Fragen

Tab. 30–2 *Übersicht der COBIT-Zertifikate der APMG*

Bei der Prüfung für COBIT 5 Foundation wird Basiswissen über COBIT 5 abgefragt. Die Prüfungsinhalte können auch im Selbststudium mithilfe dieses Buches erworben werden, und die COBIT-5-Foundation-Prüfung kann dann online über ein webbasiertes Prüfungssystem der APMG absolviert werden. Wesentliche Inhalte der COBIT-5-Foundation-Prüfung sind:

- die Unterschiede zwischen Governance und Management (siehe Abschnitt 3.5)
- die COBIT-5-Zielkaskade (siehe Abschnitt 16.1)
- die fünf Grundprinzipien der Governance of Enterprise IT (siehe Kapitel 3)
- die sieben Governance- und Management-Enabler (siehe Kapitel 4)
- das COBIT-5-Prozessreferenzmodell (siehe Kapitel 11)
- die Grundzüge der Implementierung von COBIT 5 (siehe Kapitel 20)

Die Prüfung für COBIT 5 Foundation besteht aus 50 Multiple-Choice-Fragen, die innerhalb von 40 Minuten beantwortet werden müssen. Um die Prüfung für COBIT 5 Foundation zu bestehen, müssen mindestens 25 Fragen (50 %) in dieser Zeitspanne korrekt beantwortet werden.

Aufbauend auf dem COBIT-Foundation-Zertifikat bietet die APMG über akkreditierte Schulungsunternehmen (accredited training organizations) und Trainer die Kurse »COBIT 5 Implementation« und »COBIT 5 Assessor« an. Die wesentlichen Inhalte des »COBIT 5 Implementation«-Kurses sind:

- Analyse der Einflussfaktoren auf das Unternehmen (Enterprise Drivers)
- Identifikation der Herausforderungen und Erfolgsfaktoren bei der Implementierung
- Feststellung und Beurteilung des Prozessreifegrades (Process Capability)
- Planung von Verbesserungsmaßnahmen und Erkennen von Fallstricken
- Anwendung guter Praktiken

Die 2,5-stündige Prüfung für COBIT 5 Implementation besteht aus vier Fragen, die mit jeweils 20 Punkten bewertet werden. Zum Bestehen sind 40 Punkte (von 80 möglichen) erforderlich. Das Umsetzungsleitfaden »COBIT 5 Implementation« darf während der Prüfung genutzt werden.

Die wesentlichen Inhalte des »COBIT-5-Assessor«-Kurses sind:

- Durchführung von Beurteilung des Prozessreifegrades (Process Capability) mit dem Assessor Guide: Using COBIT 5
- Anwendung des Process Assessment Model (PAM): Using COBIT 5
- Identifikation der Rollen und Verantwortlichkeiten bei der Beurteilung des Prozessreifegrades
- Anwendung der sieben Schritte (Key Steps) aus dem Assessor Guide
- Anwendung des COBIT Self-Assessment Guide: Using COBIT 5

Die 2,5-stündige Prüfung für COBIT 5 Assessor besteht aus acht Fragen, die mit jeweils 10 Punkten bewertet werden. Zum Bestehen sind 40 Punkte (von 80 möglichen) erforderlich. Die Bücher »COBIT 5 Assessor Guide: Using COBIT 5« und »COBIT Process Assessment Model (PAM): Using COBIT 5« dürfen während der Prüfung genutzt werden.

Nach der Kursteilnahme und Bestehen der Prüfung können Teilnehmer mit mehr als fünf Jahren Erfahrung in Prozessbeurteilungen beantragen, das Zertifikat »COBIT 5 Certified Assessor« zu erhalten. Das Zertifikat muss in der Folge alle zwei Jahre erneuert werden.

Weitere Informationen über diese Zertifikate finden sich auf der Internetseite der APMG *(http://www.apmg-international.com)*.

30.2 Zertifikate des ISACA Germany Chapter

Aufgrund der steigenden Nachfrage nach COBIT-Schulungen und des Bedarfs nach qualifizierten Schulungskursen mit messbarem Lernerfolg hat das deutsche Chapter der ISACA (ISACA Germany Chapter e.V.) beginnend im Jahr 2006 mit dem COBIT Basic Practitioner auf Basis von COBIT 4.1 ein eigenes Zertifikatsprogramm entwickelt. Das Zertifikatsprogramm des ISACA Germany Chapter e.V. wurde mit dem Erscheinen von COBIT 5 neu ausgerichtet und besteht nunmehr aus drei Stufen, die unabhängig voneinander erworben werden können. Im Einzelnen handelt es sich um den IT-Governance & IT-Compliance Practitioner (Nachfolger des COBIT Practitioner) sowie den IT-Governance-Manager und den IT-Compliance-Manager (vgl. Tab. 30–3).

Zertifikat	Dauer Präsenzkurs	Umfang Prüfung und Prüfungsart	Dauer der Prüfung
IT-Governance & IT-Compliance Practitioner	14 Unterrichtseinheiten à 50 Minuten (mind. 12 müssen nachgewiesen werden)	Sechs Verständnisfragen als »Open Book«	30 Minuten
IT-Governance-Manager	42 Unterrichtseinheiten à 50 Minuten (mind. 35 müssen nachgewiesen werden)	60 Multiple-Choice-Fragen und Fallstudie	120 Minuten
IT-Compliance-Manager	42 Unterrichtseinheiten à 50 Minuten (mind. 35 müssen nachgewiesen werden)	60 Multiple-Choice-Fragen und Fallstudie	120 Minuten

Tab. 30–3 *Übersicht der COBIT-bezogenen Zertifikate vom ISACA Germany Chapter e.V.*

Mit diesem Kurskonzept wurde ein auf den deutschen Sprachraum zugeschnittenes COBIT-bezogenes Ausbildungsprogramm geschaffen, das neben Grundkenntnissen der ISACA-Rahmenwerke auch erweiterte Kenntnisse der guten Praktiken im Umfeld der IT-Governance und der IT-Compliance vermittelt. Diese Initiative wurde vom Markt bislang sehr gut angenommen: Bis zum Erscheinen dieses Buches hatten bereits über 3.000 Teilnehmer diese Zertifikatskurse besucht.

Alle Zertifikate des deutschen Chapters der ISACA sind unabhängig von den internationalen Zertifizierungen wie CISA, CISM, CGEIT oder CRISC und auch unabhängig von den Schulungskursen und Zertifikaten des internationalen Berufsverbandes ISACA bzw. dessen Lizenzpartners APMG und mit diesem kooperierenden Schulungsunternehmen. Die COBIT-bezogenen Zertifikate des ISACA Germany Chapter e.V. sind praxisnah und speziell für den deutschen Sprachraum konzipiert worden und werden ausschließlich vom deutschen Chapter der ISACA oder dort akkreditierten Schulungsunternehmen angeboten. Weitere Informationen über diese

Zertifikate finden sich in den jeweiligen Zertifikatskonzepten auf der Internetseite des deutschen Berufsverbandes der ISACA *(www.isaca.de)*.

30.2.1 IT-Governance & IT-Compliance Practitioner

Das Zertifikat »IT-Governance & IT-Compliance Practitioner« des ISACA Germany Chapter e.V. belegt das Verständnis der wesentlichen Prinzipien und Elemente der IT-Governance und der IT-Compliance auf Basis der zum Prüfungszeitpunkt aktuellen COBIT-Version. Das Zertifikat »IT-Governance & IT-Compliance Practitioner« belegt zusätzlich, dass der Zertifikatsinhaber COBIT 5 in praxisnahen Situationen anwenden kann. Grundlage des Zertifikates »IT-Governance & IT-Compliance Practitioner« (ITGCP) sind die wichtigsten Elemente aus den beiden vom ISACA Germany Chapter übersetzten COBIT-Bücher »COBIT 5« [ISACA 2012a] und »COBIT 5: Enabling Processes« [ISACA 2012b].

Voraussetzung für die Teilnahme an einer Zertifikatsprüfung ist jeweils ein Präsenztraining beim ISACA Germany Chapter e.V. oder bei einem vom ISACA Germany Chapter e.V. akkreditierten Schulungsanbieter. Die Mindestdauer des Präsenztrainings beträgt zwölf Unterrichtseinheiten à 50 Minuten[1].

Schwerpunkt des für die Zertifikatserteilung notwendigen Präsenztrainings ist die praktische Anwendung von COBIT 5 für die IT-Governance und IT-Compliance. Insbesondere werden die Zusammenhänge mit anderen IT-Rahmenwerken und Standards im Umfeld der IT-Governance/IT-Compliance sowie Ansätze zur Umsetzung von Governance- und Compliance-Lösungen für die IT in der Praxis diskutiert.

Die Lehr- und Prüfungsinhalte für den IT-Governance & IT-Compliance Practitioner sind:

- **COBIT 5: Entwicklung, Anspruch, Umfang**
  - die wesentlichen COBIT-Entwicklungsschritte und den Anspruch von COBIT 5 verstehen (siehe Abschnitt 2.2)
  - die COBIT-5-Produkte kennen (siehe Abschnitt 2.3)
  - wesentliche Unterschiede zu COBIT 4.1 verstehen (siehe Kapitel 15)
- **COBIT-5-Rahmenwerk**
  - die fünf Kernprinzipien und die dahinter stehenden Konzepte erläutern können (siehe Kapitel 3)
  - die sieben Enabler und die dahinterstehenden Konzepte erläutern können (siehe Kapitel 4)

1. 50 Minuten repräsentieren eine Fortbildungsstunde nach den Fortbildungsrichtlinien der ISACA für die Zertifizierungen CISA, CISM, CGEIT und CRISC (Continuing Professional Education Policy).

- **COBIT-5-Prozessreferenzmodell**
  - das COBIT-Prozessmodell und dessen Struktur verstehen (siehe Kapitel 11)
  - die Governance-Prozesse kennen (siehe Abschnitt 11.1.1)
  - die Managementprozesse kennen (siehe Abschnitt 11.1.2)
  - die einzelnen Bestandteile des Prozessmodells erläutern können (siehe Abschnitt 11.1.3)
- **COBIT: Reifegradmodell**
  - das COBIT-Reifegradmodell kennen und erläutern können (siehe Abschnitt 13.2)
  - das Attribut-Reifegradmodell kennen (siehe Abschnitt 13.2.2)
- **COBIT im Verhältnis zu anderen Standards**
  - die wichtigsten Basisreferenzen von COBIT kennen (siehe Kapitel 14)
  - die Rolle von COBIT im Verhältnis zu anderen IT-Standards und IT-Rahmenwerken erläutern können (siehe Abschnitt 14.8)
- **Nutzung von COBIT 5 im IT-Governance-Umfeld**
  - Ansätze zur Nutzung von COBIT 5 in der Praxis kennen und anwenden (siehe Kapitel 16–25)
  - die Anwendungsmöglichkeiten von COBIT 5 im IT-Governance-Umfeld erläutern können, insbesondere in den Bereichen IT-Governance-Prinzipien, Organisationsstrukturen sowie der Zuordnung von Prozessen zu IT- und geschäftsbezogenen Zielen (siehe Kapitel 16)
- **Nutzung von COBIT 5 im IT-Compliance-Umfeld**
  - Ansätze zur Nutzung von COBIT 5 in der Praxis kennen und anwenden (siehe Kapitel 16–25)
  - die Anwendungsmöglichkeiten von COBIT 5 im IT-Compliance-Umfeld erläutern können, insbesondere in den Bereichen IT-Compliance-Management (siehe Kapitel 23), Beurteilung der Prozessqualität (siehe Abschnitt 17.1), anforderungsgerechte Prozessausgestaltung (siehe Kapitel 25) sowie IT-Outsourcing-Controlling (siehe Kapitel 24)

Alle Lehr- und Prüfungsinhalte für den IT-Governance & IT-Compliance Practitioner sind in den referenzierten Kapiteln dieses Buches ausführlich dargestellt.

Die Zertifikatsprüfung besteht aus einer Verständnisprüfung im Umfang von sechs Fragen, die unter Zuhilfenahme von COBIT 5 (Rahmenwerk und Umsetzungsleitfaden »COBIT 5: Enabling Processes«) beantwortet werden dürfen. ISACA Germany Chapter e.V. sendet jedem Teilnehmer nach Auswertung der eingereichten Fragebögen das Prüfungsergebnis zu. Bei ausreichendem Prüfungsergebnis erhält der Teilnehmer ein entsprechendes Zertifikat. Weiterhin wird ein öffentliches Zertifikateregister auf der Internetseite des ISACA Germany Chapter e.V. *(www.isaca.de)* zur Verifizierung der Echtheit des Zertifikats geführt.

30.2.2 IT-Governance-Manager

Das Zertifikat IT-Governance-Manager (ITGM) bildet zusammen mit dem IT-Compliance-Manager das höchste Zertifikatsniveau des dreistufigen Zertifikatsprogramms des ISACA Germany Chapter e.V. (vgl. Tab. 30–3). Das Zertifikat ITGM belegt das Verständnis der wesentlichen IT-Governance-Modelle und -Werkzeuge sowie deren Anwendung in praxisnahen Situationen.

Der verpflichtende Präsenzkurs IT-Governance-Manager umfasst die Lehr- und Prüfungsinhalte für den IT-Governance & IT-Compliance Practitioner (siehe Abschnitt 30.2.1), ergänzt diese aber in Umfang und Tiefe. Zusätzlich werden nachfolgende Kursinhalte vermittelt:

- **Grundlagen und Kernbereiche der IT-Governance**
  - Methoden zur Herstellung eines strategischen Alignments kennen (siehe Abschnitt 19.3.1)
  - Methoden zur Optimierung des Wertbeitrags der IT kennen (siehe Abschnitt 19.3.2)
  - Methoden für ein effektives Ressourcenmanagement kennen (siehe Abschnitt 19.3.3)
  - Verfahren für das IT-Risikomanagement kennen und anwenden (siehe Abschnitt 19.3.4)
  - Methoden zur Überwachung der Performance kennen und anwenden (siehe Abschnitt 19.3.5)
- **Referenzmodelle und Rahmenwerke im COBIT-Umfeld**
  - CMMI/SPICE und seine Beziehung zu COBIT kennen und anwenden (siehe Abschnitt 14.5)
  - ITIL und seine Beziehung zu COBIT kennen und anwenden (siehe Abschnitt 14.4)
  - ISO 2700x und seine Beziehung zu COBIT kennen und anwenden (siehe Abschnitt 19.3.1)
  - PMBOK/Prince2 und seine Beziehung zu COBIT kennen (siehe Abschnitt 14.6)
  - TOGAF und seine Beziehung zu COBIT kennen (siehe Abschnitt 14.7)
  - COSO und seine Beziehung zu COBIT kennen (siehe Abschnitt 14.2)
- **COBIT 5 im Governance-Umfeld kennen und anwenden**
  - COBIT 5 (Business Framework) kennen und anwenden (siehe Kapitel 3)
  - COBIT 5: Enabling Processes kennen und anwenden (siehe Kapitel 11)
  - COBIT 5 Implementation kennen und anwenden (siehe Kapitel 20)
- **Weitere COBIT 5-Produkte im Governance-Umfeld kennen**
  - COBIT 5: Process Assessment Model kennen (siehe Abschnitt 13.2.1)
  - COBIT 5 for Security kennen (siehe Abschnitt 22.3)
  - COBIT 5 for Information kennen (siehe Kapitel 25)

- **Ergänzende Methoden und Praxisbeispiele**
  - Balanced Scorecard und IT Balanced Scorecard kennen und mit COBIT anwenden (siehe Abschnitt 18.1)
  - COBIT im Zusammenspiel mit anderen Rahmenwerken anwenden (siehe Abschnitt 14.8)

Die wesentlichen Lehr- und Prüfungsinhalte für den IT-Governance-Manager sind in den referenzierten Kapiteln dieses Buches ausführlich dargestellt.

Voraussetzung für die Zertifikatserteilung zum IT-Governance-Manager (ITGM) ist die Teilnahme an einer zweistündigen schriftlichen Prüfung. Die schriftliche Prüfung ist zweigeteilt:

a) 30 Multiple-Choice-Fragen zum COBIT-5-Rahmenwerk und der Anwendung von COBIT 5 sowie weitere 30 Multiple-Choice-Fragen zu anderen IT-Governance-Modellen und IT-Steuerungsinstrumenten sind innerhalb von einer Stunde zu beantworten. Alle Multiple-Choice-Fragen sind ohne Hilfsmittel zu beantworten.
b) Fallstudie, die nach einer Einlesezeit von 15 Minuten innerhalb einer Stunde schriftlich zu bearbeiten ist. Die Fallstudie bezieht sich auf den Einsatz von COBIT sowie anderer IT-Governance-Modelle und IT-Steuerungsinstrumente. Die aktuelle Version von COBIT darf dabei als Hilfsmittel verwendet werden.

Insgesamt müssen 60 Prozent der Aufgaben und Fragen korrekt bearbeitet werden. Dabei müssen mindestens 70 Prozent der Wissensfragen richtig beantwortet werden und die anwendungsbezogenen Fragen aus der Fallstudie von zwei voneinander unabhängigen Beurteilern mit mindestens ausreichend bewertet werden (mind. 50 von 100 Punkten). Teilnehmern, die bereits die »IT-Governance & IT-Compliance Practitioner«-Prüfung erfolgreich absolviert haben, können 30 der insgesamt 60 Multiple-Choice-Fragen erlassen werden. Das Ergebnis der bereits absolvierten Prüfung fließt dann in die Gesamtbewertung mit ein.

Präsenzschulung und Prüfung wurden zum Zeitpunkt der Erstellung dieses Buches ausschließlich von der Hochschule Frankfurt School of Finance & Management in Zusammenarbeit mit dem ISACA Germany Chapter e.V. angeboten. Weitere Informationen zum Zertifikatskurs »IT-Governance-Manager« sind unter der Internetpräsenz der Hochschule Frankfurt School of Finance & Management erhältlich *(www.fs.de/it-governance)*.

ISACA Germany Chapter e.V. sendet jedem Teilnehmer das Prüfungsergebnis nach Auswertung der Prüfungsunterlagen zu. Bei ausreichendem Prüfungsergebnis erhält der Teilnehmer ein entsprechendes Zertifikat, das als sog. »Dual Certificate« sowohl vom Schulungsanbieter als auch vom ISACA Germany Chapter e.V. gemeinsam herausgegeben wird. Weiterhin wird ein öffentliches Zertifikateregister auf der Internetseite des ISACA Germany Chapter e.V. *(www.isaca.de)* zur Verifizierung der Echtheit des Zertifikats geführt.

30.2.3 IT-Compliance-Manager

Das Zertifikat IT-Compliance-Manager (ITCM) bildet zusammen mit dem IT-Governance-Manager das höchste Zertifikatsniveau des dreistufigen Zertifikatsprogramms des ISACA Germany Chapter e.V. (vgl. Tab. 30–3). Das Zertifikat belegt das Verständnis der wesentlichen IT-Compliance-Modelle und -Werkzeuge sowie deren Anwendung in praxisnahen Situationen.

Den Teilnehmern des Zertifikatskurses IT-Compliance-Manager werden folgende Lehr- und Prüfungsinhalte vermittelt:

- **Abgrenzung IT-Compliance, IT-Risikomanagement, IT-Governance**
  - Bedeutung, Aufgaben und Modelle für IT-Compliance kennen (siehe Kapitel 23)
  - Bedeutung, Aufgaben und Modelle für IT-Risikomanagement kennen (siehe Kapitel 21)
- **Nationale und internationale IT-Compliance-Anforderungen kennen und verstehen**
  - Anforderungen des Datenschutzes kennen (siehe Abschnitt 23.1.1)
  - Anforderungen aus internationalen Regulierungen kennen (siehe Abschnitt 24.2.1)
  - Anforderungen an die IT-Sicherheit kennen (siehe Abschnitt 22.1)
  - Anforderungen an die Business Continuity kennen
- **Methoden zur Umsetzung der IT-Compliance**
  - COSO und COBIT als Referenzmodelle für das Interne Kontrollsystem kennen und einsetzen (siehe Abschnitt 14.3)
  - ISO/IEC 31000 und andere Risikomanagement-Rahmenwerke kennen (siehe Abschnitt 21.1.2)
  - Methoden der Compliance Assurance kennen und anwenden können (siehe Abschnitt 23.3)
  - COBIT 5 for Risk kennen und anwenden (siehe Kapitel 21)
  - COBIT 5 for Assurance kennen (siehe Kapitel 25)

Viele Lehr- und Prüfungsinhalte für den IT-Compliance-Manager sind in den referenzierten Kapiteln dieses Buches dargestellt.

Voraussetzung für die Zertifikatserteilung zum IT-Compliance-Manager (ITCM) ist die Teilnahme an einer zweistündigen schriftlichen Prüfung. Die schriftliche Prüfung ist zweigeteilt:

a) 60 Multiple-Choice-Fragen zu den IT-Compliance-Anforderungen und deren Umsetzung sind innerhalb von 60 Minuten zu beantworten. Alle Multiple-Choice-Fragen sind ohne Hilfsmittel zu beantworten.
b) Fallstudie, die nach einer Einlesezeit von 15 Minuten innerhalb einer Stunde schriftlich zu bearbeiten ist. Die Fallstudie bezieht sich auf die Umsetzung von Compliance-Anforderungen in einer Anwendungssituation.

Insgesamt müssen 60 Prozent der Aufgaben und Fragen korrekt bearbeitet werden. Dabei müssen mindestens 70 Prozent der Wissensfragen richtig beantwortet werden und die anwendungsbezogenen Fragen aus der Fallstudie von zwei voneinander unabhängigen Beurteilern mit mindestens ausreichend bewertet werden (mind. 50 von 100 Punkten).

Präsenzschulung und Prüfung wurden zum Zeitpunkt der Erstellung dieses Buches ausschließlich von der Hochschule Frankfurt School of Finance & Management in Zusammenarbeit mit dem ISACA Germany Chapter e.V. angeboten. Weitere Informationen zum Zertifikatskurs »IT-Compliance-Manager« sind unter der Internetpräsenz der Hochschule Frankfurt School of Finance & Management erhältlich *(www.fs.de/it-compliance)*.

ISACA Germany Chapter e.V. sendet jedem Teilnehmer das Prüfungsergebnis nach Auswertung der Prüfungsunterlagen zu. Bei ausreichendem Prüfungsergebnis erhält der Teilnehmer ein entsprechendes Zertifikat, das als sog. »Dual Certificate« sowohl vom Schulungsanbieter als auch vom ISACA Germany Chapter e.V. gemeinsam herausgegeben wird. Weiterhin wird ein öffentliches Zertifikateregister auf der Internetseite des ISACA Germany Chapter e.V. *(www.isaca.de)* zur Verifizierung der Echtheit des Zertifikats geführt.

Teil V

COBIT-Kenntnisse überprüfen

31 Wissens- und Verständnisfragen

Im diesem Kapitel können Sie eine Prüfungssituation trainieren oder aber auch einfach nur Ihr Wissen über COBIT 5 testen. Sie sollten vor Beantwortung der Testfragen dieses Buches aufmerksam gelesen und die Kernelemente von COBIT 5 verstanden haben.

Die nachfolgenden Wissensfragen zu COBIT 5 orientieren sich an der Prüfung COBIT Foundation, bei der 50 Multiple-Choice-Fragen mit jeweils vier Antwortmöglichkeiten in 40 Minuten beantwortet werden müssen. Simulieren Sie die Prüfungssituation und beantworten Sie die nachfolgenden 50 Fragen in 40 Minuten. Es ist jeweils nur eine Antwort richtig. Die Lösung finden Sie in Abschnitt 31.2.

Die anschließenden Verständnisfragen (siehe Abschnitt 31.3) orientieren sich an der Prüfung zum IT-Governance & IT-Compliance Practitioner und können mithilfe dieses Buches beantwortet werden.

31.1 Wissensfragen zu COBIT 5

1. Aus welchen drei Arten von Werken besteht die COBIT-5-Produktfamilie?
   a) Rahmenwerk, Enabler-Handbücher und Umsetzungsleitfäden
   b) Rahmenwerk, Enabling Processes und Assurance-Leitfaden
   c) Rahmenwerk, Control Practices und Implementierungsleitfaden
   d) Rahmenwerk, Val IT und Risk IT

2. Was ist kein primäres Ziel des Einsatzes von COBIT 5?
   a) Optimaler Wertbeitrag aus Information und Technologie
   b) Verbesserung von Governance-Prozessen und -Metriken
   c) angemessenes Risikomanagement
   d) Verbesserung der IT-Infrastruktur

3. In welcher Beziehung steht COBIT 5 zu bereits am Markt vorhandenen Standards, guten Praktiken oder Rahmenwerken?
   a) COBIT 5 vereint vor allem die Inhalte der ISO/IEC 27001, von PRINCE2 und ITIL.
   b) COBIT 5 ergänzt COSO mit dem Ziel, einen höheren Reifegrad der IT-Governance zu erreichen.

   c) COBIT 5 stellt ein alternatives Rahmenwerk zur ISO/IEC 27001, PRINCE2 und ITIL dar.
   d) COBIT 5 ist ein Integrationsrahmenwerk für am Markt vorhandene Standards, gute Praktiken oder Rahmenwerke auf höherer Abstraktionsebene.

4. Welche der folgenden Aussagen zu COBIT 5 in Bezug auf COBIT 4.1 ist falsch?
   a) Das 4-Domänen-Prozessreferenzmodell aus COBIT 4.1 wurde durch ein 5-Domänen-Prozessreferenzmodell ersetzt.
   b) Die 222 Control Objectives aus COBIT 4.1 wurden auf 210 Control Objectives in COBIT 5 reduziert.
   c) Die 34 Prozesse aus COBIT 4.1 wurden durch 5 Governance- und 32 Managementprozesse in COBIT 5 ersetzt.
   d) Das Reifegradmodell aus COBIT 4.1 wurde in COBIT 5 durch ein ISO/IEC 15504-basiertes Prozessbefähigungsmodell abgelöst.

5. Was war ein wesentlicher Grund für die Weiterentwicklung des Rahmenwerkes COBIT 5 in Bezug auf COBIT 4.1?
   a) Bessere Unterstützung der Ziele der IT-Governance
   b) Bessere Integration von aktuellen Prüfungsansätzen
   c) Bessere Integration von Good-Practice-Ansätzen
   d) Bessere Anpassung des Rahmenwerkes an die neuen Entwicklungen der referenzierten IT-Standards, Rahmenwerke und guten Praktiken

6. Welches ist ein grundlegendes Prinzip von COBIT 5?
   a) Fokussiert auf das Business
   b) Anforderungen der Anspruchsgruppen erfüllen
   c) Steuerung durch Messung
   d) Trennung zwischen Compliance und Management

7. Welches ist ein grundlegendes Prinzip von COBIT 5?
   a) Orientierung an den Prozessen
   b) Unabhängigkeit aller Unternehmensfunktionen
   c) Ermöglichung eines ganzheitlichen Ansatzes
   d) Verschmelzung von Governance und Management

8. COBIT 5 beschreibt eine Zielkaskadierung in fünf Abstufungen. Welche Abfolge ist richtig?
   a) Anspruchsgruppen-Anforderungen → Anspruchsgruppen-Treiber → Unternehmensziele → IT-bezogene Ziele → Enabler-Ziele
   b) Anspruchsgruppen-Anforderungen → Anspruchsgruppen-Treiber → Unternehmensziele → Enabler-Ziele → IT-bezogene Ziele

c) Anspruchsgruppen-Treiber → Anspruchsgruppen-Anforderungen → Unternehmensziele –> Enabler-Ziele → IT-bezogene Ziele
d) Anspruchsgruppen-Treiber → Anspruchsgruppen-Anforderungen → Unternehmensziele → IT-bezogene Ziele → Enabler-Ziele

9. Welche ist eine der drei wesentlichen Anforderungen der Anspruchsgruppen?
   a) Abdeckung des gesamten Unternehmens
   b) Ganzheitlichen Ansatz ermöglichen
   c) Nutzenrealisierung
   d) Sicherstellung der Transparenz für die Anspruchsgruppen

10. COBIT 5 ordnet IT-bezogene Ziele den COBIT-Prozessen zu. Welche dieser Aussagen trifft nicht auf das Mapping zu?
   a) COBIT 5 umfasst 17 IT-bezogene Ziele und ordnet diesen die 37 Prozesse der fünf Prozessdomänen zu.
   b) Das Mapping der IT-bezogenen Ziele zu geschäftsbezogenen Zielen unterscheidet zwischen primären und sekundären Abhängigkeiten.
   c) Jedem IT-bezogenen Ziel ist genau ein primärer Prozess zugeordnet.
   d) Aus dem Mapping der IT-bezogenen Ziele zu den COBIT-Prozessen lässt sich ableiten, welche COBIT-Prozesse für das Erreichen der IT-bezogenen Ziele zu beachten sind.

11. Welche Aussage zum Enabler »Prinzipien, Richtlinien und Rahmenwerke« trifft nicht zu?
   a) Richtlinien sollten effektiv sein.
   b) Richtlinien sollten effizient sein.
   c) Richtlinien sollten eingängig und nachvollziehbar sein.
   d) Richtlinien sollten Eskalationsprozeduren umfassen.

12. Welche Aussage trifft am besten auf nachlaufende Indikatoren zu?
   a) Metriken zur Erkennung von Sicherheitslücken
   b) Metriken zur Messung der Erfüllung der Anforderungen von Anspruchsgruppen
   c) Metriken zur Steuerung des Lebenszyklus
   d) Metriken zur Messung der Effizienz des Einsatzes bewährter Praktiken

13. Auf welchem international anerkannten Standard beruht das COBIT-5-Prozessbefähigungsmodell?
   a) ISO/IEC 15504
   b) ISO/IEC 27001
   c) ISO/IEC 38500
   d) ITIL V3 2011

14. Welches ist keine der drei qualitativen Zielkategorien der COBIT-Enabler?
    a) Relevanz
    b) Intrinsische Qualität
    c) Kontextbezogene und repräsentative Qualität
    d) Sicherheit und Zugänglichkeit
15. Was ist ein bewährtes Verfahren für den Enabler »Services, Infrastruktur und Anwendungen«?
    a) Definition von Architekturprinzipien
    b) Definition von Arbeitsprinzipien
    c) Definition von Eskalationsverfahren
    d) Definition von Entscheidungsrechten
16. Was ist kein bewährtes Verfahren für den Enabler »Kultur, Ethik und Verhalten«?
    a) Kommunikation von Unternehmenswerten
    b) Schaffung eines Bewusstseins für das gewünschte Verhalten
    c) Anreize zur Förderung des erwünschten Verhaltens
    d) Umgang mit negativen Ergebnissen
17. Welche der folgenden ist kein Ziel für den Enabler »Mitarbeiter, Fähigkeiten und Kompetenzen«?
    a) Ausbildungs- und Qualifikationsniveau
    b) Kenntnisse
    c) Individuelle Verhaltensweisen
    d) Erfahrungslevel
18. Welche Eigenschaft trifft auf Prozesspraktiken zu?
    a) Prozesspraktiken müssen mit Metriken gemessen werden.
    b) Prozesspraktiken sind generisch und müssen für jedes Unternehmen angepasst werden.
    c) Prozesspraktiken basieren auf ISO-Standards.
    d) Prozesspraktiken sind IT-Rollen zugeordnet.
19. Was ist kein Enabler in COBIT 5?
    a) Prozesspraktiken
    b) Information
    c) Mitarbeiter
    d) Organisationsstrukturen
20. Welcher der folgenden COBIT-Prozesse ist nicht Teil der Prozessdomäne APO?
    a) Managen der Strategie
    b) Managen des Portfolios
    c) Managen der Qualität
    d) Managen von Betriebsmitteln

21. In welcher logischen Reihenfolge sind die Prozessdomänen für das Management der Unternehmens-IT im COBIT-5-Prozessreferenzmodell angeordnet?
    a) APO → BAI → DSS → MEA
    b) DSS → EDM → APO → MEA
    c) BAI → APO → MEA → DSS
    d) MEA → EDM → APO → DSS
22. Zu welcher Domäne gehört der COBIT-Prozess »Managen von Programmen und Projekten«?
    a) BAI
    b) APO
    c) DSS
    d) EDM
23. Welcher der folgenden Prozesse ist neu im Prozessreferenzmodell von COBIT 5 (d. h. gab es in vorherigen Versionen nicht)?
    a) Managen der Konfiguration
    b) Managen von Wissen
    c) Managen der Qualität
    d) Managen von Servicevereinbarungen
24. Zu welcher COBIT-Domäne gehört der Prozess »Managen von Problemen«?
    a) BAI
    b) APO
    c) DSS
    d) MEA
25. Welcher Prozess ist der COBIT-Domäne BAI zugeordnet?
    a) Managen der Qualität
    b) Managen der Unternehmensarchitektur
    c) Managen der Abnahme und Produktivsetzung von Änderungen
    d) Managen von Geschäftsprozesskontrollen
26. COBIT kann auch als Basis zum Aufbau eines IT-Compliance-Rahmenwerkes verwendet werden. Was bedeutet IT-Compliance?
    a) IT-Compliance ist die Gefahr von Verlusten, die infolge der Unzulänglichkeit oder des Versagens von internen Verfahren, Menschen und Systemen oder infolge externer Ereignisse eintreten.
    b) IT-Compliance bezeichnet die Einhaltung der relevanten Gesetze und Rechtsverordnungen, der vertraglichen Verpflichtungen sowie der externen und internen Richtlinien die IT einer Organisation betreffend.

c) IT-Compliance liegt in der Verantwortung des Vorstands und des Managements und ist ein wesentlicher Bestandteil der Unternehmensführung.
d) IT-Compliance besteht aus Führung, Organisationsstrukturen und Prozessen, die sicherstellen, dass die IT die Unternehmensstrategie und -ziele unterstützt.

27. Als Nachweis einer zuverlässigen Verarbeitung bei einem Dienstleistungsunternehmen hat sich eine Bestätigung des internen Kontrollsystems auf Basis der Prüfungsstandards ISAE 3402 oder IDW PS 951 etabliert. Welche COBIT-Elemente können die Erstellung eines Berichtes nach ISAE 3402 oder IDW PS 951 wesentlich unterstützen?
   a) COBIT-Prozesspraktiken
   b) RACI-Diagramm
   c) Reifegradmodelle
   d) Inputs und Outputs
28. COBIT 5 for Assurance beschreibt ein Vorgehensmodell, das aus drei Phasen besteht. Welches ist keine Phase des Vorgehensmodells?
   a) Festlegung des Prüfungsumfanges
   b) Probleme und Chancen definieren
   c) Verständnis der Enabler, Festlegung der Beurteilungskriterien und Durchführung der Beurteilung
   d) Kommunikation der Prüfungsergebnisse
29. COBIT 5 enthält einen allgemein anwendbaren Implementierungslebenszyklus zur Einführung von IT-Governance. Welches ist keine Phase des Implementierungslebenszyklus?
   a) Handlungsbedarf erkennen
   b) Risiken definieren
   c) Zielzustand definieren
   d) Verbesserungen umsetzen
30. Der COBIT-Prozess BAI06 (Manage Änderungen) ist einer der wesentlichen COBIT-Prozesse. Welches der nachfolgend aufgeführten IT-bezogenen Ziele wird durch diesen Prozess primär unterstützt?
   a) Gemanagtes, IT-bezogenes Unternehmensrisiko
   b) Optimierung von IT-Betriebsmitteln, -Ressourcen und -Fähigkeiten
   c) IT-Compliance mit internen Richtlinien
   d) Realisierter Nutzen aus IT-gestützten Investitionen und dem Serviceportfolio

31. Welche der folgenden Aussagen ist falsch?
   a) Inputs und Outputs werden im COBIT-5-Prozessreferenzmodell auf Ebene der Prozesspraktiken angegeben.
   b) Ein COBIT-5-Prozess umfasst neben weiteren Elementen auch Prozesspraktiken, Aktivitäten, Input- und Output-Beziehungen sowie Referenzen zu weiteren Standards.
   c) Die Zuordnung von Kompetenzen erfolgt über das RACI-Diagramm für jede Aktivität im COBIT-5- Prozessreferenzmodell.
   d) Das COBIT-5-Prozessreferenzmodell enthält Beispielmetriken für jedes Prozessziel.

32. Welcher der folgenden Zustände ist keine Stufe der sechs Reifegradstufen der Prozessbefähigung nach ISO/IEC 15504?
   a) Etablierter Prozess
   b) Optimierender Prozess
   c) Wiederholbarer Prozess
   d) Durchgeführter Prozess

33. Welcher der folgenden Begriffe ist kein generisches Attribut der Prozessbefähigung?
   a) Prozessdefinition
   b) Prozesskontrolle
   c) Prozesspraktiken
   d) Prozessmessung

34. COBIT wird häufig zur Erfüllung von Governance- und Compliance-Anforderungen im IT-Bereich eingesetzt. Was ist der Unterschied zwischen Governance und Compliance?
   a) IT-Governance kümmert sich um die Unterstützung der Unternehmensstrategie und -ziele durch die IT, während IT-Compliance sich um die Einhaltung von Gesetzen und Rechtsverordnungen sowie sonstigen Anforderungen an die IT kümmert.
   b) IT-Governance kümmert sich um das Risikomanagement im IT-Bereich, während IT-Compliance sich um die Einhaltung von Gesetzen und Rechtsverordnungen sowie sonstigen Anforderungen an die IT kümmert.
   c) IT-Governance kümmert sich um die Unterstützung der Unternehmensstrategie und -ziele durch die IT, während IT-Compliance sich um das Risikomanagement im IT-Bereich kümmert.
   d) IT-Compliance kümmert sich um die Unterstützung der Unternehmensstrategie und -ziele durch die IT, während IT-Governance sich um die Einhaltung von Gesetzen und Rechtsverordnungen sowie sonstigen Anforderungen an die IT kümmert.

35. Bei der Auslagerung von rechnungslegungsrelevanter Informationstechnologie wird vom auslagernden Unternehmen häufig ein Nachweis über die Angemessenheit und Wirksamkeit des kundenbezogenen internen Kontrollsystems erbracht werden. Welche Art von Bericht eignet sich dafür am besten?
    a) Prüfungsbericht nach ISAE 3402 oder IDW PS 951
    b) Revisionsbericht einer externen Prüfungsgesellschaft
    c) Jahresbericht des Datenschutzbeauftragten
    d) Revisionsbericht der internen Revision
36. Welcher der folgenden Begriffe ist kein Bestandteil der neun Leistungsattribute im Prozessbefähigungsmodell in COBIT 5?
    a) Prozessdefinition
    b) Prozessanwendung
    c) Prozessinnovation
    d) Prozessbeurteilung
37. Welche drei Prozesse sind Bestandteil der COBIT-Domäne DSS (Bereitstellen, Betreiben und Unterstützen)?
    a) Managen von Betriebsmitteln/Managen des Betriebs/Managen von Sicherheitsservices
    b) Managen von Problemen/Managen von Änderungen/Managen von Serviceanfragen und Störungen
    c) Managen der Kontinuität/Managen des Betriebs/Managen von Geschäftsprozesskontrollen
    d) Managen des Betriebs/Managen der Qualität/Managen von Problemen
38. Welches IT-bezogene Ziel unterstützt der COBIT-Prozess BAI01 Managen von Programmen und Projekten primär?
    a) IT-Compliance mit internen Richtlinien
    b) Nutzenrealisierung aus IT-gestützten Investitionen und dem Serviceportfolio
    c) Kompetente und motivierte Mitarbeiter (Geschäftsbetrieb und IT)
    d) IT-Agilität
39. Welche der folgenden COBIT-Prozesse ist nicht der Domäne APO zugeordnet?
    a) Managen von Budget und Kosten
    b) Managen der Sicherheit
    c) Managen von Servicevereinbarungen
    d) Managen der Definition von Anforderungen
40. Welche Aussage in Bezug auf eine Balanced Scorecard ist korrekt?
    a) Die Balanced Scorecard behandelt lediglich nichtmonetäre Kennzahlen.
    b) Die Balanced Scorecard umfasst eine möglichst hohe Anzahl an Kennzahlen.

c) Die Balanced Scorecard behandelt sowohl nachlaufende als auch vorlaufende Kennzahlen.
d) Die Balanced Scorecard umfasst genau zwei Perspektiven: die des Absatzmarktes und die der Prozesse.

41. Welche Aussage zum Enabler »Prinzipien, Richtlinien und Rahmenwerke« trifft nicht zu?
    a) Rahmenwerke sollten umfassend sein.
    b) Rahmenwerke sollten offen und flexibel sein.
    c) Rahmenwerke sollten aktuell sein.
    d) Rahmenwerke sollten nur dem Management zugänglich sein.

42. Was ist keine Anforderung der Anspruchsgruppen (Stakeholder)?
    a) Nutzenrealisierung
    b) Überwachung
    c) Ressourcenoptimierung
    d) Risikooptimierung

43. Zu welcher COBIT-Domäne gehört der COBIT-Prozess »Managen von Verfügbarkeit und Kapazität«?
    a) BAI
    b) APO
    c) DSS
    d) EDM

44. Welcher der folgenden Prozesse ist kein Managementprozess?
    a) Sicherstellen der Risikooptimierung
    b) Managen der Strategie
    c) Managen des Betriebs
    d) Managen von Änderungen

45. Welcher Prozess wurde mit der Einführung von COBIT 5 in das Prozessreferenzmodell neu aufgenommen?
    a) Managen der Sicherheit
    b) Managen der Qualität
    c) Managen von Innovationen
    d) Managen von Änderungen

46. Welchem Element werden Inputs und Outputs zugewiesen?
    a) Prozessen
    b) Prozesspraktiken
    c) Prozessaktivitäten
    d) Prozesszielen

47. Welcher Prozess ist der COBIT-Domäne BAI (Aufbauen, Beschaffen und Implementieren) zugeordnet?
    a) Managen der Qualität
    b) Managen der Unternehmensarchitektur
    c) Managen von Änderungen
    d) Managen von Problemen
48. Welches IT-bezogene Ziel unterstützt der COBIT-Prozess DSS04 Managen der Kontinuität primär?
    a) Verfügbarkeit zuverlässiger und verwendbarer Informationen zur Entscheidungsfindung
    b) Angleichung zwischen IT- und Geschäftsstrategie
    c) Transparenz von IT-Kosten, Nutzen und Risiko
    d) IT-Compliance mit internen Richtlinien
49. Ordnen Sie den COBIT-Prozess »Managen der Sicherheit« der richtigen COBIT-Domäne zu.
    a) EDM
    b) DSS
    c) APO
    d) MEA
50. Zu welcher COBIT-Domäne gehört der COBIT-Prozess »Managen des Betriebs«?
    a) BAI
    b) APO
    c) DSS
    d) EDM

31.2 Lösungen zu den Wissensfragen

Nachfolgend finden Sie die Lösungen zu den Wissensfragen mit ausführlichen Begründungen.

1. Lösung a)
    a) Richtig. Das Rahmenwerk (Business Framework) beschreibt insbesondere die fünf Kernprinzipien und die sieben Enabler. Die Enabler-Handbücher beschreiben die Enabler, das Enabler-Handbuch »COBIT 5: Enabling Processes« war Bestandteil der Erstauslieferung im April 2012. Umsetzungsleitfäden sind vertiefende Handbücher für einzelne Anwendungsfelder (wie Implementation, Informationssicherheit, Assurance oder Risiko).
    b) Falsch. »Enabling Processes« ist ein Beispiel für ein Enabler-Handbuch und »COBIT 5 for Assurance« ist ein Beispiel für einen Umsetzungsleitfaden.

c) Falsch. Control Practices sind in COBIT 4.1 Hinweise, wie Control Objectives umgesetzt werden können. Der Begriff wurde in COBIT 5 durch Prozessaktivitäten ersetzt. »COBIT 5 Implementation« ist ein Beispiel für einen Umsetzungsleitfaden.
d) Falsch. Val IT ist ein Rahmenwerk für die Governance von IT-bezogenen Investitionen und Risk IT ist ein Rahmenwerk für die Governance von IT-bezogenen Risiken. Beide Rahmenwerke sind in COBIT 5 integriert worden.

Sollten Sie mit dieser Frage Schwierigkeiten gehabt haben, lesen Sie nochmals im Abschnitt 2.3 nach.

2. Lösung d)
   a) Falsch. Die Aussage stimmt: Optimaler Wertbeitrag aus Information und Technologie ist ein primäres Ziel des Einsatzes von COBIT 5. Die Schaffung von Werten bzw. Wertschöpfung ist eine zentrale Governance-Zielvorgabe für jedes Unternehmen, egal ob es wirtschaftliche Zwecke verfolgt oder nicht.
   b) Falsch. Die Aussage stimmt: Verbesserung von Governance-Prozessen und -Metriken ist ein primäres Ziel des Einsatzes von COBIT 5. Die Verbesserung der Governance der Unternehmens-IT ist ein Ziel, das insbesondere über die Zielkaskade und die Governance-Prozesse von COBIT 5 unterstützt wird, die auch Metriken umfassen.
   c) Falsch. Die Aussage stimmt: Angemessenes Risikomanagement ist ein primäres Ziel des Einsatzes von COBIT 5. Risikooptimierung ist eine der drei Anforderungen der Anspruchsgruppen, und COBIT 5 enthält mit der Zielkaskade einen Mechanismus, mit dem diese Anforderung in konkrete, durchführbare und angepasste Unternehmensziele, IT-bezogene Ziele und Enabler-Ziele umgewandelt werden kann.
   d) Richtig. Die Aussage ist falsch: Verbesserung der IT-Infrastruktur ist kein primäres Ziel des Einsatzes von COBIT 5.

Sollten Sie mit dieser Frage Schwierigkeiten gehabt haben, lesen Sie nochmals im Abschnitt 2.2 nach.

3. Lösung d)
   a) Falsch. COBIT 5 vereint nicht die Inhalte von ISO/IEC 27001, PRINCE2 und ITIL, sondern referenziert auf deren Inhalte aus den entsprechenden Prozessen heraus.
   b) Falsch. COBIT 5 ergänzt COSO nicht mit dem Ziel, einen höheren Reifegrad der IT-Governance zu erreichen. COSO ist Rahmenwerk für das unternehmensweite interne Kontrollsystem. COBIT 5 ergänzt dieses für die Informationsverarbeitung.

c) Falsch. COBIT 5 stellt kein alternatives Rahmenwerk zu ISO/IEC 27001, PRINCE2 und ITIL dar, sondern referenziert für weitere inhaltliche Details auf diese aus den entsprechenden Prozessen heraus.
d) Richtig. COBIT 5 ist ein Integrationsrahmenwerk für am Markt vorhandene Standards, gute Praktiken oder Rahmenwerke auf höherer Abstraktionsebene.

Sollten Sie mit dieser Frage Schwierigkeiten gehabt haben, lesen Sie nochmals im Abschnitt 14.8 nach.

4. Lösung b)
   a) Falsch. Die Aussage stimmt: Das 4-Domänen-Prozessreferenzmodell aus COBIT 4.1 wurde durch ein 5-Domänen-Prozessreferenzmodell ersetzt.
   b) Richtig. Die Aussage ist falsch: Control Objectives wurden in Prozesspraktiken umbenannt. Richtig ist: COBIT 4.1 enthält 222 Control Objectives und COBIT 5 enthält 210 Prozesspraktiken.
   c) Falsch. Die Aussage stimmt: Die 34 Prozesse aus COBIT 4.1 wurden durch 5 Governance- und 32 Managementprozesse in COBIT 5 ersetzt.
   d) Falsch. Die Aussage stimmt: Das Reifegradmodell aus COBIT 4.1 wurde in COBIT 5 durch ein ISO/IEC 15504-basiertes Prozessbefähigungsmodell abgelöst.

Sollten Sie mit dieser Frage Schwierigkeiten gehabt haben, lesen Sie nochmals im Kapitel 15 nach.

5. Lösung a)
   a) Richtig. COBIT 5 stellt ein umfassendes Rahmenwerk bereit, das Unternehmen dabei unterstützt, ihre Ziele im Rahmen der Governance und des Managements der Unternehmens-IT zu erreichen. Insbesondere das Thema Governance war in COBIT 4.1 nur schwach ausgeprägt, und die Governance-Ebene war nicht Bestandteil der Zielkaskade.
   b) Falsch. Die Integration von aktuellen Prüfungsansätzen war kein wesentlicher Grund für die Weiterentwicklung des Rahmenwerkes von COBIT 4.1 zu COBIT 5. Dennoch wurde der Prüfungsansatz im Umsetzungsleitfaden »COBIT 5 for Assurance« grundsätzlich überarbeitet.
   c) Falsch. In COBIT 4.1 waren Good Practices bereits integriert, in COBIT 5 wurde die Integration durch die Referenzierung aus den Prozessen heraus noch transparenter. Dies war jedoch kein wesentlicher Grund für die Weiterentwicklung des Rahmenwerkes von COBIT 4.1 zu COBIT 5.
   d) Falsch. COBIT 5 berücksichtigt die neuen Entwicklungen von referenzierten Standards, Rahmenwerken und guten Praktiken. Dies war jedoch kein wesentlicher Grund für die Weiterentwicklung des Rahmenwerkes von COBIT 4.1 zu COBIT 5.

Sollten Sie mit dieser Frage Schwierigkeiten gehabt haben, lesen Sie nochmals im Abschnitt 2.2 nach.

6. Lösung b)
   a) Falsch. Fokussiert auf das Business ist ein Kernprinzip von COBIT 4.1.
   b) Richtig. Die Erfüllung der Anforderungen der Anspruchsgruppen ist eines der fünf grundlegenden Prinzipien von COBIT 5 für die Governance und das Management der Unternehmens-IT.
   c) Falsch. Steuerung durch Messung ist ein Kernprinzip von COBIT 4.1.
   d) Falsch. Ein grundlegendes Prinzip von COBIT 5 ist die Unterscheidung von Governance und Management, nicht von Compliance und Management.

Sollten Sie mit dieser Frage Schwierigkeiten gehabt haben, lesen Sie nochmals im Kapitel 3 nach.

7. Lösung c)
   a) Falsch. Orientierung an Prozessen ist ein Kernprinzip von COBIT 4.1.
   b) Falsch. Die Abdeckung des gesamten Unternehmens und damit sämtliche Funktionen und Prozesse innerhalb des Unternehmens ist eines der fünf grundlegenden Prinzipien von COBIT 5.
   c) Richtig. Ermöglichung eines ganzheitlichen Ansatzes über das Enabler-Konzept ist eines der fünf grundlegenden Prinzipien von COBIT 5.
   d) Falsch. Ein grundlegendes Prinzip von COBIT 5 ist die Trennung von Governance und Management.

Sollten Sie mit dieser Frage Schwierigkeiten gehabt haben, lesen Sie nochmals im Kapitel 3 nach.

8. Lösung d)
   a) Falsch
   b) Falsch
   c) Falsch
   d) Richtig. Die Zielkaskade von COBIT 5 hat die Abfolge: Anspruchsgruppen-Treiber – Anspruchsgruppen-Anforderungen – Unternehmensziele – IT-bezogene Ziele – Enabler-Ziele

Sollten Sie mit dieser Frage Schwierigkeiten gehabt haben, lesen Sie nochmals im Kapitel 3 nach.

9. Lösung c)
   a) Falsch. Abdeckung des gesamten Unternehmens ist eines der fünf grundlegenden Prinzipien von COBIT 5.
   b) Falsch. Ermöglichung eines ganzheitlichen Ansatzes ist eines der fünf grundlegenden Prinzipien von COBIT 5.

c) Richtig. Nutzenrealisierung ist eine der drei wesentlichen Governance-Zielvorgaben in COBIT 5.
d) Falsch. Sicherstellung der Transparenz für die Anspruchsgruppen ist ein Governance-Prozess in COBIT 5 (EDM05).

Sollten Sie mit dieser Frage Schwierigkeiten gehabt haben, lesen Sie nochmals im Kapitel 3 nach.

10. Lösung c)

a) Falsch. Die Aussage ist richtig: COBIT 5 umfasst 17 IT-bezogene Ziele und ordnet diesen die 37 Prozesse der fünf Prozessdomänen zu.
b) Falsch. Die Aussage ist richtig: Das Mapping der IT-bezogenen Ziele zu geschäftsbezogenen Zielen unterscheidet zwischen primären und sekundären Abhängigkeiten.
c) Richtig. Die Aussage ist falsch. Jedem IT-bezogenen Ziel können in COBIT 5 ein oder mehrere primäre COBIT-Prozesse zugeordnet sein.
d) Falsch. Die Aussage ist richtig: Aus dem Mapping der IT-bezogenen Ziele zu den COBIT-Prozessen lässt sich ableiten, welche COBIT-Prozesse für das Erreichen der IT-bezogenen Ziele zu beachten sind.

Sollten Sie mit dieser Frage Schwierigkeiten gehabt haben, lesen Sie nochmals im Abschnitt 16.1 nach.

11. Lösung d)

a) Falsch. Die Aussage ist richtig: Gute Richtlinien sollten effektiv sein und den geplanten Zweck erfüllen.
b) Falsch. Die Aussage ist richtig: Gute Richtlinien sollten effizient sein und sicherstellen, dass die Prinzipien mit maximaler Effizienz implementiert werden.
c) Falsch. Die Aussage ist richtig: Gute Richtlinien sollten eingängig und nachvollziehbar sein und logisch auf diejenigen wirken, die sie zu beachten haben.
d) Richtig. Die Aussage ist falsch: Eskalationsprozeduren sollten in den nachgelagerten Verfahrensbeschreibungen oder Arbeitsanweisungen zur Richtlinie festgelegt werden.

Sollten Sie mit dieser Frage Schwierigkeiten gehabt haben, lesen Sie nochmals im Abschnitt 5.2 nach.

12. Lösung b)

a) Falsch. Metriken zur Erkennung von Sicherheitslücken können vorwärts oder rückwärts gerichtete Indikatoren sein.
b) Richtig. Nachlaufende Indikatoren sind rückwärts gerichtete Indikatoren und damit Metriken für die Erreichung von Zielen wie z. B. der Anforderungen von Anspruchsgruppen.

c) Falsch. Metriken zur Steuerung des Lebenszyklus sind Metriken für die Anwendung von Praktiken und damit vorwärts gerichtete Indikatoren.
d) Falsch. Metriken zur Messung der Effizienz des Einsatzes bewährter Praktiken sind vorwärts gerichtete Indikatoren.

Sollten Sie mit dieser Frage Schwierigkeiten gehabt haben, lesen Sie nochmals im Kapitel 4 nach.

13. Lösung a)

a) Richtig. Das COBIT-5-Prozessbefähigungsmodell beruht auf dem international anerkannten Standard ISO/IEC 15504 Informationstechnik – Prozess-Assessment.
b) Falsch. Die ISO/IEC 27001 »Informationstechnik – IT-Sicherheitsverfahren – Informationssicherheits-Managementsysteme – Anforderungen« ist das zentrale, normative Dokument der ISO/IEC 27000-Standardfamilie und ist in COBIT 5 referenziert.
c) Falsch. Die ISO/IEC 38500 »Corporate Governance of Information Technology« gibt als prinzipienbasierter Standard Organisationen einen Rahmen für ihre IT-Governance-Aktivitäten auf hohem Abstraktionsgrad und ist in COBIT 5 referenziert.
d) Falsch. ITIL V3 2011 (IT Infrastructure Library) beschreibt 27 Prozesse für das Service-Management, die den gesamten Lebenszyklus eines Service abdecken, und ist in COBIT 5 referenziert.

Sollten Sie mit dieser Frage Schwierigkeiten gehabt haben, lesen Sie nochmals im Abschnitt 13.1 nach.

14. Lösung a)

a) Richtig. Die Aussage ist falsch: Relevanz ist keine der drei Zielkategorien der COBIT-Enabler, sondern eine Ausprägung der kontextbezogenen und repräsentativen Qualität für den Enabler »Information«, der beschreibt, inwieweit Informationen für die jeweilige Aufgabe anwendbar und hilfreich sind.
b) Falsch. Die Aussage ist richtig: Intrinsische Qualität ist eine der drei Zielkategorien der COBIT-Enabler und bezieht sich auf den Umfang, in dem Enabler objektive und wiederholbare Ergebnisse liefern.
c) Falsch. Die Aussage ist richtig: Kontextbezogene und repräsentative Qualität ist eine der drei Zielkategorien der COBIT-Enabler und bezieht sich auf den Umfang, in dem Enabler und ihre Ergebnisse in dem Einsatzkontext zweckdienlich sind.
d) Falsch. Die Aussage ist richtig: Sicherheit und Zugänglichkeit ist eine der drei Zielkategorien der COBIT-Enabler und bezieht sich auf den Umfang, in dem Enabler und ihre Ergebnisse zugänglich und sicher sind.

Sollten Sie mit dieser Frage Schwierigkeiten gehabt haben, lesen Sie nochmals im Abschnitt 4.2 nach.

15. Lösung a)
   a) Richtig. Definition von Architekturprinzipien ist ein bewährtes Verfahren für den Enabler »Services, Infrastruktur und Anwendungen«. Architekturprinzipien sind allgemeine Leitlinien, die die Implementierung und Verwendung IT-bezogener Ressourcen innerhalb des Unternehmens regeln.
   b) Falsch. Definition von Arbeitsprinzipien ist ein bewährtes Verfahren für den Enabler »Organisationsstrukturen«. Arbeitsprinzipien sind die praktischen Vorkehrungen für die Funktionsweise der Organisationsstruktur, wie die Häufigkeit von Besprechungen und deren Dokumentation.
   c) Falsch. Definition von Eskalationsverfahren ist ein bewährtes Verfahren für den Enabler »Organisationsstrukturen«. Der Eskalationspfad einer Organisationsstruktur beschreibt die erforderlichen Maßnahmen im Falle von Problemen bei der Entscheidungsfindung.
   d) Falsch. Definition von Entscheidungsrechten ist ein bewährtes Verfahren für den Enabler »Organisationsstrukturen« und beschreibt die Kompetenzstufen/Entscheidungsbefugnisse einer Organisationsstruktur.

Sollten Sie mit dieser Frage Schwierigkeiten gehabt haben, lesen Sie nochmals im Abschnitt 8.4 nach.

16. Lösung d)
   a) Falsch. Die Aussage ist richtig: Die unternehmensweite Kommunikation der erwünschten Verhaltensweisen und der ihnen zugrunde liegenden Unternehmenswerte ist ein bewährtes Verfahren für den Enabler »Kultur, Ethik und Verhalten«.
   b) Falsch. Die Aussage ist richtig: Schaffung eines Bewusstseins für das gewünschte Verhalten durch mustergültiges Vorleben des Verhaltens durch das oberste Management und andere wichtige Funktionsträger ist ein bewährtes Verfahren für den Enabler »Kultur, Ethik und Verhalten«.
   c) Falsch. Die Aussage ist richtig: Anreize zur Förderung des erwünschten Verhaltens und geeignete abschreckende Mittel, um das gewünschte Verhalten durchzusetzen, ist ein bewährtes Verfahren für den Enabler »Kultur, Ethik und Verhalten«.
   d) Richtig. Die Aussage ist falsch: Der Umgang mit negativen Ergebnissen ist kein bewährtes Verfahren, sondern eine Ausprägung der individuellen Verhaltensweise (wie geht das Unternehmen mit negativen Ergebnissen um?) für den Enabler »Kultur, Ethik und Verhalten«.

Sollten Sie mit dieser Frage Schwierigkeiten gehabt haben, lesen Sie nochmals im Abschnitt 7.4 nach.

17. Lösung c)
    a) Falsch. Die Aussage ist richtig: Ziele für Fähigkeiten und Kompetenzen beziehen sich auf Ausbildungs- und Qualifikationsniveaus.
    b) Falsch. Die Aussage ist richtig: Ziele für Fähigkeiten und Kompetenzen beziehen sich auf Kenntnisse.
    c) Richtig. Die Aussage ist falsch: Individuelle Verhaltensweisen machen die Kultur eines Unternehmens aus und sind Ziele des Enablers »Kultur, Ethik und Verhalten«.
    d) Falsch. Die Aussage ist richtig: Ziele für Fähigkeiten und Kompetenzen beziehen sich auf Erfahrungslevel.

Sollten Sie mit dieser Frage Schwierigkeiten gehabt haben, lesen Sie nochmals im Abschnitt 9.4 nach.

18. Lösung b)
    a) Falsch. In COBIT sind auf der Ebene von Prozesspraktiken keine Metriken vorhanden.
    b) Richtig. Prozesspraktiken sind generisch und müssen für jedes Unternehmen angepasst werden.
    c) Falsch. Die Prozesspraktiken sind an relevanten und allgemein anerkannten Standards und bewährten Verfahren ausgerichtet.
    d) Falsch. Prozesspraktiken decken Rolleninhaber aus Geschäftsbereichen und IT ab.

Sollten Sie mit dieser Frage Schwierigkeiten gehabt haben, lesen Sie nochmals im Abschnitt 9.4 nach.

19. Lösung a)
    a) Richtig. Die Aussage ist falsch: Prozesspraktiken stellen einen umfassenden Satz allgemeiner Anforderungen für eine effektive und praktische Governance und ein entsprechendes Management der Unternehmens-IT bereit und sind bewährte Verfahren beim Enabler Prozesse.
    b) Falsch. Die Aussage ist richtig: Information ist ein Enabler in COBIT 5.
    c) Falsch. Die Aussage ist richtig: Mitarbeiter und ihre Fähigkeiten und Kompetenzen ist ein Enabler in COBIT 5.
    d) Falsch. Die Aussage ist richtig: Organisationsstrukturen ist ein Enabler in COBIT 5.

Sollten Sie mit dieser Frage Schwierigkeiten gehabt haben, lesen Sie nochmals im Kapitel 4 nach.

20. Lösung d)
    a) Falsch. APO02 Managen der Strategie gehört zur COBIT-Domäne APO (Anpassen, Planen und Organisieren).

b) Falsch. APO05 Managen des Portfolios gehört zur COBIT-Domäne APO (Anpassen, Planen und Organisieren).
c) Falsch. APO11 Managen der Qualität gehört zur COBIT-Domäne APO (Anpassen, Planen und Organisieren).
d) Richtig. BAI09 Managen von Betriebsmitteln gehört zur COBIT-Domäne BAI (Aufbauen, Beschaffen und Implementieren).

Sollten Sie mit dieser Frage Schwierigkeiten gehabt haben, lesen Sie nochmals im Kapitel 11 nach.

21. Lösung a)

a) Richtig. Die Prozessdomänen für das Management der Unternehmens-IT sind in COBIT 5 in der logischen Reihenfolge APO (Planen) → BAI (Implementieren) → DSS (Betreiben) → MEA (Überwachen) angeordnet.
b) Falsch
c) Falsch
d) Falsch

Sollten Sie mit dieser Frage Schwierigkeiten gehabt haben, lesen Sie nochmals im Kapitel 11 nach.

22. Lösung a)

a) Richtig. Der COBIT-Prozess BAI01 Managen von Programmen und Projekten gehört zur Domäne BAI (Aufbauen, Beschaffen und Implementieren).
b) Falsch
c) Falsch
d) Falsch

Sollten Sie mit dieser Frage Schwierigkeiten gehabt haben, lesen Sie nochmals im Kapitel 11 nach.

23. Lösung b)

a) Falsch. Der Prozess BAI10 Managen der Konfiguration ist nicht neu im COBIT-5-Prozessreferenzmodell. Im COBIT 4.1 gab es bereits den Prozess DS9 Manage die Konfiguration.
b) Richtig. Der Prozess BAI08 Managen von Wissen ist neu im COBIT-5-Prozessmodell. In COBIT 4.1 gab es aber im Prozess AI4 Ermögliche Betrieb und Verwendung mit AI4.2 Wissenstransfer an das Business Management, AI4.3 Wissenstransfer an Endbenutzer und AI4.4 Wissenstransfer an Operations- und Support-Mitarbeiter bereits entsprechende Control Objectives.
c) Falsch. Der Prozess APO11 Managen der Qualität ist nicht neu im COBIT-5-Prozessmodell. In COBIT 4.1 gab es bereits den Prozess PO8 Manage Qualität.

d) Falsch. Der Prozess APO09 Managen von Servicevereinbarungen ist nicht neu im COBIT-5-Prozessmodell. Im COBIT 4.1 gab es bereits den Prozess DS1 Definiere und manage Servicevereinbarungen.

Sollten Sie mit dieser Frage Schwierigkeiten gehabt haben, lesen Sie nochmals im Kapitel 15 nach.

24. Lösung c)

a) Falsch
b) Falsch
c) Richtig. Der COBIT-Prozess DSS03 Managen von Problemen gehört zur COBIT-Domäne DSS (Bereitstellen, Betreiben und Unterstützen).
d) Falsch

Sollten Sie mit dieser Frage Schwierigkeiten gehabt haben, lesen Sie nochmals im Kapitel 11 nach.

25. Lösung c)

a) Falsch. APO 11 Managen der Qualität gehört zur COBIT-Domäne APO (Anpassen, Planen und Organisieren).
b) Falsch. APO03 Managen der Unternehmensarchitektur gehört zur COBIT-Domäne APO (Anpassen, Planen und Organisieren).
c) Richtig. BAI07 Managen der Abnahme und Produktivsetzung von Änderungen gehört zur COBIT-Domäne BAI (Aufbauen, Beschaffen und Implementieren).
d) Falsch. DSS06 Managen von Geschäftsprozesskontrollen gehört zur COBIT-Domäne DSS (Bereitstellen, Betreiben und Unterstützen).

Sollten Sie mit dieser Frage Schwierigkeiten gehabt haben, lesen Sie nochmals im Kapitel 11 nach.

26. Lösung b)

a) Falsch. Operationelles Risiko ist die Gefahr von Verlusten, die infolge der Unzulänglichkeit oder des Versagens von internen Verfahren, Menschen und Systemen oder infolge externer Ereignisse eintreten.
b) Richtig. IT-Compliance bezeichnet die Einhaltung der relevanten Gesetze und Rechtsverordnungen, der vertraglichen Verpflichtungen sowie der externen und internen Richtlinien die IT einer Organisation betreffend.
c) Falsch. IT-Governance liegt in der Verantwortung des Vorstands und des Managements und ist ein wesentlicher Bestandteil der Unternehmensführung.
d) Falsch. IT-Governance besteht aus Führung, Organisationsstrukturen und Prozessen, die sicherstellen, dass die IT die Unternehmensstrategie und -ziele unterstützt.

Sollten Sie mit dieser Frage Schwierigkeiten gehabt haben, lesen Sie nochmals im Kapitel 23 nach.

27. Lösung a)
    a) Richtig. Die COBIT-Prozesspraktiken können als Ausgangsbasis für die Formulierung der Kontrollziele/Kontrollen für einen Bericht nach ISAE 3402 oder IDW PS 951 dienen.
    b) Falsch. Das RACI-Diagramm von COBIT 5 dient der Zuordnung von Verantwortlichkeiten zu Prozesspraktiken und unterstützt die Erstellung eines Berichtes nach ISAE 3402 oder IDW PS 951 nicht wesentlich.
    c) Falsch. Reifegradmodelle dienen zur Beurteilung der Prozessreife und können im Vorfeld der Erstellung eines Berichtes nach ISAE 3402 oder IDW PS 951 die allgemeine Bereitschaft der Organisation für eine solche Prüfung messen, aber unterstützen nicht speziell die Erstellung eines Berichtes nach ISAE 3402 oder IDW PS 951.
    d) Falsch. Inputs und Outputs sind die Ergebnisse der Prozesse. Primärer Gegenstand bei der Erstellung eines Berichtes nach ISAE 3402 oder IDW PS 951 sind aber die Prozesse.

Sollten Sie mit dieser Frage Schwierigkeiten gehabt haben, lesen Sie nochmals im Abschnitt 24.3 nach.

28. Lösung b)
    a) Falsch. Die »Festlegung des Prüfungsumfanges« ist die erste Phase des Vorgehensmodells aus dem Umsetzungsleitfaden »COBIT 5 for Assurance«.
    b) Richtig. »Probleme und Chancen definieren« ist keine Phase des Vorgehensmodells aus dem Umsetzungsleitfaden »COBIT 5 for Assurance«, sondern die zweite Phase des Implementierungslebenszyklus aus dem Umsetzungsleitfaden »COBIT 5 Implementation«.
    c) Falsch. Das »Verständnis der Enabler, Festlegung der Beurteilungskriterien und Durchführung der Beurteilung« ist die zweite Phase des Vorgehensmodells aus dem Umsetzungsleitfaden »COBIT 5 for Assurance«.
    d) Falsch. Die »Kommunikation der Prüfungsergebnisse« ist die dritte Phase des Vorgehensmodells aus dem Umsetzungsleitfaden »COBIT 5 for Assurance«.

Sollten Sie mit dieser Frage Schwierigkeiten gehabt haben, lesen Sie nochmals im Abschnitt 25.3 nach.

29. Lösung b)
    a) Falsch. »Handlungsbedarf erkennen« ist die erste Phase des Implementierungslebenszyklus zur Einführung von IT-Governance.
    b) Richtig. »Risiken definieren« ist keine eigene Phase, sondern ein Phasenelement der ersten Phase des Implementierungslebenszyklus zur Einführung von IT-Governance.

c) Falsch. »Zielzustand definieren« ist die dritte Phase des Implementierungslebenszyklus zur Einführung von IT-Governance.
d) Falsch. »Verbesserungen umsetzen« ist die fünfte Phase des Implementierungslebenszyklus zur Einführung von IT-Governance.

Sollten Sie mit dieser Frage Schwierigkeiten gehabt haben, lesen Sie nochmals im Kapitel 20 nach.

30. Lösung a)

a) Richtig. Das IT-bezogene Ziel ITG04 »Gemanagtes, IT-bezogenes Unternehmensrisiko« wird durch den COBIT-Prozess BAI06 (Managen von Änderungen) primär unterstützt.
b) Falsch
c) Falsch
d) Falsch

Sollten Sie mit dieser Frage Schwierigkeiten gehabt haben, lesen Sie nochmals im Abschnitt 11.1.3.3 nach.

31. Lösung c)

a) Falsch. Die Aussage ist richtig: Inputs und Outputs werden im COBIT-5-Prozessreferenzmodell auf Ebene der Prozesspraktiken angegeben.
b) Falsch. Die Aussage ist richtig: Ein COBIT-5-Prozess umfasst neben weiteren Elementen auch Prozesspraktiken, Aktivitäten, Input- und Output-Beziehungen sowie Referenzen zu weiteren Standards.
c) Richtig. Die Aussage ist falsch: Die Zuordnung von Kompetenzen über das RACI-Diagramm erfolgt nicht für jede Aktivität in COBIT 5, sondern für jede Prozesspraktik.
d) Falsch. Die Aussage ist richtig: COBIT 5 enthält Beispielmetriken für jedes Prozessziel.

Sollten Sie mit dieser Frage Schwierigkeiten gehabt haben, lesen Sie nochmals im Kapitel 11 nach.

32. Lösung c)

a) Falsch. Die Aussage ist richtig: Ein »etablierter« Prozess entspricht in COBIT 5 der Prozessbefähigungsstufe drei.
b) Falsch. Die Aussage ist richtig: Ein »optimierender« Prozess entspricht in COBIT 5 der Prozessbefähigungsstufe fünf.
c) Richtig. Die Aussage ist falsch: Ein »wiederholbarer Prozess« war in COBIT 4.1 die Bezeichnung für die Reifegradstufe zwei. Die Prozessbefähigungsstufen von COBIT 5 kennen keinen »wiederholbaren« Prozess, sondern nur einen »durchgeführten« Prozess auf der Prozessbefähigungsstufe eins.
d) Falsch. Die Aussage ist richtig: Ein »durchgeführter« Prozess« entspricht in COBIT 5 der Prozessbefähigungsstufe eins.

Sollten Sie mit dieser Frage Schwierigkeiten gehabt haben, lesen Sie nochmals im Abschnitt 13.1 nach.

33. Lösung c)

a) Falsch. PA 3.1 Prozessdefinition ist ein generisches Attribut für die Prozessbefähigungsstufe »etablierter« Prozess.
b) Falsch. PA 4.2 Prozesskontrolle ist ein generisches Attribut für die Prozessbefähigungsstufe »vorhersagbarer« Prozess.
c) Richtig. Prozesspraktiken sind keine generischen Attribute für eine Prozessbefähigungsstufe in COBIT 5, sondern konkrete Leistungsindikatoren für die Prozessbefähigungsstufe eins (durchgeführter Prozess).
d) Falsch. PA4.1 Prozessmessung ist ein generisches Attribut für die Prozessbefähigungsstufe »vorhersagbarer« Prozess.

Sollten Sie mit dieser Frage Schwierigkeiten gehabt haben, lesen Sie nochmals im Abschnitt 13.1 nach.

34. Lösung a)

a) Richtig. IT-Governance kümmert sich um die Unterstützung der Unternehmensstrategie und -ziele durch die IT, während IT-Compliance sich um die Einhaltung von Gesetzen und Rechtsverordnungen sowie sonstigen Anforderungen an die IT kümmert.
b) Falsch. IT-Governance kümmert sich nicht primär um das Risikomanagement im IT-Bereich.
c) Falsch. IT-Compliance kümmert sich nicht primär um das Risikomanagement im IT-Bereich.
d) Falsch. IT-Compliance kümmert sich nicht primär um die Unterstützung der Unternehmensstrategie und -ziele durch die IT.

Sollten Sie mit dieser Frage Schwierigkeiten gehabt haben, lesen Sie nochmals im Abschnitt 19.1 nach.

35. Lösung a)

a) Richtig. Ein Prüfungsbericht nach ISAE 3402 oder IDW PS 951 eignet sich am besten zum Nachweis der Angemessenheit und Wirksamkeit des kundenbezogenen internen Kontrollsystems, da dieser von einem unabhängigen Wirtschaftsprüfer nach einem anerkannten Prüfungsstandard erstellt wird.
b) Falsch. Ein Revisionsbericht einer externen Prüfungsgesellschaft kann auch Aussagen zur Angemessenheit und Wirksamkeit des kundenbezogenen internen Kontrollsystems enthalten, basiert aber nicht auf einem anerkannten Prüfungsstandard.
c) Falsch. Der Jahresbericht des Datenschutzbeauftragten enthält primär Aussagen zur Tätigkeit des Datenschutzbeauftragten und stellt keine unabhän-

gige Beurteilung der Angemessenheit und Wirksamkeit des datenschutzrelevanten internen Kontrollsystems dar.

d) Falsch. Ein Revisionsbericht der internen Revision kann auch Aussagen zur Angemessenheit und Wirksamkeit des kundenbezogenen internen Kontrollsystems enthalten, orientiert sich aber nicht an einem anerkannten Prüfungsstandard und ist weniger unabhängig erstellt.

Sollten Sie mit dieser Frage Schwierigkeiten gehabt haben, lesen Sie nochmals im Kapitel 24 nach.

36. Lösung d)

a) Falsch. PA 3.1 Prozessdefinition ist ein generisches Attribut für die Prozessbefähigungsstufe »etablierter« Prozess.
b) Falsch. PA 3.2 Prozessanwendung ist ein generisches Attribut für die Prozessbefähigungsstufe »etablierter« Prozess.
c) Falsch. PA 5.1 Prozessinnovation ist ein generisches Attribut für die Prozessbefähigungsstufe »optimierender« Prozess.
d) Richtig. Prozessbeurteilung ist kein Bestandteil der neun Prozessbefähigungsattribute, sondern der Prozess zur Ermittlung der Prozessbefähigungsstufe.

Sollten Sie mit dieser Frage Schwierigkeiten gehabt haben, lesen Sie nochmals im Abschnitt 13.1 nach.

37. Lösung c)

a) Falsch. BAI09 Managen von Betriebsmitteln/DSS01 Managen des Betriebs/DSS05 Managen von Sicherheitsservices
b) Falsch. DSS03 Managen von Problemen/BAI06 Managen von Änderungen/DSS02 Managen von Serviceanfragen und Störungen
c) Richtig. DSS04 Managen der Kontinuität/DSS01 Managen des Betriebs/DSS06 Managen von Geschäftsprozesskontrollen
d) Falsch. DSS01 Managen des Betriebs/APO11 Managen der Qualität/DSS03 Managen von Problemen

Sollten Sie mit dieser Frage Schwierigkeiten gehabt haben, lesen Sie nochmals im Kapitel 11 nach.

38. Lösung b)

a) Falsch. Das IT-bezogene Ziel »IT-Compliance mit internen Richtlinien« (ITG15) wird durch den COBIT-Prozess BAI01 »Managen von Programmen und Projekten« nicht primär unterstützt.
b) Richtig. Der COBIT-Prozess BAI01 »Managen von Programmen und Projekten« unterstützt primär das IT-bezogene Ziel »Nutzenrealisierung aus IT-gestützten Investitionen und dem Serviceportfolio« (ITG05).

c) Falsch. Das IT-bezogene Ziel »Kompetente und motivierte Mitarbeiter« (ITG16) wird durch den COBIT-Prozess BAI01 »Managen von Programmen und Projekten« nicht primär unterstützt.
d) Falsch. Das IT-bezogene Ziel »IT-Agilität« (ITG09) wird durch den COBIT-Prozess BAI01 »Managen von Programmen und Projekten« nicht primär unterstützt.

Sollten Sie mit dieser Frage Schwierigkeiten gehabt haben, lesen Sie nochmals im Kapitel 16 nach.

39. Lösung d)
 a) Falsch. Der COBIT-Prozess APO06 Managen von Budget und Kosten ist der COBIT-Domäne APO (Anpassen, Planen und Organisieren) zugeordnet.
 b) Falsch. Der COBIT-Prozess APO13 Managen der Sicherheit ist der COBIT-Domäne APO (Anpassen, Planen und Organisieren) zugeordnet.
 c) Falsch. Der COBIT-Prozess APO09 Managen von Servicevereinbarungen ist der COBIT-Domäne APO (Anpassen, Planen und Organisieren) zugeordnet.
 d) Richtig. Der COBIT-Prozess BAI02 Managen der Definition von Anforderungen ist der COBIT-Domäne BAI (Aufbauen, Beschaffen und Implementieren) zugeordnet.

Sollten Sie mit dieser Frage Schwierigkeiten gehabt haben, lesen Sie nochmals im Kapitel 11 nach.

40. Lösung c)
 a) Falsch. Die Balanced Scorecard behandelt sowohl monetäre als auch nichtmonetäre Kennzahlen.
 b) Falsch. Die Balanced Scorecard betont die sinnvolle Beschränkung der Anzahl der Messgrößen bei der Konzentration auf den Umsetzungsprozess.
 c) Richtig. Die Balanced Scorecard behandelt sowohl nachlaufende als auch vorlaufende Kennzahlen.
 d) Falsch. Die Balanced Scorecard bildet die Leistung einer Organisation als Gleichgewicht (»Balance«) zwischen vier Perspektiven auf einem Berichtsbogen (»Scorecard«) ab.

Sollten Sie mit dieser Frage Schwierigkeiten gehabt haben, lesen Sie nochmals im Abschnitt 18.1 nach.

41. Lösung d)
 a) Falsch. Die Aussage ist richtig: Rahmenwerke sollten umfassend sein und alle erforderlichen Bereiche abdecken.
 b) Falsch. Die Aussage ist richtig: Rahmenwerke sollten offen und flexibel sein und können an die spezifische Unternehmenssituation angepasst werden.

c) Falsch. Die Aussage ist richtig: Rahmenwerke sollten aktuell sein, d. h., sie bilden die derzeitige Ausrichtung des Unternehmens und die derzeitigen Governance-Zielvorgaben ab.
d) Richtig. Die Aussage ist falsch: Rahmenwerke sollten für alle Anspruchsgruppen verfügbar und zugänglich sein.

Sollten Sie mit dieser Frage Schwierigkeiten gehabt haben, lesen Sie nochmals im Abschnitt 5.2 nach.

42. Lösung b)

a) Falsch. Die Aussage ist richtig: Nutzenrealisierung ist eine Anforderung der Anspruchsgruppen.
b) Richtig. Die Aussage ist falsch: Überwachung ist keine Anforderung der Anspruchsgruppen, sondern Bestandteil der Governance-Prozesse.
c) Falsch. Die Aussage ist richtig: Ressourcenoptimierung ist eine Anforderung der Anspruchsgruppen.
d) Falsch. Die Aussage ist richtig: Risikooptimierung ist eine Anforderung der Anspruchsgruppen.

Sollten Sie mit dieser Frage Schwierigkeiten gehabt haben, lesen Sie nochmals im Abschnitt 3.1 nach.

43. Lösung a)

a) Richtig. Der COBIT-Prozess BAI04 »Managen von Verfügbarkeit und Kapazität« gehört zur Domäne BAI (Aufbauen, Beschaffen und Implementieren).
b) Falsch
c) Falsch
d) Falsch

Sollten Sie mit dieser Frage Schwierigkeiten gehabt haben, lesen Sie nochmals im Kapitel 11 nach.

44. Lösung a)

a) Richtig. Der COBIT-Prozess EDM03 Sicherstellen der Risikooptimierung gehört zur Governance-Domäne EDM (Evaluieren, Vorgeben und Überwachen) und ist daher ein Governance-Prozess.
b) Falsch. Der COBIT-Prozess APO02 Managen der Strategie gehört zur Management-Domäne APO (Anpassen, Planen und Organisieren) und ist daher ein Managementprozess.
c) Falsch. Der COBIT-Prozess DSS01 Managen des Betriebs gehört zur Management-Domäne DSS (Bereitstellen, Betreiben und Unterstützen) und ist daher ein Managementprozess.
d) Falsch. Der COBIT-Prozess BAI06 Managen von Änderungen gehört zur Management-Domäne APO (Aufbauen, Beschaffen und Implementieren) und ist daher ein Managementprozess.

Sollten Sie mit dieser Frage Schwierigkeiten gehabt haben, lesen Sie nochmals im Kapitel 11 nach.

45. Lösung c)
    a) Falsch. Der COBIT-Prozess APO13 Managen der Sicherheit entsprach dem Prozess DS5 Gewährleiste Systemsicherheit in COBIT 4.1.
    b) Falsch. Der COBIT-Prozess APO11 Managen der Qualität entsprach dem Prozess PO8 Manage Qualität in COBIT 4.1.
    c) Richtig. Der COBIT-Prozess APO04 Managen von Innovationen wurde mit der Einführung von COBIT 5 in das Prozessreferenzmodell neu aufgenommen, in COBIT 4.1 war das Thema Innovation im Prozess PO3 Bestimme die technologische Richtung mit integriert.
    d) Falsch. Der COBIT-Prozess BAI06 Managen von Änderungen entsprach dem Prozess AI6 Manage Änderungen in COBIT 4.1.

Sollten Sie mit dieser Frage Schwierigkeiten gehabt haben, lesen Sie nochmals im Kapitel 15 nach.

46. Lösung b)
    a) Falsch
    b) Richtig. Den 210 Prozesspraktiken im COBIT-5-Prozessreferenzmodell sind Inputs und Outputs zugewiesen.
    c) Falsch
    d) Falsch

Sollten Sie mit dieser Frage Schwierigkeiten gehabt haben, lesen Sie nochmals im Abschnitt 11.1.3.7 nach.

47. Lösung c)
    a) Falsch. Der COBIT-Prozess APO11 Managen der Qualität ist der Domäne APO (Anpassen, Planen und Organisieren) zugeordnet.
    b) Falsch. Der COBIT-Prozess APO03 Managen der Unternehmensarchitektur ist der Domäne APO (Anpassen, Planen und Organisieren) zugeordnet.
    c) Richtig. Der COBIT-Prozess BAI06 Managen von Änderungen ist der Domäne BAI (Aufbauen, Beschaffen und Implementieren) zugeordnet.
    d) Falsch. Der COBIT-Prozess DSS03 Managen von Problemen ist der Domäne DSS (Bereitstellen, Betreiben und Unterstützen) zugeordnet.

Sollten Sie mit dieser Frage Schwierigkeiten gehabt haben, lesen Sie nochmals im Kapitel 11 nach.

48. Lösung a)
    a) Richtig. Der COBIT-Prozess DSS04 Managen der Kontinuität unterstützt primär das IT-bezogene Ziel »Verfügbarkeit zuverlässiger und verwendbarer Informationen zur Entscheidungsfindung« (ITG14).

b) Falsch. Das IT-bezogene Ziel »Angleichung zwischen IT- und Geschäftsstrategie« (ITG01) wird durch den COBIT-Prozess DSS04 Managen der Kontinuität nicht primär unterstützt.
c) Falsch. Das IT-bezogene Ziel »Transparenz von IT-Kosten, Nutzen und Risiko« (ITG06) wird durch den COBIT-Prozess DSS04 Managen der Kontinuität nicht primär unterstützt.
d) Falsch. Das IT-bezogene Ziel »IT-Compliance mit internen Richtlinien« (ITG15) wird durch den COBIT-Prozess DSS04 Managen der Kontinuität nicht primär unterstützt.

Sollten Sie mit dieser Frage Schwierigkeiten gehabt haben, lesen Sie nochmals im Kapitel 16 nach.

49. Lösung c)

a) Falsch
b) Falsch
c) Richtig. Der COBIT-Prozess APO13 Managen der Sicherheit ist der COBIT-Domäne APO (Anpassen, Planen und Organisieren) zugeordnet.
d) Falsch

Sollten Sie mit dieser Frage Schwierigkeiten gehabt haben, lesen Sie nochmals im Kapitel 11 nach.

50. Lösung c)

a) Falsch
b) Falsch
c) Richtig. Der COBIT-Prozess DSS01 Managen des Betriebs ist der COBIT-Domäne DSS (Bereitstellen, Betreiben und Unterstützen) zugeordnet.
d) Falsch

Sollten Sie mit dieser Frage Schwierigkeiten gehabt haben, lesen Sie nochmals im Kapitel 11 nach.

31.3 Verständnisfragen

Bei der Prüfung zum IT-Governance & IT-Compliance Practitioner werden Verständnisfragen gestellt. Obwohl eine explizite Vorbereitung für die Prüfung zusätzlich zum Präsenzkurs nicht unbedingt erforderlich ist, sind nachfolgend sechs Übungsfragen angeführt:

1. Im Prozessmodell von COBIT 5 ist das Element RACI-Diagramm enthalten. Welchen Anwendungsnutzen hat dieses Element im Umfeld der IT-Governance?
2. COBIT 5 hat mit dem Process Assessment Model ein Prozessreifegradmodell auf Basis von ISO/IEC 15504 entwickelt. Warum ist die Nutzung eines Prozessreifegradmodells sinnvoll für eine Organisation?

3. COBIT 5 soll zur Verbesserung des IT-Risikomanagements genutzt werden: Welche COBIT-Prozesse und -Prozesspraktiken sind dafür hilfreich?
4. COBIT 5 hat sich bei der Gestaltung der Governance-Domäne eng an die ISO/IEC 38500 angelehnt. Zeigen Sie die Zusammenhänge zwischen der ISO/IEC 38500 und COBIT 5 auf.
5. COBIT 5 steht in Beziehung zu bereits am Markt vorhandenen Standards, guten Praktiken und Rahmenwerken. Nennen Sie zwei und erläutern Sie kurz die wesentlichen Beziehungen/thematischen Überschneidungen und Abgrenzungen zu COBIT 5.
6. Eine Organisation hat immer wieder Schwierigkeiten mit ihren IT-Dienstleistern. Welche COBIT-Prozesse könnten in dieser Situation helfen?

Die Antworten zu diesen Fragen finden Sie in den referenzierten Kapiteln in diesem Buch.

1. Die Antwort zur Frage nach dem Anwendungsnutzen von RACI-Diagrammen ergibt sich aus Abschnitt 11.1.3.5 und Abschnitt 19.2.
2. Die Antwort zur Frage nach dem Anwendungsnutzen von Prozessreifegradmodellen ergibt sich aus Kapitel 13.
3. Die Antwort zur Frage nach den COBIT-Prozessen zum Risikomanagement ergibt sich aus Abschnitt 21.2.
4. Die Antwort zur Frage nach den Zusammenhängen zwischen der ISO/IEC 38500 und COBIT 5 ergibt sich aus Abschnitt 19.1.2.
5. Die Antwort zur Frage nach der Beziehung zwischen COBIT 5 und zwei am Markt vorhandenen Standards, guten Praktiken und Rahmenwerken ergibt sich aus Kapitel 14.
6. Die Antwort zur Frage nach hilfreichen COBIT-Prozessen bei Schwierigkeiten mit IT-Dienstleistern ergibt sich aus Abschnitt 20.1 (Tab. 20–2).

Teil VI

Anhang

A Übersicht der COBIT-Domänen und -Prozesse

Tabelle A–1 listet im Überblick die fünf COBIT-Domänen mit den zugehörigen 37 COBIT-Prozessen sowohl in Deutsch als auch in Englisch auf.

COBIT-Domäne (dt./engl.)	COBIT-Prozesse (dt.)	COBIT-Processes (engl.)
Evaluieren, Vorgeben und Überwachen/ **Evaluate, Direct, Monitor (EDM)**	**EDM01** Sicherstellen der Einrichtung und Pflege des Governance-Rahmenwerks **EDM02** Sicherstellen der Bereitstellung von Mehrwert **EDM03** Sicherstellen der Risikooptimierung **EDM04** Sicherstellen der Ressourcenoptimierung **EDM05** Sicherstellen der Transparenz gegenüber Anspruchsgruppen	**EDM01** Ensure governance framework setting and maintenance **EDM02** Ensure benefits delivery **EDM03** Ensure risk optimisation **EDM04** Ensure resource optimisation **EDM05** Ensure stakeholder transparency
Anpassen, Planen und Organisieren/ **Align, Plan, Organise (APO)**	**APO01** Managen des IT-Management-Rahmenwerks **APO02** Managen der Strategie **APO03** Managen der Unternehmensarchitektur **APO04** Managen von Innovationen **APO05** Managen des Portfolios **APO06** Managen von Budget und Kosten	**APO01** Manage the IT management framework **APO02** Manage strategy **APO03** Manage enterprise architecture **APO04** Manage innovation **APO05** Manage portfolio **APO06** Manage budget and costs **APO07** Manage human resources

→

COBIT-Domäne (dt./engl.)	COBIT-Prozesse (dt.)	COBIT-Processes (engl.)
Anpassen, Planen und Organisieren/ **Align, Plan, Organise (APO)**	**APO07** Managen des Personals **APO08** Managen von Beziehungen **APO09** Managen von Servicevereinbarungen **APO10** Managen von Lieferanten **APO11** Managen der Qualität **APO12** Managen von Risiko **APO13** Managen der Sicherheit	**APO08** Manage relationships **APO09** Manage service agreements **APO10** Manage suppliers **APO11** Manage quality **APO12** Manage risk **APO13** Manage security
Aufbauen, Beschaffen und Implementieren/ **Build, Acquire and Implement (BAI)**	**BAI01** Managen von Programmen und Projekten **BAI02** Managen der Definition von Anforderungen **BAI03** Managen von Lösungsidentifizierung und Lösungserstellung **BAI04** Managen von Verfügbarkeit und Kapazität **BAI05** Managen der Ermöglichung organisatorischer Veränderungen **BAI06** Managen von Änderungen **BAI07** Managen der Abnahme und Produktivsetzung von Änderungen **BAI08** Managen von Wissen **BAI09** Managen von Betriebsmitteln **BAI10** Managen der Konfiguration	**BAI01** Manage programmes and projects **BAI02** Manage requirements definition **BAI03** Manage solutions identification and build **BAI04** Manage availability and capacity **BAI05** Manage organisational change enablement **BAI06** Manage changes **BAI07** Manage change acceptance and transitioning **BAI08** Manage knowledge **BAI09** Manage assets **BAI10** Manage configuration
Bereitstellen, Betreiben und Unterstützen/ **Deliver, Service and Support (DSS)**	**DSS01** Managen des Betriebs **DSS02** Managen von Serviceanfragen und Störungen **DSS03** Managen von Problemen **DSS04** Managen der Kontinuität **DSS05** Managen von Sicherheitsservices **DSS06** Managen von Geschäftsprozess-kontrollen	**DSS01** Manage operations **DSS02** Manage service requests and incidents **DSS03** Manage problems **DSS04** Manage continuity **DSS05** Manage security services **DSS06** Manage business process controls

→

COBIT-Domäne (dt./engl.)	COBIT-Prozesse (dt.)		COBIT-Processes (engl.)	
Überwachen, Evaluieren und Beurteilen/ Monitor, Evaluate and Assess (MEA)	**MEA01**	Überwachen, Evaluieren und Beurteilen von Leistung und Konformität	**MEA01**	Monitor, evaluate and assess performance and conformance
	MEA02	Überwachen, Evaluieren und Beurteilen des internen Kontrollsystems	**MEA02**	Monitor, evaluate and assess the system of internal control
	MEA03	Überwachen, Evaluieren und Beurteilen der Compliance mit externen Anforderungen	**MEA03**	Monitor, evaluate and assess compliance with external requirements

Tab. A–1 *COBIT-Domänen und zugehörige COBIT-Prozesse [ITGI 2012b]*

B Übersicht der COBIT-Prozesse und -Prozesspraktiken

Tabelle B–1 listet alle 37 COBIT-Prozesse und die zugehörigen 210 Prozesspraktiken sowohl in Deutsch als auch in Englisch auf.

COBIT-Prozesse (dt./engl.)	COBIT-Prozesspraktiken (dt.)	COBIT Process Practices (engl.)
EDM01 Sicherstellen der Einrichtung und Pflege des Governance-Rahmenwerks/ **Ensure Governance Framework Setting and Maintenance**	**EDM01.01** Evaluieren des Governance-Systems **EDM01.02** Steuern des Governance-Systems **EDM01.03** Überwachen des Governance-Systems	**EDM01.01** Evaluate the governance system **EDM01.02** Direct the governance system **EDM01.03** Monitor the governance system
EDM02 Sicherstellen der Bereitstellung von Mehrwert/ **Ensure Benefits Delivery**	**EDM02.01** Evaluierung der Wertoptimierung **EDM02.02** Steuern der Wertoptimierung **EDM02.03** Überwachen der Wertoptimierung	**EDM02.01** Evaluate value optimisation **EDM02.02** Direct value optimisation **EDM02.03** Monitor value optimisation
EDM03 Sicherstellen der Risikooptimierung/ **Ensure Risk Optimisation**	**EDM03.01** Evaluierung des Risikomanagements **EDM03.02** Steuern des Risikomanagements **EDM03.03** Überwachen des Risikomanagements	**EDM03.01** Evaluate risk management **EDM03.02** Direct risk management **EDM03.03** Monitor risk management
EDM04 Sicherstellen der Ressourcenoptimierung/ **Ensure Resource Optimisation**	**EDM04.01** Evaluierung des Ressourcenmanagements **EDM04.02** Steuern des Ressourcenmanagements **EDM04.03** Überwachen des Ressourcenmanagements	**EDM04.01** Evaluate resource management **EDM04.02** Direct resource management **EDM04.03** Monitor resource management

→

COBIT-Prozesse (dt./engl.)	COBIT-Prozesspraktiken (dt.)	COBIT Process Practices (engl.)
EDM05 Sicherstellen der Transparenz gegenüber Anspruchsgruppen/ **Ensure Stakeholder Transparency**	**EDM05.01** Evaluierung der Berichtsanforderungen der Anspruchsgruppen **EDM05.02** Steuern der Kommunikation mit Anspruchsgruppen und der Berichterstattung **EDM05.03** Überwachen der Kommunikation mit Anspruchsgruppen	**EDM05.01** Evaluate stakeholder reporting requirements **EDM05.02** Direct stakeholder communication and reporting **EDM05.03** Monitor stakeholder communication
APO01 Managen des IT-Management-Rahmenwerks/ **Manage the IT Management Framework**	**APO01.01** Definieren der Organisationsstruktur **APO01.02** Einrichten der Rollen und Zuständigkeiten **APO01.03** Aufrechterhalten der Enabler für das Managementsystem **APO01.04** Kommunizieren der Ziel- und Richtungs-vorgaben des Managements **APO01.05** Optimieren der Eingliederung der IT-Funktion **APO01.06** Definieren der Verantwortung für Informationen (Daten) und das System **APO01.07** Managen der kontinuierlichen Verbesserung von Prozessen **APO01.08** Aufrechterhaltung der Compliance mit Richtlinien und Verfahren	**APO01.01** Define the organisational structure **APO01.02** Establish roles and responsibilities **APO01.03** Maintain the enablers of the management system **APO01.04** Communicate management objectives and direction **APO01.05** Optimise the placement of the IT function **APO01.06** Define information (data) and system ownership **APO01.07** Manage continual improvement of processes **APO01.08** Maintain compliance with policies and procedures

→

COBIT-Prozesse (dt./engl.)	COBIT-Prozesspraktiken (dt.)	COBIT Process Practices (engl.)
APO02 Managen der Strategie/ **Manage Strategy**	**APO02.01** Begreifen der Unternehmens-ausrichtung **APO02.02** Beurteilen der aktuellen Umgebung, der Befähigungen und der Leistung **APO02.03** Festlegen der angestrebten IT-Befähigungen **APO02.04** Durchführen einer Lückenanalyse **APO02.05** Definieren des Strategieplans und der Roadmap **APO02.06** Kommunizieren der IT-Strategie und -Ausrichtung	**APO02.01** Understand enterprise direction **APO02.02** Assess the current environment, capabilities and performance **APO02.03** Define the target IT capabilities **APO02.04** Conduct a gap analysis **APO02.05** Define the strategic plan and road map **APO02.06** Communicate the IT strategy and direction
APO03 Managen der Unternehmensarchitektur/ **Manage Enterprise Architecture**	**APO03.01** Entwickeln einer Vision der Unternehmens-architektur **APO03.02** Definieren der Referenzarchitektur **APO03.03** Auswählen von Handlungsalternativen und Lösungen **APO03.04** Festlegen der Architektur-implementierung **APO03.05** Bereitstellen von Unternehmens-architekturservices	**APO03.01** Develop the enterprise architecture vision **APO03.02** Define reference architecture **APO03.03** Select opportunities and solutions **APO03.04** Define architecture implementation **APO03.05** Provide enterprise architecture services

→

COBIT-Prozesse (dt./engl.)	COBIT-Prozesspraktiken (dt.)	COBIT Process Practices (engl.)
APO04 Managen von Innovationen/ Manage Innovation	**APO04.01** Schaffen einer innovationsfördernden Umgebung **APO04.02** Sicherstellen der Kenntnis des Unternehmens-umfeldes **APO04.03** Überwachen und Beobachten der technologischen Entwicklung **APO04.04** Beurteilen des Potenzials aufkommender Technologien und innovativer Ideen **APO04.05** Empfehlen geeigneter, weiterführender Initiativen **APO04.06** Überwachen der Implementierung und Nutzung von Innovation	**APO04.01** Create an environment conducive to innovation **APO04.02** Maintain an understanding of the enterprise environment **APO04.03** Monitor and scan the technology environment **APO04.04** Assess the potential of emerging technologies and innovation ideas **APO04.05** Recommend appropriate further initiatives **APO04.06** Monitor the implementation and use of innovation
APO05 Managen des Portfolios/ Manage Portfolio	**APO05.01** Einrichten des angestrebten Investitionsmix **APO05.02** Bestimmen der Verfügbarkeit und der Quellen von Finanzinstrumenten oder finanziellen Mitteln **APO05.03** Evaluieren und Auswählen der zu finanzierenden Programme **APO05.04** Überwachen, Optimieren und Berichten der Leistung des Investitions-portfolios **APO05.05** Pflegen von Portfolios **APO05.06** Managen der Nutzenerreichung	**APO05.01** Establish the target investment mix **APO05.02** Determine the availability and sources of funds **APO05.03** Evaluate and select programmes to fund **APO05.04** Monitor, optimise and report on investment portfolio performance **APO05.05** Maintain portfolios **APO05.06** Manage benefits achievement

→

COBIT-Prozesse (dt./engl.)	COBIT-Prozesspraktiken (dt.)	COBIT Process Practices (engl.)
APO06 Managen von Budget und Kosten/ **Manage Budget and Costs**	**APO06.01** Managen des Finanz- und Rechnungswesens für die IT **APO06.02** Priorisieren der Ressourcenzuteilung **APO06.03** Erstellen und Pflegen von Budgets **APO06.04** Modellieren und Umlegen von Kosten **APO06.05** Managen von Kosten	**APO06.01** Manage finance and accounting **APO06.02** Prioritise resource allocation **APO06.03** Create and maintain budgets **APO06.04** Model and allocate costs **APO06.05** Manage costs
APO07 Managen des Personals/ **Manage Human Resources**	**APO07.01** Aufrechterhalten einer adäquaten und angemessenen Personalbesetzung **APO07.02** Identifizieren von wichtigem IT-Personal **APO07.03** Aufrechterhalten der Fähigkeiten und Kompetenzen der Mitarbeiter **APO07.04** Bewerten der Mitarbeiterleistung **APO07.05** Planen und Verfolgen des Personaleinsatzes (für IT und Geschäftsbetrieb) **APO07.06** Managen von Vertragspersonal	**APO07.01** Maintain adequate and appropriate staffing **APO07.02** Identify key IT personnel **APO07.03** Maintain the skills and competencies of personnel **APO07.04** Evaluate employee job performance **APO07.05** Plan and track the usage of IT and business human resources **APO07.06** Manage contract staff
APO08 Managen von Beziehungen/ **Manage Relationships**	**APO08.01** Verstehen der geschäftlichen Erwartungen **APO08.02** Identifizieren von Chancen, Risiken und Einschränkungen der IT hinsichtlich der Verbesserung der Geschäftsleistung **APO08.03** Managen der Beziehung zum Geschäft (Business) **APO08.04** Koordinieren und Kommunizieren **APO08.05** Bereitstellen von Input für die kontinuierliche Verbesserung von Services	**APO08.01** Understand business expectations **APO08.02** Identify opportunities, risk and constraints for IT to enhance the business **APO08.03** Manage the business relationship **APO08.04** Co-ordinate and communicate **APO08.05** Provide input to the continual improvement of services

→

COBIT-Prozesse (dt./engl.)	COBIT-Prozesspraktiken (dt.)	COBIT Process Practices (engl.)
APO09 Managen der Servicevereinbarungen/ **Manage Service Agreements**	**APO09.01** Identifizieren von IT-Services **APO09.02** Katalogisieren IT-gestützter Services **APO09.03** Definieren und Erstellen von Service-vereinbarungen **APO09.04** Überwachen und Berichten von Service Levels **APO09.05** Überprüfen von Servicevereinbarungen und -verträgen	**APO09.01** Identify IT services **APO09.02** Catalogue IT-enabled services **APO09.03** Define and prepare service agreements **APO09.04** Monitor and report service levels **APO09.05** Review service agreements and contracts
APO10 Managen von Lieferanten/ **Manage Suppliers**	**APO10.01** Identifizieren und Evaluieren der Lieferanten-beziehungen und -verträge **APO10.02** Auswählen von Lieferanten **APO10.03** Managen von Lieferanten-beziehungen und -verträgen **APO10.04** Managen des Lieferantenrisikos **APO10.05** Überwachen der Lieferantenleistung und -Compliance	**APO10.01** Identify and evaluate supplier relationships and contracts **APO10.02** Select suppliers **APO10.03** Manage supplier relationships and contracts **APO10.04** Manage supplier risk **APO10.05** Monitor supplier performance and compliance
APO11 Managen der Qualität/ **Manage Quality**	**APO11.01** Einrichten eines Qualitätsmanagement-Systems (QMS) **APO11.02** Definieren und Managen von Qualitätsstandards, -praktiken und -verfahren **APO11.03** Ausrichten des Qualitätsmanagements am Kunden **APO11.04** Durchführen von Qualitätsüberwachung, Kontrollen und Überprüfungen **APO11.05** Integrieren des Qualitätsmanagements in Lösungsentwicklung und Service-bereitstellung **APO11.06** Sicherstellen von kontinuierlicher Verbesserung	**APO11.01** Establish a quality management system (QMS) **APO11.02** Define and manage quality standards, practices and procedures **APO11.03** Focus quality management on customers **APO11.04** Perform quality monitoring, control and reviews **APO11.05** Integrate quality management into solutions for development and service delivery **APO11.06** Maintain continuous improvement

→

COBIT-Prozesse (dt./engl.)	COBIT-Prozesspraktiken (dt.)	COBIT Process Practices (engl.)
APO12 Managen von Risiken/ **Manage Risk**	**APO12.01** Erfassen von Daten **APO12.02** Analysieren des Risikos **APO12.03** Pflegen eines Risikoprofils **APO12.04** Artikulieren des Risikos **APO12.05** Definieren eines Portfolios für Risikomanagement-Maßnahmen **APO12.06** Behandeln des Risikos	**APO12.01** Collect data **APO12.02** Analyse risk **APO12.03** Maintain a risk profile **APO12.04** Articulate risk **APO12.05** Define a risk management action portfolio **APO12.06** Respond to risk
APO13 Managen der Sicherheit/ **Manage Security**	**APO13.01** Einrichten und Pflegen eines Informations-sicherheits-Managementsystems (ISMS) **APO13.02** Definieren und Managen eines Plans zur Behandlung von Informations-sicherheitsrisiken **APO13.03** Überwachen und Überprüfen des ISMS	**APO13.01** Establish and maintain an ISMS **APO13.02** Define and manage an information security risk treatment plan **APO13.03** Monitor and review the ISMS
BAI01 Managen von Programmen und Projekten/ **Manage Programmes and Projects**	**BAI01.01** Pflegen eines einheitlichen Ansatzes für das Programm- und Projektmanagement **BAI01.02** Initiieren eines Programms **BAI01.03** Managen der Einbeziehung von Anspruchsgruppen **BAI01.04** Entwickeln und Pflegen des Programmplans **BAI01.05** Starten und Ausführen des Programms **BAI01.06** Überwachen, Kontrollieren und Berichten der Programmergebnisse **BAI01.07** Starten und Initiieren von Projekten innerhalb eines Programms **BAI01.08** Planen von Projekten	**BAI01.01** Maintain a standard approach for programme and project management **BAI01.02** Initiate a programme **BAI01.03** Manage stakeholder engagement **BAI01.04** Develop and maintain the programme plan **BAI01.05** Launch and execute the programme **BAI01.06** Monitor, control and report on the programme outcomes **BAI01.07** Start up and initiate projects within a programme **BAI01.08** Plan projects

→

COBIT-Prozesse (dt./engl.)	COBIT-Prozesspraktiken (dt.)		COBIT Process Practices (engl.)	
BAI01 Managen von Programmen und Projekten/ **Manage Programmes and Projects**	**BAI01.09**	Managen der Programm- und Projektqualität	**BAI01.09**	Manage programme and project quality
	BAI01.10	Managen des Programm- und Projektrisikos	**BAI01.10**	Manage programme and project risk
	BAI01.11	Überwachen und Steuern von Projekten	**BAI01.11**	Monitor and control projects
	BAI01.12	Managen von Projektressourcen und Arbeitspaketen	**BAI01.12**	Manage projects resources and work packages
	BAI01.13	Abschließen eines Projekts oder eines Abschnitts	**BAI01.13**	Close a project for iteration
	BAI01.14	Schließen eines Programms	**BAI01.14**	Close a programme
BAI02 Managen der Definition von Anforderungen/ **Manage Requirements Definition**	**BAI02.01**	Definieren und Pflegen der funktionalen geschäftlichen und technischen Anforderungen	**BAI02.01**	Define and maintain business functional and technical requirements
	BAI02.02	Durchführen einer Machbarkeitsstudie und Formulieren alternativer Lösungen	**BAI02.02**	Perform a feasibility study and formulate alternative solutions
	BAI02.03	Managen des Anforderungsrisikos	**BAI02.03**	Manage requirements risk
	BAI02.04	Einholen der Genehmigung für Anforderungen und Lösungen	**BAI02.04**	Obtain approval of requirements and solutions
BAI03 Managen von Lösungsidentifizierung und Lösungserstellung/ **Manage Solutions Identification and Build**	**BAI03.01**	Grobkonzeption von Lösungen	**BAI03.01**	Design high-level solutions
	BAI03.02	Konzipieren detaillierter Lösungskomponenten	**BAI03.02**	Design detailed solution components
	BAI03.03	Entwickeln von Lösungskomponenten	**BAI03.03**	Develop solution components
	BAI03.04	Beschaffen von Lösungskomponenten	**BAI03.04**	Procure solution components
	BAI03.05	Erstellen von Lösungen	**BAI03.05**	Build solutions
	BAI03.06	Durchführen der Qualitätssicherung	**BAI03.06**	Perform quality assurance
	BAI03.07	Vorbereiten der Tests für die Lösung	**BAI03.07**	Prepare for solution testing
	BAI03.08	Ausführen der Tests für die Lösung	**BAI03.08**	Execute solution testing

→

COBIT-Prozesse (dt./engl.)	COBIT-Prozesspraktiken (dt.)		COBIT Process Practices (engl.)	
BAI03 Managen von Lösungsidentifizierung und Lösungserstellung/ Manage Solutions Identification and Build	**BAI03.09**	Managen von Anforderungs-änderungen	**BAI03.09**	Manage changes to requirements
	BAI03.10	Pflegen der Lösungen	**BAI03.10**	Maintain solutions
	BAI03.11	Definieren von IT-Diensten und Pflegen des Dienstportfolios	**BAI03.11**	Define IT services and maintain the service portfolio
BAI04 Managen von Verfügbarkeit und Kapazität/ Manage Availability and Capacity	**BAI04.01**	Beurteilen der aktuellen Verfügbarkeit, Leistung und Kapazität und Erstellen einer Baseline	**BAI04.01**	Assess current availability, performance and capacity and create a baseline
	BAI04.02	Beurteilen der geschäftlichen Auswirkungen	**BAI04.02**	Assess business impact
	BAI04.03	Planen neuer oder geänderter Serviceanfragen	**BAI04.03**	Plan for new or changed service requirements
	BAI04.04	Überwachen und Überprüfen von Verfügbarkeit und Kapazität	**BAI04.04**	Monitor and review availability and capacity
	BAI04.05	Untersuchen und Beheben von Verfügbarkeits-, Leistungs- und Kapazitäts-schwierigkeiten	**BAI04.05**	Investigate and address availability, performance and capacity issues
BAI05 Managen der Ermöglichung organisatorischer Veränderungen/ Manage organisational Change Enablement	**BAI05.01**	Begründen des Wunsches nach Änderung	**BAI05.01**	Establish the desire to change
	BAI05.02	Aufstellen eines effektiven Implemen-tierungsteams	**BAI05.02**	Form an effective implementation team
	BAI05.03	Kommunizieren der gewünschten Vision	**BAI05.03**	Communicate desired vision
	BAI05.04	Befähigen von Rolleninhabern und Identifizieren kurzfristiger Erfolge	**BAI05.04**	Empower role players and identify short-term wins
	BAI05.05	Ermöglichen von Betrieb und Nutzung	**BAI05.05**	Enable operation and use
	BAI05.06	Einbetten neuer Ansätze	**BAI05.06**	Embed new approaches
	BAI05.07	Aufrechterhalten von Änderungen	**BAI05.07**	Sustain changes

→

COBIT-Prozesse (dt./engl.)	COBIT-Prozesspraktiken (dt.)		COBIT Process Practices (engl.)	
BAI06 Managen von Änderungen/ **Manage Changes**	**BAI06.01**	Evaluieren, Priorisieren und Genehmigen von Änderungsanträgen	**BAI06.01**	Evaluate, prioritise and authorise change requests
	BAI06.02	Managen von Notfalländerungen	**BAI06.02**	Manage emergency changes
	BAI06.03	Verfolgen und Berichten des Änderungsstatus	**BAI06.03**	Track and report change status
	BAI06.04	Abschließen und Dokumentieren der Änderungen	**BAI06.04**	Close and document the changes
BAI07 Managen der Abnahme und Produktivsetzung von Änderungen/ **Manage Change Acceptance and Transitioning**	**BAI07.01**	Erstellen eines Implementierungsplans	**BAI07.01**	Establish an implementation plan
	BAI07.02	Planen der Geschäftsprozess-, System- und Datenkonvertierung	**BAI07.02**	Plan business process, system and data conversion
	BAI07.03	Planen von Abnahmetests	**BAI07.03**	Plan acceptance tests
	BAI07.04	Einrichten einer Testumgebung	**BAI07.04**	Establish a test environment
	BAI07.05	Durchführen von Abnahmetests	**BAI07.05**	Perform acceptance tests
	BAI07.06	Produktivsetzen und Managen von Releases	**BAI07.06**	Promote to production and manage releases
	BAI07.07	Bereitstellen eines frühzeitigen Produktiv-Supports	**BAI07.07**	Provide early production support
	BAI07.08	Durchführen einer Nachbetrachtung nach erfolgter Implementierung	**BAI07.08**	Perform a post-implementation review

→

COBIT-Prozesse (dt./engl.)	COBIT-Prozesspraktiken (dt.)		COBIT Process Practices (engl.)	
BAI08 Managen von Wissen/ Manage Knowledge	**BAI08.01**	Pflegen und Fördern einer Wissens-transferkultur	**BAI08.01**	Nurture and facilitate a knowledge-sharing culture
	BAI08.02	Identifizieren und Klassifizieren von Informationsquellen	**BAI08.02**	Identify and classify sources of information
	BAI08.03	Strukturieren und Kontextualisieren von Informationen, um daraus Wissen abzuleiten	**BAI08.03**	Organise and contextualise information into knowledge
	BAI08.04	Nutzen und Weitergeben von Wissen	**BAI08.04**	Use and share knowledge
	BAI08.05	Bewerten und Inaktivsetzen von Informationen	**BAI08.05**	Evaluate and retire information
BAI09 Managen von Betriebsmitteln/ Manage Assets	**BAI09.01**	Identifizieren und Erfassen der aktuellen Betriebsmittel	**BAI09.01**	Identify and record current assets
	BAI09.02	Managen kritischer Betriebsmittel	**BAI09.02**	Manage critical assets
	BAI09.03	Managen des Betriebsmittel-Lebenszyklus	**BAI09.03**	Manage the asset life cycle
	BAI09.04	Optimieren der Betriebsmittelkosten	**BAI09.04**	Optimise asset costs
	BAI09.05	Verwalten von Lizenzen	**BAI09.05**	Manage licences
BAI10 Managen der Konfiguration/ Manage Configuration	**BAI10.01**	Erstellen und Pflegen eines Konfigurations-modells	**BAI10.01**	Establish and maintain a configuration model
	BAI10.02	Erstellen und Pflegen eines Konfigurations-Repositorys und einer Referenzkonfiguration	**BAI10.02**	Establish and maintain a configuration repository and baseline
	BAI10.03	Pflegen und Kontrollieren von Konfigurations-elementen	**BAI10.03**	Maintain and control configuration items
	BAI10.04	Erstellen von Status- und Konfigurations-berichten	**BAI10.04**	Produce status and configuration reports
	BAI10.05	Verifizieren und Überprüfen der Integrität des Konfigurations-Repositorys	**BAI10.05**	Verify and review integrity of the configuration repository

→

COBIT-Prozesse (dt./engl.)	COBIT-Prozesspraktiken (dt.)		COBIT Process Practices (engl.)	
DSS01 Managen des Betriebs/ **Manage Operations**	**DSS01.01**	Durchführen der Verfahren des Betriebs	**DSS01.01**	Perform operational procedures
	DSS01.02	Managen ausgelagerter IT-Dienste	**DSS01.02**	Manage outsourced IT services
	DSS01.03	Überwachen der IT-Infrastruktur	**DSS01.03**	Monitor IT infrastructure
	DSS01.04	Managen der Umgebung	**DSS01.04**	Manage the environment
	DSS01.05	Managen von Einrichtungen	**DSS01.05**	Manage facilities
DSS02 Managen von Serviceanfragen und Störungen/ **Manage Service Requests and Incidents**	**DSS02.01**	Definieren von Klassifizierungsschemen für Störungen und Serviceanfragen	**DSS02.01**	Define incident and service request classification schemes
	DSS02.02	Aufzeichnen, Klassifizieren und Priorisieren von Anforderungen und Störungen	**DSS02.02**	Record, classify and prioritise requests and incidents
	DSS02.03	Überprüfen, Genehmigen und Erfüllen von Serviceanfragen	**DSS02.03**	Verify, approve and fulfill service requests
	DSS02.04	Untersuchen, Diagnostizieren und Zuordnen von Störungen	**DSS02.04**	Investigate, diagnose and allocate incidents
	DSS02.05	Beheben von Störungen und anschließende Wiederherstellung	**DSS02.05**	Resolve and recover from incidents
	DSS02.06	Schließen von Serviceanfragen und Störungen	**DSS02.06**	Close service requests and incidents
	DSS02.07	Verfolgen des Status und Erstellen von Berichten	**DSS02.07**	Track status and produce reports
DSS03 Managen von Problemen/ **Manage Problems**	**DSS03.01**	Identifizieren und Klassifizieren von Problemen	**DSS03.01**	Identify and classify problems
	DSS03.02	Untersuchen und Diagnostizieren von Problemen	**DSS03.02**	Investigate and diagnose problems
	DSS03.03	Anlegen bekannter Fehler	**DSS03.03**	Raise known errors
	DSS03.04	Lösen und Schließen von Problemen	**DSS03.04**	Resolve and close problems
	DSS03.05	Umsetzen eines proaktiven Problemmanagements	**DSS03.05**	Perform proactive problem management

→

COBIT-Prozesse (dt./engl.)	COBIT-Prozesspraktiken (dt.)	COBIT Process Practices (engl.)
DSS04 Managen der Kontinuität/ **Manage Continuity**	**DSS04.01** Definieren der Richtlinie, der Zielvorgaben und des Umfangs der Geschäftskontinuität **DSS04.02** Pflegen einer Kontinuitätsstrategie **DSS04.03** Entwickeln und Implementieren einer Geschäftskontinuitätsreaktion **DSS04.04** Ausführen, Testen und Überprüfen des BCP **DSS04.05** Überprüfen, Pflegen und Verbessern des Kontinuitätsplans **DSS04.06** Durchführen von Schulungen zum Kontinuitätsplan **DSS04.07** Managen von Backup-Vorkehrungen **DSS04.08** Durchführen einer Überprüfung nach der Wiederaufnahme	**DSS04.01** Define the business continuity policy objectives and scope **DSS04.02** Maintain a continuity strategy **DSS04.03** Develop and implement a business continuity response **DSS04.04** Exercise, test and review the BCP **DSS04.05** Review, maintain and improve the continuity plan **DSS04.06** Conduct continuity plan training **DSS04.07** Manage backup arrangements **DSS04.08** Conduct post-resumption review
DSS05 Managen von Sicherheitsservices/ **Manage Security Services**	**DSS05.01** Einrichten eines Schutzes vor Malware **DSS05.02** Managen der Netzwerk- und Konnektivitätssicherheit **DSS05.03** Managen der Endpunktsicherheit **DSS05.04** Managen von Benutzeridentität und logischem Zugriff **DSS05.05** Managen des physischen Zugriffs auf IT-Betriebsmittel **DSS05.06** Managen von sensiblen Dokumenten und Ausgabegeräten **DSS05.07** Überwachen der Infrastruktur zur Ermittlung sicherheitsrelevanter Ereignisse	**DSS05.01** Protect against malware **DSS05.02** Manage network and connectivity security **DSS05.03** Manage endpoint security **DSS05.04** Manage user identity and logical access **DSS05.05** Manage physical access to IT assets **DSS05.06** Manage sensitive documents and output devices **DSS05.07** Monitor the infrastructure for security-related events

→

COBIT-Prozesse (dt./engl.)	COBIT-Prozesspraktiken (dt.)	COBIT Process Practices (engl.)
DSS06 Managen von Geschäftsprozess-kontrollen/ **Manage Business Process Controls**	**DSS06.01** Ausrichten der in die Geschäftsprozesse eingebetteten Kontrollaktivitäten an den Zielvorgaben des Unternehmens **DSS06.02** Kontrollieren der Informations-verarbeitung **DSS06.03** Verwalten von Rollen, Zuständigkeiten, Zugriffsrechten und Genehmigungsebenen **DSS06.04** Managen von Fehlern und Ausnahmen **DSS06.05** Sicherstellen der Nachvollziehbarkeit von Informations-ereignissen und Verantwortlichkeiten **DSS06.06** Sichern von Informationsbeständen	**DSS06.01** Align control activities embedded in business processes with enterprise objectives **DSS06.02** Control the processing of information **DSS06.03** Manage roles, responsibilities, access privileges and levels of authority **DSS06.04** Manage errors and exceptions **DSS06.05** Ensure traceability of information events and accountabilities **DSS06.06** Secure information assets
MEA01 Überwachen, Evaluieren und Beurteilen von Leistung und Konformität/ **Monitor, evaluate and assess Performance and Conformance**	**MEA01.01** Einrichten eines Überwachungs-ansatzes **MEA01.02** Festlegen von Leistungs- und Konformitätszielen **MEA01.03** Erfassen und Verarbeiten von Leistungs- und Konformitätsdaten **MEA01.04** Analysieren und Berichten der Leistung **MEA01.05** Sicherstellen der Implementierung korrektiver Maßnahmen	**MEA01.01** Establish a monitoring approach **MEA01.02** Set performance and conformance targets **MEA01.03** Collect and process performance and conformance data **MEA01.04** Analyse and report performance **MEA01.05** Ensure the implementation of corrective actions

→

COBIT-Prozesse (dt./engl.)	COBIT-Prozesspraktiken (dt.)	COBIT Process Practices (engl.)
MEA02 Überwachen, Evaluieren und Beurteilen des internen Kontrollsystems/ **Monitor, evaluate and assess the System of internal Control**	**MEA02.01** Überwachen interner Kontrollen **MEA02.02** Überprüfen der Effektivität von Geschäftsprozess-kontrollen **MEA02.03** Durchführen von Selbsteinschätzungen zu Kontrollen **MEA02.04** Identifizieren und Melden von Kontrollschwächen **MEA02.05** Sicherstellen der Unabhängigkeit und Qualifikation der Prüfer **MEA02.06** Planen von Prüfinitiativen **MEA02.07** Festlegen des Umfangs von Prüfinitiativen **MEA02.08** Umsetzen von Prüfinitiativen	**MEA02.01** Monitor internal controls **MEA02.02** Review business process controls effectiveness **MEA02.03** Perform control self-assessments **MEA02.04** Identify and report control deficiencies **MEA02.05** Ensure that assurance providers are independent and qualified **MEA02.06** Plan assurance initiatives **MEA02.07** Scope assurance initiatives **MEA02.08** Execute assurance initiatives
MEA03 Überwachen, Evaluieren und Beurteilen der Compliance mit externen Anforderungen/ **Monitor, evaluate and assess Compliance with external Requirements**	**MEA03.01** Identifizieren externer Compliance-Anforderungen **MEA03.02** Optimieren der Reaktion auf externe Anforderungen **MEA03.03** Überprüfen der externen Compliance **MEA03.04** Erhalten von Compliance-Bestätigungen	**MEA03.01** Identify external compliance requirements **MEA03.02** Optimise response to external requirements **MEA03.03** Confirm external compliance **MEA03.04** Obtain assurance of external compliance

Tab. B–1 *Übersicht der COBIT-Prozesse und zugehörigen Praktiken [ITGI 2012b]*

C Übersicht der Unternehmensziele und zugeordneten IT-bezogenen Ziele

Tabelle C–1 stellt die den 17 Unternehmenszielen primär zugeordneten IT-bezogenen Ziele dar.

Unternehmensziele	Primär zugeordnete IT-bezogene Ziele	
EG01 Wert für die Anspruchsgruppe aus Geschäftsinvestitionen	**ITG01**	Angleichung zwischen IT- und Geschäftsstrategie
	ITG03	Bereitschaft der Geschäftsführung, IT-bezogene Entscheidungen zu treffen
	ITG05	Nutzenrealisierung aus IT-gestützten Investitionen und dem Serviceportfolio
	ITG07	Bereitstellung von IT-Services, die den Geschäftsanforderungen entsprechen
	ITG11	Optimierung von IT-Betriebsmitteln, -Ressourcen und -Fähigkeiten
	ITG13	Bereitstellung von Programmen, die Mehrwert generieren, und die dem Zeitplan, dem Budget sowie den Anforderungen und Qualitätsstandards entsprechen
EG02 Portfolio wettbewerbsfähiger Produkte und Services	**ITG01**	Angleichung zwischen IT- und Geschäftsstrategie
	ITG05	Nutzenrealisierung aus IT-gestützten Investitionen und dem Serviceportfolio
	ITG07	Bereitstellung von IT-Services, die den Geschäftsanforderungen entsprechen
	ITG09	IT-Agilität
	ITG12	Ermöglichung und Unterstützung von Geschäftsprozessen durch Integration von Anwendungen und Technologie
	ITG17	Wissen, Erfahrung und Initiativen im Zusammenhang mit geschäftlichen Innovationen
EG03 Gemanagtes Unternehmensrisiko (Sicherung der Betriebsmittel)	**ITG04**	Gemanagtes, IT-bezogenes Unternehmensrisiko
	ITG10	Sicherheit von Information, Verarbeitungsinfrastruktur und Anwendungen
	ITG16	Kompetente und motivierte Mitarbeiter (Geschäftsbetrieb und IT)
EG04 Einhaltung externer Gesetze und Bestimmungen (Compliance)	**ITG02**	IT-Compliance und Unterstützung der Compliance des Unternehmens mit externen Gesetzen und Bestimmungen
	ITG10	Sicherheit von Information, Verarbeitungsinfrastruktur und Anwendungen

→

Unternehmensziele	Primär zugeordnete IT-bezogene Ziele	
EG05 Finanzielle Transparenz	**ITG06**	Transparenz von IT-Kosten, Mehrwert und Risiko
EG06 Kundenorientierte Servicekultur	**ITG01**	Angleichung zwischen IT- und Geschäftsstrategie
	ITG07	Bereitstellung von IT-Services, die den Geschäftsanforderungen entsprechen
EG07 Kontinuität und Verfügbarkeit von geschäftsbezogenen Services	**ITG04**	Gemanagtes, IT-bezogenes Unternehmensrisiko
	ITG10	Sicherheit von Information, Verarbeitungsinfrastruktur und Anwendungen
	ITG14	Verfügbarkeit zuverlässiger und verwendbarer Informationen zur Entscheidungsfindung
EG08 Agile Reaktionen auf sich wandelndes Geschäftsumfeld	**ITG01**	Angleichung zwischen IT- und Geschäftsstrategie
	ITG07	Bereitstellung von IT-Services, die den Geschäftsanforderungen entsprechen
	ITG09	IT-Agilität
	ITG17	Wissen, Erfahrung und Initiativen im Zusammenhang mit geschäftlichen Innovationen
EG09 Informierte, strategische Entscheidungsfindung	**ITG01**	Angleichung zwischen IT- und Geschäftsstrategie
	ITG14	Verfügbarkeit zuverlässiger und verwendbarer Informationen zur Entscheidungsfindung
EG10 Optimierung der Servicebereitstellungskosten	**ITG04**	Gemanagtes, IT-bezogenes Unternehmensrisiko
	ITG06	Transparenz von IT-Kosten, Mehrwert und Risiko
	ITG11	Optimierung von IT-Betriebsmitteln, -Ressourcen und -Fähigkeiten
EG11 Optimierung der Funktionalität von Geschäftsprozessen	**ITG01**	Angleichung zwischen IT- und Geschäftsstrategie
	ITG07	Bereitstellung von IT-Services, die den Geschäftsanforderungen entsprechen
	ITG08	Adäquate Nutzung von Anwendungen, Informationen und Technologielösungen
	ITG09	IT-Agilität
	ITG12	Ermöglichung und Unterstützung von Geschäftsprozessen durch Integration von Anwendungen und Technologie
EG12 Optimierung der Geschäftsprozesskosten	**ITG05**	Nutzenrealisierung aus IT-gestützten Investitionen und dem Serviceportfolio
	ITG06	Transparenz von IT-Kosten, Mehrwert und Risiko
	ITG11	Optimierung von IT-Betriebsmitteln, -Ressourcen und -Fähigkeiten
EG13 Gemanagte Programme für Änderungen im Unternehmen	**ITG01**	Angleichung zwischen IT- und Geschäftsstrategie
	ITG02	IT-Compliance und Unterstützung der Compliance des Unternehmens mit externen Gesetzen und Bestimmungen
	ITG13	Bereitstellung von Programmen, die Mehrwert generieren und die dem Zeitplan, dem Budget sowie den Anforderungen und Qualitätsstandards entsprechen

→

Unternehmensziele	Primär zugeordnete IT-bezogene Ziele	
EG14 Operative und personelle Produktivität	**ITG08**	Adäquate Nutzung von Anwendungen, Informationen und Technologielösungen
	ITG16	Kompetente und motivierte Mitarbeiter (Geschäftsbetrieb und IT)
EG15 Compliance mit internen Richtlinien	**ITG02**	IT-Compliance und Unterstützung der Compliance des Unternehmens mit externen Gesetzen und Bestimmungen
	ITG10	Sicherheit von Information, Verarbeitungsinfrastruktur und Anwendungen
	ITG15	IT-Compliance mit internen Richtlinien
EG16 Kompetente und motivierte Mitarbeiter	**ITG16**	Kompetente und motivierte Mitarbeiter (Geschäftsbetrieb und IT)
EG17 Kultur der Produkt- und Geschäftsinnovationen	**ITG09**	IT-Agilität
	ITG17	Wissen, Erfahrung und Initiativen im Zusammenhang mit geschäftlichen Innovationen

Tab. C–1 *Übersicht der primären Beziehungen zwischen Unternehmenszielen und IT-bezogenen Zielen [ISACA 2012b]*

D Übersicht der IT-bezogenen Ziele und zugeordneten COBIT-Prozesse

Tabelle D–1 stellt die den 17 IT-bezogenen Zielen primär zugeordneten COBIT-Prozesse dar.

IT-bezogene Ziele	Primär zugeordnete COBIT-Prozesse	
ITG01 Angleichung zwischen IT- und Geschäftsstrategie	**EDM01**	Sicherstellen der Einrichtung und Pflege des Governance-Rahmenwerks
	EDM02	Sicherstellen der Bereitstellung von Mehrwert
	APO01	Managen des IT-Management-Rahmenwerks
	APO02	Managen der Strategie
	APO03	Managen der Unternehmensarchitektur
	APO05	Managen des Portfolios
	APO07	Managen des Personals
	APO08	Managen von Beziehungen
	BAI01	Managen von Programmen und Projekten
	BAI02	Managen der Definition von Anforderungen
ITG02 IT-Compliance und Unterstützung der Compliance des Unternehmens mit externen Gesetzen und Bestimmungen	**APO01**	Managen des IT-Management-Rahmenwerks
	APO12	Managen von Risiko
	APO13	Managen der Sicherheit
	BAI10	Managen der Konfiguration
	DSS05	Managen von Sicherheitsservices
	MEA02	Überwachen, Evaluieren und Beurteilen des internen Kontrollsystems
	MEA03	Überwachen, Evaluieren und Beurteilen der Compliance mit externen Anforderungen
ITG03 Bereitschaft der Geschäftsführung, IT-bezogene Entscheidungen zu treffen	**EDM01**	Sicherstellen der Einrichtung und Pflege des Governance-Rahmenwerks
	EDM05	Sicherstellen der Transparenz gegenüber Anspruchsgruppen

→

IT-bezogene Ziele	Primär zugeordnete COBIT-Prozesse	
ITG04 Gemanagtes, IT-bezogenes Unternehmensrisiko	**EDM03**	Sicherstellen der Risikooptimierung
	APO10	Managen von Lieferanten
	APO12	Managen von Risiko
	APO13	Managen der Sicherheit
	BAI01	Managen von Programmen und Projekten
	BAI06	Managen von Änderungen
	DSS01	Managen des Betriebs
	DSS02	Managen von Serviceanfragen und Störungen
	DSS03	Managen von Problemen
	DSS04	Managen der Kontinuität
	DSS05	Managen von Sicherheitsservices
	DSS06	Managen von Geschäftsprozesskontrollen
	MEA01	Überwachen, Evaluieren und Beurteilen von Leistung und Konformität
	MEA02	Überwachen, Evaluieren und Beurteilen des internen Kontrollsystems
	MEA03	Überwachen, Evaluieren und Beurteilen der Compliance mit externen Anforderungen
ITG05 Nutzenrealisierung aus IT-gestützten Investitionen und dem Serviceportfolio	**EDM02**	Sicherstellen der Bereitstellung von Mehrwert
	APO04	Managen von Innovationen
	APO05	Managen des Portfolios
	APO06	Managen von Budget und Kosten
	APO11	Managen der Qualität
	BAI01	Managen von Programmen und Projekten
ITG06 Transparenz von IT-Kosten, Mehrwert und Risiko	**EDM02**	Sicherstellen der Bereitstellung von Mehrwert
	EDM03	Sicherstellen der Risikooptimierung
	EDM05	Sicherstellen der Transparenz gegenüber Anspruchsgruppen
	APO06	Managen von Budget und Kosten
	APO12	Managen von Risiko
	APO13	Managen der Sicherheit
	BAI09	Managen von Betriebsmitteln

→

IT-bezogene Ziele	Primär zugeordnete COBIT-Prozesse	
ITG07 Bereitstellung von IT-Services, die den Geschäftsanforderungen entsprechen	**EDM01**	Sicherstellen der Einrichtung und Pflege des Governance-Rahmenwerks
	EDM02	Sicherstellen der Bereitstellung von Mehrwert
	EDM05	Sicherstellen der Transparenz gegenüber Anspruchsgruppen
	APO02	Managen der Strategie
	APO08	Managen von Beziehungen
	APO09	Managen von Servicevereinbarungen
	APO10	Managen von Lieferanten
	APO11	Managen der Qualität
	BAI02	Managen der Definition von Anforderungen
	BAI03	Managen von Lösungsidentifizierung und Lösungserstellung
	BAI04	Managen von Verfügbarkeit und Kapazität
	BAI06	Managen von Änderungen
	DSS01	Managen des Betriebs
	DSS02	Managen von Serviceanfragen und Störungen
	DSS03	Managen von Problemen
	DSS04	Managen der Kontinuität
	DSS06	Managen von Geschäftsprozesskontrollen
	MEA01	Überwachen, Evaluieren und Beurteilen von Leistung und Konformität
ITG08 Adäquate Nutzung von Anwendungen, Informationen und Technologielösungen	**APO04**	Managen von Innovationen
	BAI05	Managen der Ermöglichung organisatorischer Veränderungen
	BAI07	Managen der Abnahme und Produktivsetzung von Änderungen
ITG09 IT-Agilität	**EDM04**	Sicherstellen der Ressourcenoptimierung
	APO01	Managen des IT-Management-Rahmenwerks
	APO03	Managen der Unternehmensarchitektur
	APO04	Managen von Innovationen
	APO10	Managen von Lieferanten
	BAI08	Managen von Wissen
ITG10 Sicherheit von Information, Verarbeitungsinfrastruktur und Anwendungen	**EDM03**	Sicherstellen der Risikooptimierung
	APO12	Managen von Risiko
	APO13	Managen der Sicherheit
	BAI06	Managen von Änderungen

→

IT-bezogene Ziele	Primär zugeordnete COBIT-Prozesse	
ITG11 Optimierung von IT-Betriebsmitteln, -Ressourcen und -Fähigkeiten	**EDM04**	Sicherstellen der Ressourcenoptimierung
	APO01	Managen des IT-Management-Rahmenwerks
	APO03	Managen der Unternehmensarchitektur
	APO04	Managen von Innovationen
	APO07	Managen des Personals
	BAI04	Managen von Verfügbarkeit und Kapazität
	BAI09	Managen von Betriebsmitteln
	BAI10	Managen der Konfiguration
	DSS01	Managen des Betriebs
	DSS03	Managen von Problemen
	MEA01	Überwachen, Evaluieren und Beurteilen von Leistung und Konformität
ITG12 Ermöglichung und Unterstützung von Geschäftsprozessen durch Integration von Anwendungen und Technologie	**APO08**	Managen von Beziehungen
	BAI02	Managen der Definition von Anforderungen
	BAI07	Managen der Abnahme und Produktivsetzung von Änderungen
ITG13 Bereitstellung von Programmen, die Mehrwert generieren und die dem Zeitplan, dem Budget sowie den Anforderungen und Qualitätsstandards entsprechen	**APO05**	Managen des Portfolios
	APO07	Managen des Personals
	APO11	Managen der Qualität
	APO12	Managen von Risiko
	BAI02	Managen der Definition von Anforderungen
	BAI07	Managen der Abnahme und Produktivsetzung von Änderungen
ITG14 Verfügbarkeit zuverlässiger und verwendbarer Informationen zur Entscheidungsfindung	**APO09**	Managen von Servicevereinbarungen
	APO13	Managen der Sicherheit
	BAI04	Managen von Verfügbarkeit und Kapazität
	BAI10	Managen der Konfiguration
	DSS03	Managen von Problemen
	DSS04	Managen der Kontinuität
ITG15 IT-Compliance mit internen Richtlinien	**EDM03**	Sicherstellen der Risikooptimierung
	APO01	Managen des IT-Management-Rahmenwerks
	MEA01	Überwachen, Evaluieren und Beurteilen von Leistung und Konformität
	MEA02	Überwachen, Evaluieren und Beurteilen des internen Kontrollsystems
ITG16 Kompetente und motivierte Mitarbeiter (Geschäftsbetrieb und IT)	**EDM04**	Sicherstellen der Ressourcenoptimierung
	APO01	Managen des IT-Management-Rahmenwerks
	APO07	Managen des Personals

→

IT-bezogene Ziele	Primär zugeordnete COBIT-Prozesse	
ITG17 Wissen, Erfahrung und Initiativen im Zusammenhang mit geschäftlichen Innovationen	**EDM02**	Sicherstellen der Bereitstellung von Mehrwert
	APO01	Managen des IT-Management-Rahmenwerks
	APO02	Managen der Strategie
	APO04	Managen von Innovationen
	APO07	Managen des Personals
	APO08	Managen von Beziehungen
	BAI05	Managen der Ermöglichung organisatorischer Veränderungen
	BAI08	Managen von Wissen

Tab. D–1 *Übersicht der primären Beziehungen zwischen IT-bezogenen Zielen und COBIT-Prozessen [ISACA 2012b]*

Literaturverzeichnis

[BaFin 2007] Bundesanstalt für Finanzdienstleistungsaufsicht (BAFIN): Rundschreiben 5/2007 vom 30.10.2007: Mindestanforderungen an das Risikomanagement – MaRisk.

[BIZ 2006] Bank für Internationalen Zahlungsausgleich: Internationale Konvergenz der Eigenkapitalmessung und Eigenkapitalanforderungen, Juni 2006.

[BMF 1995] Schreiben des Bundesministeriums der Finanzen vom 7. November 1995: Grundsätze ordnungsmäßiger DV-gestützter Buchführungssysteme (GoBS), in: Bundessteuerblatt 1995, Teil 1, Nr. 18, S. 738 747.

[BMF 2001] Bundesministerium der Finanzen (Hrsg.): Grundsätze zum Datenzugriff und zur Prüfbarkeit digitaler Unterlagen, BMF-Schreiben vom 16.07.2001 – IV D2 – S0316 – 136/01.

[Bothe 2006] Bothe, M.: IT-Compliance in 21 Schritten, in: DZKF (Deutsche Zeitschrift für Klinische Forschung), Ausgabe 11/12 2006, S. 76-82.

[BSI 2008] Bundesamt für Sicherheit in der Informationstechnik (BSI): BSI-Standard 100-3 Risikoanalyse auf der Basis von IT-Grundschutz, Version 2.5, Bonn 2008.

[COSO 1994] Committee of Sponsoring Organizations of the Treadway Commission (Hrsg.): Internal Control – Integrated Framework, Vol. 2, 1994.

[COSO 2004] Committee of Sponsoring Organizations of the Treadway Commission (Hrsg.): Enterprise Risk Management – Integrated Framework, Durham 2004.

[COSO 2013] Committee of Sponsoring Organizations of the Treadway Commission (Hrsg.): Internal Control – Integrated Framework, Durham 2013.

[EDPAF 1992] EDP Auditors Foundation (Hrsg.): Control Objectives: Controls in an Information Systems Environment: Objectives, Guidelines, and Audit Procedures, 1992.

[Falk 2012] Falk, M.: IT-Compliance in der Corporate Governance, Dissertation Justus-Liebig-Universität Gießen 2012, Wiesbaden 2012.

[Fleisch & Theisse 2012] Fleisch, E., Theisse, F.: Internet der Dinge, in: Enzyklopädie der Wirtschaftsinformatik, Online im Internet: URL: *http://www.enzyklopaedie-der-wirtschaftsinformatik.de/wi-enzyklopaedie/lexikon/technologien-methoden/Rechnernetz/Internet/Internet-der-Dinge*, (Abrufdatum 2013-12-20).

[Fochler, Schmidt, Paffrath 2013] Fochler, K., Schmidt, A.H., Paffrath, R.: IT-Revison 3.0, in: HMD – Praxis der Wirtschaftsinformatik: IT-Prüfung und IT-Revision, Heft 289, Heidelberg 2013.

[Fröschle & Kütz 2011] Fröschle, H.P.; Kütz, M. (Hrsg.): Lexikon IT-Management, Düsseldorf 2011.

[Gaulke 2004] Gaulke, M.: Risikomanagement in IT-Projekten. 2. Auflage, Oldenbourg 2004.

[Gaulke 2005] Gaulke, M.: IT-Prüfungen im Rahmen der Jahresabschlussprüfung; in: Prüfungen in Kreditinstituten und Finanzdienstleistungsunternehmen, Stuttgart 2005.

[Gaulke 2006a] Gaulke, M.: Risikomanagement und COBIT; in: Praxishandbuch COBIT – IT-Prozesse steuern, bewerten und verbessern, Düsseldorf 2006.

[Gaulke 2006b] Gaulke, M.: COBIT als IT-Governance Leitfaden; in: HMD – Praxis der Wirtschaftsinformatik: IT-Governance, Heft 250, Heidelberg 2006.

[Gaulke 2006c] Gaulke, M. und Schneider, S.: Risikokontrolle beim Outsourcing – Die SAS70-Prüfung als Nachweis ordnungsmäßigen Outsourcings im Spannungsfeld des Sarbanes-Oxley Acts; in: <kes>, Nr. 6/2006, S. 84–88.

[Gaulke 2012] Gaulke, M.: COBIT 5 – die wesentlichen Veränderungen zu COBIT 4.1; in: IT-Governance, Nr. 13, S. 20–21.

[Gaulke 2013a] Gaulke, M.: COBIT 5 – Process Assessment Model basierend auf ISO/IEC 15504; in: IT-Governance, Nr. 15, S. 23–25.

[Gaulke 2013b] Gaulke, M.: COBIT 5 – Hilfestellung für die Compliance?; in: COMPUTER-WOCHE 47/13, S. 34–36.

[GOBS 1995] Grundsätze ordnungsmäßiger DV-gestützter Buchführungssysteme (GoBS); Schreiben des Bundesministeriums der Finanzen an die obersten Finanzbehörden der Länder vom 7. November 1995 – IV A 8 – S 0316 – 52/95 – BStBl 1995 I S. 738.

[HöDiHiMü 2006] Hörmann, K., Dittmann L., Hindel, B., Müller, M.: SPICE in der Praxis, Heidelberg 2006.

[Horváth 1998] Horváth, P. und Kaufmann, L.: Balanced Scorecard – ein Werkzeug zur Umsetzung von Strategien; in: Harvard Businessmanager, Mai 1998, Seite 7ff.

[IDW 2000] Institut der Wirtschaftsprüfer (Hrsg.): Wirtschaftsprüfer-Handbuch 2000, Düsseldorf 2000.

[IDW 2002a] Institut der Wirtschaftsprüfer (Hrsg.): IDW Stellungnahme zur Rechnungslegung: Grundsätze ordnungsmäßiger Buchführung bei Einsatz von Informationstechnologie (IDW RS FAIT 1), Stand: 24.09.2002.

[IDW 2002b] Institut der Wirtschaftsprüfer (Hrsg.): IDW Prüfungsstandard: Abschlussprüfung bei Einsatz von Informationstechnologie (IDW PS 330), Stand: 24.09.2002.

[IDW 2003] Institut der Wirtschaftsprüfer (Hrsg.): IDW Prüfungsstandard: Abschlussprüfung bei teilweiser Auslagerung der Rechnungslegung auf Dienstleistungsunternehmen (IDW PS 331), Stand: 01.07.2003.

[IDW 2013a] Institut der Wirtschaftsprüfer (Hrsg.): IDW Prüfungsstandard: IDW Prüfungsstandard: Feststellung und Beurteilung von Fehlerrisiken und Reaktionen des Abschlussprüfers auf die beurteilten Fehlerrisiken (IDW PS 261 n.F.), Stand: 13.03.2013.

[IDW 2013b] Institut der Wirtschaftsprüfer (Hrsg.): IDW Prüfungsstandard: Die Prüfung des internen Kontrollsystems bei Dienstleistungsunternehmen (IDW PS 951 n.F.), Stand: 16.10.2013.

[ISACA 2005] Information Systems Audit and Control Association (Hrsg.): Information Security Harmonisation – Classification of Global Guidance, 2005.

[ISACA 2008] Information Systems Audit and Control Association (Hrsg.): ITAF: A Professional Practices Framework for IT Assurance, 2008.

[ISACA 2009a] Information Systems Audit and Control Association (Hrsg.): The Risk IT Framework, 2009.

[ISACA 2009b] Information Systems Audit and Control Association (Hrsg.): The Risk IT Practitioner Guide, 2009.

[ISACA 2009c] Information Systems Audit and Control Association (Hrsg.): Implementing and Continually Improving IT-Governance, 2009.

[ISACA 2010a] Information Systems Audit and Control Association (Hrsg.): The Business Model for Information Security (BMIS), 2010.

[ISACA 2010b] Information Systems Audit and Control Association (Hrsg.): COBIT Mapping: Mapping of FFIEC With COBIT 4.1, 2010.

[ISACA 2011a] Information Systems Audit and Control Association (Hrsg.): COBIT Mapping: Mapping of CMMI for Development V1.2 With COBIT 4.1, 2011.

[ISACA 2011b] Information Systems Audit and Control Association (Hrsg.): COBIT Mapping: Mapping of ISO/IEC 20000 With COBIT 4.1, 2011.

[ISACA 2011c] Information Systems Audit and Control Association (Hrsg.): Overview of International IT Guidance, 3rd Edition, 2011.

[ISACA 2011d] Information Systems Audit and Control Association (Hrsg.): Creating a Culture of Security, 2011.

[ISACA 2011e] Information Systems Audit and Control Association (Hrsg.): Global Status Report on the Governance of Enterprise IT (Geit) – 2011.

[ISACA 2012a] Information Systems Audit and Control Association (Hrsg.): COBIT 5, 2012.

[ISACA 2012b] Information Systems Audit and Control Association (Hrsg.): COBIT 5: Enabling Processes, 2012.

[ISACA 2012c] Information Systems Audit and Control Association (Hrsg.): COBIT 5 Implementation, 2012.

[ISACA 2012d] Information Systems Audit and Control Association (Hrsg.): COBIT 5 for Information Security, 2012.

[ISACA 2013a] Information Systems Audit and Control Association (Hrsg.): COBIT Process Assessment Model (PAM): Using COBIT 5, 2013.

[ISACA 2013b] Information Systems Audit and Control Association (Hrsg.): COBIT Self-assessment Guide: Using COBIT 5, 2013.

[ISACA 2013c] Information Systems Audit and Control Association (Hrsg.): COBIT Assessor Guide: Using COBIT 5, 2013.

[ISACA 2013d] Information Systems Audit and Control Association (Hrsg.): COBIT 5 for Assurance, 2013.

[ISACA 2013e] Information Systems Audit and Control Association (Hrsg.): ITAF: A Professional Practices Framework for IS Audit/Assurance, 2nd Edition, 2013.

[ISACA 2013f] Information Systems Audit and Control Association (Hrsg.): COBIT 5 for Risk, 2013.

[ISACA 2013g] Information Systems Audit and Control Association (Hrsg.): COBIT 5: Enabling Information, 2013.

[ISACA 2013h] Information Systems Audit and Control Association (Hrsg.): Transforming Cybersecurity: Using COBIT 5, 2013.

[ISACA 2013i] Information Systems Audit and Control Association (Hrsg.): Vendor Management: Using COBIT 5, 2013.

[ISACA 2013j] Information Systems Audit and Control Association (Hrsg.): Configuration Management: Using COBIT 5, 2013.

[ISACA & itsmf 2011] ISACA Germany Chapter und itsmf (Hrsg.): ITIL-COBIT-Mapping, Praxishandbuch, Düsseldorf 2011.

[ISACF 1996] Information Systems Audit and Control Foundation (Hrsg.): COBIT: Control Objectives for Information and Related Technology, 1996.

[ISACF 1998] Information Systems Audit and Control Foundation (Hrsg.): COBIT: Control Objectives for Information and Related Technology, 2nd Edition, 1998.

[ISF 2007] Information Security Forum (Hrsg.): The Standard of Good Practice for Information Security, 2007.

[ISF 2010] Information Security Forum (Hrsg.) zusammen mit ISACA and (ISC)^2: Principles for Information Security Practitioners, 2010.

[ISO 2005] International Organization for Standardization (ISO): ISO/IEC 17799:2005, Code of Practice for Information Security Management, 2005.

[ISO 2008a] International Organization for Standardization (ISO): ISO/IEC 38500:2008, Corporate Governance of Information Technology, 2008.

[ISO 2008b] International Organization for Standardization (ISO): ISO/IEC 31000, Risk Management – Principles and Guidelines, 2008.

[ITGI 2000] IT Governance Institute (Hrsg.): COBIT: Control Objectives for Information and Related Technology, 3rd Edition, 2000.

[ITGI 2003] IT Governance Institute (Hrsg.): Board Briefing on IT Governance, 2nd Edition, 2003.

[ITGI 2005a] IT Governance Institute (Hrsg.): IT Alignment: Who Is in Charge?, 2005.

[ITGI 2005b] IT Governance Institute (Hrsg.): Optimising Value Creation From IT Investments, 2005.

[ITGI 2005c] IT Governance Institute (Hrsg.): Measuring and Demonstrating the Value of IT, 2005.

[ITGI 2005d] IT Governance Institute (Hrsg.): Information Risks: Whose Business Are They?, 2005.

[ITGI 2005e] IT Governance Institute (Hrsg.): Governance of Outsourcing, 2005.

[ITGI 2005f] IT Governance Institute (Hrsg.): Governance of the Extended Enterprise: Bridging Business and IT Strategies, 2005.

[ITGI 2005g] IT Governance Institute (Hrsg.): COBIT 4.0, 2005.

[ITGI 2006a] IT Governance Institute (Hrsg.): IT Control Objectives for Sarbanes-Oxley, 2nd Edition, September 2006.

[ITGI 2006b] IT Governance Institute (Hrsg.): COBIT Mapping: Mapping of PMBOK With COBIT 4.0, 2006.

[ITGI 2006c] IT Governance Institute (Hrsg.): COBIT Mapping: Mapping of ISO/IEC 17799:2005 With COBIT 4.0, 2006.

[ITGI 2006d] IT Governance Institute (Hrsg.): Enterprise Value: Governance of IT Investments, The Business Case, 2006.

[ITGI 2006e] IT Governance Institute (Hrsg.): Enterprise Value: Governance of IT Investments, The Val IT Framework 2.0, 2006.

[ITGI 2006f] IT Governance Institute (Hrsg.): Information Security Governance: Guidance for Boards of Directors and Executive Management, 2nd Edition, 2006.

[ITGI 2007a] IT Governance Institute (Hrsg.): COBIT 4.1, 2007.

[ITGI 2007b] IT Governance Institute (Hrsg.): COBIT Control Practices: Guidance to Achieve Control Objectives for Successful IT Governance, 2nd Edition, 2007.

[ITGI 2007c] IT Governance Institute (Hrsg.): IT Governance Implementation Guide: Using COBIT and VAL IT, 2nd Edition, 2007.

[ITGI 2007d] IT Governance Institute (Hrsg.): IT Assurance Guide: Using COBIT, 2007.

[ITGI 2007e] IT Governance Institute (Hrsg.): COBIT Mapping: Mapping of CMMI for Development V1.2 With COBIT 4.0, 2007.

[ITGI 2007f] IT Governance Institute (Hrsg.): COBIT Mapping: Mapping of ITIL With COBIT 4.0, 2007.

[ITGI 2007g] IT Governance Institute (Hrsg.): IT Control Objectives for Basel II: The Importance of Governance and Risk Management for Compliance, 2007.

[ITGI 2007h] IT Governance Institute (Hrsg.): COBIT Quickstart, 2nd Edition, 2007.

[ITGI 2007i] IT Governance Institute (Hrsg.): COBIT Security Baseline: An Information Security Survival Kit, 2nd Edition, 2007.

[ITGI 2007j] IT Governance Institute (Hrsg.): COBIT Mapping: Mapping of PRINCE2 With COBIT 4.0, 2007.

[ITGI 2007k] IT Governance Institute (Hrsg.): COBIT Mapping: Mapping of TOGAF 8.1 With COBIT 4.0, 2007.

[ITGI 2008a] IT Governance Institute (Hrsg.): Aligning COBIT 4.1, ITIL V3 and ISO/IEC 27002 for Business Benefit, 2008.

[ITGI 2008b] IT Governance Institute (Hrsg.): Enterprise Value: Governance of IT Investments, The Val IT Framework 2.0, 2008.

[ITGI 2008c] IT Governance Institute (Hrsg.): Enterprise Value: Governance of IT Investments, Getting Started With Value Management, 2008.

[ITGI 2008d] IT Governance Institute (Hrsg.): COBIT Mapping: Mapping of ITIL V3 With COBIT 4.1, 2008.

[ITGI 2008e] IT Governance Institute (Hrsg.): Information Security Governance: Guidance for Information Security Managers, 2008.

[ITGI 2009a] IT Governance Institute (Hrsg.): ITGI Enables ISO/IEC 38500:2008 Adoption, 2009.

[ITGI 2009b] IT Governance Institute (Hrsg.): COBIT and Application Controls: A Management Guide, 2009.

[ITGI 2009c] IT Governance Institute (Hrsg.): An Executive View of IT Governance, 2009.

[ITGI 2009d] IT Governance Institute (Hrsg.): COBIT User Guide for Service Managers, 2009.

[ITGI 2009e] IT Governance Institute (Hrsg.): Val IT Mapping: Mapping of Val IT 2.0 to MSP, PRINCE2 and ITIL V3, 2009.

[ITGI 2009f] IT Governance Institute (Hrsg.): Building the Business Case for COBIT and Val IT: Executive Briefing, 2009.

[Johannsen & Goeken 2011] Johannsen, W., Goeken, M.: Referenzmodelle für IT-Governance, 2. Auflage, Heidelberg 2011.

[Knoll 2014] Knoll, M.: Praxisorientiertes IT-Risikomanagement, Heidelberg 2014.

[Kotter 1996] Kotter, J.: Leading Change, München 1996.

[Kotter 2011] Kotter, J.: Das Pinguin-Prinzip: Wie Veränderung zum Erfolg führt, München 2011.

[Kuhn 2009] Kuhn, L.: Die beliebtesten Managementmethoden; in: Harvard Businessmanager, Juni 2009, Seite 8ff.

[PMI 2004] Project Management Institute Inc. (Hrsg.): A Guide to the Project Management Body of Knowledge (PMBOK Guide), Version 3, 2004.

[PMI 2008] Project Management Institute Inc. (Hrsg.): A Guide to the Project Management Body of Knowledge (PMBOK Guide), Version 4, 2008.

[PMI 2013] Project Management Institute Inc. (Hrsg.): A Guide to the Project Management Body of Knowledge (PMBOK Guide), Version 5, 2013.

[Proß 2010] Proß, R.: Studie zu Business Continue Management Tools, Fachhochschule Brandenburg, Fachbereich Wirtschaft, 2010.

[Rath & Spohnholz 2009] Rath, M., Spohnholz R.: IT-Compliance – Erfolgreiches Management regulatorischer Anforderungen, Berlin 2009.

[Thorp 1998] Thorp, J.: The Information Paradox, Columbus 1998.

[Van Bon 2006] Van Bon, J., Verheijen, T. (Hrsg.): Frameworks for IT Management: An Introduction, Zaltbommel 2006.

[Weill & Ross 2004] Weill, P., Ross, J.W.: IT Governance, Harvard Business School Press, Boston 2004.

[Westermann & Hunter] Westermann, G., Hunter, R.: IT Risk – Turning Business Threats Into Competitive Advantage, Boston 2007.

Abkürzungsverzeichnis

AI	Acquire and Implement
AICPA	American Institute of Certified Public Accountants
AktG	Aktiengesetz
ANSI	American National Standards Institute
AO	Abgabenordnung
APMG	APM Group
APO	Align, Plan and Organise
BaFin	Bundesanstalt für Finanzdienstleistungsaufsicht
BAI	Build, Acquire and Implement
BDSG	Bundesdatenschutzgesetz
BilMoG	Bilanzrechtsmodernisierungsgesetz
BL	Bereichsleiter
BM	Business Management
BMIS	Business Model for Information Security
BP	Base Practice
BPO	Business Process Owner
BS	Business Sponsor
BSC	Balanced Scorecard
BSI	Bundesamt für Sicherheit in der Informationstechnik
CARS	Compliance, Audit, Risk and Security
CCTA	Central Computing and Telecommunications Agency
CEO	Chief Executive Officer

CFO	Chief Financial Officer
CGEIT	Certified in the Governance of Enterprise IT
CIO	Chief Information Officer
CISA	Certified Information Systems Auditor
CISM	Certified Information Security Manager
CISO	Chief Information Security Officer
CISSP	Certified Information Systems Security Professional
CMM	Capability Maturity Model
CMMI	Capability Maturity Model Integrated
COBIT	Control Objectives for Information and Related Technology
COO	Chief Operating Officer
COSO	Committee of Sponsoring Organizations of the Treadway Commission
CPA	Certified Public Accountant
CRISC	Certified in Risk and Information Systems Control
CRO	Chief Risk Officer
DIN	Deutsches Institut für Normung
DTI	Department of Trade and Industry of the United Kingdom
DS	Deliver and Support
DSB	Datenschutzbeauftragter
DSS	Deliver, Service and Support
EDIFACT	Electronic Data Interchange For Administration, Commerce and Transport
EDM	Evaluate, Direct and Monitor
EDPAA	Electronic Data Processing Auditors Association
EDPAF	Electronic Data Processing Auditors Foundation
EG	Enterprise Goal
ERC	Enterprise Risk Committee
ERM	Enterprise Risk Management
ESF	European Security Forum
EU	Europäische Union
GDPdU	Grundsätze zum Datenzugriff und zur Prüfbarkeit digitaler Unterlagen

GoB	Grundsätzen ordnungsmäßiger Buchführung
GoBS	Grundsätze ordnungsmäßiger DV-gestützter Buchführungssysteme
GP	Generic Practice
GR	Generic Resource
GRC	Governance, Risikomanagement, Compliance
GWP	Generic Work Products
HGB	Handelsgesetzbuch
HR	Human Resources
I4	International Information Integrity Institute
IBAG	Infosec Business Advisory Group
ICOFR	Internal Control Over Financial Reporting
IDW	Institut der Wirtschaftsprüfer
IEC	International Electrotechnical Commission
IFAC	International Federation of Accountants
IIA	Institute of Internal Auditors
IM	Investment Management
ISACA	Information Systems Audit and Control Association
ISACF	Information Systems Audit and Control Foundation
ISB	Investment and Services Board
ISF	Information Security Forum
ISM	Information Security Manager
ISO	International Organization for Standardization
IT	Informationstechnik
ITAF	IT Assurance Framework
ITCM	IT-Compliance-Manager
ITG	IT-related Goal
ITGCP	IT-Governance & IT-Compliance Practitioner
ITGI	IT Governance Institute
ITGM	IT-Governance-Manager
ITIL	IT Infrastructure Library

ITSEC	Information Technology Security Evaluation Criteria
KGI	Key Goal Indicator
KPI	Key Performance Indicator
KRI	Key Risk Indicator
KWG	Kreditwesengesetz
MaRisk	Mindestanforderungen an das Risikomanagement
ME	Monitor and Evaluate
MEA	Monitor, Evaluate and Assess
MSP	Managing Successful Programmes
NIST	National Institute of Standards and Technology
OECD	Organisation für wirtschaftliche Zusammenarbeit und Entwicklung
OGC	Office of Government Commerce
PC	Process Control
PCAOB	Public Company Accounting Oversight Board
PDCA	Plan, Do, Check, Act
PMBOK	Project Management Body of Knowledge
PMI	Project Management Institute
PMO	Project Management Office
PO	Plan and Organize
PS	Prüfungsstandard
RACI	Responsible Accountable Consulted Informed
SAS	Statement on Auditing Standards
SEI	Software Engineering Institute
SM	Service Manager
SOA	Sarbanes-Oxley Act
SPICE	Software Process Improvement and Capability Determination
TCSEC	Trusted Computer System Evaluation Criteria
VMO	Value Management Office
WP	Work Product

Index

A

B

C